严格依据教育部、国家语言文字工作委员会
印发的《普通话水平测试实施纲要》编写

甘肃省
普通话培训与测试教程

主　编　李　丽
副主编　张　兴
编　委　马栩娜　龚若琳　李雅静
　　　　潘毅敏　蒲　丽　孙　栋
　　　　刘欣语

北京理工大学出版社
BEIJING INSTITUTE OF TECHNOLOGY PRESS

图书在版编目（CIP）数据

甘肃省普通话培训与测试教程 / 李丽主编. —北京：北京理工大学出版社，2020.8

ISBN 978-7-5682-8744-9

Ⅰ.①甘…　Ⅱ.①李…　Ⅲ.①普通话—教材　Ⅳ.①H102

中国版本图书馆 CIP 数据核字(2020)第 132413 号

甘肃省普通话培训与测试教程

出版发行 / 北京理工大学出版社有限责任公司
社　　址 / 北京市海淀区中关村南大街 5 号
邮　　编 / 100081
电　　话 / (010)68914775（总编室）
　　　　　(010)82562903（教材售后服务热线）
　　　　　(010)68948351（其他图书服务热线）
网　　址 / http://www.bitpress.com.cn
经　　销 / 全国各地新华书店
印　　刷 / 三河市富华印刷包装有限公司
开　　本 / 787 毫米×1092 毫米　1/16
印　　张 / 18
字　　数 / 514 千字
版　　次 / 2020 年 8 月第 1 版　2020 年 8 月第 1 次印刷
定　　价 / 49.80 元

责任编辑/李慧智
文案编辑/李慧智
责任校对/周瑞红
责任印制/施胜娟

前　言

语言是人类最重要的沟通工具和信息载体之一。在中国特色社会主义现代化建设的历史进程中，大力推广、普及全国通用的普通话，有利于消除语言隔阂，促进社会交往，对社会主义政治、经济、文化建设和社会发展具有重要意义。

普通话水平测试是普通话推广工作的重要组成部分，是一项国家级考试。播音员、教师、师范类院校学生、国家机关工作人员，旅游、商业、交通、银行、电信等窗口行业服务人员等，都应该参加测试并达到相应等级。

甘肃汉语方言属于北方方言中的西北次方言，在生产生活中，各地又分化产生出了各自的方言。这些方言虽然都属于甘肃方言的范畴，但从各方言代表点的情况看，其内部又存在着明显的差异，且呈现出一定的复杂性和规律性。积极推行和普及国家通用语言文字对提高劳动力基本素质，促进人们提升职业技能、增强就业能力，加快经济发展，增进各地区各民族之间汉语交流与沟通等方面具有重要作用。为了帮助大家快速提高普通话水平，掌握测试内容，我们特别编写了《甘肃省普通话培训与测试教程》。

本书严格依据教育部、国家语言文字工作委员会印发的《普通话水平测试大纲》(2004 年 10 月 1 日起实施的新大纲)和《普通话水平测试实施纲要》编录而成。书中的“声母表”、“韵母表”、“轻声词语表”、“普通话词语表”、“儿化词语表”、“普通话常见名、量词搭配表”、“普通话异读词审音表”、60 篇朗读作品和 30 个命题说话，均出自《普通话水平测试实施纲要》。

本书在内容编排上具有很强的实用性，从普通话学习及测试实际出发，介绍了普通话推广的相关政策、法规以及测试大纲、测试流程与评分等级标准；图文并茂地演示了计算机辅助普通话水平智能测试系统操作流程；讲解了普通话语音知识，包括：汉语拼音方案，声母、声母的分类、声母发音分析及声母的辨正，韵母、韵母的分类、韵母发音分析及韵母的辨正；分析讲解了声调、音变、音节、语调；分析讲解了“朗读短文”测试要求、测试前的准备、测试中的应试技巧及测试要求的 60 篇朗读作品并加注拼音；分析讲解了“命题说话”测试要求、应试技巧、话题分类总结。另外，为了方便读者的学习使用，书中的所有音频内容都可以通过扫描图书封底的二维码，下载安装“爱习课专业版”(学生版)APP，在 APP 中输入班课 ID 000097 即可学习。书中所配音频，涵盖了从拼音例字到短文朗读的各个章节，并由专业播音导师朗读，指导性强。同时，针对甘肃方言特点以及与普通话之间的差异，总结出本省读者克服方言影响、掌握普通话的科学规律，并提供解决问题的有效方法。本书还收录国家及甘肃省有关的语言文字政策法规，因此可以说，此书在手，测试无忧。愿本书能够成为大家的良师益友！

本书在编写过程中得到了甘肃省许多大中专院校、各普通话水平测试站老师们的大力协助，在此一并表示衷心的感谢。同时由于我们水平有限，疏失谬误之处，欢迎广大读者给予批评指正！

编　者

目　录

第一部分　关于普通话水平测试

一、普通话和甘肃方言 …… 1
二、普通话水平测试简介 …… 2
三、普通话水平测试大纲 …… 2
四、普通话水平测试样卷 …… 6
五、普通话水平测试等级标准(试行) …… 7
六、有关行业人员普通话合格标准 …… 8
七、普通话水平测试规程 …… 8
八、普通话水平测试管理规定 …… 9
九、计算机辅助普通话水平测试操作流程 …… 11

第二部分　普通话语音知识

语音概述 …… 16
汉语拼音方案 …… 19
第一单元　声母 …… 20
一、什么是声母 …… 20
二、声母的分类 …… 20
三、声母发音与甘肃方言分析 …… 22
四、声母发音辨正 …… 27
(一)f 与 h …… 27
(二)n 与 l …… 29
(三)r 与 l …… 30
(四)z、c、s 与 zh、ch、sh …… 31
(五)不送气音 b、d、g、j、zh、z 与送气音 p、t、k、q、ch、c …… 35
第二单元　韵母 …… 36
一、什么是韵母 …… 36
二、韵母的分类 …… 37
三、韵母发音与甘肃方言分析 …… 38
四、韵母发音辨正 …… 47
(一)单韵母辨正 …… 47
(二)复韵母辨正 …… 50

(三)鼻韵母辨正 …… 53
第三单元　声调 …… 58
一、什么是声调 …… 58
二、甘肃方言的声调特点 …… 58
三、调值、调类与调号 …… 59
四、声调发音分析 …… 60
五、古今调类和四声平仄 …… 62
六、声调发音练习 …… 62
第四单元　音变 …… 65
一、变调 …… 65
二、轻声 …… 70
三、儿化 …… 75
第五单元　音节 …… 79
一、音节的结构 …… 79
二、普通话声韵拼合规律 …… 81
三、普通话音节的拼读 …… 81
四、普通话音节的拼写规则 …… 82
五、普通话音节表 …… 83
第六单元　语调 …… 85
一、语句总体音高的变化 …… 85
二、声调(字调)对语调产生影响 …… 86
三、词语的轻重音格式 …… 86
四、普通话的正常语速 …… 86
普通话水平测试用普通话词语表 …… 87

第三部分　朗读短文

第一单元　朗读要略 …… 164
一、朗读测试要求 …… 164
二、朗读准备 …… 164
三、朗读技巧 …… 166
第二单元　朗读作品 …… 170
一、朗读说明 …… 170
二、朗读作品及注音 …… 170

第四部分　命题说话

第一单元　命题说话要略 …… 236
一、命题说话的基本要求 …… 236
二、命题说话测试中常出现的问题及对策 …… 236

三、命题说话测试的应试步骤 …… 240
第二单元　分析话题类型　理清表达思路 …… 240
一、话题的类型 …… 241
二、记叙描述类话题的思路 …… 242
三、说明介绍类话题的思路 …… 242
四、议论评说类话题的思路 …… 242
五、命题说话的审题与思路分解 …… 242

附录一　普通话水平测试用普通话常见量词、名词搭配表 …… 252
附录二　普通话异读词审音表 …… 255
附录三　中华人民共和国国家通用语言文字法 …… 266
附录四　国家法律、法规关于推广普通话和普通话水平测试的规定 …… 269
附录五　国家语委、国家教委、广播电影电视部《关于开展普通话水平测试工作的决定》 …… 271
附录六　甘肃省国家通用语言文字条例 …… 272
附录七　甘肃省普通话水平测试管理办法(试行) …… 275

参考文献 …… 280

第一部分

关于普通话水平测试

一、普通话和甘肃方言

（一）普通话

1. 含义

普通话即现代标准汉语，又称国语、华语，它以北京语音为标准音，以北方话为基础方言，以典范的白话文著作为语法规范。

2. 推广普通话的必要性

国家推广全国通用普通话。

①普通话是以汉语文授课的各级各类学校的教学语言；

②普通话是以汉语传送的各级广播电台、电视台的规范语言；

③普通话是汉语电影、电视剧、话剧必须使用的规范语言；

④普通话是我国党政机关、团体、企事业单位干部在公务活动中必须使用的工作语言；

⑤普通话是不同方言区以及国内不同民族之间人们的通用语言；

⑥掌握和使用一定水平的普通话，是进行现代化建设的各行各业人员，特别是教师、播音员、节目主持人、演员和国家公务员等专业人员必备的职业素质。

因此，有必要在一定范围内对某些岗位的人员进行普通话水平测试，并逐步实行持等级证书上岗制度。

3. 推广普通话的意义

①推广普通话可以进一步消除方言隔阂，减少不同方言区人们交际时的困难，有利于社会交往，有利于国家的统一和安定团结。

②文化教育的普及和提高、科学技术的进步和发展、传声技术的现代化、计算机语言输入和语言识别问题的研究，都对推广普通话提出了新的要求。

③随着对外开放政策的贯彻执行，国际往来和国际交流越来越多，进一步推广普通话，可以减少语言交际的困难，促进国际交往。

（二）甘肃方言

甘肃汉语方言（以下简称“甘肃方言”）是指流行于甘肃省境内的一种汉语地方方言，属于北方方言中的西北次方言，在生产生活中，各地又分化产生出了各自的方言，大致可以分为6个方言区，分别是甘南方言区、临夏方言区、天水张家川方言区、河西方言区、平凉方言区、兰州方言区。这些地区的方言虽然都属于甘肃方言的范畴，但从各方言代表点的情况看，其内部又存在着明显的差异，且呈现出一定的复杂性和规律性。

甘肃方言声母一般是24个，韵母一般是32个，调类有些方言是3个，有些方言是4个。甘肃方言声韵调跟中古音系、北京话音系都有对应关系。

与普通话相比，甘肃方言既有相似性，又存在差异，主要表现在语音、词汇、语法 3 个方面，最为突出的是在语音上的差异表现，即在声母、韵母、音调 3 个方面具有鲜明的地方特色。

二、普通话水平测试简介

国家推广全国通用的普通话。普通话是以汉语文授课的各级各类学校的教学语言，是以汉语传送的各级广播电台、电视台的规范语言，是汉语电影、电视剧、话剧必须使用的规范语言，是我国党政机关、团体、企事业单位干部在公务活动中必须使用的工作语言，是不同方言区以及国内不同民族之间人们的通用语言。

掌握和使用一定水平的普通话，是进行现代化建设的各行各业人员，特别是教师、播音员、节目主持人、演员、国家公务员等专业人员必备的职业素质。因此，有必要在一定范围内对某些岗位的人员进行普通话水平测试，并逐步实行持等级证书上岗制度。

普通话水平测试是推广普通话工作的重要组成部分，是使推广普通话工作逐步走向科学化、规范化、制度化的重要举措。推广普通话、促进语言规范化，是汉语发展的总趋势。普通话水平测试工作的健康开展必将对社会的语言生活产生深远的影响。

普通话水平测试不是普通话系统知识的考试，不是文化水平的考核，也不是口才的评估，而是应试人运用普通话所达到的标准流利程度的检测和评定。

为了便于操作和突出口头检测的特点，测试一律采用口试。

普通话水平测试工作按照国家语言文字工作委员会组织审定的《普通话水平测试大纲》统一测试内容和要求进行。

等级测试须有 3 名测试员协同工作(分别打分，综合评议)方为有效。评定意见不一致时，以多数人的意见为准。人员不足时，可用加强上级复审的办法过渡。

未进入规定等级或要求晋升等级的人员，需在前次测试 3 个月之后方能再次提出受测申请。

三、普通话水平测试大纲

(教育部　国家语委发教语用〔2003〕2 号文件)

根据教育部、国家语言文字工作委员会发布的《普通话水平测试管理规定》《普通话水平测试等级标准》，制定本大纲。

(一)测试的名称、性质、方式

本测试定名为“普通话水平测试”(PUTONGHUA SHUIPING CESHI，缩写为 PSC)。

普通话水平测试测查应试人的普通话规范程度、熟练程度，认定其普通话水平等级，属于标准参照性考试。本大纲规定测试的内容、范围、题型及评分系统。

普通话水平测试以口试方式进行。

(二)测试内容和范围

普通话水平测试的内容包括普通话语音、词汇和语法。

普通话水平测试的范围是国家测试机构编制的《普通话水平测试用普通话词语表》《普通话水平测试用普通话与方言词语对照表》《普通话水平测试用普通话与方言常见语法差异对照表》《普通话水平测试用朗读作品》《普通话水平测试用话题》。

（三）试卷构成和评分

试卷包括 4 个组成部分，满分为 100 分。

1. 读单音节字词（100 个音节，不含轻声、儿化音节），限时 3.5 分钟，共 10 分。

①目的：测查应试人声母、韵母、声调读音的标准程度。

(2)要求：

①100 个音节中，70％选自《普通话水平测试用普通话词语表》“表一”，30％选自“表二”。

②100 个音节中，每个声母出现次数一般不少于 3 次，每个韵母出现次数一般不少于 2 次，4 个声调出现次数大致均衡。

③音节的排列要避免同一测试要素连续出现。

(3)评分（见样卷）：

麻　缺　杨　致　捷　谬　尊　凑　刚　炖
临　窘　滑　力　琼　拨　蜷　撞　否　酿
貂　聂　塔　撤　伤　嘴　牢　北　枫　垦
镰　御　稿　四　钓　鼓　掠　甩　呈　准
菊　摊　刑　舀　群　拴　此　让　才　棒
随　鼎　尼　险　抛　残　究　盘　盂　皮
俯　跟　膜　肾　宾　点　烘　阔　挖　火
虫　内　揉　暖　迟　耳　冤　晓　特　芯
舌　恩　并　矮　瓮　瞎　快　枉　桌　悔
松　灶　村　哑　换　冬　辱　扑　仄　前

①语音错误，每个音节扣 0.1 分。读错字音________个，共扣________分。

②语音缺陷，每个音节扣 0.05 分。读音有缺陷的字________个，共扣________分。

③超时 1 分钟以内，扣 0.5 分；超时 1 分钟以上（含 1 分钟），扣 1 分。扣________分。

读单音节字词项共扣________分。

2. 读多音节词语（100 个音节），限时 2.5 分钟，共 20 分。

①目的：测查应试人声母、韵母、声调和变调、轻声、儿化读音的标准程度。

(2)要求：

①词语的 70％选自《普通话水平测试用普通话词语表》“表一”，30％选自“表二”。

②声母、韵母、声调出现的次数与读单音节字词的要求相同。

③上声与上声相连的词语不少于 3 个，上声与非上声相连的词语不少于 4 个，轻声不少于 3 个，儿化不少于 4 个（应为不同的儿化韵母）。

④词语的排列要避免同一测试要素连续出现。

(3)评分（见样卷）：

旋律　行当　文明　半道儿　作品　共同　从中
土匪　而且　虐待　日益　单纯　饭盒儿　牛仔裤
民政　雄伟　运用　轻蔑　打杂儿　家眷　赞美
奥妙　海关　另外　男女　热闹　开创　转变
夸张　人影儿　其次　搜刮　悄声　迅速　方法
首饰　坚决　破坏　天鹅　佛像　所有　珍贵

恰好　　拖拉机　　框子　　测量　　投票　　川流不息

①语音错误，每个音节扣0.2分。读错字音________个，共扣________分。

②语音缺陷，每个音节扣0.1分。读音有缺陷的字________个，共扣________分。

③超时1分钟以内，扣0.5分；超时1分钟以上(含1分钟)，扣1分。扣________分。

读多音节词语项共扣________分。

3. 朗读短文(1篇，400个音节)，限时4分钟，共30分。

①目的：测查应试人使用普通话朗读书面作品的水平。在测查声母、韵母、声调读音标准程度的同时，重点测查连读音变、停连、语调以及流畅程度。

(2)要求：

①短文从《普通话水平测试用朗读作品》中选取。

②评分以朗读作品的前400个音节(不含标点符号和括注的音节)为限。

(3)评分(见样卷)：

不管我的梦想能否成为事实，说出来总是好玩儿的：

春天，我将要住在杭州。二十年前，旧历的二月初，在西湖我看见了嫩柳与菜花，碧浪与翠竹。由我看到的那点儿春光，已经可以断定，杭州的春天必定会教人整天生活在诗与图画之中。所以，春天我的家应当是在杭州。

夏天，我想青城山应当算作最理想的地方。在那里，我虽然只住过十天，可是它的幽静已拴住了我的心灵。在我所看见过的山水中，只有这里没有使我失望。到处都是绿，目之所及，那片淡而光润的绿色都在轻轻地颤动，仿佛要流入空中与心中似的。这个绿色会像音乐，涤清了心中的万虑。

秋天一定要住北平。天堂是什么样子，我不知道，但是从我的生活经验去判断，北平之秋便是天堂。论天气，不冷不热。论吃的，苹果、梨、柿子、枣儿、葡萄，每样都有若干种。论花草，菊花种类之多，花式之奇，可以甲天下。西山有红叶可见，北海可以划船——虽然荷花已残，荷叶可还有一片清香。衣食住行，在北平的秋天，是没有一项不使人满意的。

冬天，我还没有打好主意，成都或者相当的合适，虽然并不怎样和暖，可是为了水仙，素心腊梅，各色的茶花，仿佛就受一点儿寒//冷，也颇值得去了。昆明的花也多，而且天气比成都好，可是旧书铺与精美而便宜的小吃远不及成都那么多。好吧，就暂这么规定：冬天不住成都便住昆明吧。

在抗战中，我没能发国难财。我想，抗战胜利以后，我必能阔起来。那时候，假若飞机减价，一二百元就能买一架的话，我就自备一架，择黄道吉日慢慢地飞行。

①每错1个音节，扣0.1分；漏读或增读1个音节，扣0.1分。共扣________分。

②声母或韵母的系统性语音缺陷，视程度扣0.5分、1分。扣________分。

③语调偏误，视程度扣0.5分、1分、2分。扣________分。

④停连不当，视程度扣0.5分、1分、2分。扣________分。

⑤朗读不流畅(包括回读)，视程度扣0.5分、1分、2分。扣________分。

⑥超时扣1分。扣________分。

朗读短文项共扣________分。

4. 命题说话，限时3分钟，共40分。

(1)目的：测查应试人在无文字凭借的情况下说普通话的水平，重点测查语音标准程度、词汇语法规范程度和自然流畅程度。

(2)要求：

①说话话题从《普通话水平测试用话题》中选取，由应试人从给定的两个话题中选定一个话题，连续说一段话。

②应试人单向说话。如发现应试人有明显背稿、离题、说话难以继续等表现时，主试人应及时提示或引导①。

(3)评分(见样卷)：

①谈谈科学发展与社会生活

②我知道的风俗

● 语音标准程度，共 25 分。分六档：

一档：语音标准，或极少有失误。扣 0 分、1 分、2 分。

二档：语音错误在 10 次以下，有方音但不明显。扣 3 分、4 分。

三档：语音错误在 10 次以下，但方音比较明显；或语音错误在 10～15 次之间，有方音但不明显。扣 5 分、6 分。

四档：语音错误在 10～15 次之间，方音比较明显。扣 7 分、8 分。

五档：语音错误超过 15 次，方音明显。扣 9 分、10 分、11 分。

六档：语音错误多，方音重。扣 12 分、13 分、14 分。

● 词汇语法规范程度，共 10 分。分三档：

一档：词汇、语法规范。扣 0 分。

二档：词汇、语法偶有不规范的情况。扣 1 分、2 分。

三档：词汇、语法屡有不规范的情况。扣 3 分、4 分。

● 自然流畅程度，共 5 分。分三档：

一档：语言自然流畅。扣 0 分。

二档：语言基本流畅，口语化较差，有背稿子的表现。扣 0.5 分、1 分。

三档：语言不连贯，语调生硬。扣 2 分、3 分。

说话不足 3 分钟，酌情扣分：缺时 1 分钟以内(含 1 分钟)，扣 1 分、2 分、3 分；缺时 1 分钟以上，扣 4 分、5 分、6 分；说话不满 30 秒(含 30 秒)，本测试项成绩计为 0 分。

命题说话项共扣________分。

(四)应试人普通话水平等级的确定

国家语言文字工作部门发布的《普通话水平测试等级标准》是确定应试人普通话水平等级的依据。测试机构根据应试人的测试成绩确定其普通话水平等级，由省、自治区、直辖市以上语言文字工作部门颁发相应的普通话水平测试等级证书。

普通话水平划分为三个级别，每个级别内划分两个等次。其中：

97 分及其以上，为一级甲等；

92 分及其以上但不足 97 分，为一级乙等；

87 分及其以上但不足 92 分，为二级甲等；

80 分及其以上但不足 87 分，为二级乙等；

70 分及其以上但不足 80 分，为三级甲等；

① 机测时，无主试人提示或引导。

60 分及其以上但不足 70 分，为三级乙等。

四、普通话水平测试样卷

（一）读 100 个单音节字词

昼　*八　迷　*先　毡　*皮　幕　*美　彻　*飞
鸣　*破　捶　*风　豆　*蹲　霞　*掉　桃　*定
宫　*铁　翁　*念　劳　*天　甸　*沟　狼　*口
靴　*娘　嫩　*机　蕊　*家　跪　*绝　趣　*全
瓜　*穷　屡　*知　狂　*正　裘　*中　恒　*社
槐　*事　轰　*竹　掠　*茶　肩　*常　概　*虫
皇　*水　君　*人　伙　*自　滑　*早　绢　*足
炒　*次　渴　*酸　勤　*鱼　筛　*院　腔　*爱
鳖　袖　滨　竖　搏　刷　瞟　帆　彩　愤
司　膝　寸　峦　岸　勒　歪　尔　熊　妥

（标*的是日常使用频率较高的字词。正式试卷不必标出，下同。）

覆盖声母情况：

b:4 次，p:3 次，m:4 次，f:4 次，d:4 次，t:5 次，n:3 次，l:6 次，g:5 次，k:3 次，h:6 次，j:6 次，q:6 次，x:6 次，zh:6 次，ch:6 次，sh:6 次，r:2 次，z:3 次，c:3 次，s:2 次，零声母:7 次。

总计:100 次。未出现声母:0。

覆盖韵母情况：

a:2 次，e:4 次，-i(前):3 次，-i(后):2 次，ai:4 次，ei:2 次，ao:4 次，ou:4 次，an:3 次，en:3 次，ang:3 次，eng:4 次，i:3 次，ia:2 次，ie:2 次，iao:2 次，iou:2 次，ian:4 次，in:2 次，iang:2 次，ing:2 次，u:4 次，ua:3 次，uo/o:4 次，uai:2 次，uei:4 次，uan:2 次，uen:2 次，uang:2 次，ong:4 次，ueng:1 次，ü:3 次，üe:3 次，üan:2 次，ün:2 次，iong:2 次，er:1 次。

总计:100 次。未出现韵母:0。

覆盖声调情况：

阴平:28 次；阳平:31 次；上声:14 次；去声:27 次。

总计:100 次。

（二）读多音节词语（100 个音节，其中含双音节词语 45 个，三音节词语 2 个，四音节词语 1 个）

*取得　阳台　*儿童　夹缝儿　混淆　衰落　*分析　防御
沙丘　*管理　*此外　便宜　光环　*塑料　扭转　加油
*队伍　挖潜　女士　*科学　*手指　策略　抢劫　*森林
侨眷　模特儿　港口　没准儿　*干净　日用　*紧张　炽热
*群众　名牌儿　沉醉　*快乐　窗户　*财富　*应当　生字
奔跑　*晚上　卑劣　包装　洒脱　*现代化　*委员会　轻描淡写

覆盖声母情况：

b:3次，p:3次，m:4次，f:4次，d:5次，t:4次，n:2次，l:7次，g:4次，k:3次，h:5次，j:6次，q:7次，x:5次，zh:6次，ch:3次，sh:6次，r:2次，z:2次，c:3次，s:3次，零声母:13次。

总计:100次。未出现声母:0。

覆盖韵母情况：

a:2次，e:6次，-i(前):2次，-i(后):4次，ai:4次，ei:2次，ao:2次，ou:2次，an:2次，en:4次，ang:5次，eng:2次，i:3次，ia:2次，ie:3次，iao:4次，iou:3次，ian:3次，in:2次，iang:2次，ing:4次，u:4次，ua:2次，uo/o:3次，uai:3次，uei:4次，uan:4次，uen:2次，uang:3次，ong:2次，ü:3次，üe:2次，üan:2次，ün:1次，iong:1次，er:1次。

总计:100次。未出现韵母:ueng。

其中儿化韵母4个:-engr(夹缝儿)，-uenr(没准儿)，-er(模特儿)，-air(名牌儿)。

覆盖声调情况：

阴平:23次；阳平:24次；上声:19次；去声:30次；轻声:4次。

其中上声和上声相连的词语4条:管理、扭转、手指、港口。

总计:100次。

(三)朗读短文:请朗读作品12号。

(四)命题说话:请按照话题“我的业余生活”或“我熟悉的地方”说一段话(3分钟)。

五、普通话水平测试等级标准(试行)

(国家语言文字工作委员会1997年12月5日颁布，国语〔1997〕64号)

一　级

甲等　朗读和自由交谈时，语音标准，词汇、语法正确无误，语调自然，表达流畅。测试总失分率在3%以内。

乙等　朗读和自由交谈时，语音标准，词汇、语法正确无误，语调自然，表达流畅。偶然有字音、字调失误。测试总失分率在8%以内。

二　级

甲等　朗读和自由交谈时，声韵调发音基本标准，语调自然，表达流畅。少数难点音(平翘舌音、前后鼻尾音、边鼻音等)有时出现失误。词汇、语法极少有误。测试总失分率在13%以内。

乙等　朗读和自由交谈时，个别调值不准，声韵母发音有不到位现象。难点音(平翘舌音、前后鼻尾音、边鼻音、fu-hu、z-zh-j、送气不送气、i-ü不分、保留浊塞音和浊塞擦音、丢介音、复韵母单音化等)失误较多。方言语调不明显。有使用方言词、方言语法的情况。测试总失分率在20%以内。

三　级

甲等　朗读和自由交谈时，声韵调发音失误较多，难点音超出常见范围，声调调值多不准。方言语调较明显。词汇、语法有失误。测试总失分率在30%以内。

乙等　朗读和自由交谈时，声韵调发音失误多，方音特征突出。方言语调明显。词汇、语法失误较多。外地人听其谈话有听不懂情况。测试总失分率在40%以内。

六、有关行业人员普通话合格标准

根据各行业的规定，有关从业人员的普通话水平达标要求如下：

中小学及幼儿园、校外教育单位的教师，普通话水平不低于二级，其中语文教师不低于二级甲等，普通话语音教师不低于一级。

高等学校的教师，普通话水平不低于三级甲等，其中现代汉语教师不低于二级甲等，普通话语音教师不低于一级。

对外汉语教学教师，普通话水平不低于二级甲等。

报考中小学、幼儿园教师资格的人员，普通话水平不低于二级。

师范类专业以及各级职业学校的与口语表达密切相关专业的学生，普通话水平不低于二级。

国家公务员，普通话水平不低于三级甲等。

国家级、省级广播电台和电视台的播音员或节目主持人，普通话水平应达到一级甲等；其他广播电台、电视台的播音员或节目主持人的普通话达标要求按国家广播电视总局的规定执行。

话剧、电影、电视剧、广播剧等表演或配音演员，播音、主持专业和影视表演专业的教师或学生，普通话水平不低于一级。

公共服务行业的特定岗位人员（如广播员、解说员、话务员等），普通话水平不低于二级甲等。

普通话水平应达标人员的年龄上限以有关行业的文件为准。

七、普通话水平测试规程

[报　名]

1. 申请接受普通话水平测试（以下简称“测试”）的人员，持有效身份证件在指定测试机构报名（亦可由所在单位集体报名）。

2. 接受报名的测试机构负责安排测试的时间和地点。

[考　场]

3. 测试机构负责安排考场。每个考场应有专人负责。考场应具备测试室、备测室、候测室以及必要的工作条件，整洁肃静、标志明显，在醒目处应张贴应试须知事项。

4. 每间测试室只能安排1个测试组进行测试，每个测试组配备测试员2～3人，每组日测试量以不超过30人次为宜。

[试　卷]

5. 试卷由国家语言文字工作部门指定的测试题库提供。

6. 试卷由专人负责，各环节经手人均应签字。

7. 试卷为一次性使用，按照考场预定人数封装。严格保管多余试卷。

8. 当日测试结束后，测试员应回收和清点试卷，统一封存或销毁。

[测　试]

9. 测试员和考场工作人员佩带印有姓名、编号和本人照片的胸卡，认真履行职责。

10. 应试人持准考证和有效身份证件按时到达指定考场，经查验无误后，按顺序抽取考题备测。应试人备测时间应不少于10分钟。

11. 执行测试时，测试室内只允许 1 名应试人在场。

12. 测试员对应试人身份核对无误后，引导应试人进入测试程序。

13. 测试全程录音。完整的测试录音包括：姓名、考号、单位，以及全部测试内容。录音应声音清晰、音量适中，以利复查。

14. 测试录音标签应写明考场、测试组别、应试人姓名、测试日期、录音人签名等项内容；录音内容应与标签相符。

15. 测试员评分记录使用钢笔或签字笔，符号清晰、明了，填写应试人成绩及等级应准确（测试最后成绩均保留一位小数）。

16. 测试结束时，测试员应及时收回应试人使用的试卷。

17. 同组测试员对同一应试人的评定成绩出现等差时由该测试组复议，出现级差时由考场负责人主持再议。

18. 测试评分记录表和应试人成绩单均签署测试员全名和测试日期。

19. 测试结束，考场负责人填写测试情况记录。

[质量检查]

20. 省级测试机构应对下级测试机构测试过程进行巡视。

21. 检查测试质量主要采取抽查复听测试录音的方式。抽查比例由省级测试机构确定。

22. 测试的一级甲等成绩由国家测试机构复审，一级乙等成绩由省级测试机构复审。

23. 复审应填写复审意见。复审意见应表述清楚、具体、规范，有复审者签名。

24. 复审应在收到送审材料后的 30 个工作日内完成，并将书面复审意见反馈送审机构。

[等级证书]

25. 省级语言文字工作部门向测试成绩达到测试等级要求的应试人发放测试等级证书，证书加盖省级语言文字工作部门印章。

26. 经复审合格的一级甲等、一级乙等成绩应在等级证书上加盖复审机构印章。

[应试人档案]

27. 应试人档案包括：测试申请表、试题、测试录音、测试员评分记录、复审记录、成绩单等。

28. 应试人档案保存期不少于 2 年。

八、普通话水平测试管理规定

第一条　为加强普通话水平测试管理，促其规范、健康发展，根据《中华人民共和国国家通用语言文字法》，制定本规定。

第二条　普通话水平测试（以下简称“测试”）是对应试人运用普通话的规范程度的口语考试。开展测试是促进普通话普及和应用水平提高的基本措施之一。

第三条　国家语言文字工作部门颁布测试等级标准、测试大纲、测试规程和测试工作评估办法。

第四条　国家语言文字工作部门对测试工作进行宏观管理，制定测试的政策、规划，对测试工作进行组织协调、指导监督和检查评估。

第五条　国家测试机构在国家语言文字工作部门的领导下组织实施测试，对测试业务工作进行指导，对测试质量进行监督和检查，开展测试科学研究和业务培训。

第六条　省、自治区、直辖市语言文字工作部门（以下简称“省级语言文字工作部门”）对本辖区测试工作进行宏观管理，制订测试工作规划、计划，对测试工作进行组织协调、指导监督和检查评估。

第七条 省级语言文字工作部门可根据需要设立地方测试机构。

省、自治区、直辖市测试机构（以下简称“省级测试机构”）接受省级语言文字工作部门及其办事机构的行政管理和国家测试机构的业务指导，对本地区测试业务工作进行指导，组织实施测试，对测试质量进行监督和检查，开展测试科学研究和业务培训。

省级以下测试机构的职责由省级语言文字工作部门确定。

各级测试机构的设立须经同级编制部门批准。

第八条 测试工作原则上实行属地管理。国家部委直属单位的测试工作，原则上由所在地区省级语言文字工作部门组织实施。

第九条 在测试机构的组织下，测试由测试员依照测试规程执行。测试员应遵守测试工作各项规定和纪律，保证测试质量，并接受国家和省级测试机构的业务培训。

第十条 测试员分省级测试员和国家级测试员。测试员须取得相应的测试员证书。

申请省级测试员证书者，应具有大专以上学历，熟悉推广普通话工作方针政策和普通语言学理论，熟悉方言与普通话的一般对应规律，熟练掌握《汉语拼音方案》和常用国际音标，有较强的听辨音能力，普通话水平达到一级。

申请国家级测试员证书者，一般应具有中级以上专业技术职务和两年以上省级测试员资历，具有一定的测试科研能力和较强的普通话教学能力。

第十一条 申请省级测试员证书者，通过省级测试机构的培训考核后，由省级语言文字工作部门颁发省级测试员证书；经省级语言文字工作部门推荐的申请国家级测试员证书者，通过国家测试机构的培训考核后，由国家语言文字工作部门颁发国家级测试员证书。

第十二条 测试机构根据工作需要聘任测试员并颁发有一定期限的聘书。

第十三条 在同级语言文字工作办事机构指导下，各级测试机构定期考查测试员的业务能力和工作表现，并给予奖惩。

第十四条 省级语言文字工作部门根据工作需要聘任测试视导员并颁发有一定期限的聘书。

测试视导员一般应具有语言学或相关专业的高级专业技术职务，熟悉普通语言学理论，有相关的学术研究成果，有较丰富的普通话教学经验和测试经验。

测试视导员在省级语言文字工作部门领导下，检查、监督测试质量，参与并指导测试管理和测试业务工作。

第十五条 应接受测试的人员为：

(1)教师和申请教师资格的人员；

(2)广播电台、电视台的播音员和节目主持人；

(3)影视话剧演员；

(4)国家机关工作人员；

(5)师范类专业、播音与主持艺术专业、影视话剧表演专业以及其他与口语表达专业密切相关的学生；

(6)行业主管部门规定的其他应该接受测试的人员。

第十六条 应接受测试的人员的普通话达标等级，由国家行业主管部门规定。

第十七条 社会其他人员可自愿申请接受测试。

第十八条 在高等学校注册的我国港澳台学生和外国留学生可随所在校学生接受测试。测试机构对其他港澳台人士和外籍人士开展测试工作，须经国家语言文字工作部门授权。

第十九条 测试成绩由执行测试的测试机构认定。

第二十条 测试等级证书由国家语言文字工作部门统一印制，由省级语言文字工作办事机构编号并加盖印章后颁发。

第二十一条 普通话水平测试等级证书全国通用。等级证书遗失，可向原发证单位申请补发。伪造或变造的普通话水平测试等级证书无效。

第二十二条 应试人再次申请接受测试同前次接受测试的间隔应不少于三个月。

第二十三条 应试人对测试程序和测试结果有异议，可向执行测试的测试机构或上级测试机构提出申诉。

第二十四条 测试工作人员违反测试规定的，视情节予以批评教育、暂停测试工作、解除聘任或宣布测试员证书作废等处理，情节严重的提请其所在单位给予行政处分。

第二十五条 应试人违反测试规定的，取消其测试成绩，情节严重的提请其所在单位给予行政处分。

第二十六条 测试收费标准须经当地价格部门核准。

第二十七条 各级测试机构须严格执行收费标准，遵守国家财务制度，并接受当地有关部门的监督和审计。

第二十八条 本规定自2003年6月15日起施行。

九、计算机辅助普通话水平测试操作流程

计算机辅助普通话水平测试系统指考生采用上机模式参加测试。第一题“读单音节字词”、第二题“读多音节词语”和第三题“朗读短文”由计算机辅助普通话水平测试系统自动评分，第四题“命题说话”由省普通话培训测试中心调配优秀测试员通过网络在线评分。

参加测试前，请仔细阅读以下内容：

（一）测前准备

考生携带证件进入测试室按机号就座后，戴上耳机，将麦克风调整到距嘴边左下角2～3厘米处，不会受到呼吸影响的位置，如下图所示。

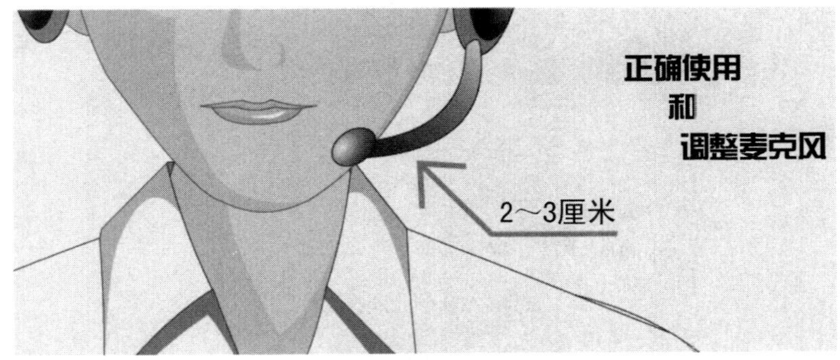

（二）登录系统，核对信息

考生戴好耳机，然后点击“下一步”按钮，进入考生登录页面，如下图所示。

在登录页面时，考生需要手动填写本人准考证号的后 4 位，然后点击“进入”按钮，如下图所示。

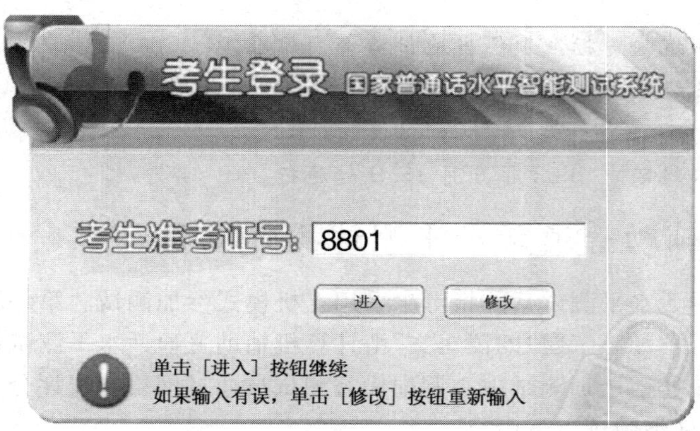

这时电脑上会出现考生的个人信息，考生要认真核对确认。如果出现的不是本人的个人信息，请点击“返回”按钮，重新登录；如果确认无误，请点击“确认”按钮，如下图所示。

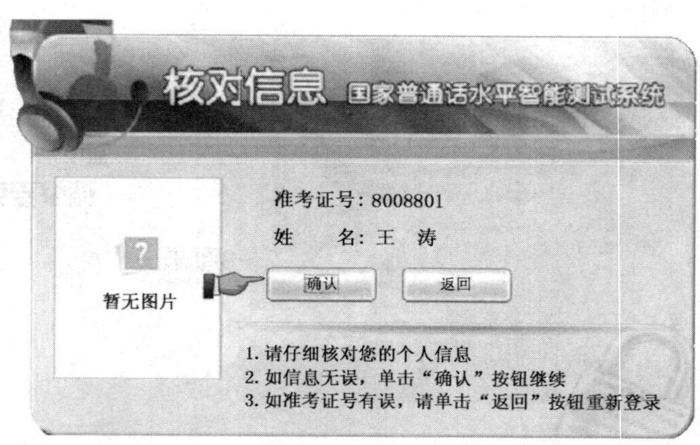

（三）测前试音

点击“确认”按钮后，页面会弹出提示框，“等待考试指令...”，如下图所示。

然后进入试音页面。当进入试音页面后考生会听到系统的提示语：“现在开始试音，请在听到‘嘟’的一声后，朗读下面的句子（文本框中的个人信息）。”提示音结束后，考生开始朗读并开始试音，如下图所示。

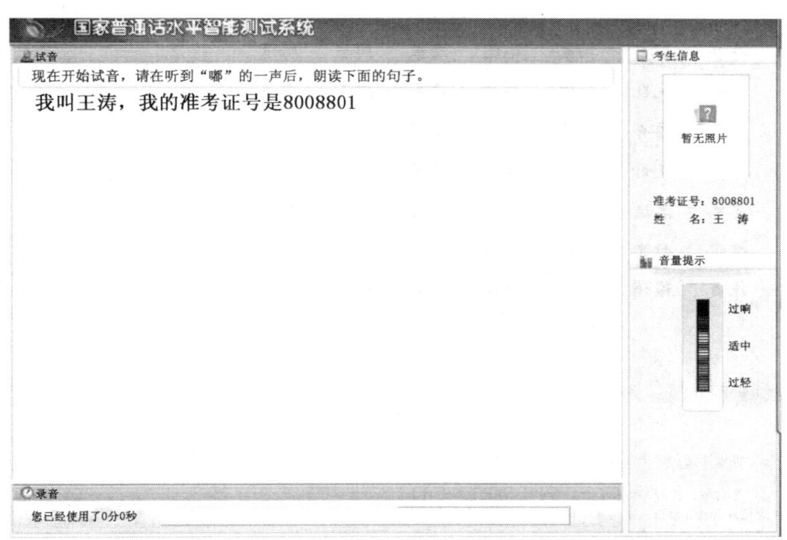

试音结束后，系统会提示考生试音成功与否。

若试音失败，页面会弹出提示框，请点击“确认”按钮，重新试音；若试音成功，页面会弹出提示框：“请等待考场指令，准备考试。”

（四）进行测试

当系统进入第一题时，考生会听到系统的提示语：“第一题：读单音节字词，限时 3.5 分钟，请横向朗读。”在听到“嘟”的一声后，考生就可以朗读试卷的内容了。

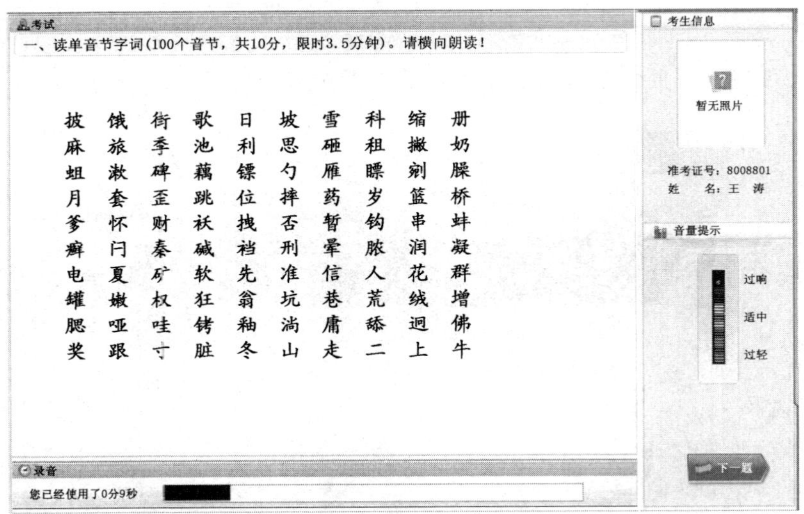

第一题，限时3.5分钟。页面的下方有时间条，朗读时注意时间控制。如果提前读完，不要等待，立即点击屏幕右下方"下一题"按钮，进入第二题考试。

第二题、第三题的操作流程与第一题相同。

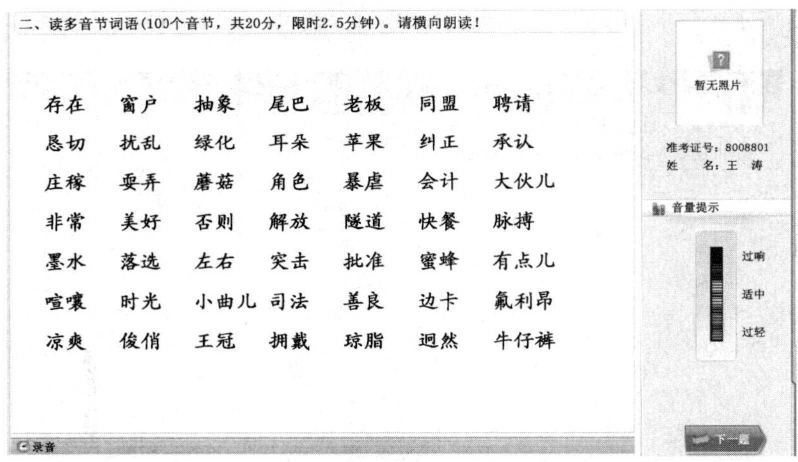

三、朗读短文(400个音节，共30分，限时4分钟)

那时候，夜雨下起来了。一阵阵雨点从暗夜里斜过来，先打着四下里的包谷林，跟着就急促地打在瓦檐上，不久就变得缠绵起来，檐水一直淅沥作响。永远也不知道为什么，一听见雨声，人的心就禁不住彷徨。仿佛是一种亘古的诉说，有催人肝肠的力量。后来我就提起笔来，写下了《城市与孩子》……

那时我还在梨花屯乡场，现在我已经回到了这座故乡的城市。依旧是夜晚，夜雨也还是打在瓦楞上。你说怎么样呢？一切都会改变，只有这雨声，这夜深人静，却永远是不会改变的。仿佛注定了一般，不论我在哪儿，不论在故乡，还是远方，它都要追逐着人，搓揉着人的衷肠。

它沙沙地来了，在这夜深人静的时候，紧一阵，慢一阵。仿佛要轻敛下去，跟着又急切起来，依旧地诉说着，直截地诉说着，撇开人世间东零西碎的焦虑，撇开日子里光怪陆离的景象……

雨声还和当年一样，但院子里的梧桐却已经没有了。这之中，已过去了二十多年的时光。当年我曾经从这小楼上出发，去经受我的日子，但二十年过去，我还是回归到这小楼上。就像这巷口住着的那一位姑娘，数十年光阴过去了，她也还在原来的地方，她的家还在那//……

暂无照片

准考证号：8008801

姓 名：王 涛

音量提示

过响

适中

过轻

录音

下一题

第四题说话，必须说满 3 分钟，考生在说话之前需说明自己选择的说话题目。

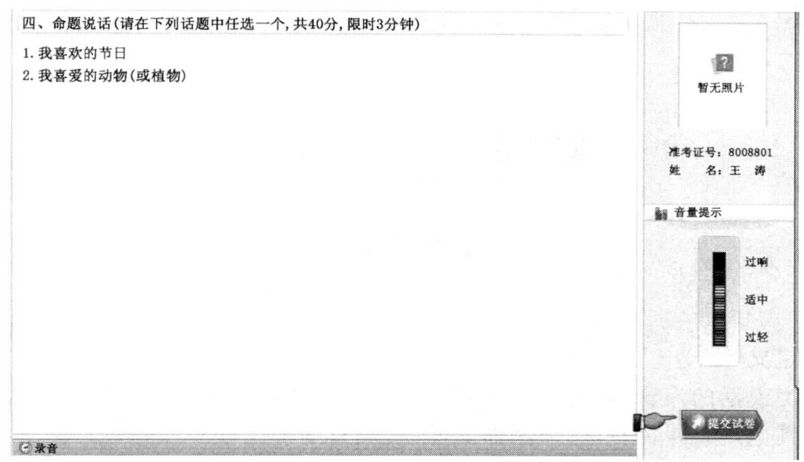

3 分钟后，请及时点击屏幕右下角“提交试卷”按钮，结束考试。如果考生不点击该按钮，系统可能会自动提交。

（五）完成测试

提交完试卷，结束考试，接下来页面会弹出提示框，点击“确认”按钮后就可以离开考场了。

（六）测试中应注意的事项

①正确佩戴耳机，避免麦克风与嘴唇离得太远或太近，影响录音效果。

②测试时发音要准确、清晰、饱满，音量控制得当。

③每一题测试前系统都会有一段提示音，请在提示音结束并听到“嘟”的一声后，再开始朗读。测试的前三题不必读题，直接朗读测试的内容。

④测试的前两项“读单音节字词”“读多音节词语”，必须横向朗读。注意避免出现漏行、错行；避免出现字词的错、漏、增、改及回读等现象。

⑤每题读完后，不必停下来等待，应立即点击右下角“下一题”按钮，进入下一题测试。

⑥第四题“命题说话”：进入页面后，不必等待，应立即选择话题开始说话。此项测试有缺时会扣分，考生超过 6 秒未开口说话，机测系统即开始缺时计算。

⑦测试结束后，提交试卷，摘下耳机，离开考场。

第二部分

普通话语音知识

语音概述

（一）语音的性质

1.语音的定义

语音是人类说话的声音，是有意义内容的语言成分的外部形式，或者说是语言的物质外壳。

①语音同其他声音一样，产生于物体的颤动，具有物理属性。

②语音是由人的发音器官发出的，还具有生理属性。

③更重要的是，语音要表达一定的意义，什么样的语音形式表达什么样的意义，必须是使用该语言的全体社会成员约定俗成的，所以语音又具有社会属性。社会属性是语音的本质属性。

2.语音的物理属性

语音同其他声音一样，是一种物理现象，具有音高、音强、音长、音色四种要素。

（1）音高

音高是指声音的高低，它决定于发音体颤动的快慢。在一定时间内颤动的快慢即指颤动次数的多少，称作"频率"。在一定时间内颤动快，次数多，频率就高，声音也就高，反之则低。汉语普通话中"四声"的差别主要是由音高决定的。

（2）音强

音强是指声音的强弱，它与发音体颤动幅度的大小有关。发音体颤动的幅度称作"振幅"。振幅大，声音就强，反之则弱。发音体振幅大小又取决于发音时用力的大小。语音的强弱是由发音时气流冲击声带力量的强弱来决定的。语言中的重音、轻音是由于音强不同所致。

（3）音长

音长是指声音的长短，它决定于发音体颤动的时间的久暂。发音体颤动时间持续久，声音就长，反之则短。

（4）音色

音色又称"音质"，是指声音的特色。音色的差别主要决定于物体颤动所形成的音波波纹的曲折形式不同，造成不同音色的条件主要有以下3种：

①发音体不同。

②发音方法不同。

③发音时共鸣器形状不同。

在汉语中，除音色外，音高的作用十分重要，声调主要是由音高构成的，声调能区别意义。音强和音长在语调和轻声里也起重要的作用。

3.语音的生理属性

语音是由人的发音器官发出来的，它受到生理条件的制约，具有生理属性。发音器官可分呼吸器官，喉头和声带，咽腔、口腔和鼻腔3大部分。

（1）呼吸器官

呼吸器官是由肺、气管、胸腔、横膈膜构成的，能呼出气流，气流是语音的动力。

(2)喉头和声带(嗓子)

①喉头由甲状软骨、环状软骨和两块杓状软骨组成,呈圆筒形,下接气管,上通咽腔。

②声带位于喉头的中间,是两片富有弹性的带状薄膜。呼出的气流通过声门使声带颤动发出声音,控制声带松紧的变化就可以发出高低不同的声音来。

(3)咽腔、鼻腔和口腔

三者都能起共鸣器的扩大声音的作用。调节成多种多样的语音主要靠口腔内各器官起作用。

4.语音的社会属性

语言是社会现象,作为语言的物质外壳,语音也是一种社会现象。语音的表意功能是社会赋予的,是由使用同一种语言的社会成员约定俗成的。语音这一属性表现在以下方面:

(1)音义结合的固定性

同样的语音形式可以用来表示不同的意义,同样一个意义又可以有多种语音形式。

(2)语音的系统性

不同的语言或方言有不同的语音系统,从物理和生理属性的角度看是不同的音,在语言中可能认为是相同的音。

(二)语音单位

1.音素

(1)音素的定义

音素是最小的语音单位,它是从音色的角度划分出来的。普通话共有 32 个音素。

(2)音素的分类

音素可以分为辅音和元音两大类:

①辅音是气流在口腔或咽头受阻碍而形成的音素,也称子音。如 b,m,f,d,k,zh,s 等。

②元音是气流颤动声带,在口腔、咽头不受阻碍而形成的音素,也称母音。如 a,o,e,i,u 等。

(3)辅音和元音的主要区别

①从受阻与否看:发辅音时,气流通过咽头、口腔的时候受到某个部位的阻碍;发元音时,气流通过咽头、口腔不受阻碍。这是元音和辅音最主要的区别。

②从紧张度看:发辅音时,发音器官成阻的部位特别紧张;发元音时,发音器官各部位保持均衡的紧张状态。

③从气流强弱看:发辅音时,气流较强;发元音时,气流较弱。

④从响亮度看:发辅音时,声带不一定颤动,声音一般不响亮;发元音时,声带颤动,声音比辅音响亮。

2.音节

音节由音素构成,是交谈时自然感到的语音单位。

①每发一个音节时,发音器官的肌肉,特别是喉部的肌肉都明显地紧张一下。每一次肌肉的紧张度增而复减,就形成一个音节。

②一个音节可以只有一个音素,也可以由几个音素合成。一般说来,一个汉字表示一个音节。但儿化音节例外,如“花儿”两个汉字只记录一个音节。

3.声母、韵母、声调

按照汉语音韵学传统的字音分析方法,把一个音节分成前后两段,即分析成声和韵两段,前段为声母,后段为韵母,贯通整个音节的音高变化称作声调。

①声母,位于音节前段,主要由辅音构成。有的音节不以辅音开头,元音前头那部分是零,习惯上称作“零声母”。声母和辅音不是一个概念。虽然声母由辅音充当,但有的辅音不做声母,只作韵尾,如“guāng”(光)中的 ng。辅音在音节开头的是声母,在音节末尾的是韵尾。

②韵母，位于音节的后段，由元音或元音加辅音构成。韵母和元音不相等。韵母有的由单元音或复元音构成，有的由元音带辅音构成。

③声调是指依附在声韵结构中具有区别意义作用的音高变化。

4. 音位

音位是一个语音系统中能够区别意义的最小语音单位，也就是按语音的辨义作用归纳出的音类。

（三）记音符号

1. 记音方法

为了给汉字注音和记录汉语，人们采用过多种记音方法，主要可分 3 大类：

①用汉字记音。从前流行过直音法和反切法两种方法。直音法是用一个汉字给另一个汉字注音。如果遇到没有同音字就无法注音，于是后来就用两个汉字给另一个汉字注音，称为反切法。

②用创制于五四运动前后的“注音符号”（最早称为注音字母）来记音。它在给汉字注音和推广“国语”方面起过很好的作用。

③用罗马字拼音字母来给汉字注音和记录汉语，有威妥玛式方案、国语罗马字拼音法式（简称“国罗”）、北方话拉丁化新文字（简称“北拉”）等，现在用《汉语拼音方案》。

④此外还用国际音标来记录语音。

2.《汉语拼音方案》

《汉语拼音方案》是在过去各种记音法的基础上发展起来的，可以说是我国人民创制各种汉语记音与汉字注音法的经验总结。汉语拼音方案的用途有：

(1)汉字的注音工具

用直音法、反切法和注音字母注音都有很大的缺陷，前两种要以认识大量汉字为基础，如果没有易识的音同或音近的字就难以注音。注音符号曾起过一定的作用，但它不完全是音素字母，注音不够准确，书写也不够方便。《汉语拼音方案》基本上克服了上述各种缺点，能够准确地给汉字注音。它采用国际上流行的拉丁字母，既容易为广大群众所掌握，又便于国际间的文化交流。

(2)普通话的拼写工具

推广普通话，是我国社会主义建设的需要，是国家统一和人民团结的需要。学习普通话光靠口耳是不够的，必须有一套记音符号，以帮助教学，矫正读音。事实证明，《汉语拼音方案》正是推广普通话的有效工具。

(3)其他用途

此外，《汉语拼音方案》还可以用来作为我国各少数民族创制和改革文字的共同基础，用来帮助外国人学汉语，用来音译人名、地名和科学术语，以及用来编制索引和代号，等等。

3. 国际音标

(1)含义

国际音标是 1886 年成立于英国伦敦的国际语音学会为了记录和研究人类语言的语音而制定的一套记音符号。

(2)内容

国际音标共有 100 多个符号，符合“一个符号一个音素，一个音素一个符号”的原则，至今已经过多次修订。

(3)优点

①符号简明，比较科学、细致。

②可以补汉语拼音字母之不足。

汉语拼音方案

（1957年11月1日国务院全体会议第60次会议通过）
（1958年2月11日第一届全国人民代表大会第五次会议批准）

一、字母表

字母	Aa	Bb	Cc	Dd	Ee	Ff	Gg
名称	ㄚ	ㄅㄝ	ㄘㄝ	ㄉㄝ	ㄜ	ㄝㄈ	ㄍㄝ

Hh	Ii	Jj	Kk	Ll	Mm	Nn
ㄏㄚ	ㄧ	ㄐㄧㄝ	ㄎㄝ	ㄝㄌ	ㄝㄇ	ㄋㄝ

Oo	Pp	Qq	Rr	Ss	Tt
ㄛ	ㄆㄝ	ㄑㄧㄡ	ㄚㄦ	ㄝㄙ	ㄊㄝ

Uu	Vv	Ww	Xx	Yy	Zz
ㄨ	ㄪㄝ	ㄨㄚ	ㄒㄧ	ㄧㄚ	ㄗㄝ

注：v只用来拼写外来语、少数民族语言和方言。字母的手写体依照拉丁字母的一般书写习惯。

二、声母表

b	p	m	f	d	t	n	l
ㄅ玻	ㄆ坡	ㄇ摸	ㄈ佛	ㄉ得	ㄊ特	ㄋ讷	ㄌ勒

g	k	h		j	q	x
ㄍ哥	ㄎ科	ㄏ喝		ㄐ基	ㄑ欺	ㄒ希

zh	ch	sh	r	z	c	s
ㄓ知	ㄔ蚩	ㄕ诗	ㄖ日	ㄗ资	ㄘ雌	ㄙ思

在给汉字注音的时候，为了使拼式简短，zh ch sh可以省作 ẑ ĉ ŝ。

三、韵母表

	i ㄧ　衣	u ㄨ　乌	ü ㄩ　迂
a ㄚ　啊	ia ㄧㄚ　呀	ua ㄨㄚ　蛙	
o ㄛ　喔		uo ㄨㄛ　窝	
e ㄜ　鹅	ie ㄧㄝ　耶		üe ㄩㄝ　约
ai ㄞ　哀		uai ㄨㄞ　歪	
ei ㄟ　欸		uei ㄨㄟ　威	
ao ㄠ　熬	iao ㄧㄠ　腰		
ou ㄡ　欧	iou ㄧㄡ　忧		
an ㄢ　安	ian ㄧㄢ　烟	uan ㄨㄢ　弯	üan ㄩㄢ　冤
en ㄣ　恩	in ㄧㄣ　因	uen ㄨㄣ　温	ün ㄩㄣ　晕
ang ㄤ　昂	iang ㄧㄤ　央	uang ㄨㄤ　汪	
eng ㄥ　亨的韵母	ing ㄧㄥ　英	ueng ㄨㄥ　翁	
ong （ㄨㄥ）轰的韵母	iong ㄩㄥ　雍		

（1）“知、蚩、诗、日、资、雌、思”等七个音节的韵母用 i，即：“知、蚩、诗、日、资、雌、思”等字拼作 zhi，chi，shi，ri，zi，ci，si。

（2）韵母儿写成 er，用作韵尾的时候写成 r。
例如：“儿童”拼作 ertong，“花儿”拼作 huar。

（3）韵母ㄝ单用的时候写成 ê。

（4）i 列的韵母，前面没有声母的时候，写成 yi（衣），ya（呀），ye（耶），yao（腰），you（忧），yan（烟），yin（因），yang（央），ying（英），yong（雍）。

u 列的韵母，前面没有声母的时候，写成 wu（乌），wa（蛙），wo（窝），wai（歪），wei（威），wan（弯），wen（温），wang（汪），weng（翁）。

ü 列的韵母，前面没有声母的时候，写成 yu（迂），yue（约），yuan（冤），yun（晕）；ü 上两点省略。

ü 列的韵母跟声母 j，q，x 拼的时候，写成 ju（居），qu（区），xu（虚），ü 上两点也省略；但是跟声母 n，l 拼的时候，仍然写成 nü（女），lü（吕）。

（5）iou，uei，uen 前面加声母的时候，写成 iu，ui，un，例如：niu（牛），gui（归），lun（论）。

（6）在给汉字注音的时候，为了使拼式简短，ng 可以省作 ŋ。

四、声调符号

阴平	阳平	上声	去声
ˉ	ˊ	ˇ	ˋ

声调符号标在音节的主要母音上。轻声不标。

例如：

妈 mā	麻 má	马 mǎ	骂 mà	吗 ma
（阴平）	（阳平）	（上声）	（去声）	（轻声）

五、隔音符号

a，o，e 开头的音节连接在其他音节后面的时候，如果音节的界限发生混淆，用隔音符号（’）隔开，例如：pi’ao（皮袄）。

第一单元　声母

一、什么是声母

声母是音节开头的部分，普通话有22个声母，其中21个辅音声母、1个零声母。辅音发音时，气流通过口腔或鼻腔时要受到阻碍，通过克服阻碍而发出声音。其特点是时程短、音势弱，容易受到干扰，易产生吃字现象，从而影响语音的清晰度。声母的发音部位是否准确，是语流中字音是否清晰并具有一定亮度的关键。

普通话声母表

b	巴步别	p	怕盘扑	m	门谋木	f	飞付浮
d	低大夺	t	太同突	n	南牛怒	l	来吕路
g	哥甘共	k	枯开狂	h	海寒很		
j	即结净	q	齐求轻	x	西袖形		
zh	知照铡	ch	茶产唇	sh	诗手生	r	日锐荣
z	资走坐	c	慈蚕存	s	丝散颂		

零声母　安言忘云

二、声母的分类

(一)按发音部位分类

普通话的辅音声母可以按发音部位分为3大类，细分为7个部位，具体如下：

声母的分类

发音种类	声母	形成方式
双唇音	b,p,m	上唇和下唇阻塞气流而形成
唇齿音	f	上齿和下唇接近阻碍气流而形成
舌尖前音	z,c,s	舌尖抵住或接近齿背阻碍气流而形成
舌尖中音	d,t,n,l	舌尖抵住上齿龈阻碍气流而形成
舌尖后音	zh,ch,sh,r	舌尖抵住或接近硬腭前部阻碍气流而形成
舌面前音(舌面音)	j,q,x	舌面前部抵住或接近硬腭前部阻碍气流而形成
舌面后音(舌根音)	g,k,h	舌面后部抵住或接近软腭阻碍气流而形成

声母由辅音构成。辅音是气流呼出时，在口腔某个部位遇到程度不同的阻碍构成的。我们把起始阶段叫“成阻”，持续阶段叫“持阻”，阻碍解除的阶段叫“除阻”。

（二）按发音方法分类

普通话辅音声母的发音方法有以下 5 种：

声母的发音

发音种类	声母	发音方法
塞音	b、p、d、t、g、k	发音时，发音部位形成闭塞，软腭上升，堵塞鼻腔的通路，气流冲破阻碍，迸裂而出，爆发成声
擦音	f、h、x、sh、r、s	发音时，发音部位接近，留下窄缝，软腭上升，堵塞鼻腔的通路，气流从窄缝中挤出，摩擦成声
塞擦音	j、q、zh、ch、z、c	发音时，发音部位先形成闭塞，软腭上升，堵塞鼻腔的通路，然后气流把阻塞部位冲开一条窄缝，从窄缝中挤出，摩擦成声。先破裂，后摩擦，结合成一个音
鼻音	m、n	发音时，口腔中的发音部位完全闭塞，软腭下降，打开鼻腔通路，气流颤动声带，从鼻腔通过发音
边音	l	发音时，舌尖与上齿龈接触，但舌头的两边仍留有空隙，同时软腭上升，阻塞鼻腔的通路，气流颤动声带，从舌头的两边或一边通过

（三）按气流的强弱分类

按气流的强弱分类

发音种类	声母	形成方式
送气音	p、t、k、q、ch、c	发音时，气流送出比较快和明显，由于除阻后声门大开，流速较快，在声门以及声门以上的某个狭窄部位造成摩擦
不送气音	b、d、g、j、zh、z	发音时，呼出的气流较弱，没有送气音特征，又同送气音形成对立的音

（四）按声带是否振动分类

按声带是否振动分类

发音种类	声母	形成方式
清音	b、p、f、d、t、g、k、h、j、q、x、zh、ch、sh、z、c、s	声带不颤动的是清音，又称不带音
浊音	m、n、l、r	发音时声带颤动的是浊音，又称带音

普通话声母发音总表

发音方法 \ 发音部位			唇音·双唇音（上唇 下唇）	唇音·唇齿音（上唇 下唇）	舌尖前音（舌尖 上齿背）	舌尖中音（舌尖 上齿龈）	舌尖后音（舌尖 硬腭前）	舌面前音（舌面前 硬腭前）	舌根音（舌面后 软腭）
塞音	清音	不送气音	b			d			g
		送气音	p			t			k
擦音	清音			f	s		sh	x	h
	浊音						r		
塞擦音	清音	不送气音			z		zh	j	
		送气音			c		ch	q	
鼻音	浊音		m			n			
边音	浊音					l			

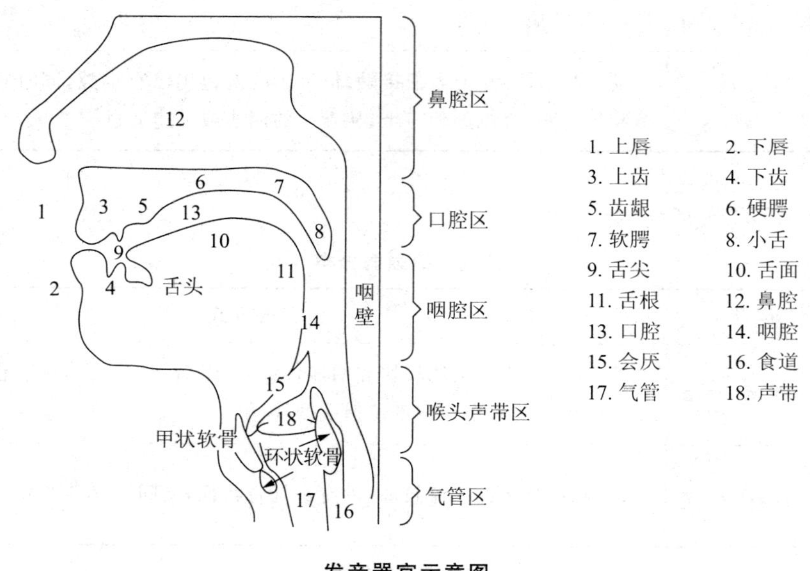

发音器官示意图

三、声母发音与甘肃方言分析

（一）双唇音

由上唇和下唇接触构成阻碍，要注意双唇用力，力量集中在双唇中央。

b［p］ **双唇　不送气　清　塞音**

发音时，双唇紧闭，软腭上升，鼻腔通路闭塞，阻塞气流，声带不颤动，气流从口腔冲破阻碍，爆发成声。主要是双唇中部着力，集中蓄气，用力发音。

发音范读：

冰棒 bīngbàng　　　辨别 biànbié　　　板报 bǎnbào

p [pʻ]　**双唇　送气　清　塞音**

发音的状况与 b 相近，只是发 p 时有一股较强的气流冲开双唇，两者的差别在于 b 为不送气音，p 为送气音。

发音范读：

批评 pīpíng　　　偏僻 piānpì　　　匹配 pǐpèi

在甘肃方言中，尤其天水、平凉、武都等地将不送气音的字读作送气音字。大部分 b 声母的字词，全部读成了 p 声母字词，b 和 p 都是双唇清塞音，区别在于 b 是双唇不送气清塞音，p 是双唇送气清塞音。例如：看病（kànbìng 错读为 kànpìng），北方（běifāng 错读为 pěifāng），布匹（bùpǐ 错读为 pùpǐ）。

m [m]　**双唇　浊　鼻音**

发音时，双唇闭合，软腭下降，打开鼻腔通路，气流振动声带从鼻腔通过。

发音范读：

美妙 měimiào　　　眉目 méimù　　　牧民 mùmín

（二）唇齿音

由下唇和上齿接触构成阻碍。

f [f]　**唇齿　清　擦音**

发音时，下唇接近上齿，形成窄缝，软腭上升，堵塞鼻腔通路，气流从唇齿间摩擦出来，声带不振动。

发音范读：

芬芳 fēnfāng　　　方法 fāngfǎ　　　发奋 fāfèn

（三）舌尖中音

舌尖抵住上齿龈构成阻碍。要注意部位准确，舌尖着力。

d [t]　**舌尖中　不送气　清　塞音**

发音时，舌尖抵住上齿龈，形成阻塞，软腭上升，堵塞鼻腔通路，较弱的气流冲破舌尖的阻碍，迸裂而出，爆发成声。

发音范读：

单调 dāndiào　　　到达 dàodá　　　地点 dìdiǎn

t [tʻ]　**舌尖中　送气　清　塞音**

发音的状况与 d 相近，只是发 t 时气流较强。

发音范读：

妥帖 tuǒtiē　　　谈吐 tántǔ　　　团体 tuántǐ

在甘肃方言中，大部分声母为 d 的字词，全部读成了声母为 t 的字词。d 和 t 都是舌尖中清塞音，区别在于 d 是舌尖中不送气清塞音，t 是舌尖中送气清塞音。例如：动画（dònghuà 错读为 tònghuà），洞穴（dòngxué 错读为 tòngxué），冬天（dōngtiān 错读为 tōngtiān）。

n [n]　**舌尖中　浊　鼻音**

发音时，舌尖抵住上齿龈，形成阻塞，软腭下降，打开鼻腔通路，气流振动声带，从鼻腔透出成声。

发音范读：

南宁 nánníng　　能耐 néngnai　　泥泞 nínìng

l［l］　舌尖中　浊　边音

发音时，舌尖抵住上齿龈，形成阻塞，软腭上升，堵塞鼻腔通路，声带振动，气流到达口腔从舌头两边通过。

发音范读：

来历 láilì　　联络 liánluò　　理论 lǐlùn

在甘肃方言中，尤其定西、天水等地大部分声母为 n 的字词，全部读成了声母为 l 的字词。n 和 l 都是舌尖中音，区别在于：n 是气流振动声带后从鼻腔流出，是舌尖中浊鼻音；l 是气流振动声带后从舌头两边流出，是舌尖中浊边音。例如：理发（lǐfà 错读为 nǐfà），马路（mǎlù 错读为 mǎnù），农民（nóngmín 错读为 lóngmín）。

（四）舌根音

g［k］　舌根　不送气　清　塞音

发音时，舌根抵住硬腭和软腭的交界处，形成阻塞，软腭上升，堵塞鼻腔通路，声带不振动，较弱的气流冲破舌根的阻碍，爆发成声。

发音范读：

公共 gōnggòng　　改革 gǎigé　　骨骼 gǔgé

k［k‘］　舌根　送气　清　塞音

发音的状况与 g 相近，只是呼出的气流比 g 较强。

发音范读：

可靠 kěkào　　宽阔 kuānkuò　　困苦 kùnkǔ

在甘肃方言中，声母为 g 的字词还会读成声母为 k 的字词。g 和 k 都是舌根音。两者区别在于 g 是舌根不送气清塞音，k 是舌根送气清塞音。例如：唱歌（chànggē 错读为 chàngkuō），跪地（guìdì 错读为 kuìdì），贵重（guìzhòng 错读为 kuìzhòng）。

h［x］　舌根　清　擦音

发音时，舌根接近硬腭和软腭的交界处，形成间隙，软腭上升，堵塞鼻腔通路，声带不振动，气流从窄缝中摩擦出来。

发音范读：

呼唤 hūhuàn　　缓和 huǎnhé　　辉煌 huīhuáng

（五）舌面前音

j［tɕ］　舌面前　不送气　清　塞擦音

发音时，舌面前部抵住硬腭前部，软腭上升，堵塞鼻腔通路，声带不振动，较弱的气流把阻碍冲开，形成窄缝，气流从窄缝中挤出，摩擦成声。

发音范读：

经济 jīngjì　　解决 jiějué　　拒绝 jùjué

q［tɕ‘］　舌面前　送气　清　塞擦音

发音状况与 j 相近，只是气流比 j 较强。

发音范读：

亲切 qīnqiè　　请求 qǐngqiú　　确切 quèqiè

在甘肃方言中，大部分声母为 j 的字词，读成了声母为 g 的字词。j 和 g 都是不送气音。主要区别在于 j 是舌面不送气清塞擦音，g 是舌根不送气清塞音。例如：街道（jiēdào 错读为 gāidào），解开（jiěkāi 错读为 gǎikāi）。

同时，在甘肃方言中声母为 j 的字词还会读成声母为 q 的字词。j 和 q 都是舌面清塞擦音。两者的区别在于 j 是舌面不送气清塞擦音，q 是舌面送气清塞擦音。例如：干净（gānjìng 错读为 gānqìng），尽头（jìntóu 错读为 qìntóu）。

x［ɕ］　舌面前　清　擦音

发音时，舌面前部接近硬腭前部，形成窄缝，软腭上升，堵塞鼻腔通路，声带不振动，气流从窄缝中挤出，摩擦成声。

发音范读：

学习 xuéxí　　详细 xiángxì　　相信 xiāngxìn

在甘肃方言中，尤其兰州和河西地区声母为 x 的字词，读成了声母为 h 的字词。x 和 h 都是清擦音。两者的区别在于 x 是舌面清擦音，h 是舌根清擦音。例如：皮鞋（píxié 错读为 píhái），下楼（xiàlóu 错读为 hàlóu）。

（六）舌尖前音

z［ts］　舌尖前　不送气　清　塞擦音

发音时，舌尖抵住上齿背或下齿背产生阻塞，形成窄缝，软腭上升，堵塞鼻腔通路，声带不振动，气流从窄缝中挤出，摩擦成声。

发音范读：

在座 zàizuò　　自尊 zìzūn　　走卒 zǒuzú

c［ts'］　舌尖前　送气　清　塞擦音

发音的状况与 z 基本相近，不同的是气流比 z 较强。

发音范读：

从此 cóngcǐ　　层次 céngcì　　粗糙 cūcāo

在甘肃方言中，特别是天水、平凉、武都等地方音将一部分不送气音的字读作送气音字（多为古浊音声母仄声字）。例如：在吗（zàima 错读为送气音 càima），鞋子（将 xiézi 错读为 xiéci），烦躁（将 fánzào 错读为 fáncào）。

s［s］　舌尖前　清　擦音

发音时，舌尖接近上齿背，形成一道窄缝，同时软腭上升，堵塞鼻腔通路，声带不振动，气流从窄缝中挤出，摩擦成声。

发音范读：

思索 sīsuǒ　　色素 sèsù　　洒扫 sǎsǎo

在甘肃方言中，特别是庆阳地区，将舌尖音 s 读成舌面音 x，例如：甘肃（gānsù 错读为 gānxù）。

在甘肃方言中，通渭方言中舌尖前清擦音 s 和舌尖后清擦音 sh 不分，将 s 读作 sh，例如：所谓（suǒwèi 错读为 shuǒwèi）。

（七）舌尖后音

zh［tʂ］　舌尖后　不送气　清　塞擦音

发音时，舌尖前部上翘，抵住硬腭前部，软腭上升，堵塞鼻腔通路，声带不振动。较弱的气流把阻碍冲开，形成一道窄缝，从窄缝中挤出，摩擦成声。

发音范读：

主张 zhǔzhāng　　　　政治 zhèngzhì　　　　挣扎 zhēngzhá

甘肃方言中，如定西、天水、武都、平凉、庆阳、酒泉等地，将一部分舌尖后清塞擦音 zh 声母的开口呼韵母字，读作舌尖前清塞擦音 z 声母的字。例如：站立（zhànlì 错读为 zànlì），蘸料（zhànliào 错读为 zànliào），油炸（yóuzhá 错读为 yóuzá），挣扎（zhēngzhá 错读为 zēngzá），睁眼（zhēngyǎn 错读为 zēngyǎn）。

甘肃方言中，也会出现舌尖后不送气清塞擦音 zh 声母和舌尖后送气清塞擦音 ch 声母不分，将 zh 读作 ch，例如：丈夫（zhàngfu 错读为 chàngfu），居住（jūzhù 错读为 jūchù）。

ch [tʂʻ]　**舌尖后　送气　清　塞擦音**

发音的状况与 zh 相近，只是气流比 zh 较强。

发音范读：

橱窗 chúchuāng　　　　出差 chūchāi　　　　拆穿 chāichuān

甘肃方言中，如定西、天水、武都、平凉、庆阳、酒泉等地，将部分的舌尖后送气清塞擦音 ch 声母的开口呼韵母字，读作舌尖前送气清塞擦音 c 声母的字。例如：炒菜（chǎocài 错读为 cǎocài），衬衣（将 chènyī 错读为 cènyī ），柴火（cháihuo 错读为 cáihuo），发愁（fāchóu 错读为 fācóu），撑起（chēngqǐ 错读为 cēngqǐ），抄写（chāoxiě 错读为 cāoxiě）。

甘肃方言中，也会出现舌尖后送气清塞擦音 ch 声母和舌尖后清擦音 sh 声母不分的情况，将 ch 读作 sh。例如：尝一尝（chángyicháng 错读为 shángyisháng），偿还（chánghuán 错读为 shánghuán）。

sh [ʂ]　**舌尖后　清　擦音**

发音时，舌尖上翘接近硬腭前部，形成窄缝，软腭上升，关闭鼻腔通路，于是气流从窄缝中挤出，摩擦成声。

发音范读：

事实 shìshí　　　　闪烁 shǎnshuò　　　　少数 shǎoshù

甘肃方言中，如定西、天水、武都、平凉、庆阳、酒泉等地，将一部分舌尖后清擦 sh 声母的开口呼韵母字，读作舌尖前清擦音 s 声母的字。例如：稍等（shāoděng 错读为 sāoděng），偏瘦（piānshòu 错读 piānsòu），晒太阳（shàitàiyang 错读为 sàitàiyang），开始（kāishǐ 错读为 kāisǐ），沙子（shāzi 错读为 sāzi），为啥（wèishá 错读为 wèisá）。

甘肃方言中，也会将 sh 读作 ch。例如：老鼠（lǎoshǔ 错读为 lǎochǔ）。

甘肃方言中，也会出现把舌尖后清擦音 sh 发成唇齿清擦音 f 的情况，例如：说话（shuōhuà 错读为 fēhuà），勺子（sháozi 错读为 fézi），水杯（shuǐbēi 错读为 fěibēi）。

r [ʐ]　**舌尖后　浊　擦音**

发音的状况与 sh 相近，不同的是发 r 时声带要振动，轻微摩擦。

发音范读：

柔软 róuruǎn　　　　仍然 réngrán　　　　软弱 ruǎnruò

甘肃方言中，庆阳地区将舌尖后浊擦音 r 声母读作舌尖前不送气清塞擦音 z 声母，例如：揉面（róumiàn 错读为 zóumiàn）。

(八)零声母

安　言　忘　云

普通话零声母可以分成两类：一类是开口呼零声母；一类是非开口呼零声母。

开口呼零声母音节，书面上不用汉语拼音字母表示，但当该音节处于其他音节后面时，在其左上方使用隔音符号“’”。

发音范读：

傲岸 ào’àn　　偶尔 ǒu’ěr　　恩爱 ēn’ài

非开口呼零声母，即除开口呼以外的齐齿呼、合口呼、撮口呼三种零声母自成音节的起始方式。

(1)齐齿呼零声母音节汉语拼音用隔音字母 y 开头，由于起始部分没有辅音声母，实际发音带有轻微摩擦，是半元音[j]，半元音仍属于辅音类。

发音范读：

洋溢 yángyì　　谣言 yáoyán　　游泳 yóuyǒng

(2)合口呼零声母音节汉语拼音用隔音字母 w 开头，实际发音带有轻微摩擦，是半元音[w]或齿唇通音[v]。

发音范读：

慰问 wèiwèn　　外文 wàiwén　　忘我 wàngwǒ

(3)撮口呼零声母音节汉语拼音用隔音字母 y(yu)开头，实际发音带有轻微摩擦，是半元音[ɥ]。

发音范读：

孕育 yùnyù　　渊源 yuānyuán　　元月 yuányuè

四、声母发音辨正

(一)f 与 h

1. 发音辨正

(1)发唇齿音 f 时，上齿与下唇内缘接近，摩擦成声。

(2)发舌根音 h 时，舌头后缩，舌根抬起接近软腭，摩擦成声。

2. 发音辨正练习

单字辨正练习

发 fā	花 huā	翻 fān	欢 huān	方 fāng	慌 huāng
飞 fēi	灰 huī	冯 féng	横 héng	赴 fù	护 hù
斧 fǔ	虎 hǔ	房 fáng	黄 huáng	愤 fèn	恨 hèn
饭 fàn	汉 hàn	俯 fǔ	唬 hǔ	风 fēng	烘 hōng

词语辨正练习

理发 lǐfà	理化 lǐhuà	发现 fāxiàn	花线 huāxiàn
舅父 jiùfù	救护 jiùhù	废话 fèihuà	会话 huìhuà
防虫 fángchóng	蝗虫 huángchóng	乏力 fálì	华丽 huálì
肥鸡 féijī	回击 huíjī	犯病 fànbìng	患病 huànbìng

f与h声旁代表字类推表

f声母代表字

发—fā 发 fà 发(头发) fèi 废
乏—fá 乏 fàn 泛
伐—fá 伐阀筏
法—fǎ 法砝
番—fān 翻番藩幡蕃(bō 播)
凡—fān 帆 fán 凡矾
反—fǎn 反返 fàn 饭贩
犯—fàn 犯范
方—fāng 方芳坊(牌坊) fáng 防妨房肪
fǎng 仿访纺 fàng 放
非—fēi 非菲(芳菲)啡扉绯蜚霏
fěi 诽菲(菲薄)匪悱斐翡 fèi 痱
分—fēn 分(分配)芬吩纷酚氛 fén 汾 fěn 粉
fèn 分(分外)份忿
蜂—fēng 峰烽锋蜂 féng 逢缝(缝补)
fèng 缝(缝隙)
风—fēng 风枫疯 fěng 讽
奉—fèng 奉俸
夫—fū 夫肤 fú 芙扶
孚—fū 孵 fú 孚俘浮
甫—fū 敷 fǔ 甫辅脯 fù 傅缚
弗—fú 弗拂佛(彷佛)氟 fó 佛(佛教) fèi 沸费
伏—fú 伏茯袱
福—fú 幅福辐蝠 fù 副富
付—fú 符 fǔ 府俯腑腐 fù 付附咐
父—fǔ 斧釜 fù 父
卜—fù 讣赴
复—fù 复腹馥覆

类推表外的字：fá 罚 fán 繁樊 fàn 梵 fēi 飞妃 féi 肥 fén 坟 fèn 奋愤粪 fēng 丰封 féng 冯 fǒu 否 fú 服 fù 负妇阜赋

h声母代表字

禾—hé 禾和
红—hóng 红虹鸿 hòng 讧
洪—hōng 哄(闹哄哄)烘 hóng 洪 hǒng 哄(哄骗)
hòng 哄(起哄)
弘—hóng 弘泓
乎—hū 乎呼
忽—hū 忽惚唿 hú 囫 hù 笏
胡—hú 胡湖葫糊(糨糊)蝴瑚猢 hù 糊(糊弄)
狐—hú 弧狐
虎—hǔ 虎唬琥
户—hù 户护沪
化—huā 花哗(哗啦啦) huá 华(中华)哗(喧哗)铧骅
huà 化桦华(姓) huò 货
滑—huá 滑猾
怀—huái 怀 huài 坏
还—huán 还环 huái 怀 huài 坏
寰—huán 寰鬟圜
奂—huàn 奂涣换唤焕痪
荒—huāng 荒慌 huǎng 谎
皇—huáng 皇凰惶徨蝗隍
黄—huáng 黄潢磺簧
晃—huǎng 晃(晃眼)恍幌 huàng 晃(摇晃)
挥—huī 挥晖辉 hūn 荤 hún 浑 hùn 诨
灰—huī 灰咴诙恢
回—huí 回茴蛔洄 huái 徊
悔—huǐ 悔 huì 诲晦
惠—huì 惠蕙
会—huì 会荟绘烩
彗—huì 彗慧
昏—hūn 昏阍婚
混—hún 混(混小子)馄 hùn 混(混淆)
活—huó 活 huà 话
火—huǒ 火伙
或—huò 或惑
霍—huò 霍藿

类推表外的字：hōng 轰 hóng 宏 hú 壶 hù 互怙 huá 划(划算) huà 划(规划)画 huái 淮槐踝 huān 欢

huán 桓 huǎn 缓 huàn 幻宦浣患豢 huāng 肓 huī 徽麾 huǐ 毁 huì 卉汇讳秽喙 hún 魂 hé 和(和气) hè 和(应和) huó 和(和面) huò 和(和稀泥) huō 豁(豁口) huò 获祸豁(豁达)

(二)n 与 l

1. 发音辨正

(1)相同点:鼻音 n 与边音 l 都是舌尖中音,发音部位相同,发音时舌尖抵住上齿龈。

(2)不同点:鼻音 n 与边音 l 的发音方法不同。读 n 时舌尖及舌前部两侧先与口腔前上部完全闭合,然后慢慢离开,气流从鼻腔出来,音色比较沉闷;读 l 时舌尖接触上齿龈,气流从舌头两边透出,然后舌尖轻轻弹开,弹发成声,音色比较清脆。

2. 发音辨正练习

单字辨正练习

那 nà	辣 là	你 nǐ	里 lǐ	挠 náo	牢 láo
南 nán	蓝 lán	尿 niào	料 liào	念 niàn	恋 liàn
娘 niáng	凉 liáng	挪 nuó	罗 luó	暖 nuǎn	卵 luǎn
女 nǚ	吕 lǚ	奈 nài	赖 lài	浓 nóng	隆 lóng

词语辨正练习

逆流 nìliú	耐劳 nàiláo	脑力 nǎolì	内陆 nèilù
努力 nǔlì	女郎 nǚláng	能量 néngliàng	年龄 niánlíng
暖流 nuǎnliú	鸟类 niǎolèi	冷暖 lěngnuǎn	留念 liúniàn
流年 liúnián	烂泥 lànní	利尿 lìniào	遛鸟 liùniǎo

n 与 l 声旁代表字类推表

n 声母代表字

那—nā 那(姓) nǎ 哪(哪怕)
nà 那(那么)娜(人名用字)
né 哪(哪吒) nuó 挪娜(婀娜)
乃—nǎi 乃奶
奈—nài 奈 nà 捺
脑—nǎo 脑恼
尼—ne 呢(语气助词) ní 尼泥(泥巴)呢(呢绒)
nì 昵泥(拘泥)
内—nèi 内 nà 呐纳钠
你—nǐ 你 nín 您
念—niàn 念 niǎn 捻

娘—niáng 娘 niàng 酿
聂—niè 聂镊
孽—niè 孽蘖
宁—níng 宁(宁静)狞拧(拧毛巾) nǐng 拧
nìng 泞宁(宁可)
扭—niǔ 扭纽钮 niū 妞
农—nóng 农浓脓
奴—nú 奴 nǔ 努 nù 怒
懦—nuò 懦糯
诺—nuò 诺 nì 匿
虐—nüè 虐疟

类推表外的字:ná 拿 nài 耐 nán 男难 náng 囊 nào 闹 něi 馁 nèn 嫩 néng 能 nǐ 拟 nì 溺逆腻 nián 年 niǎn 碾 niǎo 鸟 niào 尿 niè 镍 níng 凝 niú 牛 nòng 弄 nuǎn 暖

l 声母代表字

立—lā 拉(拉扯)垃啦 lá 拉(拉了个口子)
lǎ 拉(半拉) lì 立粒

喇—lǎ 喇 là 辣 lài 赖癞 lǎn 懒
洛—là 落(丢三落四) lào 络(络子)落(落枕)烙(烙

饼)酪 lòu 露(露面) lù 路露(露水)赂 lüè 略
luò 骆络(联络)落(落实)洛烙(炮烙)
腊—là 腊蜡 liè 猎
来—lái 来莱
兰—lán 兰拦栏 làn 烂
蓝—lán 蓝篮 làn 滥
览—lǎn 览揽缆榄
郎—láng 郎(女郎)廊琅榔 lǎng 朗
làng 郎(屎壳郎)
劳—lāo 捞 láo 唠劳 lào 唠涝
老—lǎo 老姥
乐—lè 乐 lì 砾
了—le 了(去了) liáo 辽疗 liǎo 了(了解)
雷—léi 雷擂(擂钵) lěi 蕾 lèi 擂(擂台)
累—léi 累(累赘) lěi 累(累计)儡 lèi 累(劳累)
luó 骡螺
离—lí 离璃漓篱
里—lǐ 里理 lī 哩 lí 厘狸 liáng 量(测量)
liàng 量(产量)
利—lì 利俐莉 lí 梨犁黎
力—lì 力历荔雳励沥 lè 勒(勒索) lēi 勒(勒紧)
lèi 肋 liè 劣 lìng 另 lǔ 虏
列—lì 例 liē 咧(大大咧咧) liě 咧 liè 列烈裂
连—lián 连莲 liàn 链 liǎn 琏
廉—lián 廉镰
脸—liàn 殓 liǎn 脸敛
练—liàn 练炼
恋—liàn 恋 luán 峦孪栾
两—liǎng 两俩(伎俩) liǎ 俩(咱俩) liàng 辆
良—liáng 良粮 láng 狼
làng 浪(niáng 娘 niàng 酿)
凉—liáng 凉(凉爽)
liàng 亮凉(水太热,凉一凉)谅晾 lüè 掠
梁—liáng 梁粱
撩—liāo 撩(撩开) liáo 僚疗撩(撩拨)嘹燎(燎原)
liǎo 潦燎(火把头发燎了) liào 瞭镣
林—lín 林淋(淋巴)琳 lìn 淋(淋病)
磷—lín 磷鳞
凛—lǐn 凛廪懔(bǐng 禀)
凌—líng 凌陵菱棱 léng 棱(棱角)
令—lìng 令(命令) lěng 冷 līn 拎 lín 邻
líng 令(令狐)伶铃零龄玲翎
lǐng 令(量词)岭领(lián 怜)
留—liú 留榴馏(蒸馏)瘤 liū 溜(溜走)
liù 溜(檐溜)馏(馏馒头)
流—liú 流琉硫
柳—liǔ 柳 liáo 聊
六—liù 六 lù 六(六安)
龙—lóng 龙聋笼(鸟笼)咙胧 lǒng 拢垄笼(笼罩)
娄—lóu 娄偻(佝偻)楼髅 lǒu 搂(搂抱)
lǚ 偻(伛偻)屡缕
录—lù 录绿(绿林)碌(劳碌) liù 碌(碌碡)
lǜ 氯绿(绿化)
庐—lú 庐芦炉 lǘ 驴
卢—lú 卢颅
吕—lǚ 吕侣铝
虑—lǜ 虑滤
仑—lún 论(论语)轮仑伦抡(抡材)沦 lūn 抡(抡拳)
lùn 论(论文)
罗—luō 啰(啰唆) luó 罗萝锣箩逻

类推表外的字: láo 牢 lěi 垒 lèi 泪 léng 楞 lǐ 李礼 lì 隶 lián 联 liào 料 lín 临 lìn 吝赁 líng 灵 liú 刘 liǔ 绺 lòu 漏陋 lǔ 卤 lǚ 旅履 lǜ 率律 luǎn 卵 luàn 乱 luō 捋 luǒ 裸

(三)r 与 l

1. 发音辨正

(1)发翘舌浊擦音 r 时,舌尖翘起接近硬腭前部,形成一条缝隙,颤动声带,气流从缝隙中摩擦而出。

(2)发舌尖中浊边音 l 时,舌尖在上齿龈上轻轻弹一下,颤动声带,呼出气流。

这两个声母的主要区别:一是舌尖所接近或接触的部位不同;二是 r 是摩擦成声,l 是弹发成声。发音时应该仔细揣摩自己的发音部位和发音方法是不是合乎这两个要领。

2. 发音辨正练习

单字辨正练习

让 ràng	浪 làng	柔 róu	楼 lóu	热 rè	乐 lè
乳 rǔ	鲁 lǔ	软 ruǎn	卵 luǎn	若 ruò	落 luò
溶 róng	龙 lóng	仍 réng	棱 léng	然 rán	蓝 lán
路 lù	入 rù	漏 lòu	肉 ròu	荣 róng	聋 lóng

词语辨正练习

仍然 réngrán	柔软 róuruǎn	容忍 róngrěn	冉冉 rǎnrǎn
柔弱 róuruò	软弱 ruǎnruò	热量 rèliàng	染料 rǎnliào
扰乱 rǎoluàn	缭绕 liáorào	了然 liǎorán	猎人 lièrén
例如 lìrú	礼让 lǐràng	恋人 liànrén	连日 liánrì

r 声母声旁代表字类推表

然—rán 然燃

冉—rán 髯　rǎn 冉苒

嚷—rāng 嚷(嚷嚷)　ráng 瓤

　　rǎng 嚷(叫嚷)攘壤(土壤)

饶—ráo 饶桡娆　rào 绕(náo 挠铙)

人—rén 人　rèn 认

壬—rén 壬任(姓任)　rěn 荏　rèn 任(任务)妊饪

刃—rěn 忍　rèn 刃纫韧仞

扔—rēng 扔　réng 仍

容—róng 容溶熔蓉榕

戎—róng 戎绒

荣—róng 荣嵘蝾

柔—róu 柔揉糅蹂

如—rú 如茹　rǔ 汝

儒—rú 儒蠕孺嚅濡

辱—rǔ 辱　rù 褥蓐

阮—ruǎn 阮朊

若—ruò 若偌(rě 惹)

闰—rùn 闰润

类推表外的字： rǎn 染　ràng 让　rǎo 扰　rè 热　rén 仁　rěn 稔　rì 日　róng 融茸　rǒng 冗　ròu 肉　rǔ 乳　rù 入　ruǎn 软　ruǐ 蕊　ruì 锐睿瑞枘　ruò 弱

（四）z，c，s 与 zh，ch，sh

1. 发音辨正

（1）发平舌音 z，c，s 时，舌尖平伸，抵住或接近上齿背。

（2）发翘舌音 zh，ch，sh 时，舌头放松，舌尖轻巧地翘起来接触或靠近硬腭前部。

2. 发音辨正练习

（1）z—zh

单字辨正练习

自 zì	致 zhì	最 zuì	缀 zhuì	增 zēng	蒸 zhēng
尊 zūn	谆 zhūn	赞 zàn	占 zhàn	中 zhōng	宗 zōng

词语辨正练习

组织 zǔzhī	增长 zēngzhǎng	罪证 zuìzhèng	尊重 zūnzhòng
遵照 zūnzhào	著作 zhùzuò	正在 zhèngzài	指责 zhǐzé
治罪 zhìzuì	铸造 zhùzào	摘花 zhāihuā	栽花 zāihuā

(2)c—ch

单字辨正练习

才 cái　豺 chái　村 cūn　春 chūn　参 cān　搀 chān
崔 cuī　吹 chuī　窜 cuàn　串 chuàn　侧 cè　彻 chè

词语辨正练习

操持 cāochí　残春 cánchūn　残喘 cánchuǎn　存储 cúnchǔ
辞呈 cíchéng　陈词 chéncí　筹措 chóucuò　除草 chúcǎo
储存 chǔcún　储藏 chǔcáng　层次 céngcì　程序 chéngxù

(3)s—sh

单字辨正练习

素 sù　树 shù　桑 sāng　伤 shāng　嗓 sǎng　晌 shǎng
散 sǎn　闪 shǎn　搜 sōu　收 shōu　扫 sǎo　少 shǎo

词语辨正练习

随时 suíshí　所属 suǒshǔ　扫视 sǎoshì　损伤 sǔnshāng
琐事 suǒshì　上诉 shàngsù　哨所 shàosuǒ　深思 shēnsī
失色 shīsè　收缩 shōusuō　丧失 sàngshī　上市 shàngshì

平舌音与翘舌音声旁代表字类推表

z 与 zh 声旁代表字类推表

z 声母代表字

匝—zā 匝咂　zá 砸
咋—zǎ 咋　zuó 昨　zuò 作柞
哉—zāi 哉栽　zǎi 载　zài 载(cái 裁)
宰—zǎi 宰　zǐ 滓
赞—zǎn 攒(积攒)　zàn 赞
脏—zāng 脏(肮脏)赃　zàng 脏(内脏)
藏—zāng 臧　zàng 藏(宝藏)[cáng 藏(矿藏)]
澡—zǎo 澡藻　zào 燥躁噪
责—zé 责啧(zì 渍)(zhài 债)
泽—zé 泽择
曾—zēng 曾憎增　zèng 赠(cēng 噌　cèng 蹭)
子—zī 孜　zǐ 子仔籽　zì 字　zǎi 仔

资—zī 资姿咨　zì 恣
兹—zī 兹嗞滋孳(cí 慈磁鹚糍)
锱—zī 锱淄缁辎
紫—zī 龇　zǐ 紫　zì 眦
宗—zōng 宗综踪鬃　zòng 粽(cóng 淙琮)
奏—zòu 奏揍(còu 凑)
租—zū 租　zǔ 阻祖诅组　zuǐ 咀
卒—zú 卒　zuì 醉(cù 猝　cuì 淬悴瘁粹翠　suì 碎)
纂—zuǎn 纂　zuàn 攥(cuàn 篡)
尊—zūn 尊遵樽鳟
左—zuǒ 左佐
坐—zuò 坐座

类推表外的字： zā 扎　zá 杂　zāi 灾　zài 在　zán 咱　zàn 暂　zàng 葬　záo 凿　zǎo 早枣蚤　zào 皂灶造　zé 则　zè 仄　zéi 贼　zěn 怎　zǐ 姊　zì 自　zǒng 总　zòng 纵　zōu 邹　zǒu 走　zú 足族　zuān 钻(钻空子)　zuàn 钻(钻井)　zuǐ 嘴　zuì 罪最　zuò 做

zh 声母代表字

乍—zhà 炸(炸弹)榨诈
　zhǎi 窄　zhá 炸(炸酱面)(zǎ 咋　zuó 昨　zuò 作)
占—zhān 占(占卜)沾粘毡　zhàn 占(占领)站战

只—zhī 只(一只)织　zhí 职　zhǐ 只(只要)
　zhì 帜识(标识)[shí 识(识别)]
知—zhī 知蜘　zhì 智

（shàn 苫）[zuàn 钻（钻井）]
詹—zhān 詹瞻（shàn 赡）
斩—zhǎn 斩崭（zàn 暂　cán 惭）
章—zhāng 章彰樟　zhàng 障
长—zhǎng 长涨　zhāng 张　zhàng 胀帐账
丈—zhàng 丈仗杖
召—zhāo 招昭　zhǎo 沼（sháo 韶）
折—zhé 折　zhé 哲　zhè 浙（shì 誓逝）
遮—zhē 遮　zhè 蔗
者—zhě 者　zhū 诸猪　zhǔ 煮
　zhù 著（chǔ 储　shǔ 暑薯署　shē 奢）
贞—zhēn 贞侦帧
珍—zhēn 珍　zhěn 诊疹（chèn 趁）
真—zhēn 真　zhèn 镇（shèn 慎）
枕—zhěn 枕　zhèn 鸩（chén 忱　shěn 沈）
振—zhèn 振震（chén 晨　shēn 娠　shèn 蜃）
正—zhēng 正（正月）征
　zhèng 正症怔证政（chéng 惩）
之—zhī 之芝
支—zhī 支枝肢吱（chì 翅）
旨—zhī 脂　zhǐ 旨指
执—zhí 执　zhì 挚（shì 势）
直—zhí 直值殖　zhì 置
止—zhǐ 止趾址（chǐ 耻齿　chě 扯）
至—zhì 至致窒　zhí 侄（shì 室）
中—zhōng 中忠钟衷　zhǒng 种（种子）肿
　zhòng 仲种（种田）（chōng 冲）
州—zhōu 州洲（chóu 酬）
周—zhōu 周（chóu 绸稠）
朱—zhū 朱珠蛛株（shū 殊姝）
主—zhǔ 主　zhù 住注柱驻蛀
爪—zhuā 抓　zhuǎ 爪
专—zhuān 专砖　zhuǎn 转（转运）　zhuàn 传（传记）
　转（转速）[chuán 传（传达）]
庄—zhuāng 庄桩（zāng 脏赃）
壮—zhuāng 装妆　zhuàng 壮状（zàng 奘）
撞—zhuàng 撞幢
隹—zhuī 锥椎　zhǔn 准（sǔn 榫　suī 睢）
卓—zhuō 桌　zhuó 卓　zhào 罩（chuò 绰）
啄—zhuó 啄琢

类推表外的字：zhā 渣　zhá 扎闸轧　zhǎ 眨　zhà 栅　zhāi 斋　zhái 宅　zhài 寨　zhǎn 展　zhàn 绽　zhǎng 掌　zhe 着（走着）　zháo 着（着急）　zhǎo 找　zhào 兆　zhé 辙辄　zhè 这　zhēn 针斟　zhèn 阵　zhèng 郑　zhī 汁　zhì 秩痔滞制　zhōng 终　zhòng 重　zhōu 舟粥　zhǒu 帚　zhòu 咒骤昼　zhú 竹竺逐　zhù 助祝铸筑　zhuài 拽　zhuàn 篆撰赚　zhuī 追　zhuì 缀赘　zhūn 谆　zhuō 捉　zhuó 着（着想）酌

c 与 ch 声旁代表字类推表

c 声母代表字

才—cái 才材财（chái 豺）
采—cǎi 采睬彩踩　cài 菜
参—cān 参（参加）　cǎn 惨
　cēn 参（参差）[shēn 参（人参）]
仓—cāng 仓伧（伧俗）沧苍舱[伧又音 chen（寒伧）]
曹—cáo 曹漕嘈槽螬（zāo 遭糟）
侧—cè 侧测厕恻（zé 则）
曾—cēng 噌　céng 曾　cèng 蹭
此—cī 疵　cí 雌　cǐ 此
次—cí 茨瓷　cì 次
慈—cí 慈磁糍鹚
词—cí 词祠　cì 伺（伺候）
从—cōng 苁枞　cóng 从丛
匆—cōng 匆葱
粗—cū 粗　cú 徂殂
窜—cuān 蹿撺　cuàn 窜
崔—cuī 崔催摧　cuǐ 漼
萃—cuì 萃翠淬瘁粹啐悴　cù 猝
搓—cuō 搓磋蹉　cuó 嵯
措—cuò 措错
痤—cuó 痤矬　cuò 挫锉
寸—cūn 村　cǔn 忖　cùn 寸

类推表外的字：cā 擦　cāi 猜　cài 蔡　cān 餐　cán 蚕残　cán 惭　càn 灿　cāo 操糙　cǎo 草　cè 册策　cén 岑　céng 层　cī 差（参差）　cí 辞　cì 刺赐　cōng 囱聪　cóng 淙　cù 促簇醋蹴　cuān 汆　cuán 攒　cún 存

ch 声母代表字

叉—chā 叉(叉子) chǎ 衩 chà 叉(劈叉)杈
查—chā 喳 chá 查(检查)[zhā 查(姓)]
搀—chān 搀 chán 馋
产—chǎn 产铲
颤—chàn 颤(shàn 擅)
昌—chāng 昌猖菖阊娼鲳 chàng 唱倡
场—cháng 场(打场)肠 chǎng 场 chàng 畅
尝—cháng 尝偿
抄—chāo 抄钞吵(别瞎吵吵) chǎo 炒吵
朝—cháo 朝(朝代)潮嘲[zhāo 朝(朝气)]
车—chē 车(zhèn 阵)
撤—chè 撤澈(zhé 辙)
辰—chén 辰晨
chún 唇(zhèn 振震 shēn 娠 shèn 蜃)
乘—chéng 乘[shèng(千乘之国)剩]
呈—chéng 呈程 chěng 逞

成—chéng 成城诚盛(盛饭)(shèng 盛)
橙—chéng 橙澄
丞—chéng 承(zhēng 蒸 zhěng 拯)
池—chí 池驰弛(shī 施)
尺—chǐ 尺 chí 迟
斥—chì 斥 chāi 拆(sù 诉)
虫—chóng 虫 chù 触(zhú 烛 zhuó 浊)
筹—chóu 筹畴
愁—chóu 愁 chǒu 瞅
出—chū 出 chǔ 础(zhuō 拙 zhuó 茁)
刍—chú 刍雏(zhōu 诌 zhòu 皱绉)
厨—chú 厨橱
喘—chuǎn 喘 chuāi 揣(怀揣) chuǎi 揣(揣测)
吹—chuī 吹炊
垂—chuí 垂捶锤(shuì 睡)
春—chūn 春椿 chǔn 蠢

类推表外的字： chā 插差(差别) chá 察 chà 岔差(差劲)诧刹 chāi 差(出差) chán 缠蟾 chǎn 谄阐 chàn 忏 chāo 超 cháo 巢 chě 扯 chè 掣彻 chēn 嗔琛 chén 沉忱陈尘臣 chèn 趁 chéng 惩 chī 吃 chí 匙持 chǐ 侈耻 chì 赤翅炽 chōng 冲(冲锋)充 chóng 重 chǒng 宠 chòng 冲(冲床) chōu 抽 chóu 酬仇(复仇) chū 初 chú 锄除躇 chǔ 储楚处(处理) chù 处(处长)矗 chuān 穿 chuàn 串 chuáng 床幢 chuǎng 闯 chuō 戳 chuò 绰

s 与 sh 声旁代表字类推表

s 声母代表字

散—sā 撒(撒手) sǎ 撒(撒播) sǎn 馓散(散文)
sàn 散(散步)
思—sāi 腮鳃 sī 思锶
桑—sāng 桑 sǎng 搡嗓
叟—sǎo 嫂 sōu 溲搜嗖馊飕螋艘
sǒu 叟(shòu 瘦)
司—sī 司 sì 伺(伺机)饲

斯—sī 斯厮撕嘶澌
四—sì 四泗驷
隋—suí 隋随 suǐ 髓
遂—suí 遂(半身不遂) suì 遂(毛遂自荐)隧燧邃
孙—sūn 孙荪狲
锁—suǒ 锁琐唢
梭—suō 梭唆

类推表外的字： sǎ 洒 sà 飒萨 sān 三 sǎn 伞 sāng 丧(丧事) sàng 丧(丧失) sāo 臊(腥臊) sǎo 扫 sào 臊(害臊) sè 涩色 sēn 森 sēng 僧 sī 丝私 sǐ 死 sì 似肆 sōng 松嵩 sòng 送颂诵宋 sǒu 擞薮 sū 苏酥 sú 俗 sù 肃素诉塑 suī 尿虽睢 suí 绥 suì 岁穗祟碎 sǔn 损笋榫 suō 蓑娑挲缩 suǒ 所索

sh 声母代表字

衫—shān 衫杉(杉树) shā 杉(杉木)
删—shān 删珊(cè 册)
单—shàn 单(姓)(chán 蝉 chǎn 阐)
善—shàn 善鳝

尚—shàng 尚 shǎng 赏 shang 裳
稍—shāo 稍捎梢 shào 哨
勺—sháo 勺芍(zhuó 酌灼)
少—shǎo 少(shā 沙纱砂)

舌—shé 舌　shě 舍(舍命)　shè 舍　shì 适　shá 啥
申—shēn 申伸呻绅　shén 神　shěn 审婶
生—shēng 牲笙甥　shèng 胜
师—shī 师狮　shāi 筛(sī 蛳)
诗—shī 诗　shì 恃侍(zhì 峙痔　chí 持)(sì 寺)
失—shī 失(zhì 秩)
十—shí 十什(zhēn 针　zhī 汁)
史—shǐ 史驶
市—shì 市柿
式—shì 式试拭
寿—shòu 寿(chóu 畴筹　zhù 铸)
受—shòu 受授
叔—shū 叔淑
疏—shū 疏蔬梳
署—shǔ 暑署薯曙
属—shǔ 属(zhǔ 嘱)
刷—shuā 刷　shuàn 涮
率—shuài 率(表率)蟀　shuāi 摔
栓—shuān 栓拴
说—shuō 说(说服)　shuì 税说(游说)

类推表外的字：shā 煞　shǎ 傻　shà 厦霎　shǎn 闪陕　shāng 伤　shàng 上　shāo 烧　shé 蛇　shè 摄设社赦　shēn 身深　shěn 沈　shèn 慎　shēng 声升　shéng 绳　shèng 盛圣　shī 失施虱湿　shí 拾实　shǐ 始矢　shì 事势室似(似的)　shōu 收 shǒu 手守首　shòu 售兽瘦　shū 书枢输　shú 赎　shǔ 蜀鼠数(数一数二)　shù 数(数字)墅树竖戍恕束漱庶　shuǎ 耍　shuāi 衰　shuǎi 甩　shuǎng 爽　shuǐ 水　shuì 睡　shùn 顺　shuò 朔烁

(五)不送气音 b,d,g,j,zh,z 与送气音 p,t,k,q,ch,c

1. 发音辨正

(1)发不送气音 b,d,g,j,zh,z 时呼出的气流较弱。

(2)发送气音 p,t,k,q,ch,c 时呼出的气流较强。

2. 发音辨正练习

(1)b—p

单字辨正练习

拔 bá　爬 pá　败 bài　派 pài　伴 bàn　叛 pàn
倍 bèi　配 pèi　避 bì　僻 pì　标 biāo　漂 piāo

词语辨正练习

逼迫 bīpò　摆谱儿 bǎipǔr　被迫 bèipò　半票 bànpiào
拍板 pāibǎn　旁边 pángbiān　排比 páibǐ　判别 pànbié
补充 bǔchōng　普通 pǔtōng　背后 bèihòu　配合 pèihé

(2)d—t

单字辨正练习

蛋 dàn　炭 tàn　稻 dào　套 tào　笛 dí　提 tí
毒 dú　涂 tú　夺 duó　砣 tuó　朵 duǒ　妥 tuǒ

词语辨正练习

顶替 dǐngtì　地毯 dìtǎn　动弹 dòngtan　灯塔 dēngtǎ
坦荡 tǎndàng　态度 tàidù　糖弹 tángdàn　特点 tèdiǎn
独立 dúlì　图利 túlì　端正 duānzhèng　团员 tuányuán

(3)g—k

单字辨正练习

规 guī　亏 kuī　柜 guì　匮 kuì　公 gōng　空 kōng

怪 guài　快 kuài　姑 gū　哭 kū　个 gè　客 kè

词语辨正练习

功课 gōngkè　孤苦 gūkǔ　高亢 gāokàng　公开 gōngkāi
凯歌 kǎigē　看管 kānguǎn　考古 kǎogǔ　刻骨 kègǔ
工程 gōngchéng　空城 kōngchéng　改造 gǎizào　感慨 gǎnkǎi

(4)j—q

单字辨正练习

集 jí　齐 qí　歼 jiān　千 qiān　截 jié　茄 qié
近 jìn　沁 qìn　局 jú　渠 qú　教 jiào　悄 qiāo

词语辨正练习

机器 jīqì　佳期 jiāqī　嘉庆 Jiāqìng　坚强 jiānqiáng
千金 qiānjīn　曲剧 qǔjù　清剿 qīngjiǎo　群居 qúnjū
究竟 jiūjìng　秋天 qiūtiān　决定 juédìng　确立 quèlì

(5)zh—ch

单字辨正练习

铡 zhá　茶 chá　招 zhāo　超 chāo　植 zhí　迟 chí
轴 zhóu　稠 chóu　拽 zhuài　踹 chuài　出 chū　竹 zhú

词语辨正练习

支持 zhīchí　展翅 zhǎnchì　战车 zhànchē　章程 zhāngchéng
插针 chāzhēn　查证 cházhèng　车站 chēzhàn　诚挚 chéngzhì
抽象 chōuxiàng　周围 zhōuwéi　除了 chúle　逐步 zhúbù

(6)z—c

单字辨正练习

字 zì　刺 cì　罪 zuì　脆 cuì　凿 záo　曹 cáo
坐 zuò　错 cuò　灾 zāi　猜 cāi　租 zū　粗 cū

词语辨正练习

字词 zìcí　早操 zǎocāo　造次 zàocì　杂草 zácǎo
刺字 cìzì　才子 cáizǐ　参赞 cānzàn　操作 cāozuò
聪明 cōng·míng　综合 zōnghé　灿烂 cànlàn　暂时 zànshí

第二单元　韵母

一、什么是韵母

韵母是音节中声母后面的部分。零声母音节，全部由韵母构成。普通话韵母共有 39 个。韵母和元音不相等。普通话韵母主要由元音构成，完全由元音构成的韵母有 23 个，约占韵母的 59%，由元音加上辅音构成的韵母(鼻韵母)有 16 个，约占韵母的 41%。可见，在普通话韵母中，元音占有绝对的优势。元音发音比较响亮，与辅音声母相比，韵母没有呼读音。

普通话韵母表

		i	闭地七益	u	布亩竹出	ü	女律局域
a	巴打铡法	ia	加佳瞎压	ua	瓜抓刷画		
e	哥社得合	ie	爹界别叶			üe	靴月略确
o	（波魄抹佛）			uo	多果若握		
ai	该太白麦			uai	怪坏帅外		
ei	杯飞黑贼			uei	对穗惠卫		
ao	包高茂勺	iao	标条交药				
ou	头周口肉	iou	牛秋九六				
an	半担甘暗	ian	边点减烟	uan	短川关碗	üan	捐全远
en	本分枕根	in	林巾心因	uen	吞寸昏问	ün	军训孕
ang	当方港航	iang	良江向样	uang	壮窗荒王		
eng	蓬灯能庚	ing	冰丁京杏	ueng	翁		
				ong	东龙冲公	iong	兄永穷
ê	欸						
-i（前）	资此思						
-i（后）	支赤湿日						
er	耳二						

二、韵母的分类

（一）按结构特点分类

可分为单韵母、复韵母和鼻韵母 3 类。

1. 单韵母

由单元音形成的韵母，共 10 个，即 a，o，e，ê，i，u，ü，-i（前），-i（后），er。

2. 复韵母

由复元音形成的韵母，共 13 个，即 ai，ei，ao，ou，ia，ie，ua，uo，üe，iao，iou，uai，uei。

3. 鼻韵母

由元音和鼻辅音的韵尾构成的韵母，共 16 个，即 an，en，in，ün，ang，eng，ing，ong，ian，uan，üan，uen，iang，uang，ueng，iong。

（二）按韵母开头元音的发音口形分类

可分为开口呼、齐齿呼、合口呼、撮口呼四类，统称“四呼”。

1. 开口呼韵母

指没有韵头 i，u，ü，韵腹也不是 i，u，ü 的韵母，共 15 个，即 a，o，e，ai，ei，ao，ou，an，en， ang,eng,ê,-i(前),-i(后),er。

2. 齐齿呼韵母

指韵头或韵腹是 i 的韵母,共 9 个,即 i,ia,ie,iao,iou,ian,in,iang,ing。

3. 合口呼韵母

指韵头或韵腹是 u 的韵母,共 10 个,即 u,ua,uo,uai,uei,uan,uen,uang,ueng,ong。

4. 撮口呼韵母

指韵头或韵腹是 ü 的韵母,共 5 个,即 ü,üe,üan,ün,iong。

普通话韵母分类总表

项目	开口呼	齐齿呼	合口呼	撮口呼
单韵母	-i[ɿ] -i[ʅ]	i	u	ü
	a			
	o			
	e			
	ê			
	er			
复韵母	ai	ia	ua	üe
	ei	ie	uo	
	ao	iao	uai	
	ou	iou	uei	
鼻韵母	an	ian	uan	üan
	en		uen	
		in		ün
	ang	iang	uang	
	eng		ueng	
		ing	ong	iong

三、韵母发音与甘肃方言分析

下面分单韵母、复韵母和鼻韵母 3 类说明普通话与甘肃方言的发音。

(一)单韵母的发音

单韵母的发音特点是发音过程中舌位和唇形始终不变,发音时要保持固定的口形。

第 1 组:a

a[A]　舌面、央、低、不圆唇元音

口大开,舌尖微离下齿背,舌面中部微微隆起和硬腭后部相对。发音时,声带振动,软腭上升,关闭鼻腔通路。

发音范读:

马达 mǎdá　　沙发 shāfā　　大麻 dàmá　　发达 fādá

甘肃方言中,特别是天水甘谷方言会把唇元音 a 与前鼻韵母 an 不分,an 和 a 的区别是有没有鼻音和口形的变化,例如:好吗(hǎoma 错读为 hǎoman)。

第 2 组:o,e

o [o̝] **舌面、后、半高、圆唇元音**

上下唇自然拢圆,舌体后缩,舌面后部隆起和软腭相对,舌位介于半高半低之间。发音时,声带振动,软腭上升,关闭鼻腔通路。

e [ɤ] **舌面、后、半高、不圆唇元音**

口半闭,展唇,舌体后缩,舌面后部隆起和软腭相对,比元音 o 略高而偏前。发音时,声带振动,软腭上升,关闭鼻腔通路。

发音范读:

默默 mòmò　　婆婆 pópo　　剥削 bōxuē　　佛寺 fósì

客车 kèchē　　折合 zhéhé　　特赦 tèshè　　苛刻 kēkè

在甘肃方言中,大部分 o 韵母的字词,全部读成了 e 韵母,o 和 e 都是舌面后半高元音,区别在于 o 是圆唇音,e 是不圆唇音。例如:播读(bōdú 错读为 bēdú)、馍馍(mómó 错读为 mémé)、破坏(pòhuài 错读为 pèhuài)。

第 3 组:ê

ê [ᴇ] **舌面、前、半低、不圆唇元音**

口自然打开,展唇,舌尖抵住下齿背,使舌面前部隆起和硬腭相对。发音时,声带振动,软腭上升,关闭鼻腔通路。(韵母 ê 除语气词“欸”外单用的机会不多,只出现在复韵母 ie、üe 中。)

发音范读:

裂变 lièbiàn　　解体 jiětǐ　　绝技 juéjì　　雪白 xuěbái

在甘肃方言中,有些 e 韵母的字,会被读成 ao 韵母,例如:成了(chéngle 错读为 chénglao)。也会出现将舌面音 e 读成 uo,例如:天鹅(tiāné 错读为 t ānnuó)。

第 4 组:i,ü

i [i] **舌面、前、高、不圆唇元音**

口微开,两唇呈扁平形,上下齿相对(齐齿),舌尖接触下齿背,使舌面前部隆起和硬腭前部相对。发音时,声带振动,软腭上升,关闭鼻腔通路。

在甘肃方言中,会出现将舌面音 i 读成 ie,例如:滴滴(dīdī 错读为 diēdiē)。

ü [y] **舌面、前、高、圆唇元音**

两唇拢圆,略向前突;舌尖抵住下齿背,使舌面前部隆起和硬腭前部相对。发音时,声带振动,软腭上升,关闭鼻腔通路。

在甘肃方言中,兰州地区经常将 ü 读成 u,例如:绿油油(lǜyóuyóu 错读为 lùyóuyóu)。

发音范读:

比例 bǐlì　　地皮 dìpí　　契机 qìjī　　气息 qìxī

序曲 xùqǔ　　语句 yǔjù　　区域 qūyù　　聚居 jùjū

第 5 组：u

u［u］ 舌面、后、高、圆唇元音

两唇收拢成圆形，略向前突出；舌体后缩，舌面后部隆起和软腭相对。发音时，声带振动，软腭上升，关闭鼻腔通路。

发音范读：

部署 bùshǔ　　幅度 fúdù　　入股 rùgǔ　　住户 zhùhù

在甘肃方言中，舌面后高唇元音 u 作为单韵母自成音节，或者作为韵头与 zh，ch，sh，r 相拼读时，会错读成 e。例如：处理（chǔlǐ 错读为 chělǐ）。

在甘肃方言中，常常将复元音韵母读作单元音韵母。例如：楼下（lóuxià 错读为 lúxià）、谋划（móuhuà 错读为 múhuà）。

第 6 组：er

er［ər］ 卷舌、央、中、不圆唇元音

口自然开启，舌位不前不后不高不低，舌前、中部上抬，舌尖向后卷，和硬腭前端相对。发音时，声带振动，软腭上升，关闭鼻腔通路。

发音范读：

然而 rán'ér　　饵料 ěrliào　　二胡 èrhú　　儿童 értóng

在甘肃方言中，同样有名词后缀"儿"这个字，但是不发儿化音。这时"儿"字单独成一个音节，例如：花儿（huāér 错读为 huāz）。金昌方言中没有儿化韵母，例如：花儿（huār 错读为 huāer）。

第 7 组：-i（前），-i（后）

-i［ɿ］ 舌尖、前、高、不圆唇元音

口略开，展唇，舌尖和上齿背相对，保持适当距离。发音时，声带振动，软腭上升，关闭鼻腔通路。这个韵母在普通话里只出现在 z，c，s 声母的后面。

在甘肃方言中，会出现 zi，ci 不分，例如：写字（xiězì 错读为 xiěcì）。

-i［ʅ］ 舌尖、后、高、不圆唇元音

口略开，展唇，舌前端抬起和前硬腭相对。发音时，声带振动，软腭上升，关闭鼻腔通路。这个韵母在普通话里只出现在 zh，ch，sh，r 声母的后面。

发音范读：

自私 zìsī　　私自 sīzì　　辞职 cízhí　　姿势 zīshì

支持 zhīchí　　试纸 shìzhǐ　　时日 shírì　　指使 zhǐshǐ

在甘肃方言中，会出现这些情况，例如："枝丫"（zhīyā 错读为 zīyā）、牙齿（yáchǐ 错读为 yácǐ）、迟到（chídào 错读为 cídào）、事情（shìqing 错读为 sìqing）、手指（shǒuzhǐ 错读为 shǒuzǐ）、纸张（zhǐzhāng 错读为 zǐzhāng）、养殖（yǎngzhí 错读为 yǎngchí）。

在甘肃定西方言中，有个特殊的情况，会将"i"换成"e"，例如：日子（rìzi 错读为 rèzi）。

（二）复韵母的发音

复韵母的发音有两个特点：一是发音过程中舌位、唇形一直在变化，由一个元音的发音快速地向另一个元音的发音过渡；二是元音之间的发音有主次之分，主要元音清晰响亮，其他元音轻短或含混模糊。

第 1 组：ai，ei，ao，ou

前响复韵母发音时前头的元音清晰响亮，后头的元音含混模糊，前、后元音发音过渡自然。

ai [aɪ]

前元音音素的复合，动程大。起点元音是比单元音 a[ᴀ]的舌位靠前的前低不圆唇元音[a]，可以简称它为“前 a”。发音时，舌尖抵住下齿背，使舌面前部隆起与硬腭相对。从“前 a”开始，舌位向 i 的方向滑动升高，大体停在次高元音[ɪ]。

发音范读：

灾害 zāihài　　爱戴 àidài　　择菜 zháicài　　拍卖 pāimài

在甘肃方言中，部分地区经常将 ai 的音误发为 ei（庆阳、定西、天水），ai 的音更为饱满，而 ei 较为扁平。例如：白菜（báicài 错读为 béicài）、一百（yìbǎi 错读为 yìběi）。

ei [eɪ]

前元音音素的复合，动程较短。起点元音是前半高不圆唇元音 e[e]。发音时，舌尖抵住下齿背，使舌面前部（略后）隆起对着硬腭中部。从 e 开始，舌位升高，向 i 的方向往前往高滑动，大体停在次高元音[ɪ]。

发音范读：

配备 pèibèi　　非得 fēiděi　　沸腾 fèiténg　　内涵 nèihán

在甘肃方言中，ei 的音有时候会被误读为 ai（甘谷），在发 ei 音时口腔开合度小于 ai，当口腔开合度过大就导致发音错误。例如：玫红（méihóng 错读为 máihóng）、没有（méiyǒu 错读为 máiyǒu）。

ao [ɑʊ]

后元音音素的复合。起点元音比单元音 a[ᴀ]的舌位靠后，是个后低不圆唇元音[ɑ]，可简称为“后 a”。发音时，舌体后缩，使舌面后部隆起。从“后 a”开始，舌位向 u（汉语拼音写作-o，实际发音接近 u）的方向滑动升高。收尾的-u 舌位略低，为[ʊ]。

发音范读：

报道 bàodào　　懊恼 àonǎo　　草帽 cǎomào　　逃跑 táopǎo

ao 的音可以单独发音，也可与声母组合，比如 l、n 等（庆阳）。在甘肃方言中，有时会在零声母 an 读音的字前加了声母 n 导致发音错误。例如：棉袄（mián'ǎo 错读为 miánnǎo）。

ou [əʊ]

起点元音比单元音 o 的舌位略高、略前，接近央元音[ə]或[θ]，唇形略圆。发音时，从略带圆唇的央元音[ə]开始，舌位向 u 的方向滑动。收尾的-u 接近[ʊ]。这个复韵母动程很小。

发音范读：

抖擞 dǒusǒu　　守候 shǒuhòu　　叩头 kòutóu　　丑陋 chǒulòu

在甘肃方言中，一些地区有时候会将 ou 的音与 u 的音混淆（庆阳）。例如：走路（zǒulù 错读为 zǒulòu）、大陆（dàlù 错读为 dàlòu）、谋算（móusuàn 错读为 músuàn）。

第 2 组：iao，iou，uai，uei

中响复韵母发音时前头的元音轻短，中间的元音清晰响亮，后头的元音含混模糊，前、中、后元音发音过渡自然。

iao [iɑʊ]

由前高元音 i 开始，舌位降至后低元音 a[ɑ]，然后再向后次高圆唇元音 u[ʊ]的方向滑升。

发音过程中，舌位先降后升；由前到后，曲折幅度大。唇形从中间的元音 a 逐渐圆唇。

发音范读：

渺小 miǎoxiǎo　　疗效 liáoxiào　　窈窕 yǎotiǎo　　巧妙 qiǎomiào

在甘肃方言中，当个别声母与 iao 组合时，声母的发音会发生变化，导致汉字最终读音错误。例如：小鸟（xiǎoniǎo 错读为 xiǎoqiǎo，或错读为 qiǎor）。

iou [iəʊ]

由前高元音 i 开始，舌位降至央（略后）元音[ə]（或[θ]），然后再向后次高圆唇元音 u[ʊ]的方向滑升。发音过程中，舌位先降后升，由前到后，曲折幅度较大。唇形从央（略后）元音[ə]逐渐圆唇。

复合元音 iou 在阴平（第一声）和阳平（第二声）的音节里，中间的元音（韵腹）弱化，甚至接近消失，舌位动程主要表现为前后的滑动，成为[iʊ]。如：优[iʊ]、流[liʊ]、究[tɕiʊ]、求[tɕʻiʊ]。这是汉语拼音 iou 省写为 iu 的依据。这种音变是随着声调自然变化的，在语音训练中不必过于强调。

发音范读：

求救 qiújiù　　悠久 yōujiǔ　　优秀 yōuxiù　　流通 liútōng

uai [uaɪ]

由圆唇的后高元音 u 开始，舌位向前滑降到前低不圆唇元音 a（即“前 a”），然后再向前高不圆唇元音的方向滑升。舌位动程先降后升，由后到前，曲折幅度大。唇形从前元音 a 逐渐展唇。

发音范读：

外婆 wàipó　　衰落 shuāiluò　　情怀 qínghuái　　作怪 zuòguài

在甘肃方言中，uai 的读音有时会读作 uei 的音（定西、天水），由于舌位动程不足，所以整个复韵母发音没有起伏较为扁平。例如：国外（guówài 错读为 guówèi）。

uei [ueɪ]

由后高圆唇元音 u 开始，舌位向前向下滑到前半高不圆唇元音偏后靠下的位置（相当于央元音[ə]偏前的位置），然后再向前高不圆唇元音 i 的方向滑升。发音过程中，舌位先降后升，由后到前，曲折幅度较大。唇形从 e 逐渐展唇。

在音节中，韵母 uei 受声母和声调的影响，中间的元音弱化。大致有四种情况：

（1）在阴平（第一声）或阳平（第二声）的零声母音节里，韵母 uei 中间的元音音素弱化接近消失。例如：“微”“围”的韵母弱化为[uɪ]。

（2）在声母为舌尖音 z，c，s，d，t，zh，ch，sh，r 的阴平（第一声）和阳平（第二声）的音节里，韵母 uei 中间的元音音素弱化接近消失。例如：“催”“推”“垂”的韵母弱化为[uɪ]。

（3）在舌尖音声母的上声（第三声）或去声（第四声）的音节里，韵母 uei 中间的元音音素只是弱化，但不会消失。例如：“嘴”“腿”“最”“退”的韵母都弱化成[uᵉɪ]。

（4）在舌面后（舌根）音声母 g，k，h 的阴平或阳平音节里，韵母 uei 中间的 e 也只是弱化而不消失。例如：“规”“葵”的韵母弱化成[uᵉɪ]。这种音变是随着声母和声调的条件变化的，语音训练中不必过于强调。

普通话中 uei 的读音口腔开合度小、略扁平，而在甘肃方言的部分地区中，uei 的读音口腔开合度太大，将 uei 读作 uai 导致发音不标准（甘谷）。例如：玫瑰（méiguī 错读为 máiguāi）。

发音范读：

退回 tuìhuí　　未遂 wèisuì　　垂危 chuíwēi　　摧毁 cuīhuǐ

第3组：ia,ua,ie,üe,uo

后响复韵母发音时前头的元音轻短，后头的元音清晰响亮，前、后元音发音过渡自然。

ia [iA]

起点元音是前高元音 i，由它开始，舌位滑向央低元音 a[A]止。i 的发音较短，a 的发音响而长。止点元音 a 位置确定。

发音范读：

夏天 xiàtiān　　假象 jiǎxiàng　　惊讶 jīngyà　　关卡 guānqiǎ

在甘肃方言中，部分 ia 的读音的字方言中会在 ia 前加上舌面浊鼻音[n]，读音会与普通话语音有较大差异。例如：画押(huàyā 错读为 huàniā)、拔牙(báyá 错读为 bániá)。

ua [uA]

起点元音是后高圆唇元音 u，由它开始，舌位滑向央低元音 a[A]止，唇形由最圆逐步展开到不圆。u 较短，a 响而长。

发音范读：

挂帅 guàshuài　　华贵 huáguì　　书画 shūhuà　　印刷 yìnshuā

ie [iE]

起点元音是前高元音 i，由它开始，舌位滑向前中元音 ê[E]止。i 较短，ê 响而长。止点元音 ê 位置确定。

发音范读：

贴切 tiēqiè　　结业 jiéyè　　接洽 jiēqià　　熄灭 xīmiè

在甘肃方言中，很多地区 ie 的音会经常被读作 ai 的音，声母也会发生一定变化，因此也产生了一些比较形象俏皮的词汇，比如“浪 gai”表示逛街。例如：逛街(guàngjiē 错读为 guànggāi)、解开(jiěkāi 错读为 gǎikāi)。

üe[yE]

由前元音音素复合而成。起点元音是圆唇的前高元音 ü，由它开始，舌位下滑到前中元音 ê[E]，唇形由圆到不圆。ü 较短，ê 响而长。

发音范读：

攫取 juéqǔ　　乐章 yuèzhāng　　缔约 dìyuē　　的确 díquè

在甘肃方言中，üe 偶尔会发生音变。例如：雀(qùe 错读为 qiǎor)。

uo [uo̧]

由后圆唇元音音素复合而成。起点元音是后高元音 u，由它开始，舌位向下滑到后中元音 o[o̧]止。u 较短，o 响而长。发音过程中，保持圆唇，开头最圆，结尾圆唇度略减。

发音范读：

堕落 duòluò　　错过 cuòguò　　国货 guóhuò　　陀螺 tuóluó

（三）鼻韵母的发音

鼻韵母的发音有两个特点：一是发音时由元音向鼻辅音过渡，逐渐增加鼻音色彩，最后形成鼻辅音；二是鼻韵母的发音不是以鼻辅音为主，而是以元音为主。元音清晰响亮，鼻辅音重在做出发音状态，发音不太明显。

除了 ong 与 üan 外，其他前鼻音鼻韵母和后鼻音鼻韵母是一一对应的关系，即（an—ang，ian—iang，uan—uang，en—eng，uen—ueng，in—ing，ün—iong）。

1. 前鼻音鼻韵母

第 1 组：an，en，in，ün

发音时，先发元音。发完元音后，软腭下降，逐渐增强鼻音色彩，舌尖迅速移到上齿龈，抵住上齿龈做出发 n 的状态即可。

an [an]

起点元音是前低不圆唇元音 a[a]，舌尖抵住下齿背，舌面前部隆起，舌位降到最低，软腭上升，关闭鼻腔通路。发“前 a”之后，软腭下降，打开鼻腔通路，同时舌面前部与硬腭前部闭合，使在口腔受到阻碍的气流从鼻腔里透出。口形开合度由大渐小，舌位动程较大。

发音范读：

斑斓 bānlán　　黯然 ànrán　　参展 cānzhǎn　　贪婪 tānlán

在甘肃方言中，大多将两套鼻韵母 an 和 ang 混读为一体，例如：安全（ānquán 错读为 āngquáng）、车站（chēzhàn 错读为 chēzhàng）、一般（yìbān 错读为 yìbāng）。

en [ən]

起点元音是央元音 e[ə]，舌位居中（不高不低，不前不后），舌尖接触下齿背，舌面隆起部位受韵尾影响略靠前，软腭上升，关闭鼻腔通路。发央元音 e 之后，软腭下降，打开鼻腔通路，同时舌面前部与硬腭前部闭合，使在口腔受到阻碍的气流从鼻腔里透出。口形开合度由大渐小，舌位动程较小。

发音范读：

本分 běnfèn　　粉尘 fěnchén　　沉闷 chénmèn　　恩人 ēnrén

在甘肃方言中，大多将两套鼻韵母 en 和 eng 混读为一体，例如：真诚（zhēnchéng 错读为 zhēnchén）、正式（zhèngshì 错读为 zhènshì）。

in [in]

起点元音是前高不圆唇元音 i，舌尖抵住下齿背，软腭上升，关闭鼻腔通路。发舌位最高的前元音 i 之后，软腭下降，打开鼻腔通路，同时舌面前部与硬腭前部闭合，使在口腔受到阻碍的气流，从鼻腔透出。开口度始终很小，几乎没有变化，舌位动程很小。

发音范读：

濒临 bīnlín　　殷勤 yīnqín　　亲信 qīnxìn　　拼音 pīnyīn

在甘肃方言中，常会出现 in 和 ing 混读的现象，例如：北京（běijīng 错读为 běijīn）、心情（xīnqíng 错读为 xīnqín）、民兵（mínbīng 错读为 mínbīn）。

ün [yn]

起点元音是从前高圆唇元音 ü [y]开始，发出[y]后，舌尖直接向上齿龈运动，舌前部与上齿龈部闭合，封闭口腔通路，同时软腭和小舌下降，打开鼻腔通路，气流从鼻腔通过。唇形从圆唇逐渐展开。注意：在 j，q，x 及零声母后汉语拼音写作 un，不要把此音读作[un]。

发音范读：

军训 jūnxùn　　均匀 jūnyún　　围裙 wéiqún　　俊美 jùnměi

在甘肃方言中，常会出现 un 和 ong 混读的现象，例如：春天（chūntiān 错读为 chōngtiān）、人群（rénqún 错读为 réngqióng）、运费（yùnfèi 错读为 yòngfèi）。

第 2 组：ian，uan，uen，üan

发音时，第一个元音轻而短，第二个元音清晰响亮。发完第二个元音后，软腭下降，逐渐增强鼻音色彩，舌尖迅速移到上齿龈，抵住上齿龈做出发 n 的状态即可。

ian [iæn]

发音时，从前高元音 i 开始，舌位向前低元音 ɑ（前 ɑ）的方向滑降。舌位只降到前次低元音[æ]的位置就开始升高，直到舌面前部抵住硬腭前部形成鼻音-n。

发音范读：

变迁 biànqiān　　沿线 yánxiàn　　简练 jiǎnliàn　　惦念 diànniàn

在甘肃方言中，多将 ian 这个前鼻韵错读为相应的后鼻韵 iang，例如：老年（lǎonián 错读为 lǎoniáng）、浅显（qiǎnxiǎn 错读为 qiǎngxiǎn）、现象（xiànxiàng 错读为 xiàngxiàng）。

uan [uan]

发音时，从圆唇的后高元音 u 开始，口形迅速由合口变为开口，舌位向前迅速滑降到不圆唇的前低元音（前 ɑ）；然后舌位升高，直到舌面前部抵住硬腭前部形成鼻音-n。

发音范读：

贯穿 guànchuān　　婉转 wǎnzhuǎn　　专款 zhuānkuǎn　　换算 huànsuàn

在甘肃方言中，常将 uan 这个前鼻韵错读为后鼻韵 uang，例如：官员（guānyuán 错读为 guāngyuán）、机关（jīguān 错读为 jiguāng）、专车（zhuānchē 错读为 zhuāngchē）。

uen [uən]

发音时，从圆唇的后高元音 u 开始，向央元音 e[ə]滑降，然后舌位升高，直到舌面前部抵住硬腭前部形成鼻音-n。唇形由圆唇在向折点元音的滑动过程中逐渐展唇。

鼻韵母 uen 受声母和声调的影响，中间的元音（韵腹）弱化。它的音变条件与 uei 相同。

发音范读：

论文 lùnwén　　混沌 hùndùn　　温存 wēncún　　温顺 wēnshùn

在甘肃方言中，常将 uen 这个前鼻韵错读为后鼻韵 ueng，例如：温暖（wēnnuǎn 错读为 wēngnuǎn），稳重（wěnzhòng 错读为 wěngzhòng），公文（gōngwén 错读为 gōngwéng）。

üan [yæn]

发音时，从圆唇的前高元音 ü 开始，向前低元音 ɑ 的方向滑降。舌位只降到前次低元音[æ]略后就开始升高，直到舌面前部抵住硬腭前部形成鼻音-n。唇形由圆唇在向折点元音的滑动过程中逐渐展唇。

发音范读：

全权 quánquán　　圆圈 yuánquān　　渊源 yuānyuán　　源泉 yuánquán

在甘肃方言中，一些地区把“元”“捐”“泉”“宣”等字的韵母“üan”错读为普通话里没有的后鼻韵“üang”。例如：远大（yuǎndà 错读为 yuǎngdà），婵娟（chánjuān 错读为 chánjuāng），权属（quánshǔ 错读为 quángshǔ）。

2. 后鼻音鼻韵母

ng 是舌面后、浊、鼻音。发音时，软腭下降，关闭口腔，打开鼻腔通道，舌面后部后缩，并抵住软腭，声带颤动。

第 1 组：ang，eng，ing，ong

发音时，先发元音，发元音后，软腭下降，逐渐增强鼻音色彩，舌面后部后缩，抵住软腭，最后做出发 ng 的状态即可。

ang [ɑŋ]

起点元音是后低不圆唇元音 a[ɑ]，口最开，舌尖离开下齿背，舌体后缩，软腭上升，关闭鼻腔通路。发“后 a”之后，软腭下降，打开鼻腔通路，同时舌面后部与软腭闭合，使在口腔受到阻碍的气流从鼻腔里透出。开口度由大渐小，舌位动程较大。

发音范读：

帮忙 bāngmáng　　上场 shàngchǎng　账房 zhàngfáng　　螳螂 tángláng

在甘肃方言中，将“鼻尾音”发成“鼻化音”也是一个普遍的现象。甘肃方言往往发鼻韵母时，整个元音鼻化，并丢失尾韵，即末尾口腔没有鼻塞阶段。例如：兰州地区将 ang，iang，uang 这组后鼻尾韵读作鼻化韵[ɑ̃]，[iɑ̃]，[uɑ̃]。

eng [ɤŋ]

起点元音是后半高不圆唇元音 e[ɤ]，口半闭，展唇，舌尖离开下齿背，舌体后缩，舌面后部隆起，比发单元音 e[ɤ]的舌位略低，软腭上升，关闭鼻腔通路。发 e 之后，软腭下降，打开鼻腔通路，同时舌面后部与软腭闭合，使在口腔受到阻碍的气流从鼻腔里透出。

发音范读：

萌生 méngshēng　　省城 shěngchéng　整风 zhěngfēng　　更正 gēngzhèng

在甘肃方言中，常有后鼻韵 eng 和前鼻韵 en 混读的现象，例如：真正（zhēnzhèng 错读为 zhēnzhèn）、清蒸（qīngzhēng 错读为 qīnzhēn）、整治（zhěngzhì 错读为 zhěnzhì）。

ing [iŋ]

起点元音是前高不圆唇元音 i，舌尖接触下齿背，舌面前部隆起，软腭上升，关闭鼻腔通路。发完[i]之后，软腭下降，打开鼻腔通路，同时舌面后部与软腭闭合，使在口腔受到阻碍的气流从鼻腔透出。口形没有明显变化。

发音范读：

冰晶 bīngjīng　　硬性 yìngxìng　　精明 jīngmíng　　评定 píngdìng

在甘肃方言中，常有后鼻韵 ing 和前鼻韵 in 混读的现象，例如：清贫（qīngpín 错读为 qīnpín）、亲情（qīnqíng 错读为 qīnqín）、新颖（xīnyǐng 错读为 xīnyǐn）。

ong [ʊŋ]

起点元音是比后高圆唇元音 u 舌位略低的后次高圆唇元音[ʊ]，舌尖离开下齿背，舌体后缩，舌面后部隆起，软腭上升，关闭鼻腔通路。发后次高圆唇元音[ʊ]之后，软腭下降，打开鼻腔通路，同时舌面后部与软腭闭合，使在口腔受到阻碍的气流从鼻腔里透出。唇形始终拢圆。

发音范读：

动工 dònggōng　　溶洞 róngdòng　　从容 cóngróng　　瞳孔 tóngkǒng

在甘肃方言中，常有后鼻韵 ong 和前鼻韵 un 混读的现象，例如：公交（gōngjiāo 错读为 gūnjiāo），重合（chónghé 错读为 chúnhé）。

第 2 组：iang，uang，ueng，iong

发音时，第一个元音轻而短，第二个元音清晰响亮。发完第二个元音后，软腭下降，逐渐增强鼻音色彩，舌面后部后缩，抵住软腭，最后做出发 ng 的状态即可。

iang [iɑŋ]

发音时，从前高元音 i 开始，舌位向后滑降到后低元音 a[ɑ]，然后舌位升高，接续鼻音-ng。

发音范读：

跟跄 liàngqiàng　　像样 xiàngyàng　　想象 xiǎngxiàng　　响亮 xiǎngliàng

在甘肃方言中，将后鼻尾韵 iang 错读为鼻化韵[iã]。

uang [uaŋ]

发音时，从圆唇的后高元音 u 开始，舌位滑降至后低元音 ɑ[ɑ]，然后舌位升高，接续鼻音-ng。唇形从圆唇在向折点元音的滑动中逐渐展唇。

发音范读：

矿床 kuàngchuáng　　往往 wǎngwǎng

装潢 zhuānghuáng　　狂妄 kuángwàng

在甘肃方言中，将后鼻尾韵 uang 错读为鼻化韵[uã]。

ueng [uɤŋ]

发音时，从圆唇的后高元音 u 开始，舌位滑降到后半高元音 e[ɤ]（稍稍靠前略低）的位置，然后舌位升高，接续鼻音-ng。唇形从圆唇在向折点元音滑动过程中逐渐展唇。在普通话里，韵母 ueng 只有一种零声母的音节形式 weng。

发音范读：

翁 wēng　　瓮 wèng　　富翁 fùwēng　　瓮城 wèngchéng

在甘肃方言中，常将后鼻韵 ueng[uɤŋ]错读为前鼻韵 uen[ən]。例如：渔翁（yúwēng 错读为 yúwēn）。

iong [iʊŋ]

发音时，从前高元音 i 开始，舌位向后略向下滑动到后次高圆唇元音[ʊ]的位置，然后舌位升高，接续鼻音-ng。由于受后面圆唇元音的影响，开始的前高元音 i 也带上了圆唇色彩而近似 ü[y]，可以描写为[yʊŋ]甚或为[yŋ]。传统汉语语音学把 iong 归属撮口呼。

发音范读：

炯炯 jiǒngjiǒng　　汹涌 xiōngyǒng　　贫穷 pínqióng　　甬道 yǒngdào

在甘肃方言中，常常将后鼻韵 iong 错读为前鼻韵 un，例如：汹涌（xiōngyǒng 错读为 xūnyǔn）、穷人（qióngrén 错读为 qúnrén）、永远（yǒngyuǎn 错读为 yǔnyuǎn）。

四、韵母发音辨正

（一）单韵母辨正

1. i 与 ü

ü 与 i 的区别在于圆唇与不圆唇。在保持舌位不变的情况下，把嘴唇圆起来或是展开，就可以发出相应的 ü 与 i 的音来。

（1）i—ü

单字辨正练习

期 qī　　屈 qū　　你 nǐ　　女 nǚ　　椅 yǐ　　雨 yǔ

李 lǐ　　屡 lǚ　　稀 xī　　虚 xū　　意 yì　　育 yù

词语辨正练习

比翼 bǐyì　　比喻 bǐyù　　办理 bànlǐ　　伴侣 bànlǚ

不及 bùjí　　布局 bùjú　　歧义 qíyì　　区域 qūyù

(2)ie—üe

单字辨正练习

茄 qié　瘸 qué　节 jié　决 jué　歇 xiē　靴 xuē

鞋 xié　学 xué　页 yè　悦 yuè　裂 liè　确 què

词语辨正练习

蝎子 xiēzi　靴子 xuēzi　切实 qièshí　确实 quèshí

协会 xiéhuì　学会 xuéhuì　猎取 lièqǔ　掠取 lüèqǔ

(3)ian—üan

单字辨正练习

建 jiàn　倦 juàn　千 qiān　圈 quān　现 xiàn　炫 xuàn

眼 yǎn　远 yuǎn　浅 qiǎn　犬 quǎn　显 xiǎn　选 xuǎn

词语辨正练习

钱财 qiáncái　全才 quáncái　油盐 yóuyán　游园 yóuyuán

碱面 jiǎnmiàn　卷面 juǎnmiàn　前程 qiánchéng　全程 quánchéng

(4)in—ün

单字辨正练习

琴 qín　群 qún　因 yīn　晕 yūn　信 xìn　讯 xùn

引 yǐn　陨 yǔn　尽 jìn　郡 jùn　亲 qīn　囷 qūn

词语辨正练习

餐巾 cānjīn　参军 cānjūn　心智 xīnzhì　熏制 xūnzhì

白银 báiyín　白云 báiyún　辛勤 xīnqín　新群 xīnqún

2.u 与 ü

u 与 ü 的区别在于：ü 舌位在前，u 舌位在后。其次 ü 的圆唇与 u 的圆唇形状略有不同，u 最圆，ü 略扁；u 双唇向前突出，ü 双唇不太突出。

(1)u—ü

单字辨正练习

路 lù　率 lǜ　属 shǔ　许 xǔ　如 rú　鱼 yú

书 shū　虚 xū　出 chū　居 jū　煮 zhǔ　举 jǔ

词语辨正练习

树木 shùmù　畜牧 xùmù　技术 jìshù　继续 jìxù

记录 jìlù　纪律 jìlǜ　主义 zhǔyì　旅行 lǚxíng

(2)uan—üan

单字辨正练习

栓 shuān　轩 xuān　转 zhuǎn　犬 quǎn　环 huán　旋 xuán

关 guān　鹃 juān　软 ruǎn　选 xuǎn　弯 wān　卷 juǎn

词语辨正练习

划船 huáchuán　划拳 huáquán　栓子 shuānzi　圈子 quānzi

传说 chuánshuō　劝说 quànshuō　弯曲 wānqū　冤屈 yuānqū

(3)uen—ün

单字辨正练习

温 wēn　迅 xùn　吮 shǔn　陨 yǔn　盾 dùn　郡 jùn
春 chūn　均 jūn　文 wén　云 yún　仑 lún　群 qún

词语辨正练习

顺道 shùndào　训导 xùndǎo　温顺 wēnshùn　水纹 shuǐwén
滚轮 gǔnlún　混沌 hùndùn　熏晕 xūnyūn　军勋 jūnxūn

3.e 与 o

e 与 o 的发音情况大致相同，它们之间的主要区别在唇形：e 不圆唇，o 圆唇。

单字辨正练习

歌 gē　播 bō　阁 gé　婆 pó　科 kē　坡 pō
禾 hé　佛 fó　河 hé　摸 mō　格 gé　博 bó

词语辨正练习

合格 hégé　破格 pògé　特色 tèsè　叵测 pǒcè
大河 dàhé　大佛 dàfó　磕破 kēpò　磨破 mópò

4.单元音 er

这是一个特殊的元音韵母，汉语拼音用两个字母来表示，实际上只是一个元音。它的音色同[ə]很接近，发[ə]时，嘴自然张开，不大不小，舌位自然放置，不前不后，唇形自然，这是一个最容易发的元音。发[ə]时的同时，舌尖向硬腭卷起，即可发出 er。如："儿 ér""耳 ěr""二 èr"。

i 与 ü 韵母声旁代表字类推表

i 韵母代表字类推表

几—jī 几(几乎)机肌饥讥叽玑矶　jǐ 几(几何)
及—jī 圾芨　jí 及级极汲岌
疾—jí 疾蒺嫉
即—jī 唧　jí 即　jì 暨鲫既
己—jǐ 己　jì 记纪忌　qǐ 岂起杞
技—jī 屐　jì 技伎妓　qí 歧岐
冀—jì 冀骥　yì 翼
离—lí 离篱漓璃蓠
里—lí 厘狸　lǐ 里哩理鲤俚娌
立—lì 立粒莅笠　qì 泣　yì 翌
丽—lí 鹂鲡　lì 丽俪郦
厉—lì 厉励砺蛎
利—lí 梨犁黎　lì 利莉俐痢猁蜊
力—lì 力历沥枥雳
尼—nī 妮　ní 尼泥(泥土)呢(呢喃)怩　nǐ 旎
　nì 昵伲泥(拘泥)
倪—ní 倪霓猊　nì 睨
妻—qī 妻凄萋
沏—qī 沏　qì 砌
齐—qí 齐脐蛴　jī 跻　jǐ 济(人才济济)挤
　jì 剂荠济(救济)
其—qī 期欺　qí 其棋旗萁骐琪祺綦麒　jī 箕
奇—qí 奇骑崎　qǐ 绮　jī 畸犄　jì 寄　yī 漪
　yǐ 椅倚旖
乞—qǐ 乞　qì 迄讫　yì 屹
西—xī 西牺茜栖
膝—xī 膝　qī 漆
析—xī 析晰淅蜥　yí 沂
奚—xī 奚溪蹊
息—xī 息熄螅　qì 憩
希—xī 希稀郗唏
喜—xī 嘻嬉僖熹　xǐ 喜
昔—xī 昔惜
衣—yī 衣依　yì 裔

夷—yí 夷姨胰咦痍荑
怡—yí 怡贻
乙—yǐ 乙 yì 亿艺忆呓 qì 气汽
以—yǐ 以苡
役—yì 役疫
意—yì 意臆薏噫癔

益—yì 益溢缢[shì 谥(谥号)]
义—yí 仪 yǐ 蚁 yì 义议
易—yì 易蜴 tī 踢剔 tì 惕
揖—yī 揖 jī 缉 jí 辑楫
译—yì 译绎驿(zé 择泽 duó 铎)
亦—yì 亦弈奕

类推表外的字： jī 激积鸡击羁姬 jí 吉棘集急亟籍 jǐ 给(给予) jì 寂计季祭际继绩 qī 七 qí 祁畦芪 qǐ 启企 qì 弃契器 xī 熙兮夕犀 xí 席檄袭习 xǐ 洗徙玺 xì 戏系细隙 yī 医伊 yí 疑沂宜颐移遗彝 yǐ 矣 yì 弋抑诣逸肄熠异

ü 韵母代表字类推表

居—jū 居裾据(拮据) jù 锯剧据(根据)踞倨
且—jū 且(古助词)狙疽 jǔ 沮龃咀(咀嚼) qū 蛆
菊—jū 鞠掬 jú 菊
句—jū 拘驹 jù 句 xù 煦
具—jù 具惧俱飓
巨—jǔ 矩 jù 巨距拒炬苣 qú 渠
屡—lǚ 屡缕褛偻(伛偻)
吕—lǚ 吕铝侣
虑—lǜ 虑滤
区—qū 区驱躯岖
曲—qū 曲(弯曲)蛐 qǔ 曲(歌曲)
瞿—qú 瞿衢癯
取—qǔ 取娶 qù 趣 jù 聚
虚—xū 虚嘘墟 qù 觑
胥—xū 胥 xù 婿
畜—xù 畜(畜牧)蓄
于—yū 迂吁(象声词) yú 于盂竽 yǔ 宇 yù 芋
　　xū 吁(长吁短叹)

禺—yú 禺愚隅 yù 遇寓
於—yū 於(姓)淤瘀
余—yú 余 xú 徐 xù 叙
俞—yú 俞榆愉瑜蝓揄逾渝 yù 愈喻谕
欲—yù 欲峪浴裕
予—yǔ 予 yù 预 xù 序
臾—yú 臾谀腴萸 yǔ 庾瘐
鱼—yú 鱼渔
与—yú 欤 yǔ 与(与其)屿 yù 与(参与)
语—yǔ 语圄
雨—yǔ 雨 xū 需
羽—yǔ 羽 xǔ 诩栩
禹—yǔ 禹 qǔ 龋
昱—yù 昱煜
玉—yù 玉钰
聿—yù 聿 lǜ 律
域—yù 域阈

类推表外的字： jū 车 jú 桔橘 jǔ 举 jù 遽 qū 屈 qù 去 xū 须 xǔ 许浒(浒墅关) xù 旭恤绪续絮 xu 蓿(苜蓿)

（二）复韵母辨正

1. 单韵母与复韵母发音辨正

有些方言中常有把单韵母读成复韵母或把复韵母读成单韵母的错误。

单韵母的发音会受到唇形的圆展、舌位的高低前后、口腔开度的大小等因素的影响。复韵母要重点处理好韵头、韵腹、韵尾的关系，发音的过程要滑行到位，不要跳跃分割。在许多方言中容易出现单韵母复音化、复韵母单元音化、丢失韵头、归音不到位、口腔开度不够、唇形圆展不够等问题，这都会影响韵母的正确发音。

2. 发音辨正练习

(1)u—ou

单字辨正练习

堵 dǔ	斗 dòu	书 shū	收 shōu	组 zǔ	走 zǒu
路 lù	漏 lòu	苏 sū	搜 sōu	突 tū	偷 tōu

词语辨正练习

小组 xiǎozǔ	小邹 xiǎozōu	毒针 dúzhēn	斗争 dòuzhēng
募化 mùhuà	谋划 móuhuà	大陆 dàlù	大楼 dàlóu

(2)i—ei

单字辨正练习

比 bǐ	北 běi	米 mǐ	美 měi	碧 bì	背 bēi
密 mì	妹 mèi	你 nǐ	馁 něi	皮 pí	培 péi

词语辨正练习

美丽 měilì	米粒 mǐlì	自闭 zìbì	自卑 zìbēi
寻觅 xúnmì	寻梅 xúnméi	皮肤 pífū	佩服 pèi·fú

(3)ü—ou

单字辨正练习

句 jù	楼 lóu	欲 yù	肉 ròu	去 qù	陋 lòu
于 yú	揉 róu	举 jǔ	丑 chǒu	女 nǚ	某 mǒu

词语辨正练习

蓄意 xùyì	授意 shòuyì	局势 júshì	楼市 lóushì
区长 qūzhǎng	首长 shǒuzhǎng	狱卒 yùzú	揉足 róuzú

(4)ü—iou

单字辨正练习

屈 qū	丘 qiū	巨 jù	舅 jiù	区 qū	邱 qiū
局 jú	九 jiǔ	渠 qú	球 qiú	驴 lǘ	刘 liú

词语辨正练习

序幕 xùmù	朽木 xiǔmù	屈才 qūcái	秀才 xiùcai
句子 jùzi	舅子 jiùzi	语言 yǔyán	油烟 yóuyān

(5)ü—ei

单字辨正练习

绿 lǜ	类 lèi	女 nǚ	内 nèi	铝 lǚ	泪 lèi
渠 qú	蕾 lěi	句 jù	被 bèi	给 gěi	贼 zéi

词语辨正练习

屡次 lǚcì	累次 lěicì	女人 nǚrén	内人 nèirén
趣味 qùwèi	美味 měiwèi	举例 jǔlì	费力 fèilì

(6)uo—o

单字辨正练习

拖 tuō　佛 fó　落 luò　末 mò　缩 suō　波 bō
做 zuò　迫 pò　左 zuǒ　跛 bǒ　阔 kuò　陌 mò

词语辨正练习

琢磨 zuómo　捉摸 zhuōmō　啰唆 luōsuo　摸索 mōsuǒ
剥落 bōluò　剥夺 bōduó　薄弱 bóruò　破落 pòluò

(7)ai—e

单字辨正练习

拆 chāi　车 chē　斋 zhāi　折 zhé　该 gāi　歌 gē
埋 mái　么 me　菜 cài　册 cè　呆 dāi　的 de

词语辨正练习

木柴 mùchái　木车 mùchē　开拔 kāibá　磕巴 kēba
比赛 bǐsài　闭塞 bìsè　才略 cáilüè　策略 cèlüè

(8)ai—a

单字辨正练习

买 mǎi　马 mǎ　猜 cāi　擦 cā　派 pài　怕 pà
灾 zāi　匝 zā　卖 mài　骂 mà　晒 shài　煞 shà

词语辨正练习

菜地 càidì　擦地 cādì　海拔 hǎibá　哈达 hǎdá
开始 kāishǐ　喀什 kāshí　摘要 zhāiyào　炸药 zhàyào

(9)ia—a

单字辨正练习

恰 qià　咖 kā　吓 xià　哈 hā　掐 qiā　旮 gā
夹 jiā　砸 zá　鸭 yā　洒 sǎ　虾 xiā　卡 kǎ

词语辨正练习

架子 jiàzi　叉子 chāzi　夏天 xiàtiān　沙田 shātián
恰似 qiàsì　杀死 shāsǐ　加法 jiāfǎ　沙发 shāfā

(10)iao—ao

单字辨正练习

桥 qiáo　潮 cháo　宵 xiāo　招 zhāo　巧 qiǎo　早 zǎo
妙 miào　貌 mào　笑 xiào　扫 sǎo　鸟 niǎo　闹 nào

词语辨正练习

缴费 jiǎofèi　稿费 gǎofèi　敲打 qiāodǎ　拷打 kǎodǎ
苗头 miáotou　矛头 máotóu　戏票 xìpiào　戏袍 xìpáo

(11)ian—an

单字辨正练习

前 qián　馋 chán　先 xiān　山 shān　骗 piàn　盼 pàn
面 miàn　慢 màn　边 biān　班 bān　连 lián　南 nán

词语辨正练习

仙人 xiānrén　山人 shānrén　线头 xiàntóu　汕头 shàntóu
免疫 miǎnyì　满意 mǎnyì　篇章 piānzhāng　盘账 pánzhàng

(12)uen—en

单字辨正练习

混 hùn　很 hěn　孙 sūn　森 sēn　吞 tūn　身 shēn
顺 shùn　甚 shèn　准 zhǔn　枕 zhěn　尊 zūn　怎 zěn

词语辨正练习

损人 sǔnrén　森林 sēnlín　吞吐 tūntǔ　身手 shēnshǒu
困乏 kùnfá　垦荒 kěnhuāng　遵守 zūnshǒu　怎样 zěnyàng

(13)uei—ei

单字辨正练习

鬼 guǐ　给 gěi　嘴 zuǐ　贼 zéi　腿 tuǐ　内 nèi
亏 kuī　陪 péi　随 suí　雷 léi　岁 suì　被 bèi

词语辨正练习

灰色 huīsè　黑色 hēisè　小嘴 xiǎozuǐ　小贼 xiǎozéi
兑换 duìhuàn　得亏 děikuī　配备 pèibèi　回归 huíguī

(三)鼻韵母辨正

1. an 与 ang

an 与 ang 在发音上有三点不同：

第一，韵腹 ɑ 舌位前后不同，an 由“前 ɑ”开始发音，ang 由“后 ɑ”开始发音。

第二，舌位的滑动路线和终点位置不同，发 an，舌尖的活动是顶下齿背到抵上牙床(硬腭前部)，舌面稍升；发 ang，舌尖离开下齿背，舌头后缩，舌根抬起与软腭接触；发完 an 音时，舌前伸，发完 ang 音时，舌头后缩。

第三，收音时，比较二者口形，an 上下齿闭拢，ang 口微开。

单字辨正练习

满 mǎn　莽 mǎng　蓝 lán　狼 láng　寒 hán　航 háng
单 dān　当 dāng　闪 shǎn　赏 shǎng　赞 zàn　葬 zàng
叁 sān　桑 sāng　干 gān　刚 gāng　弯 wān　汪 wāng

词语辨正练习

烂漫 lànmàn　浪漫 làngmàn　心烦 xīnfán　新房 xīnfáng
赞颂 zànsòng　葬送 zàngsòng　胆量 dǎnliàng　当量 dāngliàng
扳手 bānshǒu　帮手 bāngshou　反问 fǎnwèn　访问 fǎngwèn

2. en 与 eng

en 与 eng 发音上的差异也有三点不同：

第一，起点元音不同，en 由央 e[ə]舌位开始发音，eng 由央 e[ə](比[ə]稍后)开始发音。

第二，发 en 舌头前伸，发 eng 舌头后缩。

第三，发 en 音舌头位置变化不大，发完音上下齿也是闭拢的，而发 eng 音舌根上升，软腭下降，收音时口微开，上下齿不闭拢。

单字辨正练习

门 mén　蒙 měng　笨 bèn　蹦 bèng　身 shēn　声 shēng
真 zhēn　争 zhēng　痕 hén　横 héng　森 sēn　僧 sēng
岑 cén　层 céng　珍 zhēn　睁 zhēng　深 shēn　声 shēng

词语辨正练习

秋分 qiūfēn　秋风 qiūfēng　申明 shēnmíng　声明 shēngmíng
清真 qīngzhēn　清蒸 qīngzhēng　审视 shěnshì　省事 shěngshì
诊治 zhěnzhì　整治 zhěngzhì　吩咐 fēnfù　丰富 fēngfù

3. in 与 ing

in 由 i 开始发音，上下齿始终不动，只是明显感觉到舌尖从下向上的动作，收音时舌尖抵住上牙床，不后缩。ing 也是由 i 开始，然后舌尖离开下齿背，舌头后移，抵住软腭。发音时注意由 i 到 n，ng 舌位不要降低，不要发成 ien，ieng。

单字辨正练习

宾 bīn　兵 bīng　贫 pín　平 píng　因 yīn　英 yīng
紧 jǐn　井 jǐng　拼 pīn　乒 pīng　信 xìn　姓 xìng
进 jìn　竟 jìng　贫 pín　凭 píng　彬 bīn　冰 bīng

词语辨正练习

人民 rénmín　人名 rénmíng　临时 línshí　零食 língshí
贫民 pínmín　平民 píngmín　亲生 qīnshēng　轻生 qīngshēng
不仅 bùjǐn　布景 bùjǐng　紧抱 jǐnbào　警报 jǐngbào

前鼻音与后鼻音声旁代表字类推表

an 与 ang 代表字类推表

an 韵母代表字

安—ān 安鞍氨　àn 案按
庵—ān 庵鹌　ǎn 俺
暗—àn 暗黯
般—bān 般搬瘢　pán 磐
扮—bàn 扮　bān 颁　pàn 盼
半—bàn 半伴拌绊　pàn 叛畔判
参—cān 参(参加)　cǎn 惨　sān 叁
搀—chān 搀　chán 谗馋
单—dān 单(单据)郸殚　dǎn 掸　dàn 弹(子弹)惮　chán 单(单于)婵禅蝉　tán 弹(弹簧)　shàn 单(姓单)
旦—dǎn 胆　dàn 旦但担　tǎn 坦袒
淡—dàn 淡氮啖　tán 谈痰　tǎn 毯
番—fān 番翻藩　pān 潘　pán 蟠
凡—fān 帆　fán 凡矾
反—bān 扳　bǎn 板坂版舨　fǎn 反返　fàn 贩饭
甘—gān 甘柑泔疳　hān 酣　hán 邯
敢—gǎn 敢橄　hān 憨　kàn 瞰阚
干—gān 干(干净)肝竿杆　gǎn 赶　gàn 干(干劲)　àn 岸　hān 鼾　hán 邗　hǎn 罕　hàn 旱焊捍悍汗　kān 刊
感—gǎn 感　hǎn 喊　hàn 撼
函—hán 函涵　hàn 菡
砍—kǎn 砍坎
兰—lán 兰拦栏　làn 烂
蓝—lán 蓝褴篮　làn 滥

阑—lán 阑澜斓
览—lǎn 览揽榄缆
瞒—mán 瞒　mǎn 满
曼—mán 馒鳗　màn 谩蔓漫蔓(蔓草)
　wàn 蔓(瓜蔓)
难—nán 难　tān 滩摊瘫
南—nán 南楠　nǎn 蝻腩
攀—pān 攀　pàn 襻
冉—rán 蚺　rǎn 冉苒
然—rán 然燃
山—shān 山舢　shàn 汕讪疝
扇—shān 扇(扇动)煽　shàn 扇(扇子)
膻—shān 膻　shàn 擅　chàn 颤(颤抖)　tán 檀
　zhàn 颤(颤栗)
珊—shān 珊跚删姗
潭—tán 潭谭　qín 覃(姓氏)
炭—tàn 炭碳
赞—zǎn 攒(积攒)　zàn 赞瓒　cuán 攒(人头攒动)
占—zhān 占(占卜)沾粘(粘贴)　zhàn 占(占领)站战
　nián 粘[(黏合剂)"粘"同"黏"]
詹—zhān 詹瞻　shàn 赡　dàn 澹
斩—zhǎn 斩崭　cán 惭　zàn 暂　jiàn 渐
展—zhǎn 展辗(辗转)

类推表外的字： àn 暗　bàn 办瓣　cān 餐　cán 蚕　chán 缠　chǎn 谄　chàn 忏　dān 耽　dàn 诞蛋　fàn 犯范泛　gān 尴　gàn 赣　hán 寒含韩　hàn 汉　kàn 看　lán 婪岚　lǎn 懒　mán 蛮　nán 男　pán 盘　pàn 盼　rǎn 染　sān 三　sǎn 散(散文)伞　sàn 散(分散)　shān 衫杉　shǎn 闪陕　tān 贪　tán 坛　tǎn 忐　tàn 叹探　zán 咱　zhàn 湛蘸栈绽

ang **韵母代表字**

邦—bāng 邦帮梆　bǎng 绑
仓—cāng 仓沧苍舱
昌—chāng 昌菖猖鲳　chàng 唱倡
长—cháng 长(长短)　chàng 怅　zhāng 张
　zhǎng 长涨(高涨)
　zhàng 帐胀账涨(涨红了脸)
场—cháng 场(场院)肠　chǎng 场(会场)
　chàng 畅　dàng 荡　shāng 殇觞　tàng 烫
当—dāng 当裆　dǎng 挡(挡箭牌)
　dàng 档挡(摒挡)
方—fāng 方芳　fáng 防妨房坊　fǎng 仿访纺
　fàng 放
冈—gāng 冈纲钢刚　gǎng 岗
缸—gāng 缸肛扛(扛鼎)　gàng 杠
　káng 扛(扛活)
康—kāng 康慷糠
亢—kàng 亢炕抗伉　āng 肮　háng 杭吭(引吭高歌)航　hàng 沆
良—liáng 良粮　liàng 踉　lāng 啷　láng 狼郎廊榔
　螂琅　lǎng 朗　làng 浪　niáng 娘
忙—máng 忙芒氓盲茫
莽—mǎng 莽蟒
旁—pāng 膀(膀肿)滂　páng 旁磅螃膀(膀胱)
　bǎng 榜膀(臂膀)　bàng 傍谤磅镑
桑—sāng 桑　sǎng 嗓搡
上—shàng 上　ràng 让
尚—shǎng 赏　tǎng 躺　shàng 尚　shang 裳
　cháng 常嫦　chǎng 敞　dǎng 党　táng 堂膛
　螳　tǎng 淌倘躺　tàng 趟　zhǎng 掌
襄—xiāng 襄镶　rāng 嚷(嚷嚷)　ráng 瓤　rǎng 嚷
　(叫嚷)壤攘
唐—táng 唐塘搪糖
庄—zhuāng 庄桩　zāng 赃脏(肮脏)
　zàng 脏(内脏)
章—zhāng 章彰樟漳蟑　zhàng 障瘴嶂幛
丈—zhàng 丈杖仗

类推表外的字： áng 昂　àng 盎　bàng 棒蚌(河蚌)　chǎng 厂　gǎng 港　hāng 夯　háng 行(银行)　xíng 行(行为)　pāng 乒　páng 庞　pàng 胖　sāng 丧(丧事)　sàng 丧(丧失)　shāng 伤　xiàng 向　zàng 葬藏(西藏)　cáng 藏(矿藏)

en 与 eng 声旁代表字类推表

en 韵母代表字

本—bēn 奔 běn 本苯 bèn 笨
辰—chén 辰晨 shēn 娠 zhèn 震振赈
恩—ēn 恩 èn 摁
分—fēn 分纷芬吩氛酚 fén 汾 fěn 粉 fèn 忿份 pén 盆
沈—shěn 沈 chén 忱 zhěn 枕 zhèn 鸩
甚—shèn 甚葚 zhēn 斟
艮—gēn 根跟 gěn 艮 hén 痕 hěn 狠很 hèn 恨 kěn 恳垦
肯—kěn 肯啃
真—zhēn 真 zhěn 缜 zhèn 镇 chēn 嗔 shèn 慎
门—mēn 闷(闷热)焖 mén 门扪 mèn 闷(闷闷不乐) men 们
贲—bēn 贲 pēn 喷 fèn 愤
人—rén 人 rèn 认
刃—rěn 忍 rèn 刃仞纫韧
壬—rén 壬任(姓任) rèn 任(任务)妊
参—shēn 参(人参) shèn 渗
申—shēn 申绅伸呻砷 shén 神 shěn 审婶 chēn 抻
珍—zhēn 珍 zhěn 疹诊 chèn 趁
贞—zhēn 贞侦桢祯
臻—zhēn 臻蓁榛

类推表外的字： chén 沉臣尘陈 chèn 衬称(相称) fén 坟焚 fèn 粪 gèn 亘 nèn 嫩 rén 仁 sēn 森 shēn 身 shén 什 zěn 怎 zhèn 阵朕

eng 韵母代表字

曾—cēng 噌 céng 曾(曾经) cèng 蹭 sēng 僧 zēng 增憎 zèng 赠
成—chéng 成城诚盛(盛饭) shèng(盛大)
呈—chéng 呈程 chěng 逞 zèng 锃
丞—chéng 丞 zhēng 蒸 zhěng 拯
乘—chéng 乘 shèng 乘(千乘之国)剩
登—dēng 登蹬 dèng 瞪澄(把水澄清)凳 chéng 澄(澄清事实)橙
风—fēng 风枫疯 fěng 讽 fèng 凤
丰—fēng 丰 bèng 蚌
奉—fèng 奉俸 pěng 捧(bàng 棒)
封—fēng 封葑
锋—fēng 锋烽蜂峰 féng 逢缝(缝纫) fèng 缝(缝隙) péng 蓬篷
更—gēng 更(更新) gěng 埂梗哽 gèng 更(更加)(yìng 硬)
庚—gēng 庚赓
亨—hēng 亨哼 pēng 烹
坑—kēng 坑吭(吭声)
楞—léng 塄楞(楞角) lèng 愣
蒙—mēng 蒙(蒙骗) méng 蒙(蒙蔽)檬朦 měng 蒙(蒙古族)
萌—méng 萌盟
孟—měng 猛锰勐 mèng 孟
朋—péng 朋硼棚鹏 bēng 绷(绷带)崩嘣 běng 绷(绷着脸) bèng 蹦绷(绷瓷)
砰—pēng 砰怦抨
彭—pēng 嘭 péng 彭澎膨
扔—rēng 扔 réng 仍
生—shēng 生笙牲甥 shèng 胜
誊—téng 誊腾滕藤
争—zhēng 争挣(挣扎)峥筝铮狰 zhèng 挣(挣钱)
正—zhēng 正(正月)征症(症结) zhěng 整 zhèng 正(正确)政证怔症(症状) chéng 惩

类推表外的字： béng 甭 bèng 迸泵 céng 层 chēng 撑瞠称(称赞) chéng 承 chěng 骋 chèng 秤 dēng 灯 děng 等 dèng 邓 féng 冯 gēng 羹耕 gěng 耿 héng 恒横衡 kēng 铿 léng 棱 lěng 冷 néng 能 pèng 碰 shēng 声升 shéng 绳 shěng 省 shèng 圣 téng 疼 zhèng 郑

in 与 ing 声旁代表字类推表

in 韵母代表字

宾—bīn 宾滨缤傧槟(槟子)　bìn 殡鬓膑摈　pín 嫔 [bīng 槟(槟榔)]

今—jīn 今矜　qín 琴　yín 吟

斤—jīn 斤　jìn 靳近　qín 芹　xīn 欣新昕(tīng 听)

堇—jǐn 堇谨馑瑾　jìn 觐　qín 勤

尽—jǐn 尽(尽快)　jìn 尽(尽力)烬

禁—jīn 禁(不禁)襟　jìn 禁(禁止)

磷—lín 磷麟磷嶙鳞粼

林—lín 林淋霖琳　bīn 彬

凛—lǐn 凛廪懔(bǐng 禀)

民—mín 民岷珉　mǐn 泯抿

频—pín 频颦　bīn 濒

侵—qīn 侵　qǐn 寝　jìn 浸

禽—qín 禽擒噙

心—xīn 心芯　qìn 沁(ruǐ 蕊)

辛—xīn 辛莘(莘庄)锌新薪[shēn 莘(莘莘学子)]

因—yīn 因茵姻洇

引—yǐn 引蚓

阴—yīn 阴　yìn 荫

银—yín 银垠龈

隐—yǐn 隐瘾

类推表外的字： bīn 斌　jīn 津巾金筋　jǐn 锦仅　jìn 晋进　lín 临　lìn 吝　mǐn 皿敏闽　nín 您　pín 贫　pǐn 品　pìn 聘　qīn 亲钦　qín 秦　xīn 馨　xìn 信衅　yīn 音殷　yín 寅　yǐn 饮尹　yìn 印

ing 韵母代表字

兵—bīng 兵槟(槟榔)　pīng 乒

丙—bǐng 丙柄炳　bìng 病

并—bǐng 饼屏(屏气)　bìng 并摒 píng 屏(屏风)瓶(pīn 拼姘)

丁—dīng 丁叮盯仃钉(钉子)疔　dǐng 顶酊 dìng 订钉(钉扣子)　tīng 厅汀　tíng 亭

宁—níng 宁(宁静)狞咛拧(拧毛巾) nǐng 拧(拧螺丝)　nìng 宁(宁可)泞拧(脾气拧)

定—dìng 定锭腚(zhàn 绽)

京—jīng 京鲸惊　jǐng 景憬　yǐng 影(qióng 琼)

经—jīng 经茎　jǐng 颈　jìng 劲(刚劲)径胫 qīng 轻氢[jìn 劲(使劲)]

井—jǐng 井阱

竟—jìng 竟镜境竞

敬—jǐng 警　jìng 敬　qíng 擎

令—líng 令(令狐)玲岭铃伶苓零羚龄囹聆翎 lǐng 领岭　lìng 令(līn 拎　lín 邻)

陵—líng 陵菱凌绫

名—míng 名茗铭　mǐng 酩

冥—míng 冥溟螟暝瞑

平—píng 平苹评坪

青—qīng 清清蜻　qíng 晴情氰　qǐng 请 jīng 睛精菁腈　jìng 靖靓

罄—qìng 罄磬

顷—qīng 倾　qǐng 顷

亭—tíng 亭停婷葶

廷—tíng 廷庭蜓霆　tǐng 挺铤艇

星—xīng 星腥猩惺　xǐng 醒

形—xíng 形刑型邢　jīng 荆

性—xìng 性姓

幸—xìng 幸悻

英—yīng 英瑛

婴—yīng 婴樱缨鹦

莺—yīng 莺　yíng 萤莹荧营萦蓥荥

盈—yíng 盈楹

类推表外的字： bīng 冰　bǐng 禀秉　dǐng 鼎　jīng 旌兢晶　líng 灵　lìng 另　míng 明鸣　mìng 命　níng 凝　píng 凭　qīng 卿　qìng 庆　tīng 听　xīng 兴(兴奋)　xíng 行　xǐng 省(不省人事)　xìng 杏兴(高兴)　shěng 省(省会)　yīng 应(应该)鹰　yíng 赢蝇迎　yǐng 颖　yìng 应(应考)硬映

第三单元　声调

一、什么是声调

普通话共有4个声调。

阴平	ˉ	高天方出
阳平	ˊ	时门国白
上声	ˇ	短米有北
去声	ˋ	对稻必叶

声调是依附在音节上的超音段成分，主要由音高构成。声调是整个音节的音高格式，由于音节的音高格式有平、升、曲、降的不同，形成得以表示不同意义的语素，所以声调具有区别意义的作用。例如“马”(mǎ)和“骂”(mà)就是靠声调区别意义的。

声调的高低升降主要决定于音高，而音高的变化又是由发音时声带的松紧决定的。发音时声带越紧，在一定时间内振动的次数越多，音高就越高；声带越松，在一定时间内振动的次数越少，音高就越低。在发音过程中声带可以随时调整，有时可以一直绷紧，有时可以先放松后绷紧，或先绷紧后放松，有时松紧相间。这就造成了不同音高的变化，也就构成了不同的声调。

普通话声调是区别意义的重要条件，是汉语音节中非常重要的组成部分。如果说话时没有声调，就无法准确表达汉语的意义，也不能完整地标注汉语的语音。相同的声母、韵母组合在一起，可以因为声调的不同而表示不同的意思。例如：

dáyí 答疑	dáyì 达意	dàyí 大姨	dàyì 大意	gūlì 孤立	gǔlì 鼓励	
tǔdì 土地	túdì 徒弟	huìyì 会议	huíyì 回忆	kǒuzi 口子	kòuzi 扣子	
zhūzi 珠子	zhúzi 竹子	zhǔzi 主子	zhùzi 柱子	lízǐ 梨子	lǐzi 李子	lìzi 栗子
wǒyàoyān 我要烟	wǒyàoyán 我要盐	wǒyàoyǎn 我要演	wǒyàoyàn 我要砚			

二、甘肃方言的声调特点

讲好普通话，相对于长期讲甘肃方言的人来说，最大难点就是声调。甘肃方言与普通话在声调方面的差异比它们在声母、韵母等方面的差异大得多，而且甘肃省内不同地区的方言的声调又有差异，这就又增加了讲准普通话的难度。下面，我们将就声调的调类以及调值两方面来对甘肃方言进行分析。

(1)甘肃方言的调类

甘肃方言的调类大体上有3个调类区和4个调类区的区分，前者包括天水、武都、定西、临夏等地，后者则包括兰州、庆阳等地。

3个调类的情况根据地区的不同，其涵义有所不用，例如天水、定西方言的3个调类分别是上声、去声和平声(平声无阴阳之分)，武都方言的3个调类则是上声、去声(阳平字并入其中)和阴平。4个调类的方言与一般与普通话的调类相同，分为阳平、阴平、上声和去声。但具体的省内各地区的四个调类的方言，同一调类所包含的字却也是不尽相同的，需要实事求是的去整理、分析。

(2)甘肃方言的调值

甘肃方言在调值上与普通话存在着明显的差异，以兰州地区的方言为例，其与普通话在4个调类上的调值均不同，兰州地区的方言在阴平调、阳平调、上声调、去声调上的调值分别为中降调31、高降调53、平降调442、低声调13。甘肃省其他地区的方言也与兰州地区方言有所不同。

甘肃方言声调和普通话声调对照表

方言地名 \ 普通话 \ 例字	刚开婚三	穷时人云	古口好五	近厚靠阵	桌福铁六	局向合舌
	阴平(55)	阳平(35)	上声(214)	去声(51)	阴、阳、上、去	阳平
兰州	阴平(31)	阳平(53)	上声(442)	去声(13)	去声	阳平
定西	平声(13)		上声(42)	去声(55)	平声	
天水	平声(24)		上声(51)	去声(55)	平声	
平凉	阴平(31)	阳平(24)	上声(53)	去声(54)	阴平	阳平
武都	阴平(31)	(并入去声)	上声(53)	去声(35)	阴平	去声
庆阳	阴平(31)	阳平(35)	上声(51)	去声(44)	阴平	阳平
武威	阴平(33)	(并入上声)	上声(53)	去声(31)	去声	阳平
张掖	阴平(55)	(并入上声)	上声(53)	去声(31)	去声	阳平
酒泉	阴平(44)	(并入上声)	上声(53)	去声(31)	去声	阳平
临夏	平声(13)		上声(44)	去声(53)	平声(小部分读去声)	

三、调值、调类与调号

(一)调值

调值是声调的实际读法，即高低升降的形式。普通话语音的调值有高平调、中升调、降升调和全降调4种基本类型，也就是说，普通话的声调有这4种调值。

描写声调的调值，通常用“五度标调法”：用一条竖线表示高低，竖线的左边用横线、斜线、折线，表示声调高低、升降、曲直的变化。竖线的高低分为“低、半低、中、半高、高”五度，用1、2、3、4、5表示，1表示“低”，2表示“半低”，依此类推。平调和降调用两个数字，曲折调用3个数字。根据这种标调法，普通话声调的4种调值可以用下图表示出来。

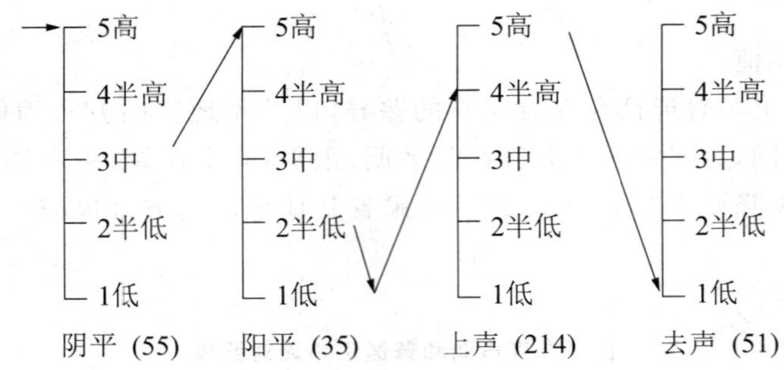

普通话声调的四种调值

普通话声调表

调类(四声)	调号	例字	调型	调值	调值说明
1. 阴平	ˉ	妈 mā	高平	55	起音高高一路平
2. 阳平	ˊ	麻 má	中升	35	由中到高往上升
3. 上声	ˇ	马 mǎ	降升	214	先降然后再扬起
4. 去声	ˋ	骂 mà	全降	51	从高降到最下层

55、35、214、51 表示声调实际的高低升降，叫作调值。为了便于书写和印刷，一般就用标数码的办法来表示，不必把每一个声调都画出图来。《汉语拼音方案》更简化一步，只在韵母的韵腹上标出“ˉ ˊ ˇ ˋ”四个符号来表示声调的大致调型。

(二)调类

调类就是声调的分类，是根据声调的实际读法归纳出来的。有几种实际读法就有几种调类，也就是把调值相同的归为一类。普通话有四种基本的调值，就可以归纳出四个调类。

普通话音节中，凡调值为 55 的，归为一类，叫阴平，如“江山多娇”等；凡调值为 35 的，归为一类，叫阳平，如“人民和平”等；凡调值为 214 的，归为一类，叫上声，如“理想美好”等；凡调值为 51 的，归为一类，叫去声，如“庆祝大会”等。阴平、阳平、上声、去声就是普通话调类的名称。调类名称也可以用序数表示，称为一声、二声、三声、四声，简称为“四声”。

(三)调号

调号就是标记普通话调类的符号。《汉语拼音方案》所规定的调号是：阴平“ ˉ”、阳平“ ˊ”、上声“ ˇ”、去声“ ˋ”。声调是整个音节的高低升降的调子，声调的高低升降的变化主要集中体现在韵腹即主要元音上。所以调号要标在韵母的韵腹上。

汉语六个主要元音中，发音最响亮的是 a，依次是 o，e，i，u，ü。一个音节有 a，调号就标在 a 上，如 chāo(超)；没有 a，就标在 o 或 e 上，如 zhōu(周)，pèi(配)；碰到 iu，ui 组成的音节，就标在最后一个元音上，如 niú(牛)，duì(队)。调号如标在 i 上，i 上面的圆点可以省去，如 yīng(英)，xīn(欣)。轻声不标调，如 māma(妈妈)，yuèliang(月亮)。

四、声调发音分析

普通话声调的发音有鲜明的特点，阴平、阳平、上声和去声调形区别明显：一平、二升、三曲、四降。

从发音长短看，上声发音持续的时间最长，其次是阳平；去声发音持续的时间最短，其次是阴平。普通话四声调值时长见下图。

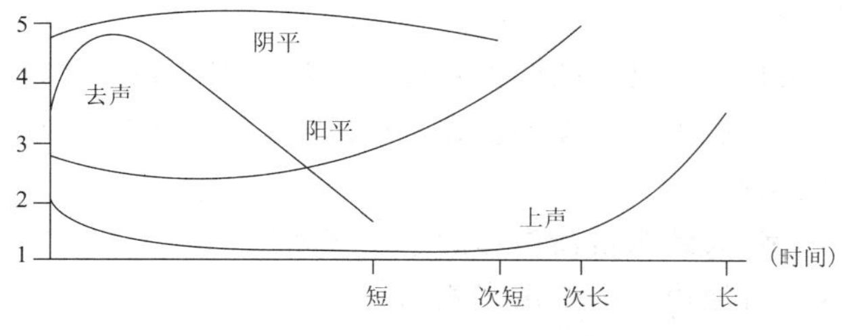

普通话四声调值时长图

(一)阴平

阴平又叫作高平调，俗称一声，调值是55，也称55调。

发音时，声带绷到最紧（“最紧”是相对的，下同），始终没有明显变化，保持高音。

发音范读：

低微 dīwēi	吃亏 chīkuī	交叉 jiāochā	嚣张 xiāozhāng
供需 gōngxū	摔跤 shuāijiāo	军官 jūnguān	拖车 tuōchē

(二)阳平

阳平又叫作高升调，俗称二声，调值是35，也称35调。

发音时，声带从不松不紧开始，逐渐绷紧，到最紧为止，声音由不低不高升到最高。

发音范读：

闸门 zhámén	航程 hángchéng	神灵 shénlíng	尤为 yóuwéi
顽强 wánqiáng	抉择 juézé	黄连 huánglián	从而 cóng'ér

(三)上声

上声又叫作降升调，俗称三声，调值是214，也称214调。

发音时，声带从略微有些紧张开始，立刻松弛下来，稍稍延长，然后迅速绷紧，但没有绷到最紧。发音过程中，声音主要表现在低音段1～2度，这成为上声的基本特征。上声的音长在普通话4个声调中是最长的。

发音范读：

法典 fǎdiǎn	好转 hǎozhuǎn	领主 lǐngzhǔ	打鼓 dǎgǔ
旅馆 lǚguǎn	口语 kǒuyǔ	勉强 miǎnqiǎng	奶粉 nǎifěn

(四)去声

去声又叫作全降调，俗称四声，调值是51，也称51调。

发音时，声带从紧开始，到完全松弛为止。声音由高到低。去声的音长在普通话4个声调中是最短的。

发音范读：

正派 zhèngpài	变动 biàndòng	械斗 xièdòu	救济 jiùjì
树立 shùlì	剧烈 jùliè	势必 shìbì	驾驭 jiàyù

五、古今调类和四声平仄

（一）古今调类比较

普通话的调类系统来自古代汉语的调类系统。在我国南朝齐梁之间，就有人把古汉语分为四类声调，即平、上、去、入。后来语音发展变化，又按声母的清浊各分为阴调和阳调两类，清声母字归阴调，浊声母字归阳调。

（1）普通话的阴平声字，大致跟古清声母的平声字相当；

（2）阳平声字，大致跟古浊声母的平声字相当；

（3）上声字包括古清声母上声字和部分浊声母上声字（指声母是边音、鼻音和今读零声母的阳上字）；

（4）去声字包括了古去声字和另一部分古浊声母上声字。

（5）古代入声调类在普通话里已经消失了，古清声母入声字在普通话里分别读成阴平、阳平、上声或去声，古浊声母入声字在普通话里读成去声或阳平。

（二）四声与平仄

1. 古代诗词讲究“平仄”

（1）“平”就是古代四声“平上去入”中的平声，音高不升不降。

（2）“仄”就是其中上、去、入三声的总称，是不平的意思。

在古代诗词中有规律地交替使用这两大类声调，可使诗词音调抑扬顿挫，悦耳动听，使人有音乐旋律的美感。

2. 古声的演变

在普通话里，古入声已经消失了，但还有曲折的上声和高降的去声，它们属于仄声；阴平（高而平）、阳平（高而扬）属于平声。这或者可以作为现代汉语（普通话）的平仄。

（三）古入声字的改读

（1）古入声字演变到现在，有的方言已经消失了，有的方言还有。方言中入声字的特点：有的有塞音韵尾，有的是喉塞音。

（2）普通话是没有入声的，古入声字分归于阴平、阳平、上声、去声四个声调去了。

六、声调发音练习

（一）阴平

阴平训练中应防范出现的缺陷：一是不能达到调值55的高度，有的读成44或33的调值；二是出现前后高低高度不一致的现象，即在朗读四个声调自然分布的普通话水平测试的第一题单音节字词时，阴平忽高忽低，音高不稳定。

（1）全阴平字词练习

丹 dān　　吨 dūn　　装 zhuāng　　机 jī　　颇 pō　　区 qū

颁 bān　　操 cāo　　趴 pā　　薪 xīn　　扇 shān　　挖 wā

发出 fāchū　　干杯 gānbēi　　呼吸 hūxī　　几乎 jīhū

沙滩 shātān　　期间 qījiān　　悄悄 qiāoqiāo　　弯曲 wānqū

(2)阴平在前的词语练习

凄凉 qīliáng	清查 qīngchá	今年 jīnnián	山河 shānhé
安稳 ānwěn	包裹 bāoguǒ	参考 cānkǎo	缺点 quēdiǎn
机构 jīgòu	开办 kāibàn	科室 kēshì	勘探 kāntàn

(3)阴平在后的词语练习

儿孙 érsūn	繁多 fánduō	寒暄 hánxuān	胡说 húshuō
把关 bǎguān	厂家 chǎngjiā	处方 chǔfāng	打击 dǎjī
旱灾 hànzāi	假期 jiàqī	间接 jiànjiē	抗击 kàngjī

(二)阳平

阳平训练中应防范出现的缺陷:一是升调带曲势,即通俗所谓“拐弯”的现象;二是为避免“拐弯”而发声急促,影响了普通话应有的舒展的语感。

(1)全阳平字词练习

才 cái	蝉 chán	随 suí	言 yán	同 tóng	局 jú
权 quán	敌 dí	成 chéng	人 rén	围 wéi	乘 chéng

吉祥 jíxiáng	扛活 kánghuó	来由 láiyóu	离奇 líqí
然而 rán’ér	神奇 shénqí	熟人 shúrén	颓唐 tuítáng

(2)阳平在前的词语练习

麻花 máhuā	泥坑 níkēng	旁边 pángbiān	其间 qíjiān
毒品 dúpǐn	而且 érqiě	罚款 fákuǎn	烦恼 fánnǎo
鼻涕 bítì	白炽 báichì	常见 chángjiàn	答案 dá’àn

(3)阳平在后的词语练习

超额 chāo’é	当局 dāngjú	阿谀 ēyú	恩情 ēnqíng
椭圆 tuǒyuán	网球 wǎngqiú	委员 wěiyuán	整洁 zhěngjié
破除 pòchú	那时 nàshí	内容 nèiróng	漫长 màncháng

(三)上声

上声,其调值是214,它是普通话四个声调里最不易学好的。常见的缺陷有六个方面:一是调头太高(读成314);二是调尾太高(读成215);三是调尾太低(读成212或213);四是整个声调偏高(几乎无曲势,读成324);五是声调中断(读成21—4);六是声调曲折生硬。

(1)全上声字词练习

使 shǐ	扰 rǎo	保 bǎo	奖 jiǎng	尺 chǐ	搞 gǎo
党 dǎng	此 cǐ	主 zhǔ	损 sǔn	始 shǐ	纸 zhǐ

本土 běntǔ	采访 cǎifǎng	反省 fǎnxǐng	举止 jǔzhǐ
旅馆 lǚguǎn	渺小 miǎoxiǎo	猥琐 wěisuǒ	展览 zhǎnlǎn

(2)上声在前的词语练习(上声读为半上211,这属于上声的变调现象)

海滨 hǎibīn	假装 jiǎzhuāng	检修 jiǎnxiū	可观 kěguān
法人 fǎrén	果实 guǒshí	海拔 hǎibá	广博 guǎngbó
倘若 tǎngruò	损耗 sǔnhào	统治 tǒngzhì	往日 wǎngrì

(3)上声在后的词语练习

撒谎 sāhuǎng　三角 sānjiǎo　听讲 tīngjiǎng　微小 wēixiǎo
如果 rúguǒ　食品 shípǐn　田野 tiányě　提审 tíshěn
窃取 qièqǔ　入口 rùkǒu　授予 shòuyǔ　神勇 shényǒng

(四)去声

去声的主要问题是缺乏音高概念,不是从最高降低到最低,而是加大音强并读成调值 31 或 53。

(1)全去声字词练习

件 jiàn　滥 làn　事 shì　布 bù　致 zhì　现 xiàn
器 qì　告 gào　侧 cè　面 miàn　望 wàng　退 tuì
浪漫 làngmàn　目录 mùlù　那样 nàyàng　耐力 nàilì
怄气 òuqì　确定 quèdìng　锐利 ruìlì　售货 shòuhuò

(2)去声在前的词语练习

爱心 àixīn　弊端 bìduān　刺激 cìjī　扩张 kuòzhāng
个人 gèrén　汉学 hànxué　价格 jiàgé　鉴别 jiànbié
号码 hàomǎ　见解 jiànjiě　电子 diànzǐ　矿井 kuàngjǐng

(3)去声在后的词语练习

帆布 fānbù　干脆 gāncuì　黑夜 hēiyè　呵斥 hēchì
额外 éwài　然后 ránhòu　扶助 fúzhù　泊位 bówèi
水利 shuǐlì　请假 qǐngjià　品质 pǐnzhì　暖气 nuǎnqì

(五)消除入声训练

1.消除入声调

普通话没有入声。古代的入声字都分派到普通话的阴、阳、上、去四声里了,其中分派到去声里的最多,约占一半以上;三分之一分派到阳平;分派到上声的最少。许多方言里都有入声。浙江吴方言里的入声后几乎都带有塞音韵尾,读音短促。学习普通话声调时,这种短促的入声调的残留将会明显影响普通话整体语调,所以要特别注意消除入声调。

2.声调对比练习

更改 gēnggǎi　梗概 gěnggài　香蕉 xiāngjiāo　橡胶 xiàngjiāo
题材 tícái　体裁 tǐcái　禁区 jìnqū　进取 jìnqǔ
凋零 diāolíng　调令 diàolìng　保卫 bǎowèi　包围 bāowéi
欢迎 huānyíng　幻影 huànyǐng　春节 chūnjié　纯洁 chúnjié
班级 bānjí　班机 bānjī　焚毁 fénhuǐ　分会 fēnhuì
肥料 féiliào　废料 fèiliào　安好 ānhǎo　暗号 ànhào
公式 gōngshì　共事 gòngshì　工时 gōngshí　公使 gōngshǐ
地址 dìzhǐ　地质 dìzhì　抵制 dǐzhì　地支 dìzhī
编制 biānzhì　贬值 biǎnzhí　编织 biānzhī　变质 biànzhì
语言 yǔyán　鱼雁 yúyàn　预言 yùyán　预演 yùyǎn

3.四声词语练习

春天花开 chūntiānhuākāi
珍惜光阴 zhēnxīguāngyīn
回国华侨 huíguóhuáqiáo
岂有此理 qǐyǒucǐlǐ
处理稳妥 chǔlǐwěntuǒ
运动大会 yùndòngdàhuì
三皇五帝 sānhuángwǔdì
深谋远虑 shēnmóuyuǎnlǜ
高朋满座 gāopéngmǎnzuò
万里长征 wànlǐchángzhēng
弄巧成拙 nòngqiǎochéngzhuō
痛改前非 tònggǎiqiánfēi
江山多娇 jiāngshānduōjiāo
豪情昂扬 háoqíng'ángyáng
人民团结 rénmíntuánjié
党委领导 dǎngwěilǐngdǎo
日夜变化 rìyèbiànhuà
胜利闭幕 shènglìbìmù
区别好记 qūbiéhǎojì
兵强马壮 bīngqiángmǎzhuàng
英雄好汉 yīngxiónghǎohàn
背井离乡 bèijǐnglíxiāng
戏曲研究 xìqǔyánjiū
暮鼓晨钟 mùgǔchénzhōng

第四单元　音变

我们在进行口语交流和口语表达的过程中，不是一个一个孤立地发出每一个音节，而是根据语意的需要将一连串的音节连续发出，形成语流。在这个过程中，相邻的音素与音素之间、音节与音节之间、声调与声调之间就不可避免地会发生相互影响，使语音产生一定的变化，这就是音变。普通话的音变现象主要表现在变调、轻声、儿化和语气词“啊”的音变四个方面。音变是有一定规律的，学习和掌握这些规律，把这些规律运用于口语表达中，能使我们的语言更流畅、更自然、更谐调，发音更轻松。

一、变调

在语流中，由于相邻音节的相互影响，使有些音节的基本调值发生了变化，这种变化就叫变调。其变化是有一定规律的，普通话中比较明显的变调有三种：上声的变调、“一”“不”的变调、“啊”的变调。

（一）上声的变调

上声在阴平、阳平、去声、轻声前都会产生变调，只有在单念或处在词语、句子的末尾时才读原调。上声的变调有以下几种情况。

1.上声在非上声前变“半上”

上声在阴平、阳平、去声、轻声前变“半上”，丢掉后半段14上声的尾巴，调值由214变为半上声211，变调调值描写为214－211。

发音范读：

上声＋阴平　许昌 xǔchāng　禹州 yǔzhōu　语音 yǔyīn　百般 bǎibān　摆脱 bǎituō
上声＋阳平　朗读 lǎngdú　语文 yǔwén　祖国 zǔguó　旅行 lǚxíng　导游 dǎoyóu
上声＋去声　朗诵 lǎngsòng　语调 yǔdiào　广大 guǎngdà　讨论 tǎolùn　稿件 gǎojiàn
上声＋轻声　矮子 ǎizi　奶奶 nǎinai　尾巴 wěiba　老婆 lǎopo　耳朵 ěrduo

词语练习

上声＋阴平

产生 chǎnshēng　女兵 nǚbīng　脚跟 jiǎogēn　垦荒 kěnhuāng　卷烟 juǎnyān
雨衣 yǔyī　九江 jiǔjiāng　史诗 shǐshī　许多 xǔduō　首先 shǒuxiān
口腔 kǒuqiāng　北方 běifāng　小心 xiǎoxīn　主张 zhǔzhāng　指标 zhǐbiāo

上声＋阳平

语言 yǔyán　品行 pǐnxíng　美德 měidé　选择 xuǎnzé　总结 zǒngjié
果园 guǒyuán　铁锤 tiěchuí　典型 diǎnxíng　打球 dǎqiú　坦白 tǎnbái
老年 lǎonián　解决 jiějué　谴责 qiǎnzé　羽毛 yǔmáo　口才 kǒucái

上声＋去声

朗诵 lǎngsòng　准确 zhǔnquè　法制 fǎzhì　恳切 kěnqiè　想念 xiǎngniàn
好像 hǎoxiàng　努力 nǔlì　脚步 jiǎobù　体育 tǐyù　考试 kǎoshì
比较 bǐjiào　笔记 bǐjì　品位 pǐnwèi　坦率 tǎnshuài　响亮 xiǎngliàng

上声＋轻声

指甲 zhǐjia　哑巴 yǎba　伙计 huǒji　打听 dǎting　讲究 jiǎngjiu
骨头 gǔtou　口袋 kǒudai　你们 nǐmen　懂得 dǒngde　起来 qǐlai
点心 diǎnxin　暖和 nuǎnhuo　本事 běnshi　脊梁 jǐliang　摆布 bǎibu

2. 两个上声相连，前一个上声的调值变为 35

实验语音学从语图和听辨实验证明，前字上声、后字上声构成的组合与前字阳平、后字上声构成的组合在声调模式上是相同的。说明两个上声相连，前字上声的调值变得跟阳平的调值一样。变调调值描写为 214—35。

发音范读：

上声＋上声

口语 kǒuyǔ　演讲 yǎnjiǎng　勇敢 yǒnggǎn　免检 miǎnjiǎn　党委 dǎngwěi

词语练习

美好 měihǎo　理想 lǐxiǎng　彼此 bǐcǐ　采访 cǎifǎng　饱满 bǎomǎn
管理 guǎnlǐ　陕北 shǎnběi　引导 yǐndǎo　了解 liǎojiě　保险 bǎoxiǎn
脊髓 jǐsuǐ　尽管 jǐnguǎn　给予 jǐyǔ　奖品 jiǎngpǐn　可鄙 kěbǐ

3. 上声在轻声的前面变阳平

发音范读：

上声＋轻声

哪里 nǎli　打手 dǎshou　老鼠 lǎoshu　老虎 lǎohu　可以 kěyi
小姐 xiǎojie　想起 xiǎngqi　捧起 pěngqi　讲讲 jiǎngjiang　等等 děngdeng
口里 kǒuli　眼里 yǎnli　走走 zǒuzou　晌午 shǎngwu

4. 三个上声相连的变调

三个上声相连，如果后面没有其他音节，也不带什么语气，末尾音节一般不变调。开头、当中的上声音节有两种变调。

当词语的结构是双音节＋单音节（双单格）时，开头、当中的上声音节调值变为 35，跟阳平的调值一样。

发音范读:

展览馆 zhǎnlǎnguǎn　　管理组 guǎnlǐzǔ　　选举法 xuǎnjǔfǎ
水彩笔 shuǐcǎibǐ　　打靶场 dǎbǎchǎng　　勇敢者 yǒnggǎnzhě
演讲稿 yǎnjiǎnggǎo　　古典美 gǔdiǎnměi　　跑马场 pǎomǎchǎng

当词语的结构是单音节+双音节(单双格),开头音节处在被强调的逻辑重音时,读作"半上",调值变为211,当中音节则按两字组变调规律变为35。

发音范读:

撒火种 sǎhuǒzhǒng　　冷处理 lěngchǔlǐ　　耍笔杆 shuǎbǐgǎn
小两口 xiǎoliǎngkǒu　　小老虎 xiǎolǎohǔ　　老保守 lǎobǎoshǒu
小拇指 xiǎomǔzhǐ　　纸雨伞 zhǐyǔsǎn　　很友好 hěnyǒuhǎo

(二)"一""不"的变调

"一""不"在单念或用在词句末尾时,以及"一"在序数中,声调不变,读原调:"一"念阴平55,"不"念去声51。例如:第一;不,我不。当它们处在其他音节前面时,声调往往发生变化。

1."一"的变调

发音范读:

(1)去声前变阳平

一栋 yídòng　　一段 yíduàn　　一律 yílǜ　　一路 yílù　　一溜儿 yíliùr
一例 yílì　　一贯 yíguàn　　一个 yígè　　一共 yígòng　　一刻 yíkè
一致 yízhì　　一阵 yízhèn　　一兆 yízhào　　一瞬 yíshùn　　一事 yíshì

(2)非去声前变去声

阴平前

一发 yìfā　　一端 yìduān　　一天 yìtiān　　一忽 yìhū　　一经 yìjīng
一千 yìqiān　　一心 yìxīn　　一些 yìxiē　　一星 yìxīng　　一朝 yìzhāo
一生 yìshēng　　一身 yìshēn　　一应 yìyīng　　一杯 yìbēi　　一根 yìgēn

阳平前

一叠 yìdié　　一同 yìtóng　　一头 yìtóu　　一条 yìtiáo　　一年 yìnián
一连 yìlián　　一盒 yìhé　　一齐 yìqí　　一行 yìxíng　　一直 yìzhí
一时 yìshí　　一如 yìrú　　一人 yìrén　　一无 yìwú　　一旁 yìpáng

上声前

一统 yìtǒng　　一体 yìtǐ　　一览 yìlǎn　　一口 yìkǒu　　一举 yìjǔ
一己 yìjǐ　　一起 yìqǐ　　一本 yìběn　　一种 yìzhǒng　　一准 yìzhǔn
一场 yìchǎng　　一手 yìshǒu　　一水 yìshuǐ　　一早 yìzǎo　　一总 yìzǒng

当"一"作为序数表示"第一"时不变调,例如:"一楼"的"一"不变调,表示"第一楼"或"第一层楼",而变调表示"全楼"。"一连"的"一"不变调,表示"第一连",而变调则表示"全连";副词"一连"中的"一"也变调,如"一连五天"。

2."不"的变调

"不"字只有一种变调。"不"在去声前变阳平。

发音范读:

不怕 búpà　　不妙 búmiào　　不犯 búfàn　　不忿 búfèn　　不但 búdàn

不待 búdài　不特 bútè　不论 búlùn　不利 búlì　不料 búliào
不见 bújiàn　不错 búcuò　不幸 búxìng　不像 búxiàng　不屑 búxiè

3. “一”“不”的轻读变调

“一”嵌在重叠式的动词之间，“不”夹在重叠动词或重叠形容词之间、夹在动词和补语之间，都轻读。

发音范读：

听一听 tīngyitīng　学一学 xuéyixué　写一写 xiěyixiě　看一看 kànyikàn
懂不懂 dǒngbudǒng　去不去 qùbuqù　走不走 zǒubuzǒu　会不会 huìbuhuì
看不清 kànbuqīng　听不懂 tīngbudǒng　记不住 jìbuzhù　学不会 xuébuhuì

（三）“啊”的变调

“啊”是兼词，既可作语气词，也可作叹词。

1. “啊”的用法

（1）“啊”作叹词

“啊”作叹词时，出现在句首，有阴平、阳平、上声和去声 4 种声调的变化。在韵母 a 不变的情况下，读哪种声调和说话人的思想感情有着密切的关系，只要按照不同声调读“啊”，就是后面不跟随补充的语句，听者也能明白说话人的情感。

发音例句：

ā　啊，真让人高兴，你入党了。（叹词，表示惊异，赞叹。）

á　啊，你说什么？他不在吗？（叹词，表示追问。）

ǎ　啊，原来是这么回事啊！（叹词，表示恍然大悟。）

à　啊，好吧。（叹词，表示应诺。）

（2）“啊”作语气词

“啊”作语气词时，出现在句尾，它的读音受前边音节末尾音素的影响而发生变化，其变化规律如下：

①当“啊”前面音节末尾音素是 a，o，e，i，ü 和 ê 时，“啊”字读 ya，也可以写作“呀”。

发音例句：

a　他的手真大啊（dà ya）！

o　这里的人真多啊（duō ya）！

e　赶车啊（chē ya）！

i　是小丽啊（lì ya）！

ü　快去啊（qù ya）！

ê　应该注意节约啊（yuē ya）！

②当“啊”前面音节末尾音素是 u，ao，iao 时，“啊”字读 wa，也可以写作“哇”。

发音例句：

u　你在哪儿住啊（zhù wa）？
　有没有啊（yǒu wa）？

ao　写得多好啊（hǎo wa）！

iao　她的手多巧啊（qiǎo wa）！

③当“啊”前面音节末尾音素是-n 时，“啊”字读 na，也可以写作“哪”。

发音例句：

-n　这糖可真甜啊（tián na）！

　　你走路可要小心啊（xīn na）！

④当“啊”前面音节末尾音素是-ng时，“啊”字读nga，仍写作“啊”。

发音例句：

-ng　这事办不成啊（chéng nga）！

　　大家唱啊（chàng nga）！

⑤当“啊”前面音节末尾音素是舌尖前元音-i[ɿ]时，“啊”字读za，仍写作“啊”。

发音例句：

-i[ɿ]　你真是乖孩子啊（zi za）！

　　你到过那里几次啊（cì za）？

⑥当“啊”前面音节末尾音素是舌尖后元音-i[ʅ]和卷舌韵母er时，“啊”字读ra，仍写作“啊”。

发音例句：

-i[ʅ]　这是一件大事啊（shì ra）！

　　你吃啊（chī ra）！

“啊”的音变规律表

“啊”前面的韵母	“啊”前面音节尾音	“啊”的音变	举例
a、ia、ua、o、uo、e、ie、üe	a,o,e,ê	ya	快画呀！ 真多呀！
i、ai、uai、ei、uei、ü	i,ü	ya	快来呀！ 出去呀！
u、ou、iou、ao、iao	u,ao	wa	在这儿住哇！ 真好哇！
an、ian、uan、üan、 en、in、uen、ün	n	na	好人哪！ 路真远哪！
ang、iang、uang、eng、 ing,ueng、ong、iong	ng	nga	大声唱啊！ 行不行啊！
-i[前]	-i[前]	za	真自私啊！
-i[后]、er	-i[后]	ra	什么事啊！

2.“啊”辨读词语练习

打岔啊 chàya　　喝茶啊 cháya　　广播啊 bōya　　上坡啊 pōya

菠萝啊 luóya　　唱歌啊 gēya　　合格啊 géya　　祝贺啊 hèya

上街啊 jiēya　　快写啊 xiěya　　白雪啊 xuěya　　节约啊 yuēya

可爱啊 àiya　　喝水啊 shuǐya　　早起啊 qǐya　　东西啊 dōngxiya

不去啊 qùya　　大雨啊 yǔya

巧手啊 shǒuwa　　跳舞啊 wǔwa　　中秋啊 qiūwa　　里头啊 tóuwa

吃饱啊 bǎowa　可笑啊 xiàowa　真好啊 hǎowa　报告啊 gàowa

小心啊 xīnna　家人啊 rénna　围裙啊 qúnna　大干啊 gànna
没门啊 ménna　真准啊 zhǔnna　联欢啊 huānna　运转啊 zhuǎnna

太脏啊 zāngnga　不用啊 yòngnga　好冷啊 lěngnga　小熊啊 xióngnga
好听啊 tīngnga　劳动啊 dòngnga　青松啊 sōngnga　完成啊 chéngnga

写字啊 zìza　一次啊 cìza　蚕丝啊 sīza　公司啊 sīza

可耻啊 chǐra　老师啊 shīra　花儿啊 huārra　女儿啊 érra
先吃啊 chīra　节日啊 rìra　开门儿啊 ménrra　小曲儿啊 qǔrra

二、轻声

在普通话里，除了阴平、阳平、上声、去声 4 种声调之外，有些词里的音节或句子里的词，失去原有的声调，念成又轻又短的调子，这种音节叫轻声。

（一）轻声的作用

轻声不单纯是一种语音现象，它不但和词义、词性有关系，而且还和语法有很大的关系。

1. 轻声具有区别词义的作用

zìzài 自在（自由，不受拘束）	zìzai 自在（安闲舒适）
dàyì 大意（主要意思）	dàyi 大意（粗心）
shìfēi 是非（事理的正确与错误）	shìfei 是非（纠纷，口舌）
xiōngdì 兄弟（哥哥和弟弟）	xiōngdi 兄弟（弟弟）
dōngxī 东西（指方位）	dōngxi 东西（指物品）

2. 轻声具有区别词性的作用

dìdào 地道（名词，在地面下挖成的通道）	dìdao 地道（形容词，真正、纯粹）
kāitōng 开通（动词，消除阻碍可以通过、穿过、连接）	kāitong 开通（形容词，不守旧、不拘谨、大方）
duìtóu 对头（形容词，正确、合适）	duìtou 对头（名词，仇敌、对手）

（二）轻声的调值

轻声在物理上表现为音长变短、音强变弱、音高受前一音节影响而不固定，轻声本身没有固定的音高，它的调值取决于前一音节的声调，它只记一个高低度的调值。用五度标调符号表示，大致情况如下：

阴平字＋轻声字→.|^{2}(半低)　跟头　狮子　蹲下　金的　妈妈
阴平字＋轻声字→.|^{3}(中调)　石头　桃子　爬下　银的　爷爷
上声字＋轻声字→.|^{4}(半高)　里头　李子　躺下　铁的　奶奶
去声字＋轻声字→.|^{1}(最低)　木头　柿子　坐下　镍的　爸爸

轻声的调值变化

一般地说,上声字后头的轻声字的音高比较高,阴平、阳平字后头的轻声字偏低,去声字后头的轻声字最低。

(三)轻声的规律

普通话里大多数轻声都同词汇、语法上的意义有密切关系。

1. 助词

(1)结构助词"的、地、得"

tāde	chīde	chànggēde	yúkuàide	mànmànde	xiědehǎo
他的	吃的	唱歌的	愉快地	慢慢地	写得好

(2)时态助词"着、了、过"

kànzhe	kànle	qùle	kànguo	láiguo
看着	看了	去了	看过	来过

(3)语气助词"啊、吧、了、吗、呢、的"

lái'a	zǒuba	zhōngxiǎngle	zhīdaoma	zěnmene	tāzhīdaode
来啊	走吧	钟响了	知道吗	怎么呢	他知道的

2. 名词的后缀"子、儿、头、们"

zhuōzi	yǐzi	gūduor	shítou	mántou	wǒmen
桌子	椅子	骨朵儿	石头	馒头	我们

3. 名词后面表示方位的"上、下、里"

fāngzhuōshang	jiǎoxia	shùxia	kǒudàili	héli
方桌上	脚下	树下	口袋里	河里

4. 动词后面表示趋向的"来、去、上、下、出、回、开、起、上来、下来、进来、出去、过来、回去"

nálai	dūnxiaqu	kǎoshang	zuòxia
拿来	蹲下去	考上	坐下
kànchu	lākai	táiqi	bēishanglai
看出	拉开	抬起	背上来

5. 叠音词和单音节动词重叠的第二个音节

māma	tàitai	tiáotiao	xiěxie
妈妈	太太	调调	写写

6. 联绵词的第二个音节

língli	luóbo	duōsuo	gēda
伶俐	萝卜	哆嗦	疙瘩

普通话水平测试用轻声词语表

说　明

1. 本表根据《普通话水平测试用普通话词语表》编制。

2. 本表供普通话水平测试第二项——读多音节词语（100 个音节）测试使用。

3. 本表共收词 546 条（其中“子”尾词 206 条），按汉语拼音字母顺序排列。

4. 条目中的非轻声音节只标本调，不标变调；条目中的轻声音节，注音不标调号，如：“明白 míngbai”。

A

爱人 àiren
案子 ànzi

B

巴掌 bāzhang
把子 bǎzi
把子 bàzi
爸爸 bàba
白净 báijing
班子 bānzi
板子 bǎnzi
帮手 bāngshou
梆子 bāngzi
膀子 bǎngzi
棒槌 bàngchui
棒子 bàngzi
包袱 bāofu
包涵 bāohan
包子 bāozi
豹子 bàozi
杯子 bēizi
被子 bèizi
本事 běnshi
本子 běnzi
鼻子 bízi
比方 bǐfang
鞭子 biānzi
扁担 biǎndan
辫子 biànzi
别扭 bièniu
饼子 bǐngzi
拨弄 bōnong
脖子 bózi
簸箕 bòji
补丁 bǔding
不由得 bùyóude
不在乎 bùzàihu
步子 bùzi
部分 bùfen

C

财主 cáizhu
裁缝 cáifeng
苍蝇 cāngying
差事 chāishi
柴火 cháihuo
肠子 chángzi
厂子 chǎngzi
场子 chǎngzi
车子 chēzi
称呼 chēnghu
池子 chízi
尺子 chǐzi
虫子 chóngzi
绸子 chóuzi
除了 chúle
锄头 chútou
畜生 chùsheng
窗户 chuānghu
窗子 chuāngzi
锤子 chuízi
刺猬 cìwei
凑合 còuhe
村子 cūnzi

D

耷拉 dāla
答应 dāying
打扮 dǎban
打点 dǎdian
打发 dǎfa
打量 dǎliang
打算 dǎsuan
打听 dǎting
大方 dàfang
大爷 dàye
大夫 dàifu
带子 dàizi
袋子 dàizi
单子 dānzi
耽搁 dānge
耽误 dānwu
胆子 dǎnzi
担子 dànzi
刀子 dāozi
道士 dàoshi
稻子 dàozi
灯笼 dēnglong
凳子 dèngzi
提防 dīfang
笛子 dízi
底子 dǐzi
地道 dìdao
地方 dìfang
弟弟 dìdi
弟兄 dìxiong
点心 diǎnxin
调子 diàozi
钉子 dīngzi
东家 dōngjia
东西 dōngxi
动静 dòngjing
动弹 dòngtan
豆腐 dòufu
豆子 dòuzi
嘟囔 dūnang
肚子 dǔzi
肚子 dùzi
缎子 duànzi
队伍 duìwu
对付 duìfu
对头 duìtou
多么 duōme

E

蛾子 ézi
儿子 érzi
耳朵 ěrduo

F

贩子 fànzi
房子 fángzi
废物 fèiwu
份子 fènzi
风筝 fēngzheng
疯子 fēngzi
福气 fúqi
斧子 fǔzi

G

盖子 gàizi
甘蔗 gānzhe
杆子 gānzi
杆子 gǎnzi
干事 gànshi
杠子 gàngzi
高粱 gāoliang
膏药 gāoyao
稿子 gǎozi
告诉 gàosu
疙瘩 gēda
哥哥 gēge
胳膊 gēbo
鸽子 gēzi
格子 gézi
个子 gèzi
根子 gēnzi
跟头 gēntou

工夫 gōngfu
弓子 gōngzi
公公 gōnggong
功夫 gōngfu
钩子 gōuzi
姑姑 gūgu
姑娘 gūniang
谷子 gǔzi
骨头 gǔtou
故事 gùshi
寡妇 guǎfu
褂子 guàzi
怪物 guàiwu
关系 guānxi
官司 guānsi
罐头 guàntou
罐子 guànzi
规矩 guīju
闺女 guīnü
鬼子 guǐzi
柜子 guìzi
棍子 gùnzi
锅子 guōzi
果子 guǒzi

H

蛤蟆 háma
孩子 háizi
含糊 hánhu
汉子 hànzi
行当 hángdang
合同 hétong
和尚 héshang
核桃 hétao
盒子 hézi
红火 hónghuo
猴子 hóuzi
后头 hòutou
厚道 hòudao
狐狸 húli
胡萝卜 húluóbo
胡琴 húqin
糊涂 hútu
护士 hùshi
皇上 huángshang
幌子 huǎngzi
活泼 huópo
火候 huǒhou
伙计 huǒji

J

机灵 jīling
脊梁 jǐliang
记号 jìhao
记性 jìxing
夹子 jiāzi
家伙 jiāhuo
架势 jiàshi
架子 jiàzi
嫁妆 jiàzhuang
尖子 jiānzi
茧子 jiǎnzi
剪子 jiǎnzi
见识 jiànshi
毽子 jiànzi
将就 jiāngjiu
交情 jiāoqing
饺子 jiǎozi
叫唤 jiàohuan
轿子 jiàozi
结实 jiēshi
街坊 jiēfang
姐夫 jiěfu
姐姐 jiějie
戒指 jièzhi
金子 jīnzi
精神 jīngshen
镜子 jìngzi
舅舅 jiùjiu
橘子 júzi
句子 jùzi
卷子 juànzi

K

咳嗽 késou
客气 kèqi
空子 kòngzi
口袋 kǒudai
口子 kǒuzi
扣子 kòuzi
窟窿 kūlong
裤子 kùzi
快活 kuàihuo
筷子 kuàizi
框子 kuàngzi
阔气 kuòqi

L

喇叭 lǎba
喇嘛 lǎma
篮子 lánzi
懒得 lǎnde
浪头 làngtou
老婆 lǎopo
老实 lǎoshi
老太太 lǎotàitai
老头子 lǎotóuzi
老爷 lǎoye
老子 lǎozi
姥姥 lǎolao
累赘 léizhui
篱笆 líba
里头 lǐtou
力气 lìqi
厉害 lìhai
利落 lìluo
利索 lìsuo
例子 lìzi
栗子 lìzi
痢疾 lìji
连累 liánlei
帘子 liánzi
凉快 liángkuai
粮食 liángshi
两口子 liǎngkǒuzi
料子 liàozi
林子 línzi
翎子 língzi
领子 lǐngzi
溜达 liūda
聋子 lóngzi
笼子 lóngzi
炉子 lúzi
路子 lùzi
轮子 lúnzi
萝卜 luóbo
骡子 luózi
骆驼 luòtuo

M

妈妈 māma
麻烦 máfan
麻利 máli
麻子 mázi
马虎 mǎhu
码头 mǎtou
买卖 mǎimai
麦子 màizi
馒头 mántou
忙活 mánghuo
冒失 màoshi
帽子 màozi
眉毛 méimao
媒人 méiren
妹妹 mèimei
门道 méndao
眯缝 mīfeng
迷糊 míhu
面子 miànzi
苗条 miáotiao
苗头 miáotou
名堂 míngtang
名字 míngzi
明白 míngbai
模糊 móhu
蘑菇 mógu
木匠 mùjiang
木头 mùtou

N

那么 nàme
奶奶 nǎinai
难为 nánwei
脑袋 nǎodai
脑子 nǎozi
能耐 néngnai
你们 nǐmen
念叨 niàndao
念头 niàntou
娘家 niángjia
镊子 nièzi
奴才 núcai
女婿 nǚxu
暖和 nuǎnhuo
疟疾 nüèji

P

拍子 pāizi
牌楼 páilou
牌子 páizi
盘算 pánsuan
盘子 pánzi
胖子 pàngzi
狍子 páozi
盆子 pénzi

朋友 péngyou
棚子 péngzi
脾气 píqi
皮子 pízi
痞子 pǐzi
屁股 pìgu
片子 piānzi
便宜 piányi
骗子 piànzi
票子 piàozi
漂亮 piàoliang
瓶子 píngzi
婆家 pójia
婆婆 pópo
铺盖 pūgai

Q

欺负 qīfu
旗子 qízi
前头 qiántou
钳子 qiánzi
茄子 qiézi
亲戚 qīnqi
勤快 qínkuai
清楚 qīngchu
亲家 qìngjia
曲子 qǔzi
圈子 quānzi
拳头 quántou
裙子 qúnzi

R

热闹 rènao
人家 rénjia
人们 rénmen
认识 rènshi
日子 rìzi
褥子 rùzi

S

塞子 sāizi
嗓子 sǎngzi
嫂子 sǎozi
扫帚 sàozhou
沙子 shāzi
傻子 shǎzi
扇子 shànzi
商量 shāngliang
晌午 shǎngwu
上司 shàngsi
上头 shàngtou
烧饼 shāobing
勺子 sháozi
少爷 shàoye
哨子 shàozi
舌头 shétou
身子 shēnzi
什么 shénme
婶子 shěnzi
生意 shēngyi
牲口 shēngkou
绳子 shéngzi
师父 shīfu
师傅 shīfu
虱子 shīzi
狮子 shīzi
石匠 shíjiang
石榴 shíliu
石头 shítou
时候 shíhou
实在 shízai
拾掇 shíduo
使唤 shǐhuan
世故 shìgu
似的 shìde
事情 shìqing
柿子 shìzi
收成 shōucheng
收拾 shōushi
首饰 shǒushi
叔叔 shūshu
梳子 shūzi
舒服 shūfu
舒坦 shūtan
疏忽 shūhu
爽快 shuǎngkuai
思量 sīliang
算计 suànji
岁数 suìshu
孙子 sūnzi

T

他们 tāmen
它们 tāmen
她们 tāmen
台子 táizi
太太 tàitai
摊子 tānzi
坛子 tánzi
毯子 tǎnzi
桃子 táozi
特务 tèwu
梯子 tīzi
蹄子 tízi
挑剔 tiāoti
挑子 tiāozi
条子 tiáozi
跳蚤 tiàozao
铁匠 tiějiang
亭子 tíngzi
头发 tóufa
头子 tóuzi
兔子 tùzi
妥当 tuǒdang
唾沫 tuòmo

W

挖苦 wāku
娃娃 wáwa
袜子 wàzi
晚上 wǎnshang
尾巴 wěiba
委屈 wěiqu
为了 wèile
位置 wèizhi
位子 wèizi
蚊子 wénzi
稳当 wěndang
我们 wǒmen
屋子 wūzi

X

稀罕 xīhan
席子 xízi
媳妇 xífu
喜欢 xǐhuan
瞎子 xiāzi
匣子 xiázi
下巴 xiàba
吓唬 xiàhu
先生 xiānsheng
乡下 xiāngxia
箱子 xiāngzi
相声 xiàngsheng
消息 xiāoxi
小伙子 xiǎohuǒzi
小气 xiǎoqi
小子 xiǎozi
笑话 xiàohua
谢谢 xièxie
心思 xīnsi
星星 xīngxing
猩猩 xīngxing
行李 xíngli
性子 xìngzi
兄弟 xiōngdi
休息 xiūxi
秀才 xiùcai
秀气 xiùqi
袖子 xiùzi
靴子 xuēzi
学生 xuésheng
学问 xuéwen

Y

丫头 yātou
鸭子 yāzi
衙门 yámen
哑巴 yǎba
胭脂 yānzhi
烟筒 yāntong
眼睛 yǎnjing
燕子 yànzi
秧歌 yāngge
养活 yǎnghuo
样子 yàngzi
吆喝 yāohe
妖精 yāojing
钥匙 yàoshi
椰子 yēzi
爷爷 yéye
叶子 yèzi
一辈子 yībèizi
衣服 yīfu
衣裳 yīshang
椅子 yǐzi
意思 yìsi
银子 yínzi
影子 yǐngzi
应酬 yìngchou
柚子 yòuzi
冤枉 yuānwang
院子 yuànzi

月饼 yuèbing
月亮 yuèliang
云彩 yúncai
运气 yùnqi

Z

在乎 zàihu
咱们 zánmen
早上 zǎoshang
怎么 zěnme
扎实 zhāshi
眨巴 zhǎba
栅栏 zhàlan
宅子 zháizi
寨子 zhàizi
张罗 zhāngluo
丈夫 zhàngfu
帐篷 zhàngpeng
丈人 zhàngren
帐子 zhàngzi
招呼 zhāohu
招牌 zhāopai
折腾 zhēteng
这个 zhège
这么 zhème
枕头 zhěntou
芝麻 zhīma
知识 zhīshi
侄子 zhízi
指甲 zhǐjia (zhījia)
指头 zhǐtou (zhítou)
种子 zhǒngzi
珠子 zhūzi
竹子 zhúzi
主意 zhǔyi (zhúyi)
主子 zhǔzi
柱子 zhùzi
爪子 zhuǎzi
转悠 zhuànyou
庄稼 zhuāngjia
庄子 zhuāngzi
壮实 zhuàngshi
状元 zhuàngyuan
锥子 zhuīzi
桌子 zhuōzi
字号 zìhao
自在 zìzai
粽子 zòngzi
祖宗 zǔzong
嘴巴 zuǐba
作坊 zuōfang
琢磨 zuómo

三、儿化

普通话的韵母除 er 以外，都可以儿化。儿化了的韵母叫作“儿化韵”，原来的非儿化的韵母可以叫作“平舌韵”。

（一）儿化的作用

儿化不只是一种纯粹的语音现象，它跟词义、语法及修辞、感情色彩都有着密切的关系。

1. 儿化能区别词义

xìn 信（信件）——→ xìnr 信儿（消息）

tóu 头（脑袋）——→ tóur 头儿（首领）

yǎn 眼（眼睛）——→ yǎnr 眼儿（小窟窿）

2. 儿化能改变词性、词义

gài 盖（动词）——→ gàir 盖儿（名词，盖东西的器具）

jiān 尖（形容词）——→ jiānr 尖儿（名词，针尖）

huà 画（动词）——→ huàr 画儿（名词，一张画）

3. 儿化还表示细、小、轻、微的意思

yìdiǎnr 一点儿 （指数量极小）

4. 儿化使语言带有表示喜爱、亲切的感情色彩

xiǎoqǔr 小曲儿　xiǎoháir 小孩儿　gēr 歌儿　xiānhuār 鲜花儿　liǎndànr 脸蛋儿　xiǎojīr 小鸡儿

（二）儿化音的规律

韵母儿化时的主要特点是翘舌作用，即舌头向上翘起的发音。从生理角度说，韵母自身的发音趋势和这种舌头上抬的动作是否一致是决定韵母儿化时有无音变的关键。

儿化韵母音变的结果，是伴随脱落、增音、更换和同化等现象。音变主要表现在韵尾，其次是韵腹，对韵头、声母无影响。

原韵或韵尾	儿化	实际发音	
韵母或韵尾是 a,o,e,u	不变，加 r	号码儿 hàomǎr 草帽儿 cǎomàor 唱歌儿 chànggēr 小猴儿 xiǎohóur	花儿 huār 麦苗儿 màimiáor 高个儿 gāogèr 打球儿 dǎqiúr
韵尾是 i,n(in,ün 除外)	丢 i 或 n，加 r	刀背儿 dāobèr 心眼儿 xīnyǎr	一块儿 yíkuàr 花园儿 huāyuár
韵母是 ng	去 ng，加 r，元音鼻化	电影儿 diànyì̃r 板凳儿 bǎndè̃r	帮忙儿 bāngmá̃r 香肠儿 xiāngchá̃r
韵母是 i,ü	不变，加 er	玩意儿 wányìer 有趣儿 yǒuqùer	毛驴儿 máolǘer 小鸡儿 xiǎojīer
韵母是-i,ê	丢-i 或 ê，加 er	叶儿 yèr 词儿 cér	橛儿 juér 事儿 shèr
韵母是 ui,in,un,ün	丢 i 或 n，加 er	麦穗儿 màisuèr 飞轮儿 fēilúer	干劲儿 gànjìer 白云儿 báiyúer

注：字母上的“～”表示鼻化。拼写儿化音时，只要在音节末尾加“r”即可，语音上的实际变化不必在拼写上表示出来。

普通话水平测试用儿化词语表

说　明

1. 本表参照《普通话水平测试用普通话词语表》及《现代汉语词典》编制。加 * 的是以上二者未收，根据测试需要而酌情增加的条目。

2. 本表仅供普通话水平测试第二项——读多音节词语（100 个音节）测试使用。本表儿化音节，在书面上一律加“儿”，但并不表明所列词语在任何语用场合都必须儿化。

3. 本表共收词 189 条，按儿化韵母的汉语拼音字母顺序排列。

4. 本表列出原形韵母和所对应的儿化韵，用“>”表示条目中儿化音节的注音，只在基本形式后面加“r”，如“一会儿 yīhuìr”，不标语音上的实际变化。

一			
a>ar	刀把儿 dāobàr	号码儿 hàomǎr	戏法儿 xìfǎr
	在哪儿 zàinǎr	找茬儿 zhǎochár	打杂儿 dǎzár
	板擦儿 bǎncār		
ai>ar	名牌儿 míngpáir	鞋带儿 xiédàir	壶盖儿 húgàir
	小孩儿 xiǎoháir	加塞儿 jiāsāir	
an>ar	快板儿 kuàibǎnr	老伴儿 lǎobànr	蒜瓣儿 suànbànr
	脸盘儿 liǎnpánr	脸蛋儿 liǎndànr	收摊儿 shōutānr
	栅栏儿 zhàlanr	包干儿 bāogānr	笔杆儿 bǐgǎnr
	门槛儿 ménkǎnr		
二			
ang>ar(鼻化)	药方儿 yàofāngr	赶趟儿 gǎntàngr	香肠儿 xiāngchángr
	瓜瓤儿 guārángr		
三			
ia>iar	掉价儿 diàojiàr	一下儿 yīxiàr	豆芽儿 dòuyár
ian>iar	小辫儿 xiǎobiànr	照片儿 zhàopiānr	扇面儿 shànmiànr
	差点儿 chàdiǎnr	一点儿 yīdiǎnr	雨点儿 yǔdiǎnr
	聊天儿 liáotiānr	拉链儿 lāliànr	冒尖儿 màojiānr
	坎肩儿 kǎnjiānr	牙签儿 yáqiānr	露馅儿 lòuxiànr
	心眼儿 xīnyǎnr		
四			
iang>iar(鼻化)	鼻梁儿 bíliángr	透亮儿 tòuliàngr	花样儿 huāyàngr
五			
ua>uar	脑瓜儿 nǎoguār	大褂儿 dàguàr	麻花儿 máhuār
	笑话儿 xiàohuar	牙刷儿 yáshuār	
uai>uar	一块儿 yīkuàir		
uan>uar	茶馆儿 cháguǎnr	饭馆儿 fànguǎnr	火罐儿 huǒguànr
	落款儿 luòkuǎnr	打转儿 dǎzhuànr	拐弯儿 guǎiwānr
	好玩儿 hǎowánr	大腕儿 dàwànr	
六			
uang>uar(鼻化)	蛋黄儿 dànhuángr	打晃儿 dǎhuàngr	天窗儿 tiānchuāngr
七			
üan>üar	烟卷儿 yānjuǎnr	手绢儿 shǒujuànr	出圈儿 chūquānr
	包圆儿 bāoyuánr	人缘儿 rényuánr	绕远儿 ràoyuǎnr
	杂院儿 záyuànr		
八			
ei>er	刀背儿 dāobèir	摸黑儿 mōhēir	
en>er	老本儿 lǎoběnr	花盆儿 huāpénr	嗓门儿 sǎngménr

把门儿 bǎménr　哥们儿 gēmenr　纳闷儿 nàmènr
后跟儿 hòugēnr　高跟儿鞋 gāogēnrxié　别针儿 biézhēnr
一阵儿 yīzhènr　走神儿 zǒushénr　大婶儿 dàshěnr
小人儿书 xiǎorénrshū　杏仁儿 xìngrénr　刀刃儿 dāorènr

九

eng>er(鼻化)　钢镚儿 gāngbèngr　夹缝儿 jiāfèngr　脖颈儿 bógěngr
提成儿 tíchéngr

十

ie>ier　半截儿 bànjiér　小鞋儿 xiǎoxiér
üe>üer　旦角儿 dànjuér　主角儿 zhǔjuér

十一

uei>uer　跑腿儿 pǎotuǐr　一会儿 yīhuìr　耳垂儿 ěrchuír
墨水儿 mòshuǐr　围嘴儿 wéizuǐr　走味儿 zǒuwèir
uen>uer　打盹儿 dǎdǔnr　胖墩儿 pàngdūnr　砂轮儿 shālúnr
冰棍儿 bīnggùnr　没准儿 méizhǔnr　开春儿 kāichūnr
ueng>uer(鼻化)　*小瓮儿 xiǎowèngr

十二

-i(前)>er　瓜子儿 guāzǐr　石子儿 shízǐr　没词儿 méicír
挑刺儿 tiāocìr
-i(后)>er　墨汁儿 mòzhīr　锯齿儿 jùchǐr　记事儿 jìshìr

十三

i>i:er　针鼻儿 zhēnbír　垫底儿 diàndǐr　肚脐儿 dùqír
玩意儿 wányìr
in>i:er　有劲儿 yǒujìnr　送信儿 sòngxìnr　脚印儿 jiǎoyìnr

十四

ing>i:er(鼻化)　花瓶儿 huāpíngr　打鸣儿 dǎmíngr　图钉儿 túdīngr
门铃儿 ménlíngr　眼镜儿 yǎnjìngr　蛋清儿 dànqīngr
火星儿 huǒxīngr　人影儿 rényǐngr

十五

ü>ü:er　毛驴儿 máolǘr　小曲儿 xiǎoqǔr　痰盂儿 tányúr
ün>ü:er　合群儿 héqúnr

十六

e>er　模特儿 mótèr　逗乐儿 dòulèr　唱歌儿 chànggēr
挨个儿 āigèr　打嗝儿 dǎgér　饭盒儿 fànhér
在这儿 zàizhèr

十七

u>ur　碎步儿 suìbùr　没谱儿 méipǔr　儿媳妇儿 érxífur
梨核儿 líhúr　泪珠儿 lèizhūr　有数儿 yǒushùr

十八

ong>or(鼻化)	果冻儿 guǒdòngr	门洞儿 méndòngr	胡同儿 hútòngr
	抽空儿 chōukòngr	酒盅儿 jiǔzhōngr	小葱儿 xiǎocōngr
iong>ior(鼻化)	*小熊儿 xiǎoxióngr		

十九

ao>aor	红包儿 hóngbāor	灯泡儿 dēngpàor	半道儿 bàndàor
	手套儿 shǒutàor	跳高儿 tiàogāor	叫好儿 jiàohǎor
	口罩儿 kǒuzhàor	绝着儿 juézhāor	口哨儿 kǒushàor
	蜜枣儿 mìzǎor		

二十

iao>iaor	鱼漂儿 yúpiāor	火苗儿 huǒmiáor	跑调儿 pǎodiàor
	面条儿 miàntiáor	豆角儿 dòujiǎor	开窍儿 kāiqiàor

二十一

ou>our	衣兜儿 yīdōur	老头儿 lǎotóur	年头儿 niántóur
	小偷儿 xiǎotōur	门口儿 ménkǒur	纽扣儿 niǔkòur
	线轴儿 xiànzhóur	小丑儿 xiǎochǒur	

二十二

iou>iour	顶牛儿 dǐngniúr	抓阄儿 zhuājiūr	棉球儿 miánqiúr
	加油儿 jiāyóur		

二十三

uo>uor	火锅儿 huǒguōr	做活儿 zuòhuór	大伙儿 dàhuǒr
	邮戳儿 yóuchuōr	小说儿 xiǎoshuōr	被窝儿 bèiwōr
o>or	耳膜儿 ěrmór	粉末儿 fěnmòr	

第五单元　音节

一、音节的结构

(一)音节的含义

音节是语音的基本结构单位,由一个或几个音素按一定的规律组合而成。一般来说,一个汉字的读音就是一个音节。但也有例外情况:

(1)儿化词:两个汉字一个音节。例如,“花儿”(huār)。

(2)合音词:一个汉字两个音节。例如,“瓩”(qiānwǎ)。

(二)音节的分类

音节按照它的结构形式分两大类,即一般音节和特殊音节。

(1)一般音节

一般音节指声母、韵母、声调都全的音节,如“rén”(人)。

(2)特殊音节

特殊音节指声、韵、调不齐或有特殊标志的音节。主要有零声母音节、轻声音节、儿化音节和辅音音节。

①零声母音节:韵母自成音节时,没有声母。如"凶恶"的"恶"(è)。

②轻声音节:念轻声的音节没标调号。如"石头"的"头"(tou)。

③儿化音节:普通话的儿化音节主要是由词尾"儿"字音变而来。儿化现象的"儿"字不单独自成音节,而是与前一个音节合并成一个音节。如"活儿"(huór)。

④辅音音节:m,n,ng 这 3 个辅音自成音节主要存在于口语中,表感叹、应答等。如呣(m)。

(三)音节的结构

音节一般由声母、韵母和声调 3 部分组成,其中韵母又包含韵头(介音)、韵腹(主要元音)和韵尾 3 部分。其结构方式如下表:

音节的结构类型

结构成分 / 例字	声母(辅音)	韵母				声调
		韵头(介音)	韵腹(主要元音)	韵尾		
				元音	辅音	
鹅 é	零		e			阳平
我 wǒ	零	u	o			上声
袄 ǎo	零		a	o		上声
安 ān	零		a		n	阴平
优 yōu	零	i	o	u		阴平
王 wáng	零	u	a		ng	阳平
姑 gū	g		u			阴平
雀 què	q	ü	ê			去声
才 cái	c		a	i		阳平
针 zhēn	zh		e		n	阴平
怪 guài	g	u	a	i		去声
爽 shuǎng	sh	u	a		ng	上声

从表中可以看出普通话音节结构有以下一些特点:

①普通话音节的实际读音最少要由 3 个成分组成,声母、韵腹和声调;最多可以由 5 个成分组成,声母、韵头、韵腹、韵尾和声调。

②每一个音节都必须有声母、韵腹和声调,可以没有韵头和韵尾。韵腹一般是元音,声母可以是零声母,所以元音和声调是普通话音节读音不可缺少的成分。

③元音最多可以有 3 个,而且连续排列,分别充当韵母的韵头、韵腹和韵尾。

④辅音只出现在音节的开头和末尾,没有辅音连续排列的情况。

⑤韵头只能由 i,u,ü 充当。

⑥元音韵尾由 i,o,u 充当。辅音韵尾只能由 n,ng 充当。

⑦各元音都能充当韵腹。如果韵母不止一个元音,一般总是开口度较大,舌位较低的元音充当韵腹(如 a,o,e),只有在韵母中没有其他元音成分时,i,u,ü 才能充当韵腹。

二、普通话声韵拼合规律

普通话声母、韵母和声调的配合有很强的规律性，各方言声韵调的配合也都有自己的规律性。掌握了普通话声韵调的配合规律，可以更清楚地认识普通话的语音系统，帮助我们区别普通话音节和方言音节的读音，对学习普通话有很大帮助。

普通话声母和韵母配合的规律性主要表现在声母的发音部位和韵母“四呼”的关系上，可以根据声母的发音部位和韵母的“四呼”把普通话声母和韵母的配合关系列成下表。

声母和韵母的配合关系

能否配合 韵母 / 声母	开口呼	齐齿呼	合口呼	撮口呼
双唇音 b,p,m	+	+	只跟 u 相拼	
唇齿音 f	+		只跟 u 相拼	
舌尖中音 d,t	+	+	+	
舌尖中音 n,l	+	+	+	+
舌面后音 g,k,h	+		+	
舌面前音 j,q,x		+		+
舌尖后音 zh,ch,sh,r	+		+	
舌尖前音 z,c,s	+		+	
零声母	+	+	+	+

注：“＋”表示全部或局部声韵能相拼，空白表示不能相拼。

1. 普通话声韵拼合的主要规律

①双唇音和舌尖中音 d,t 能跟开口呼、齐齿呼、合口呼韵母拼合，不能跟撮口呼韵母拼合。双唇音拼合口呼限于 u。

②唇齿音、舌面后音、舌尖前音和舌尖后音等组声母能跟开口呼、合口呼韵母拼合，不能跟齐齿呼、撮口呼韵母拼合。唇齿音拼合口呼限于 u。

③舌面前音同上述四组声母相反，只能跟齐齿呼、撮口呼韵母拼合，不能跟开口呼、合口呼韵母拼合。

④舌尖中音 n、l 能跟四呼韵母拼合。零声母音节在四呼中都有。

2. 从韵母出发得出普通话声韵拼合的另一些规律

①“o”韵母只拼双唇音和唇齿音声母，而 uo 韵母却不能同双唇音或唇齿音声母相拼。

②“ong”韵母没有零声母音节，“ueng”韵母只有零声母音节。

③“－i”[ɿ]韵母只拼“z,c,s”3 个声母，“－i”[ʅ]韵母只拼“zh,ch,sh,r”4 个声母，并且都没有零声母音节。

④“er”韵母不与辅音声母相拼，只有零声母音节。

了解了声母和韵母的拼合规律，就可避免在拼读、拼写中出现差错，还可以帮助纠正方言口音。

三、普通话音节的拼读

拼读就是按照普通话音节的构成规律，把声母、韵母、声调组合成有声音节的过程。初学者可用两拼法、三拼法和声介合拼法。

①两拼法：把音节分为声母、韵母两部分进行拼读。如：n—uǎn→nuǎn(暖)。

②三拼法：把音节分成声母、韵头、韵腹(有韵尾的要包括韵尾)3部分进行拼读，这种方法只适用于有介音的音节。如：n—u—ǎn→nuǎn(暖)。

③声介合拼法：先把声母和介音i,u,ü拼合为一个整体，然后与后面的韵母相拼合。这种方法只适用于有介音的音节。如：nu—ǎn→nuǎn(暖)。

四、普通话音节的拼写规则

《汉语拼音方案》对普通话音节的拼写有如下具体的规定：

(一)隔音字母y,w的用法

汉语拼音字母y(读ya)和w(读wa)是隔音字母。它只起避免音节界限发生混淆的作用。

①韵母表中i行的韵母，在零声母音节中，如果i后面还有别的元音，就把i改为y；如果i后面没有别的元音，就在i前面加上u。

②韵母表中u行的韵母，在零声母音节中，如果u后面还有别的元音，就把u改为w；如果u后面没有别的元音，就在u前面加上w。

③韵母表中ü行的韵母，在零声母音节中，不论ü后面有没有别的元音，一律要在ü前面加上y。加y后，ü上两点要省写。

(二)隔音符号的用法

"a,o,e"开头的音节连接在其他音节后面的时候，如果音节的界限发生混淆，就要用隔音符号"'"隔开。如(fān'àn)翻案——(fā'nàn)发难。

(三)省写

(1)韵母iou,uei,uen的省写

iou,uei,uen前面加辅音声母的时候，写成iu,ui,un。如x—iou→xiū(修)。

(2)ü上两点的省略

①ü跟n、l以外的声母相拼时都省写两点。如j—üé→jué。

②韵母ü单独出现在声母n,l后面时不能省写是因为如果省了，这些音节就会发生混淆。如lǚ(旅)→lǔ(鲁)。

(四)标调法

①声调符号一般要标在一个音节的主要元音(即韵腹)上。如yǐn(饮)。

②在iu,ui这两个韵母中，声调符号规定标在后面的u或i上面，因为—iu,—ui是iou,uei的省写形式，其韵腹o,ê与韵尾u,i结合紧密。如chuíliǔ(垂柳)。

③调号恰巧标在i的上面，那么i上的小点要省去。如yī(衣)。

④轻声音节不标调。如luóbo(萝卜)。

(五)词的连写和大写

①同一个词的音节要连写，词与词一般分写。句子或诗行开头的字母要用大写。

②专用名词和专用短语中的每个词开头字母要大写。

③标题中的字母可以全部大写，也可以每个词开头的字母大写；有时为了简明美观，可以省略声调符号。

五、普通话音节表

普通话常用音节有400个。1987年重排本《新华字典》音节索引列出418个音节，本书所列的音节表未收其中18个音节，包括某些语气词，特别是只以辅音充当音节的，方言色彩浓重、比较土俗的词，或仅限于书面语又不常用的音节：chua（欻），den（扽），dia（嗲），nia（嚸），nou（耨），eng（鞥），shei（“谁”又音），kei（剋），lo（咯），yo（唷），o（噢），ê、ei（欸），hm（噷），hng（哼），m（呣），n（嗯），ng（嗯）。

下列音节表按开口呼、齐齿呼、合口呼、撮口呼四类排列：

（一）开口呼音节（179个）

	a	e	-i	er	ai	ei	ao	ou	an	en	ang	eng
零	a	e		er	ai	ei	ao	ou	an	en	ang	eng
b	ba				bai	bei	bao		ban	ben	bang	beng
p	pa				pai	pei	pao	pou	pan	pen	pang	peng
m	ma	(me)			mai	mei	mao	mou	man	men	mang	meng
f	fa					fei		fou	fan	fen	fang	feng
d	da	de			dai	dei	dao	dou	dan		dang	deng
t	ta	te			tai		tao	tou	tan		tang	teng
n	na	ne			nai	nei	nao		nan	nen	nang	neng
l	la	le			lai	lei	lao	iou	lan		lang	leng
g	ga	ge			gai	gei	gao	gou	gan	gen	gang	geng
k	ka	ke			kai		kao	kou	kan	ken	kang	keng
h	ha	he			hai	hei	hao	hou	han	hen	hang	heng
zh	zha	zhe	zhi		zhai	zhei	zhao	zhou	zhan	zhen	zhang	zheng
ch	cha	che	chi		chai		chao	chou	chan	chen	chang	zheng
sh	sha	she	shi		shai	(shei)	shao	shou	shan	shen	shang	sheng
r		re	ri				rao	rou	ran	ren	rang	reng
z	za	ze	zi		zai	zei	zao	zou	zan	zen	zang	zeng
c	ca	ce	ci		cai		cao	cou	can	cen	cang	ceng
s	sa	se	si		sai		sao	sou	san	sen	sang	seng

注：①横行按不同韵母排列，竖行按不同的声母排列。表中“零”表示“零声母”（下同）。

②me（么）本是mo，轻声音节弱化为me。不计数，加括号列入表格备用。

③shei是“谁”口语又音，不计数，加括号列入表格备用。

④o，ê，ei等音节只在语气词中出现，不列入。因此，未列出单韵母o、ê。

从开口呼音节表可以看出：

①开口呼音节包含音节数目最多，几乎占400个音节的一半。

②声母j，q，x不同开口呼韵母相拼。

③舌尖元音属于开口呼音节，只同舌尖前音声母z，c，s和舌尖后音声母zh，ch，sh，r相拼。

④er独立自成音节，不同任何声母相拼。

⑤舌尖中音声母d，t，n，l不同韵母en相拼（nen“嫩”视为例外，den“扽”除外）。

⑥韵母eng除代表一个极不常用的“鞥”外，不独立成音节。o，ê一般出现在韵母uo，ie，ue中。独立成音节只用于语气词。

(二)齐齿呼音节(83个)

	i	ia	ie	iao	iou	ian	in	iang	ing
零	yi	ya	ye	yao	you	yan	yin	yang	ying
b	bi		bie	biao		bian	bin		bing
p	pi		pie	piao		pian	pin		ping
m	mi		mie	miao	miu	mian	min		ming
d	di		die	diao	diu	dian			ding
t	ti		tie	tiao		tian			ting
n	ni		nie	niao	niu	nian	nin	niang	ning
l	li	lia	lie	liao	liu	lian	lin	liang	ling
j	ji	jia	jie	jiao	jiu	jian	jin	jiang	jing
q	qi	qia	qie	qiao	qiu	qian	qin	qiang	qing
x	xi	xia	xie	xiao	xiu	xian	xin	xiang	xing

从齐齿呼音节表可以看出：

①齐齿呼韵母不同声母舌尖前音 z,c,s,舌尖后音 zh,ch,sh,r,舌面后音 g,k,h 和唇齿音 f 相拼。

②韵母 ia,iang 不同声母双唇音 b,p,m 和舌尖中音 d,t 相拼。

③声母 d,t 不同韵母 in 相拼。

(三)合口呼音节(114个)

	u	ua	uo (o)	uai	uei	uan	uen	uang	ueng (ong)
零	wu	wa	wo	wai	wei	wan	wen	wang	weng
b	bu		bo						
p	pu		po						
m	mu		mo						
f	fu		fo						
d	du		duo		dui	duan	dun		dong
t	tu		tuo		tui	tuan	tun		tong
n	nu		nuo			nuan			nong
l	lu		luo			luan	lun		long
g	gu	gua	guo	guai	gui	guan	gun	guang	gong
k	ku	kua	kuo	kuai	kui	kuan	kun	kuang	kong
h	hu	hua	huo	huai	hui	huan	hun	huang	hong
zh	zhu	zhua	zhuo	zhuai	zhui	zhuan	zhun	zhuang	zhong
ch	chu		chuo	chuai	chui	chuan	chun	chuang	chong
sh	shu	shua	shuo	shuai	shui	shuan	shun	shuang	
r	ru		ruo		rui	ruan	run		rong
z	zu		zuo		zui	zuan	zun		zong
c	cu		cuo		cui	cuan	cun		cong
s	su		suo		sui	suan	sun		song

注:①bo,po,mo,fo 按照实际发音列入此表,排列在 uo 韵母下。

②ong 按照实际发音列入此表,同 ueng 排列在一行。

从合口呼音节表可以看出：

①合口呼韵母不同舌面前音声母 j,q,x 相拼。

②双唇音声母只同韵母 u,uo(o)相拼。

③舌尖中音声母 d,t,n,l 不同韵母 ua,uai,uang 相拼。

④声母 n,l 只同韵母 ei 相拼,不同韵母 uei 相拼。而声母 d,t 只同韵母 ui 相拼,不同韵母 ei 相拼(dei 只有一个“得”字)。

⑤舌尖前音声母 z,c,s 不同韵母 ua,uai,uang 相拼。

⑥ong 属于合口呼,一定前拼辅音声母,不独立成音节。ueng 则只独立成音节,不同任何辅音声母相拼。

(四)撮口呼音节(24 个)

	ü	üe	üan	ün	iong
零	yu	yue	yuan	yun	yong
n	nü	nüe			
l	iü	lüe			
j	ju	jue	juan	jun	jiong
q	qu	que	quan	qun	qiong
x	xu	xue	xuan	xun	xiong

注:iong 按实际发音列入此表。

从撮口呼音节表可以看出：

①撮口呼音节包含音节最少。

②辅音声母同撮口呼韵母相拼的只有 j,q,x,n,l。

③声母 n,l 只同韵母 ü,üe 相拼,不同韵母 üan,ün,iong 相拼。

④iong 属于撮口呼韵母。

普通话里有多少带调音节呢？根据《现代汉语词典》所列的音节表统计共有 1 332 个。其中只在方言中出现的或方言色彩很浓的音节、某些语气词(特别是以辅音充当音节的)、现代不常用的音节,共约 70 多个,这些音节不应该或不适合归入普通话的带调音节中。普通话带调音节(不包括儿化音节)约 1 250 多个。

第六单元　语调

语调是人们在语流中用抑扬顿挫来表情达意的所有语音形式的总和。语调构成的语音形式主要表现在音高、音长、音强等非音质成分上。在普通话的语调训练中,首先应注重音高,其次应注意音长的变化。当然,也不要忽略节奏、语速等方面。

一、语句总体音高的变化

普通话的语调首先表现在语句音高的高低、升降、曲折等变化上。

降调——表现为句子开头高、句尾明显降低。如一般陈述句、祈使句、感叹句,以及近距离对话等情况。在普通话语句中降调出现频率高。

升调——表现为句子开头低、句尾明显升高。如一般疑问句、反问句,以及出现在长句中前半句。但是,疑问代词处于句首的特殊疑问句,应为降调。

平调——表现为语句音高变化不明显。如思考问题、宣读名单、公布成绩等情况。另外,远距离问话,以及在人群前呼喊或喊口令时,可能出现总体高平的调形,但一般句子里各个字的字调和连读变调依然存在。

曲折调——表现为语句音高曲折变化,多在表达特殊感情时出现。如表示嘲讽的语气,以及重音出现在句子开头,或疑问代词出现在句中的疑问句等情况。

二、声调(字调)对语调产生影响

普通话的四个声调(字调)调形为平、升、曲、降,区别十分明显。普通话语句的音高模式不会完全改变这四个声调,同时又对声调产生某种制约。因此,声调的准确直接影响语调的正确。学习普通话出现的方言语调,学习汉语出现的洋腔洋调、怪腔怪调,都同没有掌握普通话声调有直接关系。

普通话上声调是学习普通话的难点。我们注意了上声本调是个低调的特点,以及上声变调的规律,上声调就容易掌握了。读阴平调时注意保持调值高度,读阳平调时注意中间不要拖长,也不要出现明显曲折,而普通话读去声的字最多,要注意去声调开头的调值高度。声调读得准确,就会有效地克服语调当中出现的“方言味儿”“洋味儿”。

三、词语的轻重音格式

普通话也存在词重音和句重音。由于声调负担起较重的辨义作用,普通话词重音和句重音的作用有所淡化,不过我们在学习普通话时会常常感知到它的存在。像我们把每个字声韵调原原本本不折不扣地读出来,语感上并不自然,甚至感到很生硬,不像纯正的普通话。其中,词语的轻重音格式是不可忽视的一个主要原因。

普通话词的轻重音格式的基本形式是:双音节、三音节、四音节词语大多数最后一个音节读为重音;三音节词语大多数读为“中・次轻・重”的格式,四音节词语大多数读为“中・次轻・中・重”的格式;双音节词语占普通话词语总数的绝对优势,绝大多数读为“中・重”的格式。

双音节词语读后轻的词语可以分为两类。一类为“重・最轻”(或描述为“重・轻”)的格式,即轻声词语,用汉语拼音注音时,不标声调符号。例如:东西、麻烦、规矩、客气。另一类为“重・次轻”的格式,一部分词语在《现代汉语词典》中轻读音节标注声调符号,但在轻读音节前加圆点。例如:新鲜、客人、风水、匀称。另一部分词语,则未做明确标注。例如:分析、臭虫、老虎、制度。这类词语一般轻读,偶尔(间或)重读,读音不太稳定。我们可以称为“可轻读词语”。

掌握轻声词语是学习普通话的基本要求。所谓操“港台腔”,主要原因之一是没有掌握轻声词语的读音。另外,我们将大多数“重・次轻”格式词语,后一个音节轻读,则语感自然,是普通话水平较高的表现之一。

四、普通话的正常语速

普通话的正常语速为中速,大约每分钟 240 个音节左右,大致在 150～300 个音节浮动。一些少数民族语言、外国语正常语速为快速,即每分钟超过 300 个音节。有的汉语方言也有偏快的倾向。当学习普通话处在起步阶段时,会出现语速过慢或忽快忽慢的情况。学习普通话要掌握好普通话的正常语速。

普通话语调还包括停连、节拍群、语气词运用等方面,这些都要注意学习掌握。

普通话水平测试用普通话词语表

说　明

1.本表参照国家语言文字工作委员会现代汉语语料库和中国社会科学院语言研究所编辑的《现代汉语词典》(1996年7月修订第三版)编制。

2.本表供普通话水平测试第一项——读单音节字词(100个音节)和第二项——读多音节词语(100个音节)测试使用。

3.本表共收词语17 041条,由“表一”(6 593条)和“表二”(10 448条)两部分组成,条目按汉语拼音字母顺序排列。“表一”里带“*”的是按频率在第4 000条以前的最常用词。

4.本表条目除必读轻声音节外,一律只标本调,不标变调。

5.条目中的必读轻声音节,注音不标调号,如:“明白 míngbai”;一般轻读、间或重读的音节,注音上标调号,注音前再加圆点提示,如:“玻璃 bō·lí”。

6.条目中儿化音节的注音,只在基本形式后面加 r,如:“一会儿 yīhuìr”,不标语音上的实际变化。

表　一

A

*阿	ā
阿姨	āyí
挨	āi
挨	ái
矮	ǎi
*爱	ài
*爱国	àiguó
爱好	àihào
爱护	àihù
*爱情	àiqíng
*爱人	àiren
*安	ān
安定	āndìng
安静	ānjìng
*安排	ānpái
安培	ānpéi
*安全	ānquán
*安慰	ānwèi
安心	ānxīn
安置	ānzhì
安装	ānzhuāng
氨	ān
氨基酸	ānjīsuān
岸	àn
*按	àn
*按照	ànzhào
*案	àn
*案件	ànjiàn
*暗	àn
暗示	ànshì
暗中	ànzhōng
凹	āo
熬	āo
熬	áo
奥秘	àomì
奥运会	Àoyùnhuì

B

*八	bā
巴	bā
扒	bā
拔	bá
*把	bǎ
*把握	bǎwò
*把儿	bàr
爸	bà
爸爸	bàba
*罢	bà
罢工	bàgōng
*白	bái
*白色	báisè
*白天	bái·tiān
*百	bǎi
百年	bǎinián
百姓	bǎixìng
*摆	bǎi
摆动	bǎidòng
*摆脱	bǎituō
败	bài
拜	bài
*班	bān
*般	bān
颁布	bānbù
搬	bān
搬家	bānjiā
搬运	bānyùn
*板	bǎn
板凳	bǎndèng
板块	bǎnkuài
版	bǎn
*办	bàn
*办法	bànfǎ
*办公室	bàngōngshì
*办理	bànlǐ
*办事	bànshì
*半	bàn
半导体	bàndǎotǐ
半岛	bàndǎo
*半径	bànjìng
*半天	bàntiān
半夜	bànyè
扮演	bànyǎn
伴	bàn
伴随	bànsuí
伴奏	bànzòu
瓣	bàn
*帮	bāng
帮忙	bāngmáng
*帮助	bāngzhù
榜样	bǎngyàng
*棒	bàng
傍晚	bàngwǎn
*包	bāo
包袱	bāofu
包干儿	bāogānr
*包含	bāohán
*包括	bāokuò
*包围	bāowéi
包装	bāozhuāng
孢子	bāozǐ
炮	bāo
*薄	báo
饱	bǎo
*饱和	bǎohé
宝	bǎo
宝贝	bǎobèi
宝贵	bǎoguì
宝石	bǎoshí
*保	bǎo
*保持	bǎochí
*保存	bǎocún
保管	bǎoguǎn
*保护	bǎohù

*保留	bǎoliú
保守	bǎoshǒu
*保卫	bǎowèi
保险	bǎoxiǎn
*保障	bǎozhàng
*保证	bǎozhèng
*报	bào
*报酬	bào•chóu
*报道	bàodào
报复	bào•fù
*报告	bàogào
*报刊	bàokān
报名	bàomíng
*报纸	bàozhǐ
*抱	bào
暴动	bàodòng
暴力	bàolì
*暴露	bàolù
暴雨	bàoyǔ
*爆发	bàofā
*爆炸	bàozhà
*杯	bēi
*背	bēi
悲哀	bēi'āi
悲惨	bēicǎn
*悲剧	bēijù
*北	běi
*北方	běifāng
贝	bèi
备	bèi
*背	bèi
*背后	bèihòu
*背景	bèijǐng
*倍	bèi
*被	bèi
被动	bèidòng
被告	bèigào
被子	bèizi
辈	bèi
奔	bēn
奔跑	bēnpǎo
*本	běn
本地	běndì
*本来	běnlái
*本领	běnlǐng
本能	běnnéng
*本人	běnrén
*本身	běnshēn
本事	běnshì
本事	běnshi
本体	běntǐ
本性	běnxìng
*本质	běnzhì
苯	běn
奔	bèn
笨	bèn
崩溃	bēngkuì
蹦	bèng
逼	bī
鼻	bí
鼻孔	bíkǒng
*鼻子	bízi
*比	bǐ
比价	bǐjià
*比较	bǐjiào
*比例	bǐlì
*比如	bǐrú
*比赛	bǐsài
比喻	bǐyù
*比重	bǐzhòng
彼	bǐ
*彼此	bǐcǐ
*笔	bǐ
笔记	bǐjì
笔者	bǐzhě
*必	bì
必定	bìdìng
*必然	bìrán
必然性	bìránxìng
*必须	bìxū
必需	bìxū
*必要	bìyào
*毕竟	bìjìng
*毕业	bìyè
闭	bì
闭合	bìhé
*壁	bì
壁画	bìhuà
*避	bì
*避免	bìmiǎn
臂	bì
*边	biān
边疆	biānjiāng
边界	biānjiè
边境	biānjìng
边区	biānqū
边缘	biānyuán
*编	biān
编辑	biānjí
编写	biānxiě
*编制	biānzhì
鞭	biān
鞭子	biānzi
扁	biǎn
*变	biàn
*变动	biàndòng
变法	biànfǎ
*变革	biàngé
变更	biàngēng
*变化	biànhuà
变换	biànhuàn
变量	biànliàng
变迁	biànqiān
变态	biàntài
变形	biànxíng
变异	biànyì
*便	biàn
便利	biànlì
*便于	biànyú
*遍	biàn
辨	biàn
辨别	biànbié
辨认	biànrèn
辩护	biànhù
*辩证	biànzhèng
*辩证法	biànzhèngfǎ
标	biāo
标本	biāoběn
标题	biāotí
标语	biāoyǔ
*标志	biāozhì
*标准	biāozhǔn
标准化	biāozhǔnhuà
*表	biǎo
表层	biǎocéng
*表达	biǎodá
*表面	biǎomiàn
*表明	biǎomíng
表皮	biǎopí
*表情	biǎoqíng
*表示	biǎoshì
表述	biǎoshù
*表现	biǎoxiàn
表象	biǎoxiàng
*表演	biǎoyǎn
表扬	biǎoyáng
表彰	biǎozhāng
*别	bié
*别人	bié•rén
*别	biè
宾	bīn
*冰	bīng
冰川	bīngchuān
*兵	bīng
兵力	bīnglì
丙	bǐng
柄	bǐng
饼	bǐng
屏	bǐng
*并	bìng
*并且	bìngqiě
并用	bìngyòng
*病	bìng
病变	bìngbiàn
病毒	bìngdú
病理	bìnglǐ
病情	bìngqíng
*病人	bìngrén
拨	bō
*波	bō
*波长	bōcháng
*波动	bōdòng
波浪	bōlàng
*玻璃	bō•lí
剥夺	bōduó
*剥削	bōxuē
播种	bōzhǒng
播种	bōzhòng
伯	bó
*脖子	bózi
*博士	bóshì
搏斗	bódòu
*薄	bó
薄弱	bóruò
*薄	bò
*补	bǔ
补偿	bǔcháng
*补充	bǔchōng
补贴	bǔtiē
捕	bǔ
捕捞	bǔlāo
捕食	bǔshí
捕捉	bǔzhuō
*不	bù
*不安	bù'ān
*不必	bùbì
不便	bùbiàn
不曾	bùcéng
*不错	bùcuò
*不但	bùdàn
不当	bùdàng
不等	bùděng
不定	bùdìng
*不断	bùduàn
*不对	bùduì
不妨	bùfáng
不服	bùfú
*不够	bùgòu
*不顾	bùgù
*不管	bùguǎn
不光	bùguāng
*不过	bùguò
不合	bùhé
不及	bùjí
*不禁	bùjīn
*不仅	bùjǐn
*不久	bùjiǔ
不堪	bùkān
*不可	bùkě
不快	bùkuài
*不利	bùlì
*不良	bùliáng
不料	bùliào

*不论 bùlùn
*不满 bùmǎn
不免 bùmiǎn
*不怕 bùpà
不平 bùpíng
*不然 bùrán
不容 bùróng
*不如 bùrú
不时 bùshí
不惜 bùxī
*不想 bùxiǎng
*不行 bùxíng
*不幸 bùxìng
*不许 bùxǔ
*不要 bùyào
不宜 bùyí
不已 bùyǐ
*不用 bùyòng
不止 bùzhǐ
*不足 bùzú
*布 bù
布局 bùjú
*布置 bùzhì
*步 bù
步伐 bùfá
*步骤 bùzhòu
步子 bùzi
*部 bù
*部队 bùduì
*部分 bùfen
*部落 bùluò
*部门 bùmén
部署 bùshǔ
*部位 bùwèi

C

*擦 cā
猜 cāi
*才 cái
*才能 cáinéng
材 cái
*材料 cáiliào
财 cái
*财产 cáichǎn
*财富 cáifù
财力 cáilì
财务 cáiwù
*财政 cáizhèng
*采 cǎi
*采访 cǎifǎng
采购 cǎigòu
采集 cǎijí
*采取 cǎiqǔ
*采用 cǎiyòng
彩 cǎi
彩色 cǎisè
踩 cǎi
*菜 cài
蔡 cài
参 cān
*参观 cānguān
*参加 cānjiā
*参考 cānkǎo
参谋 cānmóu
参数 cānshù
*参与 cānyù
参照 cānzhào
残 cán
残酷 cánkù
残余 cányú
蚕 cán
灿烂 cànlàn
仓 cāng
仓库 cāngkù
苍白 cāngbái
苍蝇 cāngying
舱 cāng
*藏 cáng
操 cāo
操纵 cāozòng
*操作 cāozuò
曹 cáo
槽 cáo
*草 cǎo
草案 cǎo'àn
草地 cǎodì
*草原 cǎoyuán
册 cè
*侧 cè
侧面 cèmiàn
侧重 cèzhòng
*测 cè
*测定 cèdìng
*测量 cèliáng
测验 cèyàn
策略 cèlüè
*层 céng
*层次 céngcì
*曾 céng
*曾经 céngjīng
叉 chā
*差 chā
*差别 chābié
差价 chājià
差距 chājù
*差异 chāyì
*插 chā
*茶 chá
茶馆儿 cháguǎnr
茶叶 cháyè
*查 chá
察 chá
叉 chǎ
*差 chà
*差不多 chà·bùduō
差点儿 chàdiǎnr
拆 chāi
*差 chāi
柴 chái
缠 chán
*产 chǎn
产地 chǎndì
*产量 chǎnliàng
*产品 chǎnpǐn
*产生 chǎnshēng
*产物 chǎnwù
*产业 chǎnyè
产值 chǎnzhí
阐明 chǎnmíng
阐述 chǎnshù
颤抖 chàndǒu
*长 cháng
长城 chángchéng
长处 cháng·chù
*长度 chángdù
长短 chángduǎn
长久 chángjiǔ
*长期 chángqī
长远 chángyuǎn
长征 chángzhēng
*场 cháng
肠 cháng
尝 cháng
尝试 chángshì
*常 cháng
常规 chángguī
常年 chángnián
常识 chángshí
常数 chángshù
*厂 chǎng
厂房 chǎngfáng
*场 chǎng
场地 chǎngdì
场合 chǎnghé
*场面 chǎngmiàn
*场所 chǎngsuǒ
*唱 chàng
抄 chāo
*超 chāo
超出 chāochū
超额 chāo'é
*超过 chāoguò
超越 chāoyuè
巢 cháo
*朝 cháo
朝廷 cháotíng
潮 cháo
潮流 cháoliú
潮湿 cháoshī
吵 chǎo
炒 chǎo
*车 chē
*车间 chējiān
车辆 chēliàng
车厢 chēxiāng
车站 chēzhàn
车子 chēzi
扯 chě
*彻底 chèdǐ
撤 chè
撤销 chèxiāo
臣 chén
尘 chén
沉 chén
*沉淀 chéndiàn
沉积 chénjī
*沉默 chénmò
沉思 chénsī
*沉重 chénzhòng
沉着 chénzhuó
*陈 chén
陈旧 chénjiù
陈述 chénshù
*称 chèn
趁 chèn
*称 chēng
称号 chēnghào
称呼 chēnghu
称赞 chēngzàn
撑 chēng
*成 chéng
*成本 chéngběn
成虫 chéngchóng
*成分 chéng·fèn
*成功 chénggōng
*成果 chéngguǒ
*成绩 chéngjì
*成就 chéngjiù
*成立 chénglì
成年 chéngnián
*成人 chéngrén
*成熟 chéngshú
*成为 chéngwéi
成效 chéngxiào
成语 chéngyǔ
*成员 chéngyuán
*成长 chéngzhǎng
*呈 chéng
*呈现 chéngxiàn
诚 chéng
诚恳 chéngkěn
诚实 chéng·shí

承 chéng
承包 chéngbāo
*承担 chéngdān
*承认 chéngrèn
承受 chéngshòu
*城 chéng
*城市 chéngshì
城镇 chéngzhèn
*乘 chéng
乘机 chéngjī
乘客 chéngkè
*盛 chéng
程 chéng
*程度 chéngdù
程式 chéngshì
*程序 chéngxù
惩罚 chéngfá
秤 chèng
*吃 chī
*吃饭 chīfàn
吃惊 chījīng
吃力 chīlì
*池 chí
池塘 chítáng
*迟 chí
*持 chí
持久 chíjiǔ
*持续 chíxù
*尺 chǐ
*尺度 chǐdù
齿 chǐ
赤 chì
赤道 chìdào
翅 chì
*翅膀 chìbǎng
*冲 chōng
冲动 chōngdòng
冲击 chōngjī
冲破 chōngpò
*冲突 chōngtū
充 chōng
充当 chōngdāng
*充分 chōngfèn
*充满 chōngmǎn
充实 chōngshí

充足 chōngzú
*虫 chóng
*重 chóng
*重复 chóngfù
重合 chónghé
*重新 chóngxīn
*崇拜 chóngbài
崇高 chónggāo
*冲 chòng
*抽 chōu
*抽象 chōuxiàng
仇恨 chóuhèn
愁 chóu
丑 chǒu
臭 chòu
*出 chū
*出版 chūbǎn
出产 chūchǎn
*出发 chūfā
出发点 chūfādiǎn
出国 chūguó
*出口 chūkǒu
*出来 chū•lái
出路 chūlù
出卖 chūmài
出门 chūmén
*出去 chū•qù
出色 chūsè
出身 chūshēn
*出生 chūshēng
出售 chūshòu
出土 chūtǔ
出席 chūxí
*出现 chūxiàn
出血 chūxiě
*初 chū
*初步 chūbù
初级 chūjí
*初期 chūqī
初中 chūzhōng
*除 chú
除非 chúfēi
*除了 chúle
厨房 chúfáng
*处 chǔ

处罚 chǔfá
处分 chǔfèn
处境 chǔjìng
*处理 chǔlǐ
*处于 chǔyú
储备 chǔbèi
*储存 chǔcún
储量 chǔliàng
储蓄 chǔxù
楚 chǔ
*处 chù
*畜 chù
触 chù
川 chuān
*穿 chuān
*穿着 chuānzhuó
*传 chuán
*传播 chuánbō
传达 chuándá
传导 chuándǎo
*传递 chuándì
传教士 chuánjiàoshì
传染病 chuánrǎnbìng
传授 chuánshòu
*传说 chuánshuō
*传统 chuántǒng
*船 chuán
船舶 chuánbó
船长 chuánzhǎng
船只 chuánzhī
喘 chuǎn
*串 chuàn
串联 chuànlián
创 chuāng
创伤 chuāngshāng
窗 chuāng
窗户 chuānghu
窗口 chuāngkǒu
窗子 chuāngzi
*床 chuáng
幢 chuáng
闯 chuǎng
创 chuàng
创办 chuàngbàn

*创立 chuànglì
创新 chuàngxīn
*创造 chuàngzào
*创造性 chuàngzàoxìng
*创作 chuàngzuò
*吹 chuī
垂 chuí
*垂直 chuízhí
锤 chuí
*春 chūn
春季 chūnjì
春节 Chūn Jié
春秋 chūnqiū
*春天 chūntiān
*纯 chún
纯粹 chúncuì
纯洁 chúnjié
唇 chún
*词 cí
词典 cídiǎn
*词汇 cíhuì
词义 cíyì
词语 cíyǔ
词组 cízǔ
辞 cí
辞职 cízhí
*磁 cí
*磁场 cíchǎng
磁力 cílì
磁铁 cítiě
雌 cí
*此 cǐ
此地 cǐdì
此后 cǐhòu
此刻 cǐkè
*此外 cǐwài
*次 cì
次数 cìshù
次序 cìxù
次要 cìyào
*刺 cì
*刺激 cì•jī
赐 cì
*聪明 cōng•míng

*从 cóng
*从此 cóngcǐ
*从而 cóng'ér
*从来 cónglái
*从前 cóngqián
*从事 cóngshì
从小 cóngxiǎo
从中 cóngzhōng
丛 cóng
凑 còu
*粗 cū
粗糙 cūcāo
促 cù
促成 cùchéng
*促进 cùjìn
*促使 cùshǐ
簇 cù
窜 cuàn
催 cuī
摧残 cuīcán
摧毁 cuīhuǐ
*村 cūn
村庄 cūnzhuāng
村子 cūnzi
*存 cún
存款 cúnkuǎn
*存在 cúnzài
寸 cùn
挫折 cuòzhé
*措施 cuòshī
*错 cuò
*错误 cuò•wù

D

*搭 dā
*答应 dāying
*打 dá
*达 dá
*达到 dádào
*答 dá
答案 dá'àn
答复 dá•fù
*打 dǎ
打败 dǎbài

打扮 dǎban
打倒 dǎdǎo
*打击 dǎjī
打架 dǎjià
*打开 dǎkāi
打量 dǎliang
*打破 dǎpò
*打算 dǎsuan
打听 dǎting
打下 dǎxià
打仗 dǎzhàng
*大 dà
大伯 dàbó
大臣 dàchén
*大胆 dàdǎn
*大地 dàdì
大豆 dàdòu
*大队 dàduì
*大多 dàduō
*大多数 dàduōshù
大风 dàfēng
*大概 dàgài
大纲 dàgāng
大哥 dàgē
*大会 dàhuì
*大伙儿 dàhuǒr
*大家 dàjiā
大街 dàjiē
大姐 dàjiě
*大量 dàliàng
*大陆 dàlù
大妈 dàmā
*大门 dàmén
*大脑 dànǎo
*大娘 dàniáng
大炮 dàpào
*大气 dàqì
大庆 dàqìng
*大人 dà•rén
大嫂 dàsǎo
大厦 dàshà
大婶儿 dàshěnr
大师 dàshī
*大事 dàshì
大叔 dàshū
大体 dàtǐ
大厅 dàtīng
大王 dàwáng
*大小 dàxiǎo
*大型 dàxíng
*大学 dàxué
*大学生 dàxuéshēng
大洋 dàyáng
大爷 dàye
大爷 dàyé
大衣 dàyī
大雨 dàyǔ
*大约 dàyuē
大战 dàzhàn
*大致 dàzhì
大众 dàzhòng
大自然 dàzìrán
*呆 dāi
*待 dāi
*大夫 dàifu
*代 dài
*代表 dàibiǎo
代价 dàijià
代理 dàilǐ
代理人 dàilǐrén
*代替 dàitì
代谢 dàixiè
*带 dài
带动 dàidòng
*带领 dàilǐng
带头 dàitóu
*贷款 dàikuǎn
*待 dài
待遇 dàiyù
袋 dài
逮捕 dàibǔ
*戴 dài
*担 dān
担负 dānfù
*担任 dānrèn
*担心 dānxīn
*单 dān
*单纯 dānchún
单调 dāndiào
*单独 dāndú
*单位 dānwèi
单一 dānyī
耽误 dānwu
胆 dǎn
*石 dàn
*但 dàn
*但是 dànshì
*担 dàn
担子 dànzi
*诞生 dànshēng
淡 dàn
淡水 dànshuǐ
*弹 dàn
*蛋 dàn
蛋白 dànbái
*蛋白质 dànbáizhì
*氮 dàn
*当 dāng
当场 dāngchǎng
当初 dāngchū
*当代 dāngdài
*当地 dāngdì
当即 dāngjí
当今 dāngjīn
当局 dāngjú
*当年 dāngnián
*当前 dāngqián
*当然 dāngrán
*当时 dāngshí
*当事人 dāngshìrén
当选 dāngxuǎn
当中 dāngzhōng
挡 dǎng
*党 dǎng
*党委 dǎngwěi
党性 dǎngxìng
*党员 dǎngyuán
*当 dàng
当成 dàngchéng
*当年 dàngnián
*当时 dàngshí
当天 dàngtiān
当做 dàngzuò
档案 dàng'àn
*刀 dāo
导 dǎo
导弹 dǎodàn
导管 dǎoguǎn
*导体 dǎotǐ
*导线 dǎoxiàn
*导演 dǎoyǎn
*导致 dǎozhì
*岛 dǎo
岛屿 dǎoyǔ
*倒 dǎo
倒霉 dǎoméi
*到 dào
*到处 dàochù
*到达 dàodá
*到底 dàodǐ
到来 dàolái
*倒 dào
盗窃 dàoqiè
*道 dào
*道德 dàodé
道教 Dàojiào
*道理 dào•lǐ
*道路 dàolù
稻 dào
稻谷 dàogǔ
*得 dé
*得到 dédào
*得以 déyǐ
得意 déyì
*德 dé
德育 déyù
*得 děi
*灯 dēng
*灯光 dēngguāng
灯泡儿 dēngpàor
登 dēng
*登记 dēngjì
蹬 dēng
*等 děng
*等待 děngdài
*等到 děngdào
等候 děnghòu
*等级 děngjí
*等于 děngyú
邓 Dèng
*瞪 dèng
*低 dī
低级 dījí
低头 dītóu
低温 dīwēn
低下 dīxià
*滴 dī
*的确 díquè
*敌 dí
敌对 díduì
*敌人 dírén
抵 dǐ
抵抗 dǐkàng
抵制 dǐzhì
*底 dǐ
底层 dǐcéng
*底下 dǐ•xià
*地 dì
地板 dìbǎn
地表 dìbiǎo
地步 dìbù
地层 dìcéng
*地带 dìdài
*地点 dìdiǎn
*地方 dìfāng
*地方 dìfang
*地理 dìlǐ
*地貌 dìmào
*地面 dìmiàn
地壳 dìqiào
*地球 dìqiú
*地区 dìqū
地势 dìshì
*地图 dìtú
*地位 dìwèi
*地下 dì•xià
*地下 dìxià
地下水 dìxiàshuǐ
*地形 dìxíng
地域 dìyù

地震 dìzhèn
*地质 dìzhì
*地主 dìzhǔ
地租 dìzū
*弟弟 dìdi
弟兄 dìxiong
弟子 dìzǐ
帝 dì
帝国 dìguó
递 dì
*第 dì
*典型 diǎnxíng
*点 diǎn
点燃 diǎnrán
*点头 diǎntóu
碘 diǎn
*电 diàn
电报 diànbào
电场 diànchǎng
电池 diànchí
电磁 diàncí
电磁波 diàncíbō
电灯 diàndēng
电动 diàndòng
*电荷 diànhè
*电话 diànhuà
电离 diànlí
电力 diànlì
电量 diànliàng
*电流 diànliú
*电路 diànlù
电脑 diànnǎo
电能 diànnéng
电器 diànqì
电容 diànróng
*电视 diànshì
电视剧 diànshìjù
电视台 diànshìtái
电台 diàntái
电线 diànxiàn
*电压 diànyā
*电影 diànyǐng
电源 diànyuán
*电子 diànzǐ
*电阻 diànzǔ
店 diàn
垫 diàn
淀粉 diànfěn
奠定 diàndìng
雕 diāo
雕刻 diāokè
雕塑 diāosù
吊 diào
*调 diào
调拨 diàobō
*调查 diàochá
*调动 diàodòng
*掉 diào
*爹 diē
跌 diē
迭 dié
叠 dié
*丁 dīng
盯 dīng
钉 dīng
*顶 dǐng
顶点 dǐngdiǎn
顶端 dǐngduān
订 dìng
订货 dìnghuò
钉 dìng
*定 dìng
*定额 dìng'é
*定理 dìnglǐ
定量 dìngliàng
*定律 dìnglǜ
定期 dìngqī
定向 dìngxiàng
定型 dìngxíng
*定义 dìngyì
*丢 diū
*东 dōng
*东北 dōngběi
*东方 dōngfāng
东南 dōngnán
东欧 Dōng Ōu
*东西 dōngxi
*东西 dōngxī
*冬 dōng
*冬季 dōngjì
*冬天 dōngtiān
*懂 dǒng
*懂得 dǒng·dé
*动 dòng
动词 dòngcí
*动机 dòngjī
动静 dòngjing
*动力 dònglì
动量 dòngliàng
动脉 dòngmài
动能 dòngnéng
动人 dòngrén
*动手 dòngshǒu
动态 dòngtài
*动物 dòngwù
动摇 dòngyáo
*动员 dòngyuán
*动作 dòngzuò
*冻 dòng
*洞 dòng
*都 dōu
兜 dōu
*斗 dǒu
抖 dǒu
*斗 dòu
*斗争 dòuzhēng
豆 dòu
豆腐 dòufu
逗 dòu
*都 dū
*都会 dūhuì
都市 dūshì
*毒 dú
毒素 dúsù
独 dú
*独立 dúlì
*独特 dútè
独占 dúzhàn
独自 dúzì
*读 dú
*读书 dúshū
*读者 dúzhě
*肚子 dǔzi
堵 dǔ
杜 dù
肚皮 dùpí
*肚子 dùzi
*度 dù
渡 dù
*端 duān
端正 duānzhèng
*短 duǎn
短期 duǎnqī
短暂 duǎnzàn
*段 duàn
*断 duàn
断定 duàndìng
*锻炼 duànliàn
*堆 duī
堆积 duījī
*队 duì
*队伍 duìwu
*对 duì
*对比 duìbǐ
*对不起 duì·bùqǐ
*对称 duìchèn
*对待 duìdài
*对方 duìfāng
对付 duìfu
对话 duìhuà
对抗 duìkàng
*对立 duìlì
对流 duìliú
对面 duìmiàn
对手 duìshǒu
*对象 duìxiàng
*对应 duìyìng
*对于 duìyú
对照 duìzhào
*吨 dūn
*蹲 dūn
*顿 dùn
*顿时 dùnshí
*多 duō
多边形 duōbiānxíng
*多么 duōme
*多少 duō·shǎo
*多数 duōshù
多余 duōyú
夺 duó
*夺取 duóqǔ
*度 duó
*朵 duǒ
*躲 duǒ

E

*阿 ē
俄 é
鹅 é
*额 é
*恶 è
恶化 èhuà
恶劣 èliè
*饿 è
恩 ēn
*儿 ér
儿女 érnǚ
*儿童 értóng
*儿子 érzi
*而 ér
而后 érhòu
*而且 érqiě
尔 ěr
*耳 ěr
*耳朵 ěrduo
饵料 ěrliào
*二 èr

F

*发 fā
*发表 fābiǎo
发病 fābìng
发布 fābù
*发出 fāchū
*发达 fādá
发电 fādiàn
*发动 fādòng
发动机 fādòngjī
发抖 fādǒu
*发挥 fāhuī
发觉 fājué
发掘 fājué

*发明	fāmíng
发起	fāqǐ
发热	fārè
*发射	fāshè
*发生	fāshēng
*发现	fāxiàn
*发行	fāxíng
发芽	fāyá
发言	fāyán
*发扬	fāyáng
发音	fāyīn
*发育	fāyù
*发展	fāzhǎn
发作	fāzuò
罚	fá
罚款	fákuǎn
*法	fǎ
法定	fǎdìng
法官	fǎguān
*法规	fǎguī
法令	fǎlìng
*法律	fǎlǜ
法人	fǎrén
法庭	fǎtíng
法西斯	fǎxīsī
法学	fǎxué
*法院	fǎyuàn
*法则	fǎzé
*法制	fǎzhì
*发	fā
番	fān
*翻	fān
翻身	fānshēn
*翻译	fānyì
*凡	fán
*凡是	fánshì
烦恼	fánnǎo
繁	fán
繁多	fánduō
*繁荣	fánróng
*繁殖	fánzhí
繁重	fánzhòng
*反	fǎn
*反动	fǎndòng
*反对	fǎnduì
*反而	fǎn'ér
*反复	fǎnfù
*反抗	fǎnkàng
反馈	fǎnkuì
反面	fǎnmiàn
*反射	fǎnshè
*反应	fǎnyìng
*反映	fǎnyìng
*反正	fǎn•zhèng
*反之	fǎnzhī
返	fǎn
返回	fǎnhuí
*犯	fàn
*犯罪	fànzuì
*饭	fàn
饭店	fàndiàn
泛	fàn
范	fàn
*范畴	fànchóu
*范围	fànwéi
*方	fāng
*方案	fāng'àn
*方便	fāngbiàn
方才	fāngcái
*方程	fāngchéng
*方法	fāngfǎ
方法论	fāngfǎlùn
*方面	fāngmiàn
*方式	fāngshì
*方向	fāngxiàng
*方言	fāngyán
*方针	fāngzhēn
防	fáng
防御	fángyù
*防止	fángzhǐ
*防治	fángzhì
妨碍	fáng'ài
*房	fáng
*房间	fángjiān
*房屋	fángwū
*房子	fángzi
*仿佛	fǎngfú
访	fǎng
*访问	fǎngwèn
纺织	fǎngzhī
*放	fàng
放大	fàngdà
*放弃	fàngqì
放射	fàngshè
放射性	fàngshèxìng
放松	fàngsōng
*放心	fàngxīn
*飞	fēi
飞船	fēichuán
飞机	fēijī
飞快	fēikuài
飞翔	fēixiáng
*飞行	fēixíng
飞跃	fēiyuè
*非	fēi
*非常	fēicháng
非法	fēifǎ
肥	féi
肥料	féiliào
匪	fěi
*肺	fèi
废	fèi
废除	fèichú
沸腾	fèiténg
*费	fèi
*费用	fèi•yòng
分	fēn
分辨	fēnbiàn
*分别	fēnbié
*分布	fēnbù
*分成	fēnchéng
分割	fēngē
*分工	fēngōng
*分化	fēnhuà
*分解	fēnjiě
*分开	fēnkāi
*分类	fēnlèi
*分离	fēnlí
*分裂	fēnliè
*分泌	fēnmì
分明	fēnmíng
*分配	fēnpèi
分歧	fēnqí
*分散	fēnsàn
*分析	fēnxī
分支	fēnzhī
*分子	fēnzǐ
*粉	fěn
粉末	fěnmò
粉碎	fěnsuì
*分	fèn
分量	fèn•liàng
*分子	fènzǐ
*份	fèn
*奋斗	fèndòu
粪	fèn
愤怒	fènnù
丰	fēng
*丰富	fēngfù
丰收	fēngshōu
*风	fēng
风暴	fēngbào
*风格	fēnggé
风光	fēngguāng
风景	fēngjǐng
风力	fēnglì
风气	fēngqì
风俗	fēngsú
风速	fēngsù
风险	fēngxiǎn
风雨	fēngyǔ
*封	fēng
封闭	fēngbì
*封建	fēngjiàn
封锁	fēngsuǒ
疯狂	fēngkuáng
峰	fēng
锋	fēng
蜂	fēng
冯	Féng
缝	féng
讽刺	fěngcì
奉	fèng
奉献	fèngxiàn
*缝	fèng
*佛	fó
*佛教	Fójiào
否	fǒu
*否定	fǒudìng
*否认	fǒurèn
*否则	fǒuzé
*夫	fū
夫妇	fūfù
*夫妻	fūqī
*夫人	fū•rén
孵化	fūhuà
*伏	fú
伏特	fútè
*扶	fú
*服	fú
*服从	fúcóng
*服务	fúwù
服务员	fúwùyuán
*服装	fúzhuāng
俘虏	fúlǔ
浮	fú
浮动	fúdòng
浮游	fúyóu
*符号	fúhào
*符合	fúhé
*幅	fú
幅度	fúdù
*辐射	fúshè
福	fú
福利	fúlì
抚摸	fǔmō
府	fǔ
辅助	fǔzhù
腐	fǔ
腐败	fǔbài
腐蚀	fǔshí
腐朽	fǔxiǔ
*父母	fùmǔ
*父亲	fù•qīn
付	fù
付出	fùchū
*负	fù
*负担	fùdān
*负责	fùzé
妇	fù
*妇女	fùnǚ

附 fù
附加 fùjiā
*附近 fùjìn
附着 fùzhuó
*服 fù
赴 fù
*复 fù
复辟 fùbì
复合 fùhé
*复杂 fùzá
复制 fùzhì
*副 fù
副业 fùyè
赋 fù
赋予 fùyǔ
*富 fù
*富有 fùyǒu
富裕 fùyù
*腹 fù
覆盖 fùgài

G

*该 gāi
*改 gǎi
改编 gǎibiān
*改变 gǎibiàn
*改革 gǎigé
*改进 gǎijìn
改良 gǎiliáng
*改善 gǎishàn
*改造 gǎizào
改正 gǎizhèng
改组 gǎizǔ
钙 gài
*盖 gài
*概括 gàikuò
概率 gàilǜ
*概念 gàiniàn
*干 gān
干脆 gāncuì
干旱 gānhàn
*干净 gān·jìng
*干扰 gānrǎo
*干涉 gānshè
干预 gānyù
*干燥 gānzào
甘心 gānxīn
杆 gān
*肝 gān
肝脏 gānzàng
杆 gǎn
*赶 gǎn
*赶紧 gǎnjǐn
*赶快 gǎnkuài
赶忙 gǎnmáng
*敢 gǎn
敢于 gǎnyú
*感 gǎn
*感到 gǎndào
*感动 gǎndòng
感官 gǎnguān
感激 gǎn·jī
*感觉 gǎnjué
感慨 gǎnkǎi
*感情 gǎnqíng
*感染 gǎnrǎn
*感受 gǎnshòu
感谢 gǎnxiè
感性 gǎnxìng
感应 gǎnyìng
感知 gǎnzhī
*干 gàn
*干部 gànbù
*刚 gāng
*刚才 gāngcái
*纲 gāng
纲领 gānglǐng
*钢 gāng
钢琴 gāngqín
*钢铁 gāngtiě
*岗位 gǎngwèi
港 gǎng
港口 gǎngkǒu
*高 gāo
高产 gāochǎn
高潮 gāocháo
*高大 gāodà
高等 gāoděng
*高低 gāodī
高地 gāodì
*高度 gāodù
*高级 gāojí
高空 gāokōng
高尚 gāoshàng
高速 gāosù
*高温 gāowēn
高校 gāoxiào
*高兴 gāoxìng
高压 gāoyā
*高原 gāoyuán
高涨 gāozhǎng
高中 gāozhōng
*搞 gǎo
稿 gǎo
告 gào
告别 gàobié
*告诉 gàosu
疙瘩 gēda
*哥哥 gēge
胳膊 gēbo
鸽子 gēzi
搁 gē
割 gē
*歌 gē
歌唱 gēchàng
歌剧 gējù
*歌曲 gēqǔ
歌声 gēshēng
歌颂 gēsòng
歌舞 gēwǔ
*革命 gémìng
*革新 géxīn
*格 gé
格外 géwài
*隔 gé
隔壁 gébì
隔离 gélí
*个 gè
*个别 gèbié
*个人 gèrén
*个体 gètǐ
*个性 gèxìng
*各 gè
*各自 gèzì
*给 gěi
给以 gěiyǐ
*根 gēn
*根本 gēnběn
*根据 gēnjù
*根据地 gēnjùdì
根系 gēnxì
根源 gēnyuán
*跟 gēn
跟前 gēn·qián
跟随 gēnsuí
*更 gēng
*更新 gēngxīn
耕 gēng
*耕地 gēngdì
耕作 gēngzuò
*更 gèng
*更加 gèngjiā
*工 gōng
*工厂 gōngchǎng
工场 gōngchǎng
*工程 gōngchéng
*工程师 gōngchéngshī
工地 gōngdì
工夫 gōngfu
工会 gōnghuì
*工具 gōngjù
*工人 gōng·rén
工商业 gōngshāngyè
*工业 gōngyè
工业化 gōngyèhuà
*工艺 gōngyì
*工资 gōngzī
*工作 gōngzuò
弓 gōng
*公 gōng
公安 gōng'ān
公布 gōngbù
公公 gōnggong
*公共 gōnggòng
*公开 gōngkāi
*公理 gōnglǐ
*公路 gōnglù
*公民 gōngmín
公平 gōng·píng
公认 gōngrèn
*公社 gōngshè
*公式 gōngshì
*公司 gōngsī
公有 gōngyǒu
*公有制 gōngyǒuzhì
*公元 gōngyuán
公园 gōngyuán
公正 gōngzhèng
公主 gōngzhǔ
*功 gōng
功夫 gōngfu
功课 gōngkè
功率 gōnglǜ
*功能 gōngnéng
攻 gōng
*攻击 gōngjī
供 gōng
*供给 gōngjǐ
供求 gōngqiú
*供应 gōngyìng
宫 gōng
宫廷 gōngtíng
*巩固 gǒnggù
汞 gǒng
拱 gǒng
*共 gòng
*共产党 gòngchǎndǎng
共和国 gònghéguó
共鸣 gòngmíng
*共同 gòngtóng
*贡献 gòngxiàn
*供 gòng
勾结 gōujié
*沟 gōu
沟通 gōutōng
钩 gōu
*狗 gǒu
构 gòu
*构成 gòuchéng
构思 gòusī

*构造	gòuzào
购	gòu
*购买	gòumǎi
购销	gòuxiāo
*够	gòu
*估计	gūjì
*姑娘	gūniang
孤独	gūdú
*孤立	gūlì
*古	gǔ
*古代	gǔdài
古典	gǔdiǎn
*古老	gǔlǎo
古人	gǔrén
*谷	gǔ
*股	gǔ
股票	gǔpiào
*骨	gǔ
骨干	gǔgàn
骨骼	gǔgé
骨头	gǔtou
*鼓	gǔ
鼓吹	gǔchuī
*鼓励	gǔlì
鼓舞	gǔwǔ
*固	gù
*固定	gùdìng
*固然	gùrán
*固体	gùtǐ
固有	gùyǒu
固执	gù•zhí
*故	gù
*故事	gùshi
故乡	gùxiāng
*故意	gùyì
顾	gù
*顾客	gùkè
顾虑	gùlǜ
顾问	gùwèn
雇	gù
瓜	guā
刮	guā
寡妇	guǎfu
*挂	guà
拐	guǎi
*怪	guài
怪物	guàiwu
*关	guān
关闭	guānbì
关怀	guānhuái
*关键	guānjiàn
关节	guānjié
关联	guānlián
*关系	guānxi
*关心	guānxīn
*关于	guānyú
关注	guānzhù
*观	guān
*观测	guāncè
*观察	guānchá
*观点	guāndiǎn
观看	guānkàn
*观念	guānniàn
*观众	guānzhòng
*官	guān
官兵	guānbīng
官吏	guānlì
官僚	guānliáo
官员	guānyuán
冠	guān
馆	guǎn
*管	guǎn
管道	guǎndào
*管理	guǎnlǐ
管辖	guǎnxiá
*观	guàn
*贯彻	guànchè
贯穿	guànchuān
冠	guàn
*冠军	guànjūn
惯	guàn
惯性	guànxìng
灌	guàn
*灌溉	guàngài
*光	guāng
光彩	guāngcǎi
光滑	guānghuá
*光辉	guānghuī
光景	guāngjǐng
光亮	guāngliàng
光芒	guāngmáng
光明	guāngmíng
光谱	guāngpǔ
*光荣	guāngróng
*光线	guāngxiàn
光学	guāngxué
光源	guāngyuán
光泽	guāngzé
光照	guāngzhào
广	guǎng
*广播	guǎngbō
广场	guǎngchǎng
*广大	guǎngdà
*广泛	guǎngfàn
*广告	guǎnggào
*广阔	guǎngkuò
广义	guǎngyì
逛	guàng
*归	guī
归结	guījié
归来	guīlái
归纳	guīnà
*规定	guīdìng
*规范	guīfàn
规格	guīgé
*规划	guīhuà
规矩	guīju
*规律	guīlǜ
*规模	guīmó
*规则	guīzé
闺女	guīnü
*硅	guī
*轨道	guǐdào
*鬼	guǐ
*鬼子	guǐzi
*贵	guì
*贵族	guìzú
桂	guì
跪	guì
*滚	gǔn
郭	guō
锅	guō
*国	guó
国防	guófáng
国会	guóhuì
*国际	guójì
*国家	guójiā
*国民	guómín
国情	guóqíng
国土	guótǔ
*国王	guówáng
*国务院	guówùyuàn
*国营	guóyíng
国有	guóyǒu
*果	guǒ
果断	guǒduàn
*果然	guǒrán
*果实	guǒshí
果树	guǒshù
裹	guǒ
*过	guò
*过程	guòchéng
过度	guòdù
*过渡	guòdù
*过分	guòfèn
过后	guòhòu
*过来	guò•lái
过年	guònián
*过去	guòqù
*过去	guò•qù
过于	guòyú

H

哈	hā
*还	hái
*孩子	háizi
*海	hǎi
海岸	hǎi'àn
海拔	hǎibá
海带	hǎidài
海关	hǎiguān
*海军	hǎijūn
*海面	hǎimiàn
海区	hǎiqū
海外	hǎiwài
海湾	hǎiwān
*海洋	hǎiyáng
海域	hǎiyù
*害	hài
害虫	hàichóng
*害怕	hàipà
*含	hán
*含量	hánliàng
含义	hányì
*函数	hánshù
*寒	hán
寒冷	hánlěng
罕见	hǎnjiàn
*喊	hǎn
*汉	hàn
汉奸	hànjiān
*汉语	hànyǔ
汉子	hànzi
汉字	hànzì
*汗	hàn
汗水	hànshuǐ
旱	hàn
*行	háng
行列	hángliè
*行业	hángyè
航海	hánghǎi
航空	hángkōng
航行	hángxíng
*号	háo
*好	hǎo
好比	hǎobǐ
*好处	hǎo•chù
好多	hǎoduō
好看	hǎokàn
好人	hǎorén
好事	hǎoshì
好听	hǎotīng
*好像	hǎoxiàng
好转	hǎozhuǎn
*号	hào
*号召	hàozhào
*好	hào
好奇	hàoqí
好事	hàoshì
耗	hào
耗费	hàofèi
*呵	hē

*喝 hē
*合 hé
合并 hébìng
*合成 héchéng
合法 héfǎ
合格 hégé
合乎 héhū
合金 héjīn
*合理 hélǐ
合力 hélì
*合适 héshì
*合同 hétong
*合作 hézuò
*合作社 hézuòshè
*何 hé
何必 hébì
何等 héděng
何况 hékuàng
何以 héyǐ
*和 hé
*和平 hépíng
和尚 héshang
*和谐 héxié
*河 hé
*河流 héliú
荷 hé
*核 hé
核算 hésuàn
*核心 héxīn
盒 hé
颌 hé
*和 hè
荷 hè
*喝 hè
*黑 hēi
*黑暗 hēi'àn
黑人 hēirén
黑夜 hēiyè
痕迹 hénjì
*很 hěn
*恨 hèn
恒 héng
*恒星 héngxīng
*横 héng
横向 héngxiàng
衡量 héngliáng
*横 hèng
轰 hōng
哄 hōng
*红 hóng
*红军 hóngjūn
红旗 hóngqí
*红色 hóngsè
*宏观 hóngguān
宏伟 hóngwěi
洪 hóng
洪水 hóngshuǐ
哄 hǒng
哄 hòng
喉咙 hóu·lóng
猴子 hóuzi
*后 hòu
后边 hòu·biān
后代 hòudài
后方 hòufāng
*后果 hòuguǒ
后悔 hòuhuǐ
*后来 hòulái
*后面 hòu·miàn
*后期 hòuqī
后人 hòurén
后世 hòushì
后天 hòutiān
*厚 hòu
厚度 hòudù
候 hòu
*乎 hū
呼喊 hūhǎn
呼唤 hūhuàn
*呼吸 hūxī
呼吁 hūyù
忽略 hūlüè
*忽然 hūrán
*忽视 hūshì
*和 hú
弧 hú
*胡 hú
壶 hú
*核儿 húr
*湖 hú
湖泊 húpō
蝴蝶 húdié
糊涂 hútu
*虎 hǔ
*互 hù
互补 hùbǔ
*互相 hùxiāng
互助 hùzhù
*户 hù
户口 hùkǒu
护 hù
护士 hùshi
沪 hù
*花 huā
花朵 huāduǒ
花费 huā·fèi
花粉 huāfěn
花色 huāsè
花生 huāshēng
花纹 huāwén
花园 huāyuán
划 huá
*华 huá
华北 huáběi
华侨 huáqiáo
滑 huá
滑动 huádòng
*化 huà
化肥 huàféi
化工 huàgōng
化合 huàhé
*化合物 huàhéwù
化石 huàshí
*化学 huàxué
划 huà
*划分 huàfēn
*华 Huà
*画 huà
*画家 huàjiā
*画面 huàmiàn
*话 huà
话剧 huàjù
话题 huàtí
话筒 huàtǒng
话语 huàyǔ
*怀 huái
怀抱 huáibào
怀念 huáiniàn
*怀疑 huáiyí
*坏 huài
坏人 huàirén
欢乐 huānlè
欢喜 huānxǐ
*欢迎 huānyíng
*还 huán
还原 huányuán
*环 huán
*环节 huánjié
*环境 huánjìng
环流 huánliú
缓 huǎn
缓和 huǎnhé
*缓慢 huǎnmàn
幻觉 huànjué
*幻想 huànxiǎng
*换 huàn
唤 huàn
唤起 huànqǐ
*患 huàn
*患者 huànzhě
荒 huāng
慌 huāng
*皇帝 huángdì
*黄 huáng
黄昏 huánghūn
*黄金 huángjīn
*黄色 huángsè
黄土 huángtǔ
晃 huǎng
晃 huàng
*灰 huī
灰尘 huīchén
灰色 huīsè
挥 huī
*恢复 huīfù
辉煌 huīhuáng
*回 huí
回避 huíbì
*回答 huídá
回顾 huígù
回归 huíguī
*回来 huí·lái
*回去 huí·qù
*回头 huítóu
*回忆 huíyì
毁 huǐ
毁灭 huǐmiè
*汇报 huìbào
*会 huì
会场 huìchǎng
会见 huìjiàn
*会议 huìyì
会员 huìyuán
绘 huì
*绘画 huìhuà
婚 hūn
婚礼 hūnlǐ
*婚姻 hūnyīn
*浑身 húnshēn
*混 hún
魂 hún
*混 hùn
*混合 hùnhé
*混乱 hùnluàn
混淆 hùnxiáo
*和 huó
*活 huó
*活动 huó·dòng
*活力 huólì
*活泼 huópo
*活跃 huóyuè
*火 huǒ
火柴 huǒchái
*火车 huǒchē
火光 huǒguāng
*火箭 huǒjiàn
火山 huǒshān
火星 huǒxīng
火焰 huǒyàn
伙伴 huǒbàn
*或 huò
或许 huòxǔ
*或者 huòzhě

*和　huò
*货　huò
*货币　huòbì
货物　huòwù
*获　huò
*获得　huòdé
获取　huòqǔ

J

*几乎　jīhū
击　jī
饥饿　jī'è
*机　jī
机场　jīchǎng
机车　jīchē
*机构　jīgòu
*机关　jīguān
*机会　jī•huì
*机能　jīnéng
*机器　jī•qì
机器人　jī•qìrén
机体　jītǐ
*机械　jīxiè
机械化　jīxièhuà
*机制　jīzhì
肌　jī
*肌肉　jīròu
*鸡　jī
*积　jī
*积极　jījí
*积极性　jījíxìng
*积累　jīlěi
积压　jīyā
*基　jī
*基本　jīběn
*基层　jīcéng
*基础　jīchǔ
*基地　jīdì
*基督教　Jīdūjiào
基建　jījiàn
*基金　jījīn
*基因　jīyīn
基于　jīyú
畸形　jīxíng
激　jī
*激动　jīdòng
*激发　jīfā
激光　jīguāng
激励　jīlì
*激烈　jīliè
激情　jīqíng
激素　jīsù
*及　jí
*及时　jíshí
*级　jí
*极　jí
极端　jíduān
极力　jílì
*极其　jíqí
*极为　jíwéi
*即　jí
即将　jíjiāng
*即使　jíshǐ
*急　jí
急剧　jíjù
*急忙　jímáng
急性　jíxìng
急需　jíxū
急于　jíyú
*疾病　jíbìng
*集　jí
集合　jíhé
集会　jíhuì
*集体　jítǐ
*集团　jítuán
*集中　jízhōng
集资　jízī
*几　jǐ
几何　jǐhé
己　jǐ
*挤　jǐ
济济　jǐjǐ
*给予　jǐyǔ
脊　jǐ
*计　jì
*计划　jìhuà
*计算　jìsuàn
*计算机　jìsuànjī
*记　jì
*记得　jì•dé
*记录　jìlù
*记忆　jìyì
*记载　jìzǎi
*记者　jìzhě
纪录　jìlù
*纪律　jìlǜ
纪念　jìniàn
*技能　jìnéng
*技巧　jìqiǎo
*技术　jìshù
技术员　jìshùyuán
技艺　jìyì
*系　jì
季　jì
季风　jìfēng
*季节　jìjié
*剂　jì
济　jì
*既　jì
*既然　jìrán
*既是　jìshì
继　jì
*继承　jìchéng
继承人　jìchéngrén
*继续　jìxù
祭　jì
祭祀　jìsì
寄　jì
寄生　jìshēng
寄生虫　jìshēngchóng
寄托　jìtuō
寄主　jìzhǔ
寂静　jìjìng
寂寞　jìmò
*加　jiā
*加工　jiāgōng
加紧　jiājǐn
加剧　jiājù
*加快　jiākuài
*加强　jiāqiáng
*加热　jiārè
*加入　jiārù
加深　jiāshēn
*加速　jiāsù
加速度　jiāsùdù
*加以　jiāyǐ
加重　jiāzhòng
*夹　jiā
*家　jiā
家畜　jiāchù
*家伙　jiāhuo
家具　jiā•jù
家人　jiārén
家属　jiāshǔ
*家庭　jiātíng
家务　jiāwù
*家乡　jiāxiāng
*家长　jiāzhǎng
家族　jiāzú
*夹　jiá
*甲　jiǎ
甲板　jiǎbǎn
钾　jiǎ
*假　jiǎ
假定　jiǎdìng
*假如　jiǎrú
*假设　jiǎshè
假使　jiǎshǐ
*假说　jiǎshuō
*价　jià
*价格　jiàgé
价钱　jià•qián
*价值　jiàzhí
驾驶　jiàshǐ
*架　jià
架子　jiàzi
*假　jià
嫁　jià
嫁接　jiàjiē
*尖　jiān
*尖锐　jiānruì
歼灭　jiānmiè
*坚持　jiānchí
*坚定　jiāndìng
坚固　jiāngù
*坚决　jiānjué
坚强　jiānqiáng
坚实　jiānshí
坚硬　jiānyìng
*间　jiān
肩　jiān
肩膀　jiānbǎng
艰巨　jiānjù
*艰苦　jiānkǔ
艰难　jiānnán
*监督　jiāndū
监视　jiānshì
监狱　jiānyù
*兼　jiān
拣　jiǎn
茧　jiǎn
捡　jiǎn
检　jiǎn
*检查　jiǎnchá
*检验　jiǎnyàn
减　jiǎn
*减轻　jiǎnqīng
减弱　jiǎnruò
*减少　jiǎnshǎo
剪　jiǎn
简　jiǎn
简称　jiǎnchēng
*简单　jiǎndān
简化　jiǎnhuà
*简直　jiǎnzhí
*碱　jiǎn
*见　jiàn
*见解　jiànjiě
*见面　jiànmiàn
*件　jiàn
*间　jiàn
间隔　jiàngé
*间接　jiànjiē
*建　jiàn
*建国　jiànguó
*建立　jiànlì
*建设　jiànshè
*建议　jiànyì
建造　jiànzào
*建筑　jiànzhù

剑 jiàn
*健康 jiànkāng
*健全 jiànquán
健壮 jiànzhuàng
*渐渐 jiànjiàn
鉴别 jiànbié
*鉴定 jiàndìng
*键 jiàn
箭 jiàn
*江 jiāng
江南 jiāngnán
*将 jiāng
将近 jiāngjìn
*将军 jiāngjūn
*将来 jiānglái
将要 jiāngyào
浆 jiāng
*讲 jiǎng
*讲话 jiǎnghuà
讲究 jiǎng•jiū
讲述 jiǎngshù
奖 jiǎng
奖金 jiǎngjīn
奖励 jiǎnglì
*蒋 jiǎng
降 jiàng
*降低 jiàngdī
降落 jiàngluò
降水 jiàngshuǐ
*将 jiàng
*强 jiàng
*交 jiāo
交叉 jiāochā
交错 jiāocuò
交代 jiāodài
*交换 jiāohuàn
*交际 jiāojì
*交流 jiāoliú
交谈 jiāotán
交替 jiāotì
*交通 jiāotōng
*交往 jiāowǎng
*交易 jiāoyì
交织 jiāozhī

郊区 jiāoqū
浇 jiāo
骄傲 jiāo’ào
胶 jiāo
*教 jiāo
*教学 jiāoxué
焦 jiāo
焦点 jiāodiǎn
焦急 jiāojí
嚼 jiáo
*角 jiǎo
*角度 jiǎodù
角落 jiǎoluò
*脚 jiǎo
脚步 jiǎobù
脚下 jiǎoxià
脚印 jiǎoyìn
搅 jiǎo
*叫 jiào
*叫作 jiàozuò
*觉 jiào
*校 jiào
*较 jiào
*较为 jiàowéi
*教 jiào
*教材 jiàocái
教导 jiàodǎo
*教会 jiàohuì
教练 jiàoliàn
*教师 jiàoshī
教室 jiàoshì
*教授 jiàoshòu
教堂 jiàotáng
*教学 jiàoxué
*教训 jiàoxùn
教养 jiàoyǎng
教义 jiàoyì
*教育 jiàoyù
教员 jiàoyuán
阶层 jiēcéng
*阶段 jiēduàn
*阶级 jiējí
*皆 jiē
*结 jiē

*结果 jiēguǒ
结实 jiēshi
*接 jiē
*接触 jiēchù
接待 jiēdài
*接近 jiējìn
接连 jiēlián
接收 jiēshōu
*接受 jiēshòu
*揭露 jiēlù
*揭示 jiēshì
街 jiē
*街道 jiēdào
街头 jiētóu
*节 jié
*节目 jiémù
*节日 jiérì
节省 jiéshěng
*节约 jiéyuē
*节奏 jiézòu
杰出 jiéchū
洁白 jiébái
*结 jié
*结构 jiégòu
*结果 jiéguǒ
*结合 jiéhé
*结婚 jiéhūn
*结晶 jiéjīng
结局 jiéjú
*结论 jiélùn
*结束 jiéshù
结算 jiésuàn
截 jié
竭力 jiélì
*姐姐 jiějie
姐妹 jiěmèi
*解 jiě
解除 jiěchú
解答 jiědá
*解放 jiěfàng
解放军 jiěfàngjūn
*解决 jiějué
解剖 jiěpōu
解散 jiěsàn

*解释 jiěshì
解脱 jiětuō
*介绍 jièshào
介质 jièzhì
戒 jiè
*届 jiè
*界 jiè
*界限 jièxiàn
*借 jiè
借鉴 jièjiàn
借口 jièkǒu
借款 jièkuǎn
借用 jièyòng
借助 jièzhù
*解 jiè
*斤 jīn
*今 jīn
*今后 jīnhòu
*今年 jīnnián
*今日 jīnrì
*今天 jīntiān
*金 jīn
金额 jīn’é
金刚石 jīngāngshí
金牌 jīnpái
金钱 jīnqián
金融 jīnróng
*金属 jīnshǔ
津 jīn
*仅 jǐn
*尽 jǐn
*尽管 jǐnguǎn
尽快 jǐnkuài
*尽量 jǐnliàng
*紧 jǐn
*紧急 jǐnjí
*紧密 jǐnmì
*紧张 jǐnzhāng
锦标赛 jǐnbiāosài
谨慎 jǐnshèn
*尽 jìn
尽力 jìnlì
*尽量 jìnliàng
*进 jìn

*进步 jìnbù
*进程 jìnchéng
进而 jìn’ér
*进攻 jìngōng
*进化 jìnhuà
进化论 jìnhuàlùn
进军 jìnjūn
*进口 jìnkǒu
*进来 jìn•lái
进取 jìnqǔ
*进去 jìn•qù
*进入 jìnrù
*进行 jìnxíng
*进展 jìnzhǎn
*近 jìn
*近代 jìndài
近来 jìnlái
近似 jìnsì
*劲 jìn
晋 jìn
浸 jìn
*禁止 jìnzhǐ
*茎 jīng
*京 jīng
京剧 jīngjù
*经 jīng
*经常 jīngcháng
经典 jīngdiǎn
经费 jīngfèi
*经过 jīngguò
*经济 jīngjì
*经理 jīnglǐ
*经历 jīnglì
经受 jīngshòu
*经验 jīngyàn
*经营 jīngyíng
惊 jīng
惊奇 jīngqí
惊人 jīngrén
惊喜 jīngxǐ
惊醒 jīngxǐng
惊讶 jīngyà
惊异 jīngyì
*晶 jīng

*晶体 jīngtǐ
*精 jīng
*精力 jīnglì
精密 jīngmì
*精确 jīngquè
*精神 jīngshén
*精神 jīngshen
精细 jīngxì
精心 jīngxīn
精子 jīngzǐ
鲸 jīng
井 jǐng
颈 jǐng
景 jǐng
景色 jǐngsè
景物 jǐngwù
景象 jǐngxiàng
*警察 jǐngchá
警告 jǐnggào
警惕 jǐngtì
*劲 jìng
径 jìng
径流 jìngliú
*净 jìng
净化 jìnghuà
竞赛 jìngsài
*竞争 jìngzhēng
*竟 jìng
竟然 jìngrán
敬 jìng
*静 jìng
静脉 jìngmài
静止 jìngzhǐ
境 jìng
境地 jìngdì
*境界 jìngjiè
*镜 jìng
镜头 jìngtóu
镜子 jìngzi
纠纷 jiūfēn
*纠正 jiūzhèng
究 jiū
*究竟 jiūjìng
*九 jiǔ
*久 jiǔ
*酒 jiǔ
酒精 jiǔjīng
*旧 jiù
*救 jiù
救国 jiùguó
救济 jiùjì
*就 jiù
*就是 jiùshì
就算 jiùsuàn
*就业 jiùyè
舅舅 jiùjiu
*车 jū
*居 jū
*居民 jūmín
*居然 jūrán
居于 jūyú
*居住 jūzhù
*局 jú
*局部 júbù
*局面 júmiàn
局势 júshì
局限 júxiàn
菊花 júhuā
咀嚼 jǔjué
*举 jǔ
*举办 jǔbàn
举动 jǔdòng
*举行 jǔxíng
巨 jù
*巨大 jùdà
*句 jù
*句子 jùzi
*拒绝 jùjué
*具 jù
*具备 jùbèi
*具体 jùtǐ
*具有 jùyǒu
俱 jù
剧 jù
*剧本 jùběn
剧场 jùchǎng
剧烈 jùliè
剧团 jùtuán
剧种 jùzhǒng
*据 jù
据点 jùdiǎn
*据说 jùshuō
距 jù
*距离 jùlí
聚 jù
聚集 jùjí
捐 juān
*圈 juān
*卷 juǎn
*卷 juàn
*圈 juàn
*决 jué
*决策 juécè
*决定 juédìng
决定性 juédìngxìng
*决心 juéxīn
*决议 juéyì
*角 jué
*角色 juésè
*觉 jué
觉察 juéchá
*觉得 jué•dé
*觉悟 juéwù
*绝 jué
*绝对 juéduì
绝望 juéwàng
嚼 jué
*军 jūn
*军队 jūnduì
*军阀 jūnfá
军官 jūnguān
军舰 jūnjiàn
军民 jūnmín
军区 jūnqū
*军人 jūnrén
*军事 jūnshì
*均 jūn
均衡 jūnhéng
*均匀 jūnyún
君 jūn
君主 jūnzhǔ
*菌 jūn

K

咖啡 kāfēi
卡 kǎ
*开 kāi
开办 kāibàn
开采 kāicǎi
开除 kāichú
开创 kāichuàng
*开发 kāifā
*开放 kāifàng
开关 kāiguān
开花 kāihuā
*开会 kāihuì
开垦 kāikěn
*开口 kāikǒu
开阔 kāikuò
开门 kāimén
开幕 kāimù
*开辟 kāipì
开设 kāishè
*开始 kāishǐ
开水 kāishuǐ
开头 kāitóu
开拓 kāituò
开玩笑 kāiwánxiào
*开展 kāizhǎn
开支 kāizhī
刊登 kāndēng
刊物 kānwù
*看 kān
勘探 kāntàn
砍 kǎn
*看 kàn
看待 kàndài
*看法 kànfǎ
*看见 kàn•jiàn
看望 kànwàng
扛 káng
*抗 kàng
抗议 kàngyì
*抗战 kàngzhàn
炕 kàng
*考 kǎo
*考察 kǎochá
考古 kǎogǔ
考核 kǎohé
*考虑 kǎolǜ
*考试 kǎoshì
考验 kǎoyàn
*靠 kào
靠近 kàojìn
*科 kē
*科技 kējì
*科学 kēxué
*科学家 kēxuéjiā
科学院 kēxuéyuàn
*科研 kēyán
*棵 kē
*颗 kē
颗粒 kēlì
壳 ké
咳 ké
咳嗽 késou
*可 kě
*可爱 kě'ài
*可见 kějiàn
*可靠 kěkào
*可怜 kělián
*可能 kěnéng
*可是 kěshì
可谓 kěwèi
*可惜 kěxī
可笑 kěxiào
*可以 kěyǐ
渴望 kěwàng
*克 kè
*克服 kèfú
*刻 kè
刻度 kèdù
刻画 kèhuà
刻苦 kèkǔ
客 kè
*客观 kèguān
客气 kèqi
*客人 kè•rén
*客体 kètǐ
客厅 kètīng
*课 kè

课本 kèběn
*课程 kèchéng
课堂 kètáng
*课题 kètí
肯 kěn
*肯定 kěndìng
啃 kěn
坑 kēng
*空 kōng
*空间 kōngjiān
空军 kōngjūn
*空气 kōngqì
空前 kōngqián
空虚 kōngxū
*空中 kōngzhōng
*孔 kǒng
孔雀 kǒngquè
恐怖 kǒngbù
恐慌 kǒnghuāng
恐惧 kǒngjù
*恐怕 kǒngpà
*空 kòng
空白 kòngbái
*控制 kòngzhì
口 kǒu
口袋 kǒudai
*口号 kǒuhào
口腔 kǒuqiāng
口头 kǒutóu
口语 kǒuyǔ
扣 kòu
*哭 kū
*苦 kǔ
苦难 kǔnàn
苦恼 kǔnǎo
库 kù
库存 kùcún
裤子 kùzi
夸张 kuāzhāng
跨 kuà
*会计 kuài•jì
*块 kuài
*快 kuài
快活 kuàihuo
*快乐 kuàilè
快速 kuàisù
快要 kuàiyào
筷子 kuàizi
*宽 kuān
宽大 kuāndà
宽阔 kuānkuò
款 kuǎn
筐 kuāng
狂 kuáng
况且 kuàngqiě
*矿 kuàng
矿产 kuàngchǎn
矿物 kuàngwù
亏 kuī
亏损 kuīsǔn
*昆虫 kūnchóng
捆 kǔn
困 kùn
困境 kùnjìng
*困难 kùn•nán
*扩大 kuòdà
扩散 kuòsàn
扩展 kuòzhǎn
*扩张 kuòzhāng
阔 kuò

L

*拉 lā
*拉 lá
喇叭 lǎba
*落 là
蜡 là
蜡烛 làzhú
辣椒 làjiāo
*来 lái
来不及 lái•bùjí
来回 láihuí
来临 láilín
来往 láiwǎng
*来信 láixìn
*来源 láiyuán
赖 lài
兰 lán
栏 lán
*蓝 lán
烂 làn
狼 láng
浪 làng
*浪费 làngfèi
浪花 lànghuā
捞 lāo
劳 láo
*劳动 láodòng
*劳动力 láodònglì
劳动日 láodòngrì
*劳动者 láodòngzhě
劳力 láolì
牢 láo
牢固 láogù
*老 lǎo
老百姓 lǎobǎixìng
老板 lǎobǎn
老伴儿 lǎobànr
老大 lǎodà
老汉 lǎohàn
老虎 lǎohǔ
老年 lǎonián
*老婆 lǎopo
*老人 lǎorén
老人家 lǎo•rén•jiā
老师 lǎoshī
老实 lǎoshi
老鼠 lǎo•shǔ
老太太 lǎotàitai
老头子 lǎotóuzi
老乡 lǎoxiāng
*老爷 lǎoye
老子 lǎozi
*落 lào
*乐 lè
乐观 lèguān
*累 léi
雷 léi
雷达 léidá
*累 lěi
*泪 lèi
泪水 lèishuǐ
*类 lèi
*类似 lèisì
*类型 lèixíng
*累 lèi
*冷 lěng
冷静 lěngjìng
冷却 lěngquè
冷水 lěngshuǐ
冷笑 lěngxiào
愣 lèng
*离 lí
*离婚 líhūn
*离开 líkāi
*离子 lízǐ
梨 lí
犁 lí
*礼 lǐ
礼貌 lǐmào
礼物 lǐwù
*李 lǐ
*里 lǐ
里边 lǐ•biān
*里面 lǐ•miàn
里头 lǐtou
*理 lǐ
*理解 lǐjiě
*理论 lǐlùn
*理想 lǐxiǎng
*理性 lǐxìng
*理由 lǐyóu
理智 lǐzhì
*力 lì
*力量 lì•liàng
力气 lìqi
力求 lìqiú
力图 lìtú
*力学 lìxué
历 lì
历代 lìdài
历来 lìlái
*历史 lìshǐ
*厉害 lìhai
*立 lì
*立场 lìchǎng
*立法 lìfǎ
*立即 lìjí
*立刻 lìkè
立体 lìtǐ
*利 lì
利害 lìhài
利率 lìlǜ
*利润 lìrùn
利息 lìxī
*利益 lìyì
*利用 lìyòng
*利于 lìyú
*例 lì
*例如 lìrú
例外 lìwài
*例子 lìzi
*粒 lì
*粒子 lìzǐ
俩 liǎ
*连 lián
连队 liánduì
*连接 liánjiē
*连忙 liánmáng
连同 liántóng
*连续 liánxù
莲子 liánzǐ
联 lián
联邦 liánbāng
*联合 liánhé
联合国 Liánhéguó
联结 liánjié
联络 liánluò
联盟 liánméng
*联系 liánxì
*联想 liánxiǎng
联营 liányíng
廉价 liánjià
*脸 liǎn
*脸色 liǎnsè
*练 liàn
*练习 liànxí
炼 liàn
恋爱 liàn'ài
链 liàn
良 liáng
*良好 liánghǎo
良心 liángxīn

良种	liángzhǒng
凉	liáng
梁	liáng
*量	liáng
*粮	liáng
*粮食	liángshi
*两	liǎng
两岸	liǎng'àn
*两边	liǎngbiān
两极	liǎngjí
两旁	liǎngpáng
*亮	liàng
凉	liàng
*辆	liàng
*量	liàng
量子	liàngzǐ
辽阔	liáokuò
*了	liǎo
了不起	liǎo•bùqǐ
*了解	liǎojiě
*料	liào
咧	liě
*列	liè
列车	lièchē
列举	lièjǔ
烈士	lièshì
猎	liè
裂	liè
邻	lín
邻近	línjìn
邻居	lín•jū
*林	lín
林木	línmù
林业	línyè
临	lín
*临床	línchuáng
*临时	línshí
淋	lín
淋巴	línbā
*磷	lín
*灵	líng
灵感	línggǎn
*灵魂	línghún
*灵活	línghuó
灵敏	língmǐn
铃	líng
*零	líng
零件	língjiàn
零售	língshòu
龄	líng
*令	lǐng
岭	lǐng
*领	lǐng
*领导	lǐngdǎo
领会	lǐnghuì
领事	lǐngshì
*领土	lǐngtǔ
*领袖	lǐngxiù
*领域	lǐngyù
*另	lìng
*另外	lìngwài
*令	lìng
溜	liū
*刘	Liú
*留	liú
留学	liúxué
*流	liú
流传	liúchuán
*流动	liúdòng
流露	liúlù
流氓	liúmáng
流派	liúpài
流水	liúshuǐ
流体	liútǐ
*流通	liútōng
流向	liúxiàng
*流行	liúxíng
流血	liúxuè
流域	liúyù
硫	liú
*硫酸	liúsuān
瘤	liú
柳	liǔ
*六	liù
陆	liù
溜	liù
*龙	lóng
笼	lǒng
*垄断	lǒngduàn
拢	lǒng
笼	lǒng
笼罩	lǒngzhào
搂	lōu
*楼	lóu
楼房	lóufáng
搂	lǒu
漏	lòu
*露	lòu
炉	lú
炉子	lúzi
卤	lǔ
鲁	lǔ
陆	lù
*陆地	lùdì
陆军	lùjūn
陆续	lùxù
录	lù
鹿	lù
*路	lù
路程	lùchéng
路过	lùguò
*路线	lùxiàn
路子	lùzi
*露	lù
驴	lǘ
旅	lǚ
旅馆	lǚguǎn
旅客	lǚkè
旅行	lǚxíng
旅游	lǚyóu
*铝	lǚ
缕	lǚ
*履行	lǚxíng
*律	lǜ
律师	lǜshī
*率	lǜ
*绿	lǜ
绿化	lǜhuà
氯	lǜ
氯气	lǜqì
滤	lǜ
*卵	luǎn
卵巢	luǎncháo
*乱	luàn
掠夺	lüèduó
*略	lüè
伦理	lúnlǐ
*轮	lún
轮船	lúnchuán
轮廓	lúnkuò
轮流	lúnliú
*论	lùn
论点	lùndiǎn
*论述	lùnshù
*论文	lùnwén
论证	lùnzhèng
*罗	luó
*逻辑	luó•jí
螺旋	luóxuán
骆驼	luòtuo
络	luò
*落	luò
落地	luòdì
*落后	luòhòu
*落实	luòshí

M

*妈妈	māma
*抹	mā
麻	má
麻烦	máfan
麻醉	mázuì
*马	mǎ
马车	mǎchē
*马路	mǎlù
*马上	mǎshàng
码	mǎ
码头	mǎtou
*蚂蚁	mǎyǐ
*骂	mà
埋	mái
*买	mǎi
*买卖	mǎimai
迈	mài
麦	mài
*卖	mài
脉	mài
蛮	mán
馒头	mántou
瞒	mán
*满	mǎn
*满意	mǎnyì
*满足	mǎnzú
漫长	màncháng
*慢	màn
慢性	mànxìng
*忙	máng
忙碌	mánglù
*盲目	mángmù
茫然	mángrán
*猫	māo
*毛	máo
毛病	máo•bìng
毛巾	máojīn
*矛盾	máodùn
*冒	mào
冒险	màoxiǎn
*贸易	màoyì
帽	mào
*帽子	màozi
*没	méi
没事	méishì
*没有	méi•yǒu
*枚	méi
眉	méi
眉毛	méimao
眉头	méitóu
梅	méi
媒介	méijiè
*煤	méi
煤炭	méitàn
酶	méi
*每	měi
*每年	měinián
*美	měi
美感	měigǎn
*美好	měihǎo
美化	měihuà
*美丽	měilì
美妙	měimiào
*美术	měishù
*美学	měixué
*美元	měiyuán
镁	měi

*妹妹 mèimei
魅力 mèilì
闷 mēn
*门 mén
*门口 ménkǒu
闷 mèn
蒙 mēng
萌发 méngfā
萌芽 méngyá
蒙 méng
*猛 měng
猛烈 měngliè
蒙 Měng
孟 mèng
*梦 mèng
弥补 míbǔ
弥漫 mímàn
迷 mí
迷人 mírén
迷信 míxìn
谜 mí
*米 mǐ
*秘密 mìmì
秘书 mìshū
*密 mì
*密度 mìdù
密集 mìjí
*密切 mìqiè
蜜 mì
蜜蜂 mìfēng
*棉 mián
*棉花 mián•huā
免 miǎn
免疫 miǎnyì
勉强 miǎnqiǎng
*面 miàn
面积 miànjī
面孔 miànkǒng
*面临 miànlín
*面貌 miànmào
面目 miànmù
*面前 miànqián
*苗 miáo
*描绘 miáohuì
*描述 miáoshù
*描写 miáoxiě
*秒 miǎo
妙 miào
庙 miào
*灭 miè
灭亡 mièwáng
*民 mín
*民兵 mínbīng
民歌 míngē
民国 Mínguó
*民间 mínjiān
民事 mínshì
民俗 mínsú
民众 mínzhòng
*民主 mínzhǔ
*民族 mínzú
敏感 mǐngǎn
敏捷 mǐnjié
敏锐 mǐnruì
*名 míng
*名称 míngchēng
*名词 míngcí
名义 míngyì
*名字 míngzi
*明 míng
*明白 míngbai
明亮 míngliàng
明年 míngnián
*明确 míngquè
*明天 míngtiān
明显 míngxiǎn
鸣 míng
*命 mìng
*命令 mìnglìng
命名 mìngmíng
*命题 mìngtí
*命运 mìngyùn
*摸 mō
摸索 mō•suǒ
模 mó
模范 mófàn
*模仿 mófǎng
*模糊 móhu
模拟 mónǐ
*模式 móshì
*模型 móxíng
*膜 mó
摩 mó
摩擦 mócā
*磨 mó
*抹 mǒ
*末 mò
末期 mòqī
*没 mò
没落 mòluò
没收 mòshōu
*抹 mò
陌生 mòshēng
*莫 mò
墨 mò
*默默 mòmò
*磨 mò
谋 móu
*某 mǒu
模样 múyàng
*母 mǔ
*母亲 mǔ•qīn
母体 mǔtǐ
*亩 mǔ
*木 mù
木材 mùcái
木头 mùtou
*目 mù
*目标 mùbiāo
*目的 mùdì
*目光 mùguāng
*目前 mùqián
墓 mù
幕 mù

N

*拿 ná
*哪 nǎ
*哪里 nǎ•lǐ
*哪儿 nǎr
*哪些 nǎxiē
*那 nà
*那里 nà•lǐ
*那么 nàme
*那儿 nàr
*那些 nàxiē
*那样 nàyàng
纳 nà
纳入 nàrù
纳税 nàshuì
*钠 nà
*乃 nǎi
乃至 nǎizhì
奶 nǎi
*奶奶 nǎinai
耐 nài
耐心 nàixīn
*男 nán
*男女 nánnǚ
*男人 nánrén
男性 nánxìng
*男子 nánzǐ
*南 nán
*南北 nánběi
*南方 nánfāng
南极 nánjí
*难 nán
*难道 nándào
难得 nándé
难怪 nánguài
难过 nánguò
难免 nánmiǎn
难受 nánshòu
难题 nántí
*难以 nányǐ
难于 nányú
*难 nàn
囊 náng
*脑 nǎo
*脑袋 nǎodai
*脑子 nǎozi
*闹 nào
*内 nèi
*内部 nèibù
内地 nèidì
内涵 nèihán
*内容 nèiróng
内外 nèiwài
*内心 nèixīn
*内在 nèizài
内脏 nèizàng
嫩 nèn
*能 néng
能动 néngdòng
*能够 nénggòu
*能力 nénglì
*能量 néngliàng
*能源 néngyuán
*泥 ní
泥土 nítǔ
拟 nǐ
*你 nǐ
*你们 nǐmen
逆 nì
*年 nián
年初 niánchū
*年代 niándài
年底 niándǐ
年度 niándù
年级 niánjí
*年纪 niánjì
*年间 niánjiān
*年龄 niánlíng
年青 niánqīng
*年轻 niánqīng
年头儿 niántóur
*念 niàn
念头 niàntou
*娘 niáng
*鸟 niǎo
尿 niào
捏 niē
*您 nín
宁 níng
宁静 níngjìng
拧 níng
凝 níng
凝固 nínggù
凝结 níngjié
凝聚 níngjù
凝视 níngshì
拧 nǐng

宁 nìng
拧 nìng
*牛 niú
*牛顿 niúdùn
扭 niǔ
扭转 niǔzhuǎn
*农 nóng
*农产品 nóngchǎnpǐn
农场 nóngchǎng
*农村 nóngcūn
农户 nónghù
农具 nóngjù
*农民 nóngmín
农田 nóngtián
农药 nóngyào
*农业 nóngyè
农作物 nóngzuòwù
*浓 nóng
*浓度 nóngdù
浓厚 nónghòu
脓 nóng
*弄 nòng
*奴隶 núlì
奴役 núyì
*努力 nǔlì
怒 nù
*女 nǚ
*女儿 nǚ'ér
女工 nǚgōng
*女人 nǚrén
女士 nǚshì
*女性 nǚxìng
女婿 nǚxu
*女子 nǚzǐ
*暖 nuǎn

O

欧 Ōu
偶 ǒu
偶尔 ǒu'ěr
*偶然 ǒurán
偶然性 ǒuránxìng

P

扒 pá
*爬 pá
*怕 pà
*拍 pāi
拍摄 pāishè
*排 pái
*排斥 páichì
排除 páichú
排放 páifàng
*排列 páiliè
*牌 pái
牌子 páizi
*派 pài
派出所 pàichūsuǒ
派遣 pàiqiǎn
潘 Pān
攀 pān
*盘 pán
判 pàn
判处 pànchǔ
判定 pàndìng
*判断 pànduàn
判决 pànjué
盼 pàn
盼望 pànwàng
庞大 pángdà
*旁 páng
*旁边 pángbiān
*胖 pàng
抛 pāo
抛弃 pāoqì
*泡 pāo
炮 páo
*跑 pǎo
*泡 pào
炮 pào
炮弹 pàodàn
胚 pēi
胚胎 pēitāi
陪 péi
培训 péixùn
*培养 péiyǎng
培育 péiyù
赔偿 péicháng
佩服 pèi•fú
*配 pèi
*配合 pèihé
配套 pèitào
配置 pèizhì
喷 pēn
*盆 pén
盆地 péndì
*朋友 péngyou
彭 Péng
棚 péng
蓬勃 péngbó
*膨胀 péngzhàng
捧 pěng
*碰 pèng
*批 pī
*批发 pīfā
*批判 pīpàn
*批评 pīpíng
*批准 pīzhǔn
披 pī
*皮 pí
*皮肤 pífū
疲倦 píjuàn
疲劳 píláo
脾 pí
脾气 píqi
*匹 pǐ
屁股 pìgu
*譬如 pìrú
*偏 piān
偏见 piānjiàn
偏偏 piānpiān
偏向 piānxiàng
*篇 piān
便宜 piányi
*片 piàn
片刻 piànkè
片面 piànmiàn
骗 piàn
飘 piāo
票 piào
*漂亮 piàoliang
拼命 pīnmìng
贫 pín
贫困 pínkùn
贫穷 pínqióng
频繁 pínfán
*频率 pínlǜ
*品 pǐn
品德 pǐndé
*品质 pǐnzhì
*品种 pǐnzhǒng
乒乓球 pīngpāngqiú
*平 píng
*平常 píngcháng
*平等 píngděng
平凡 píngfán
平分 píngfēn
*平衡 pínghéng
*平静 píngjìng
*平均 píngjūn
*平面 píngmiàn
平民 píngmín
平日 píngrì
*平时 píngshí
平坦 píngtǎn
*平行 píngxíng
*平原 píngyuán
评 píng
*评价 píngjià
*评论 pínglùn
评选 píngxuǎn
苹果 píngguǒ
*凭 píng
凭借 píngjiè
屏 píng
屏幕 píngmù
*瓶 píng
坡 pō
*颇 pō
婆婆 pópo
迫 pò
迫害 pòhài
迫切 pòqiè
迫使 pòshǐ
*破 pò
破产 pòchǎn
*破坏 pòhuài
破裂 pòliè
剖面 pōumiàn
扑 pū
*铺 pū
菩萨 pú•sà
葡萄 pú•táo
葡萄糖 pú•táotáng
朴素 pǔsù
*普遍 pǔbiàn
普及 pǔjí
*普通 pǔtōng
普通话 pǔtōnghuà
谱 pǔ
*铺 pù

Q

*七 qī
*妻子 qī•zǐ
凄凉 qīliáng
*期 qī
期待 qīdài
期货 qīhuò
*期间 qījiān
期望 qīwàng
期限 qīxiàn
欺骗 qīpiàn
漆 qī
*齐 qí
*其 qí
*其次 qícì
其间 qíjiān
*其实 qíshí
*其他 qítā
*其余 qíyú
*其中 qízhōng
奇 qí
*奇怪 qíguài
奇迹 qíjì
奇特 qítè
奇异 qíyì
*骑 qí
旗 qí
旗帜 qízhì
*企图 qǐtú
*企业 qǐyè
*启发 qǐfā
启示 qǐshì
*起 qǐ

起初	qǐchū	*前后	qiánhòu	*切	qiè	清洁	qīngjié	*取	qǔ
起点	qǐdiǎn	*前进	qiánjìn	切实	qièshí	清理	qīnglǐ	取代	qǔdài
起伏	qǐfú	前景	qiánjǐng	侵	qīn	*清晰	qīngxī	*取得	qǔdé
*起来	qǐ•lái	*前面	qián•miàn	侵犯	qīnfàn	清醒	qīngxǐng	*取消	qǔxiāo
起码	qǐmǎ	前期	qiánqī	*侵略	qīnlüè	*情	qíng	娶	qǔ
起身	qǐshēn	前人	qiánrén	侵权	qīnquán	*情报	qíngbào	*去	qù
*起义	qǐyì	*前提	qiántí	侵入	qīnrù	情操	qíngcāo	去年	qùnián
*起源	qǐyuán	前头	qiántou	侵蚀	qīnshí	*情感	qínggǎn	去世	qùshì
*气	qì	*前途	qiántú	侵占	qīnzhàn	*情节	qíngjié	趣味	qùwèi
*气氛	qì•fēn	前往	qiánwǎng	*亲	qīn	*情景	qíngjǐng	*圈	quān
气愤	qìfèn	前夕	qiánxī	亲密	qīnmì	情境	qíngjìng	*权	quán
*气候	qìhòu	前线	qiánxiàn	亲戚	qīnqi	*情况	qíngkuàng	*权力	quánlì
气流	qìliú	*钱	qián	*亲切	qīnqiè	情趣	qíngqù	*权利	quánlì
*气体	qìtǐ	潜	qián	亲热	qīnrè	*情形	qíng•xíng	权威	quánwēi
气团	qìtuán	潜力	qiánlì	亲人	qīnrén	*情绪	qíng•xù	权益	quányì
气味	qìwèi	潜在	qiánzài	亲属	qīnshǔ	*请	qǐng	*全	quán
*气温	qìwēn	*浅	qiǎn	亲眼	qīnyǎn	*请求	qǐngqiú	*全部	quánbù
气息	qìxī	遣	qiǎn	亲友	qīnyǒu	请示	qǐngshì	全局	quánjú
*气象	qìxiàng	欠	qiàn	*亲自	qīnzì	庆祝	qìngzhù	*全面	quánmiàn
气压	qìyā	嵌	qiàn	*秦	Qín	*穷	qióng	全民	quánmín
气质	qìzhì	*枪	qiāng	琴	qín	穷人	qióngrén	全球	quánqiú
弃	qì	腔	qiāng	勤	qín	*秋	qiū	*全身	quánshēn
*汽车	qìchē	*强	qiáng	勤劳	qínláo	秋季	qiūjì	*全体	quántǐ
汽油	qìyóu	*强大	qiángdà	*青	qīng	秋天	qiūtiān	泉	quán
契约	qìyuē	强盗	qiángdào	青春	qīngchūn	*求	qiú	拳	quán
砌	qì	*强调	qiángdiào	*青年	qīngnián	求证	qiúzhèng	拳头	quántou
*器	qì	*强度	qiángdù	青蛙	qīngwā	酋长	qiúzhǎng	*劝	quàn
器材	qìcái	强化	qiánghuà	*轻	qīng	*球	qiú	*缺	quē
*器官	qìguān	*强烈	qiángliè	轻工业	qīnggōngyè	*区	qū	*缺点	quēdiǎn
卡	qiǎ	强制	qiángzhì	轻声	qīngshēng	*区别	qūbié	*缺乏	quēfá
恰当	qiàdàng	*墙	qiáng	轻视	qīngshì	*区分	qūfēn	*缺少	quēshǎo
恰好	qiàhǎo	墙壁	qiángbì	轻松	qīngsōng	*区域	qūyù	缺陷	quēxiàn
*千	qiān	*抢	qiǎng	轻微	qīngwēi	*曲	qū	*却	què
千方百计	qiānfāng-bǎijì	抢救	qiǎngjiù	轻易	qīngyì	*曲线	qūxiàn	确	què
千克	qiānkè	*强	qiǎng	轻重	qīngzhòng	曲折	qūzhé	确保	quèbǎo
迁	qiān	*悄悄	qiāoqiāo	*氢	qīng	驱	qū	*确定	quèdìng
迁移	qiānyí	*敲	qiāo	*氢气	qīngqì	驱逐	qūzhú	*确立	quèlì
牵	qiān	*桥	qiáo	倾	qīng	屈服	qūfú	确切	quèqiè
铅	qiān	桥梁	qiáoliáng	倾听	qīngtīng	趋	qū	确认	quèrèn
铅笔	qiānbǐ	*瞧	qiáo	*倾向	qīngxiàng	*趋势	qūshì	*确实	quèshí
*签订	qiāndìng	巧	qiǎo	倾斜	qīngxié	趋向	qūxiàng	*群	qún
*前	qián	巧妙	qiǎomiào	*清	qīng	渠	qú	群落	qúnluò
前边	qián•biān	壳	qiào	清晨	qīngchén	渠道	qúdào	*群体	qúntǐ
前方	qiánfāng	*切	qiē	清除	qīngchú	*曲	qǔ	*群众	qúnzhòng
		*且	qiě	*清楚	qīngchu				

R

*然 rán
*然而 rán'ér
*然后 ránhòu
燃 rán
*燃料 ránliào
*燃烧 ránshāo
染 rǎn
染色 rǎnsè
*染色体 rǎnsètǐ
嚷 rǎng
*让 ràng
扰动 rǎodòng
扰乱 rǎoluàn
*绕 rào
惹 rě
*热 rè
*热爱 rè'ài
*热带 rèdài
*热量 rèliàng
*热烈 rèliè
*热闹 rènao
热能 rènéng
*热情 rèqíng
热心 rèxīn
*人 rén
*人才 réncái
*人格 réngé
*人工 réngōng
*人家 rénjiā
*人家 rénjia
*人间 rénjiān
人均 rénjūn
*人口 rénkǒu
*人类 rénlèi
*人力 rénlì
*人们 rénmen
*人民 rénmín
人民币 rénmínbì
*人群 rénqún
人身 rénshēn
*人生 rénshēng
人士 rénshì
人事 rénshì
*人体 réntǐ
人为 rénwéi
*人物 rénwù
人心 rénxīn
人性 rénxìng
人影儿 rényǐngr
*人员 rényuán
人造 rénzào
仁 rén
*任 Rén
忍 rěn
忍耐 rěnnài
忍受 rěnshòu
认 rèn
认定 rèndìng
*认识 rènshi
认识论 rènshílùn
*认为 rènwéi
*认真 rènzhēn
*任 rèn
*任何 rènhé
任命 rènmìng
*任务 rèn•wù
*任意 rènyì
扔 rēng
*仍 réng
仍旧 réngjiù
*仍然 réngrán
*日 rì
日报 rìbào
日常 rìcháng
日记 rìjì
日期 rìqī
日前 rìqián
日趋 rìqū
日夜 rìyè
*日益 rìyì
*日子 rìzi
荣誉 róngyù
容 róng
容量 róngliàng
容纳 róngnà
容器 róngqì
*容易 róng•yì
*溶 róng
*溶剂 róngjì
*溶解 róngjiě
*溶液 róngyè
熔 róng
熔点 róngdiǎn
融合 rónghé
柔和 róuhé
柔软 róuruǎn
揉 róu
*肉 ròu
肉体 ròutǐ
*如 rú
*如此 rúcǐ
*如果 rúguǒ
*如何 rúhé
*如今 rújīn
*如同 rútóng
*如下 rúxià
儒家 Rújiā
*乳 rǔ
*入 rù
入侵 rùqīn
入手 rùshǒu
入学 rùxué
*软 ruǎn
*若 ruò
*若干 ruògān
若是 ruòshì
*弱 ruò
弱点 ruòdiǎn

S

撒 sā
洒 sǎ
撒 sǎ
鳃 sāi
塞 sāi
塞 sài
赛 sài
*三 sān
三角 sānjiǎo
*三角形 sānjiǎoxíng
伞 sǎn
*散 sǎn
散射 sǎnshè
散文 sǎnwén
*散 sàn
散布 sànbù
散步 sànbù
散发 sànfā
嗓子 sǎngzi
*丧失 sàngshī
扫 sǎo
扫荡 sǎodàng
嫂子 sǎozi
*色 sè
*色彩 sècǎi
塞 sè
*森林 sēnlín
僧 sēng
僧侣 sēnglǚ
*杀 shā
杀害 shāhài
*沙 shā
沙发 shāfā
*沙漠 shāmò
沙滩 shātān
纱 shā
砂 shā
傻 shǎ
*色 shǎi
晒 shài
*山 shān
山地 shāndì
山峰 shānfēng
山谷 shāngǔ
山林 shānlín
山路 shānlù
山脉 shānmài
*山区 shānqū
山水 shānshuǐ
山头 shāntóu
*扇 shān
*闪 shǎn
闪电 shǎndiàn
闪光 shǎnguāng
闪烁 shǎnshuò
*单 Shàn
*扇 shàn
*善 shàn
善良 shànliáng
*善于 shànyú
*伤 shāng
伤害 shānghài
伤口 shāngkǒu
伤心 shāngxīn
伤员 shāngyuán
*商 shāng
商标 shāngbiāo
*商店 shāngdiàn
*商量 shāngliang
*商品 shāngpǐn
*商人 shāngrén
*商业 shāngyè
*上 shǎng
赏 shǎng
*上 shàng
上班 shàngbān
上边 shàng•biān
上层 shàngcéng
*上帝 shàngdì
*上级 shàngjí
上课 shàngkè
上空 shàngkōng
*上来 shàng•lái
*上面 shàng•miàn
*上去 shàng•qù
上山 shàngshān
*上升 shàngshēng
上市 shàngshì
*上述 shàngshù
上诉 shàngsù
*上午 shàngwǔ
*上下 shàngxià
上学 shàngxué
上衣 shàngyī
上游 shàngyóu
上涨 shàngzhǎng
*尚 shàng
*烧 shāo
*梢 shāo
*稍 shāo
稍稍 shāoshāo

稍微 shāowēi
*少 shǎo
*少量 shǎoliàng
*少数 shǎoshù
*少 shào
*少年 shàonián
少女 shàonǚ
少爷 shàoye
*舌 shé
舌头 shétou
*折 shé
*蛇 shé
舍 shě
舍不得 shě·bù·dé
*设 shè
*设备 shèbèi
设法 shèfǎ
*设计 shèjì
*设立 shèlì
*设施 shèshī
*设想 shèxiǎng
*设置 shèzhì
*社 shè
*社会 shèhuì
*社会学 shèhuìxué
舍 shè
*射 shè
射击 shèjī
*射线 shèxiàn
*涉及 shèjí
摄 shè
摄影 shèyǐng
*谁 shéi
申请 shēnqǐng
*伸 shēn
伸手 shēnshǒu
*身 shēn
*身边 shēnbiān
身材 shēncái
*身份 shēn·fèn
身后 shēnhòu
身躯 shēnqū
*身体 shēntǐ
身心 shēnxīn
身影 shēnyǐng
*身子 shēnzi
参 shēn
*深 shēn
深沉 shēnchén
*深度 shēndù
深厚 shēnhòu
深化 shēnhuà
*深刻 shēnkè
深情 shēnqíng
*深入 shēnrù
深夜 shēnyè
深远 shēnyuǎn
*什么 shénme
*神 shén
*神话 shénhuà
*神经 shénjīng
*神秘 shénmì
神奇 shénqí
神气 shén·qì
神情 shénqíng
神色 shénsè
神圣 shénshèng
神态 shéntài
神学 shénxué
沈 Shěn
审查 shěnchá
*审美 shěnměi
*审判 shěnpàn
婶 shěn
*肾 shèn
*甚 shèn
*甚至 shènzhì
*渗透 shèntòu
慎重 shènzhòng
*升 shēng
*生 shēng
*生产 shēngchǎn
*生产力 shēngchǎnlì
*生成 shēngchéng
*生存 shēngcún
*生动 shēngdòng
*生活 shēnghuó
*生理 shēnglǐ
*生命 shēngmìng
生命力 shēngmìnglì
*生气 shēngqì
生前 shēngqián
生态 shēngtài
*生物 shēngwù
生意 shēngyì
生意 shēngyi
生育 shēngyù
*生长 shēngzhǎng
*生殖 shēngzhí
*声 shēng
声调 shēngdiào
声明 shēngmíng
声响 shēngxiǎng
*声音 shēngyīn
牲畜 shēngchù
牲口 shēngkou
绳 shéng
绳子 shéngzi
*省 shěng
圣 shèng
圣经 Shèngjīng
*胜 shèng
*胜利 shènglì
*盛 shèng
盛行 shèngxíng
剩 shèng
剩余 shèngyú
尸体 shītǐ
*失 shī
*失败 shībài
失掉 shīdiào
*失去 shīqù
失调 shītiáo
*失望 shīwàng
失误 shīwù
失业 shīyè
*师 shī
师范 shīfàn
*师傅 shīfu
师长 shīzhǎng
*诗 shī
诗歌 shīgē
*诗人 shīrén
诗意 shīyì
*施 shī
施肥 shīféi
施工 shīgōng
施行 shīxíng
*湿 shī
湿度 shīdù
湿润 shīrùn
*十 shí
*石 shí
石灰 shíhuī
*石头 shítou
*石油 shíyóu
*时 shí
时常 shícháng
*时代 shídài
时而 shí'ér
*时候 shíhou
时机 shíjī
*时间 shíjiān
时节 shíjié
*时刻 shíkè
时空 shíkōng
时髦 shímáo
*时期 shíqī
识 shí
识别 shíbié
识字 shízì
*实 shí
*实际 shíjì
*实践 shíjiàn
实力 shílì
实例 shílì
*实施 shíshī
实体 shítǐ
*实物 shíwù
*实现 shíxiàn
*实行 shíxíng
*实验 shíyàn
实用 shíyòng
*实在 shízài
*实在 shízai
*实质 shízhì
拾 shí
*食 shí
*食品 shípǐn
食堂 shítáng
*食物 shíwù
食盐 shíyán
食用 shíyòng
*史 shǐ
史学 shǐxué
*使 shǐ
*使得 shǐ·dé
使劲 shǐjìn
使命 shǐmìng
*使用 shǐyòng
*始 shǐ
*始终 shǐzhōng
士 shì
士兵 shìbīng
*氏 shì
*氏族 shìzú
*示 shì
示范 shìfàn
示威 shìwēi
*世 shì
世代 shìdài
*世纪 shìjì
*世界 shìjiè
*世界观 shìjièguān
*市 shì
*市场 shìchǎng
市民 shìmín
*式 shì
*似的 shìde
*事 shì
事变 shìbiàn
*事故 shìgù
事后 shìhòu
事迹 shìjì
*事件 shìjiàn
事例 shìlì
*事情 shìqing
*事实 shìshí
事务 shìwù
*事物 shìwù
事先 shìxiān

*事业　shìyè
*势　shì
势必　shìbì
*势力　shì•lì
势能　shìnéng
*试　shì
*试管　shìguǎn
试图　shìtú
*试验　shìyàn
试制　shìzhì
*视　shì
视觉　shìjué
视线　shìxiàn
视野　shìyě
*是　shì
是非　shìfēi
*是否　shìfǒu
适　shì
*适当　shìdàng
*适合　shìhé
*适宜　shìyí
*适应　shìyìng
*适用　shìyòng
*室　shì
逝世　shìshì
*释放　shìfàng
*收　shōu
*收购　shōugòu
收回　shōuhuí
收获　shōuhuò
*收集　shōují
*收入　shōurù
收拾　shōushi
*收缩　shōusuō
收益　shōuyì
收音机　shōuyīnjī
*熟　shóu
*手　shǒu
手臂　shǒubì
手表　shǒubiǎo
*手段　shǒuduàn
*手法　shǒufǎ
手工　shǒugōng
*手工业　shǒugōngyè
手脚　shǒujiǎo
手榴弹　shǒuliúdàn
手枪　shǒuqiāng
手势　shǒushì
*手术　shǒushù
手续　shǒuxù
手掌　shǒuzhǎng
*手指　shǒuzhǐ
*守　shǒu
守恒　shǒuhéng
*首　shǒu
*首都　shǒudū
首领　shǒulǐng
*首先　shǒuxiān
首要　shǒuyào
首长　shǒuzhǎng
寿命　shòumìng
*受　shòu
受精　shòujīng
受伤　shòushāng
狩猎　shòuliè
授　shòu
兽　shòu
*瘦　shòu
*书　shū
书包　shūbāo
书本　shūběn
书籍　shūjí
*书记　shū•jì
书面　shūmiàn
书写　shūxiě
抒情　shūqíng
*叔叔　shūshu
梳　shū
舒服　shūfu
舒适　shūshì
疏　shū
输　shū
输出　shūchū
输入　shūrù
输送　shūsòng
*蔬菜　shūcài
*熟　shú
熟练　shúliàn
*熟悉　shú•xī
*属　shǔ
*属性　shǔxìng
*属于　shǔyú
鼠　shǔ
*数　shǔ
术　shù
术语　shùyǔ
*束　shù
*束缚　shùfù
述　shù
*树　shù
树干　shùgàn
*树立　shùlì
树林　shùlín
*树木　shùmù
树种　shùzhǒng
竖　shù
*数　shù
*数据　shùjù
*数量　shùliàng
*数目　shùmù
*数学　shùxué
数值　shùzhí
*数字　shùzì
刷　shuā
耍　shuǎ
衰变　shuāibiàn
衰老　shuāilǎo
摔　shuāi
甩　shuǎi
*率　shuài
*率领　shuàilǐng
拴　shuān
*双　shuāng
*双方　shuāngfāng
霜　shuāng
*谁　shuí
*水　shuǐ
水稻　shuǐdào
*水分　shuǐfèn
水果　shuǐguǒ
水库　shuǐkù
水利　shuǐlì
水流　shuǐliú
*水面　shuǐmiàn
水泥　shuǐní
*水平　shuǐpíng
水汽　shuǐqì
水手　shuǐshǒu
水位　shuǐwèi
水文　shuǐwén
水银　shuǐyín
水源　shuǐyuán
水蒸气　shuǐzhēngqì
*税　shuì
税收　shuìshōu
*睡　shuì
*睡觉　shuìjiào
睡眠　shuìmián
顺　shùn
*顺利　shùnlì
顺手　shùnshǒu
*顺序　shùnxù
瞬间　shùnjiān
*说　shuō
*说法　shuō•fǎ
说服　shuōfú
*说话　shuōhuà
*说明　shuōmíng
司　sī
司法　sīfǎ
司机　sījī
司令　sīlìng
*丝　sī
丝毫　sīháo
私　sī
*私人　sīrén
私营　sīyíng
私有　sīyǒu
私有制　sīyǒuzhì
思　sī
思潮　sīcháo
*思考　sīkǎo
思路　sīlù
*思索　sīsuǒ
*思维　sīwéi
*思想　sīxiǎng
思想家　sīxiǎngjiā
斯　sī
*死　sǐ
*死亡　sǐwáng
死刑　sǐxíng
*四　sì
四边形　sìbiānxíng
四处　sìchù
四面　sìmiàn
四肢　sìzhī
*四周　sìzhōu
寺　sì
寺院　sìyuàn
*似　sì
*似乎　sìhū
*饲料　sìliào
饲养　sìyǎng
*松　sōng
*宋　Sòng
*送　sòng
搜集　sōují
艘　sōu
*苏　sū
俗　sú
俗称　súchēng
诉讼　sùsòng
*素　sù
素材　sùcái
*素质　sùzhì
速　sù
*速度　sùdù
速率　sùlǜ
宿　sù
宿舍　sùshè
*塑料　sùliào
*塑造　sùzào
*酸　suān
*算　suàn
*虽　suī
*虽然　suīrán
虽说　suīshuō
隋　Suí
*随　suí
*随便　suíbiàn
*随后　suíhòu
随即　suíjí

*随时 suíshí
随意 suíyì
*遂 suí
髓 suǐ
*岁 suì
岁月 suìyuè
*遂 suì
碎 suì
穗 suì
*孙 sūn
孙子 sūnzi
*损害 sǔnhài
损耗 sǔnhào
损伤 sǔnshāng
*损失 sǔnshī
缩 suō
缩短 suōduǎn
*缩小 suōxiǎo
*所 suǒ
所属 suǒshǔ
*所谓 suǒwèi
*所以 suǒyǐ
*所有 suǒyǒu
*所有制 suǒyǒuzhì
*所在 suǒzài
索 suǒ
锁 suǒ

T

*他 tā
*他们 tāmen
*他人 tārén
*它 tā
*它们 tāmen
*她 tā
*她们 tāmen
塔 tǎ
踏 tà
胎 tāi
胎儿 tāi'ér
*台 tái
台风 táifēng
*抬 tái
抬头 táitóu
*太 tài
太空 tàikōng
太平 tàipíng
*太太 tàitai
*太阳 tài·yáng
太阳能 tàiyángnéng
太阳系 tàiyángxì
*态 tài
*态度 tài·dù
摊 tān
滩 tān
*谈 tán
谈话 tánhuà
谈论 tánlùn
谈判 tánpàn
*弹 tán
弹簧 tánhuáng
弹性 tánxìng
痰 tán
坦克 tǎnkè
*叹 tàn
叹息 tànxī
探 tàn
探测 tàncè
*探索 tànsuǒ
*探讨 tàntǎo
*碳 tàn
*汤 tāng
*唐 táng
堂 táng
塘 táng
*糖 táng
倘若 tǎngruò
*躺 tǎng
烫 tàng
*趟 tàng
掏 tāo
逃 táo
逃避 táobì
逃跑 táopǎo
逃走 táozǒu
桃 táo
陶 táo
陶冶 táoyě
淘汰 táotài
讨 tǎo
*讨论 tǎolùn
讨厌 tǎoyàn
*套 tào
*特 tè
*特别 tèbié
特地 tèdì
*特点 tèdiǎn
*特定 tèdìng
特权 tèquán
*特色 tèsè
*特殊 tèshū
特务 tèwu
*特性 tèxìng
特意 tèyì
*特征 tèzhēng
疼 téng
疼痛 téngtòng
藤 téng
踢 tī
*提 tí
*提倡 tíchàng
*提高 tígāo
*提供 tígōng
提炼 tíliàn
*提起 tíqǐ
提前 tíqián
提取 tíqǔ
提醒 tíxǐng
提议 tíyì
*题 tí
*题材 tícái
题目 tímù
*体 tǐ
体裁 tǐcái
体操 tǐcāo
*体会 tǐhuì
*体积 tǐjī
体力 tǐlì
体温 tǐwēn
*体系 tǐxì
*体现 tǐxiàn
*体验 tǐyàn
*体育 tǐyù
*体制 tǐzhì
体质 tǐzhì
体重 tǐzhòng
*替 tì
替代 tìdài
*天 tiān
天才 tiāncái
*天地 tiāndì
天鹅 tiān'é
*天空 tiānkōng
*天气 tiānqì
*天然 tiānrán
天然气 tiānránqì
天生 tiānshēng
*天体 tiāntǐ
天文 tiānwén
*天下 tiānxià
天真 tiānzhēn
天主教 Tiānzhǔjiào
添 tiān
*田 tián
田地 tiándì
田野 tiányě
*甜 tián
*填 tián
*挑 tiāo
挑选 tiāoxuǎn
*条 tiáo
*条件 tiáojiàn
条款 tiáokuǎn
*条例 tiáolì
*条约 tiáoyuē
*调 tiáo
调和 tiáohé
*调节 tiáojié
调解 tiáojiě
*调整 tiáozhěng
*挑 tiǎo
挑战 tiǎozhàn
*跳 tiào
跳动 tiàodòng
跳舞 tiàowǔ
跳跃 tiàoyuè
*贴 tiē
*铁 tiě
*铁路 tiělù
厅 tīng
*听 tīng
听话 tīnghuà
*听见 tīng·jiàn
听觉 tīngjué
听取 tīngqǔ
听众 tīngzhòng
*停 tíng
停顿 tíngdùn
停留 tíngliú
*停止 tíngzhǐ
*挺 tǐng
*通 tōng
*通常 tōngcháng
通道 tōngdào
通电 tōngdiàn
*通过 tōngguò
通红 tōnghóng
通信 tōngxìn
*通讯 tōngxùn
通用 tōngyòng
*通知 tōngzhī
*同 tóng
同伴 tóngbàn
同胞 tóngbāo
同等 tóngděng
同行 tóngháng
同化 tónghuà
同类 tónglèi
同年 tóngnián
同期 tóngqī
*同情 tóngqíng
*同时 tóngshí
同事 tóngshì
同行 tóngxíng
*同学 tóngxué
*同样 tóngyàng
*同意 tóngyì
*同志 tóngzhì
*铜 tóng
童话 tónghuà
童年 tóngnián
统 tǒng

*统计 tǒngjì
*统一 tǒngyī
*统治 tǒngzhì
桶 tǒng
筒 tǒng
*通 tòng
*痛 tòng
*痛苦 tòngkǔ
痛快 tòng•kuài
*偷 tōu
偷偷 tōutōu
*头 tóu
头顶 tóudǐng
*头发 tóufa
*头脑 tóunǎo
投 tóu
投产 tóuchǎn
投机 tóujī
*投入 tóurù
投降 tóuxiáng
*投资 tóuzī
*透 tòu
透镜 tòujìng
透露 tòulù
*透明 tòumíng
凸 tū
突 tū
突变 tūbiàn
*突出 tūchū
突击 tūjī
*突破 tūpò
*突然 tūrán
*图 tú
图案 tú'àn
图画 túhuà
图书 túshū
*图书馆 túshūguǎn
图形 túxíng
图纸 túzhǐ
徒 tú
*途径 tújìng
涂 tú
屠杀 túshā
*土 tǔ
*土地 tǔdì
土匪 tǔfěi
*土壤 tǔrǎng
*吐 tǔ
*吐 tù
兔子 tùzi
湍流 tuānliú
*团 tuán
*团结 tuánjié
*团体 tuántǐ
团员 tuányuán
*推 tuī
推测 tuīcè
*推动 tuīdòng
*推翻 tuīfān
*推广 tuīguǎng
推荐 tuījiàn
推进 tuījìn
推理 tuīlǐ
推论 tuīlùn
推销 tuīxiāo
*推行 tuīxíng
*腿 tuǐ
*退 tuì
退出 tuìchū
退化 tuìhuà
退休 tuìxiū
*托 tuō
*拖 tuō
*拖拉机 tuōlājī
*脱 tuō
*脱离 tuōlí
脱落 tuōluò
妥协 tuǒxié

W

*挖 wā
挖掘 wājué
娃娃 wáwa
瓦 wǎ
歪 wāi
歪曲 wāiqū
*外 wài
外边 wài•biān
外表 wàibiǎo
*外部 wàibù
外地 wàidì
*外国 wàiguó
外汇 wàihuì
外交 wàijiāo
*外界 wàijiè
外科 wàikē
外来 wàilái
外力 wàilì
外贸 wàimào
*外面 wài•miàn
外商 wàishāng
外形 wàixíng
外语 wàiyǔ
外在 wàizài
外资 wàizī
*弯 wān
弯曲 wānqū
*完 wán
完备 wánbèi
完毕 wánbì
*完成 wánchéng
完美 wánměi
*完全 wánquán
*完善 wánshàn
*完整 wánzhěng
*玩 wán
玩具 wánjù
玩笑 wánxiào
顽强 wánqiáng
挽 wǎn
*晚 wǎn
晚饭 wǎnfàn
晚期 wǎnqī
*晚上 wǎnshang
*碗 wǎn
*万 wàn
万物 wànwù
万一 wànyī
汪 wāng
亡 wáng
*王 wáng
王朝 wángcháo
王国 wángguó
*网 wǎng
网络 wǎngluò
*往 wǎng
往来 wǎnglái
*往往 wǎngwǎng
*忘 wàng
*忘记 wàngjì
旺 wàng
旺盛 wàngshèng
*望 wàng
望远镜 wàngyuǎnjìng
*危害 wēihài
*危机 wēijī
*危险 wēixiǎn
威力 wēilì
*威胁 wēixié
威信 wēixìn
*微 wēi
微观 wēiguān
微粒 wēilì
微弱 wēiruò
微生物 wēishēngwù
*微微 wēiwēi
微小 wēixiǎo
*微笑 wēixiào
*为 wéi
为难 wéinán
为人 wéirén
为首 wéishǒu
*为止 wéizhǐ
违背 wéibèi
违法 wéifǎ
*违反 wéifǎn
*围 wéi
围剿 wéijiǎo
*围绕 wéirào
唯 wéi
惟 wéi
*维持 wéichí
*维护 wéihù
维生素 wéishēngsù
维新 wéixīn
维修 wéixiū
*伟大 wěidà
伪 wěi
*尾 wěi
*尾巴 wěiba
纬 wěi
纬度 wěidù
委屈 wěiqu
委托 wěituō
*委员 wěiyuán
*委员会 wěiyuánhuì
卫 wèi
*卫生 wèishēng
*卫星 wèixīng
*为 wèi
为何 wèihé
*为了 wèile
*未 wèi
未必 wèibì
未曾 wèicéng
*未来 wèilái
*位 wèi
位移 wèiyí
*位置 wèizhi
*味 wèi
味道 wèi•dào
*胃 wèi
*谓 wèi
*喂 wèi
魏 Wèi
*温 wēn
温带 wēndài
*温度 wēndù
温度计 wēndùjì
温和 wēnhé
*温暖 wēnnuǎn
温柔 wēnróu
*文 wén
*文化 wénhuà
*文件 wénjiàn
*文明 wénmíng
文人 wénrén
文物 wénwù
*文献 wénxiàn
*文学 wénxué
*文艺 wényì
*文章 wénzhāng
*文字 wénzì

纹 wén
*闻 wén
蚊子 wénzi
吻 wěn
稳 wěn
*稳定 wěndìng
*问 wèn
问世 wènshì
*问题 wèntí
窝 wō
*我 wǒ
*我们 wǒmen
卧 wò
卧室 wòshì
握 wò
握手 wòshǒu
乌龟 wūguī
*污染 wūrǎn
*屋 wū
*屋子 wūzi
*无 wú
无比 wúbǐ
无从 wúcóng
*无法 wúfǎ
无非 wúfēi
无关 wúguān
无机 wújī
无可奈何 wúkě-nàihé
无力 wúlì
*无论 wúlùn
无情 wúqíng
无穷 wúqióng
无声 wúshēng
*无数 wúshù
*无限 wúxiàn
无线电 wúxiàndiàn
无效 wúxiào
无形 wúxíng
*无疑 wúyí
无意 wúyì
无知 wúzhī
*吾 wú
*吴 Wú
五 wǔ
武 wǔ
武力 wǔlì
*武器 wǔqì
*武装 wǔzhuāng
侮辱 wǔrǔ
*舞 wǔ
*舞蹈 wǔdǎo
舞剧 wǔjù
*舞台 wǔtái
勿 wù
务 wù
*物 wù
物化 wùhuà
*物价 wùjià
*物理 wùlǐ
物力 wùlì
物品 wùpǐn
*物体 wùtǐ
*物质 wùzhì
物种 wùzhǒng
*物资 wùzī
误 wù
误差 wùchā
误会 wùhuì
误解 wùjiě
*恶 wù
*雾 wù

X

*西 xī
*西北 xīběi
西方 xīfāng
西风 xīfēng
西瓜 xī•guā
*西南 xīnán
*西欧 Xī Ōu
*吸 xī
吸附 xīfù
吸取 xīqǔ
*吸收 xīshōu
*吸引 xīyǐn
*希望 xīwàng
*牺牲 xīshēng
息 xī
*稀 xī
稀少 xīshǎo
锡 xī
熄灭 xīmiè
习 xí
*习惯 xíguàn
习俗 xísú
习性 xíxìng
席 xí
袭击 xíjī
*媳妇 xífu
*洗 xǐ
洗澡 xǐzǎo
*喜 xǐ
*喜爱 xǐ'ài
*喜欢 xǐhuan
喜剧 xǐjù
喜悦 xǐyuè
*戏 xì
*戏剧 xìjù
*戏曲 xìqǔ
*系 xì
系列 xìliè
系数 xìshù
*系统 xìtǒng
*细 xì
*细胞 xìbāo
细节 xìjié
*细菌 xìjūn
细小 xìxiǎo
细心 xìxīn
细致 xìzhì
虾 xiā
瞎 xiā
狭 xiá
狭隘 xiá'ài
狭义 xiáyì
狭窄 xiázhǎi
*下 xià
下班 xiàbān
下边 xià•biān
下层 xiàcéng
下达 xiàdá
下颌 xiàhé
下级 xiàjí
*下降 xiàjiàng
*下来 xià•lái
*下列 xiàliè
下令 xiàlìng
下落 xiàluò
*下面 xià•miàn
*下去 xià•qù
下属 xiàshǔ
*下午 xiàwǔ
下旬 xiàxún
下游 xiàyóu
*吓 xià
*夏 xià
*夏季 xiàjì
*夏天 xiàtiān
仙 xiān
*先 xiān
*先后 xiānhòu
*先进 xiānjìn
先前 xiānqián
*先生 xiānsheng
先天 xiāntiān
*纤维 xiānwéi
掀起 xiānqǐ
鲜 xiān
鲜花 xiānhuā
*鲜明 xiānmíng
鲜血 xiānxuè
鲜艳 xiānyàn
闲 xián
*弦 xián
咸 xián
衔 xián
嫌 xián
显 xiǎn
*显得 xiǎn•dé
显露 xiǎnlù
*显然 xiǎnrán
*显示 xiǎnshì
显微镜 xiǎnwēijìng
显现 xiǎnxiàn
*显著 xiǎnzhù
险 xiǎn
鲜 xiǎn
*县 xiàn
县城 xiànchéng
*现 xiàn
现场 xiànchǎng
现存 xiàncún
*现代 xiàndài
*现代化 xiàndàihuà
现今 xiànjīn
现金 xiànjīn
*现实 xiànshí
*现象 xiànxiàng
现行 xiànxíng
*现在 xiànzài
现状 xiànzhuàng
限 xiàn
*限度 xiàndù
限于 xiànyú
*限制 xiànzhì
*线 xiàn
*线段 xiànduàn
线路 xiànlù
*线圈 xiànquān
线索 xiànsuǒ
线条 xiàntiáo
*宪法 xiànfǎ
陷 xiàn
*陷入 xiànrù
陷于 xiànyú
羡慕 xiànmù
献 xiàn
献身 xiànshēn
腺 xiàn
*乡 xiāng
*乡村 xiāngcūn
乡下 xiāngxia
*相 xiāng
*相当 xiāngdāng
*相等 xiāngděng
*相对 xiāngduì
*相反 xiāngfǎn
*相关 xiāngguān
*相互 xiānghù
相继 xiāngjì
相交 xiāngjiāo
相近 xiāngjìn

相连 xiānglián
*相似 xiāngsì
相通 xiāngtōng
*相同 xiāngtóng
*相信 xiāngxìn
*相应 xiāngyìng
*香 xiāng
香烟 xiāngyān
箱 xiāng
箱子 xiāngzi
*详细 xiángxì
降 xiáng
享 xiǎng
*享受 xiǎngshòu
*享有 xiǎngyǒu
*响 xiǎng
响声 xiǎngshēng
响应 xiǎngyìng
*想 xiǎng
*想法 xiǎng•fǎ
想象 xiǎngxiàng
想象力 xiǎngxiànglì
*向 xiàng
向来 xiànglái
*向上 xiàngshàng
向往 xiàngwǎng
*项 xiàng
*项目 xiàngmù
*相 xiàng
*象 xiàng
*象征 xiàngzhēng
*像 xiàng
橡胶 xiàngjiāo
橡皮 xiàngpí
削 xiāo
消 xiāo
*消除 xiāochú
消毒 xiāodú
*消费 xiāofèi
消费品 xiāofèipǐn
*消耗 xiāohào
*消化 xiāohuà
*消极 xiāojí
*消灭 xiāomiè
*消失 xiāoshī
消亡 xiāowáng
*消息 xiāoxi
硝酸 xiāosuān
销 xiāo
*销售 xiāoshòu
*小 xiǎo
小儿 xiǎo'ér
*小伙子 xiǎohuǒzi
*小姐 xiǎo•jiě
小麦 xiǎomài
小朋友 xiǎopéngyǒu
*小时 xiǎoshí
*小说儿 xiǎoshuōr
小心 xiǎo•xīn
小型 xiǎoxíng
*小学 xiǎoxué
小学生 xiǎoxuéshēng
小子 xiǎozi
*小组 xiǎozǔ
*晓得 xiǎo•dé
*校 xiào
*校长 xiàozhǎng
*笑 xiào
笑话 xiàohua
笑话儿 xiàohuar
笑容 xiàoróng
效 xiào
*效果 xiàoguǒ
效力 xiàolì
*效率 xiàolǜ
*效益 xiàoyì
*效应 xiàoyìng
*些 xiē
歇 xiē
协定 xiédìng
协会 xiéhuì
协商 xiéshāng
*协调 xiétiáo
协同 xiétóng
协议 xiéyì
协助 xiézhù
*协作 xiézuò
邪 xié
*斜 xié
携带 xiédài
*鞋 xié
*写 xiě
*写作 xiězuò
*血 xiě
泄 xiè
谢 xiè
*谢谢 xièxie
*解 xiè
蟹 xiè
*心 xīn
心底 xīndǐ
*心里 xīn•lǐ
*心理 xīnlǐ
*心灵 xīnlíng
*心情 xīnqíng
心事 xīnshì
心思 xīnsi
心头 xīntóu
心血 xīnxuè
*心脏 xīnzàng
辛苦 xīnkǔ
辛勤 xīnqín
*欣赏 xīnshǎng
锌 xīn
*新 xīn
新陈代谢 xīnchén-dàixiè
新娘 xīnniáng
新奇 xīnqí
新人 xīnrén
新式 xīnshì
*新闻 xīnwén
*新鲜 xīn•xiān
*新兴 xīnxīng
新型 xīnxíng
新颖 xīnyǐng
*信 xìn
信贷 xìndài
*信号 xìnhào
信念 xìnniàn
信任 xìnrèn
信徒 xìntú
*信息 xìnxī
*信心 xìnxīn
*信仰 xìnyǎng
信用 xìnyòng
兴 xīng
*兴奋 xīngfèn
兴建 xīngjiàn
兴起 xīngqǐ
*星 xīng
星际 xīngjì
*星期 xīngqī
星球 xīngqiú
星系 xīngxì
星星 xīngxing
星云 xīngyún
刑 xíng
刑罚 xíngfá
刑法 xíngfǎ
刑事 xíngshì
*行 xíng
*行动 xíngdòng
行军 xíngjūn
行李 xíngli
行人 xíngrén
*行使 xíngshǐ
行驶 xíngshǐ
*行为 xíngwéi
*行星 xíngxīng
*行政 xíngzhèng
行走 xíngzǒu
*形 xíng
*形成 xíngchéng
形容 xíngróng
*形式 xíngshì
*形势 xíngshì
*形态 xíngtài
形体 xíngtǐ
*形象 xíngxiàng
*形状 xíngzhuàng
型 xíng
省 xǐng
醒 xǐng
兴 xìng
*兴趣 xìngqù
*幸福 xìngfú
*性 xìng
性别 xìngbié
*性格 xìnggé
*性能 xìngnéng
性情 xìngqíng
*性质 xìngzhì
性状 xìngzhuàng
*姓 xìng
姓名 xìngmíng
凶 xiōng
兄 xiōng
*兄弟 xiōngdì
*兄弟 xiōngdi
*胸 xiōng
胸脯 xiōngpú
*雄 xióng
雄伟 xióngwěi
熊 xióng
*休眠 xiūmián
*休息 xiūxi
*修 xiū
修辞 xiūcí
修复 xiūfù
*修改 xiūgǎi
修建 xiūjiàn
修理 xiūlǐ
*修养 xiūyǎng
修正 xiūzhèng
宿 xiǔ
臭 xiù
袖 xiù
绣 xiù
宿 xiù
嗅 xiù
*须 xū
*虚 xū
*需 xū
*需求 xūqiú
*需要 xūyào
*徐 xú
许 xǔ
*许多 xǔduō
许可 xǔkě
序 xù
*叙述 xùshù
*畜 xù

*宣布 xuānbù
*宣传 xuānchuán
宣告 xuāngào
宣言 xuānyán
宣扬 xuānyáng
悬 xuán
悬挂 xuánguà
旋 xuán
旋律 xuánlǜ
*旋转 xuánzhuǎn
*选 xuǎn
选拔 xuǎnbá
*选举 xuǎnjǔ
选手 xuǎnshǒu
选用 xuǎnyòng
*选择 xuǎnzé
旋 xuàn
削 xuē
削弱 xuēruò
穴 xué
*学 xué
*学会 xuéhuì
*学科 xuékē
学派 xuépài
*学生 xuésheng
*学术 xuéshù
*学说 xuéshuō
学堂 xuétáng
学徒 xuétú
学问 xuéwen
*学习 xuéxí
*学校 xuéxiào
学员 xuéyuán
学院 xuéyuàn
*学者 xuézhě
*雪 xuě
雪白 xuěbái
雪花 xuěhuā
*血 xuè
*血管 xuèguǎn
*血液 xuèyè
寻 xún
寻求 xúnqiú
*寻找 xúnzhǎo
询问 xúnwèn
*循环 xúnhuán
训 xùn
*训练 xùnliàn
*迅速 xùnsù

Y

*压 yā
*压力 yālì
*压迫 yāpò
压强 yāqiáng
压缩 yāsuō
压抑 yāyì
压制 yāzhì
押 yā
鸦片 yāpiàn
鸭 yā
*牙 yá
牙齿 yáchǐ
*芽 yá
亚 yà
*咽 yān
烟 yān
烟囱 yān•cōng
*延长 yáncháng
延伸 yánshēn
延续 yánxù
严 yán
*严格 yángé
严寒 yánhán
严峻 yánjùn
严厉 yánlì
严密 yánmì
*严肃 yánsù
*严重 yánzhòng
*言 yán
言论 yánlùn
*言语 yányǔ
岩 yán
*岩石 yánshí
炎 yán
*沿 yán
沿岸 yán'àn
*沿海 yánhǎi
*研究 yánjiū
研究生 yánjiūshēng
*研制 yánzhì
*盐 yán
盐酸 yánsuān
*颜色 yánsè
掩盖 yǎngài
掩护 yǎnhù
*眼 yǎn
*眼光 yǎnguāng
*眼睛 yǎnjing
眼镜 yǎnjìng
眼看 yǎnkàn
*眼泪 yǎnlèi
*眼前 yǎnqián
眼神 yǎnshén
*演 yǎn
演变 yǎnbiàn
演唱 yǎnchàng
*演出 yǎnchū
演化 yǎnhuà
演讲 yǎnjiǎng
演说 yǎnshuō
演绎 yǎnyì
*演员 yǎnyuán
*演奏 yǎnzòu
厌 yàn
厌恶 yànwù
咽 yàn
宴会 yànhuì
验 yàn
验证 yànzhèng
秧 yāng
扬 yáng
*羊 yáng
羊毛 yángmáo
*阳 yáng
*阳光 yángguāng
*杨 yáng
洋 yáng
仰 yǎng
*养 yǎng
养分 yǎngfèn
养料 yǎngliào
养殖 yǎngzhí
*氧 yǎng
*氧化 yǎnghuà
*氧气 yǎngqì
*样 yàng
样本 yàngběn
样品 yàngpǐn
样式 yàngshì
*样子 yàngzi
*约 yāo
*要 yāo
*要求 yāoqiú
*腰 yāo
邀请 yāoqǐng
*摇 yáo
摇晃 yáo•huàng
摇头 yáotóu
遥感 yáogǎn
遥远 yáoyuǎn
*咬 yǎo
*药 yào
药品 yàopǐn
*药物 yàowù
*要 yào
要紧 yàojǐn
*要素 yàosù
钥匙 yàoshi
耶稣 Yēsū
*爷爷 yéye
*也 yě
*也许 yěxǔ
冶金 yějīn
冶炼 yěliàn
野 yě
野蛮 yěmán
野生 yěshēng
野兽 yěshòu
野外 yěwài
*业 yè
*业务 yèwù
业余 yèyú
*叶 yè
叶片 yèpiàn
*叶子 yèzi
*页 yè
*夜 yè
夜间 yèjiān
*夜里 yè•lǐ
*夜晚 yèwǎn
*液 yè
液态 yètài
*液体 yètǐ
*一 yī
*一般 yībān
*一半 yībàn
一辈子 yībèizi
*一边 yībiān
*一带 yīdài
*一旦 yīdàn
*一定 yīdìng
一度 yīdù
一端 yīduān
一共 yīgòng
一贯 yīguàn
*一会儿 yīhuìr
一块儿 yīkuàir
一连 yīlián
*一律 yīlǜ
*一面 yīmiàn
一旁 yīpáng
一齐 yīqí
*一起 yīqǐ
*一切 yīqiè
*一时 yīshí
一体 yītǐ
一同 yītóng
一线 yīxiàn
一向 yīxiàng
一心 yīxīn
一再 yīzài
一早 yīzǎo
*一直 yīzhí
*一致 yīzhì
*衣 yī
*衣服 yīfu
衣裳 yīshang
医 yī
医疗 yīliáo
*医生 yīshēng
*医学 yīxué
医药 yīyào

*医院 yīyuàn
*依 yī
依次 yīcì
依法 yīfǎ
依附 yīfù
依旧 yījiù
*依据 yījù
*依靠 yīkào
*依赖 yīlài
*依然 yīrán
依照 yīzhào
仪 yí
*仪器 yíqì
*仪式 yíshì
宜 yí
*移 yí
*移动 yídòng
移民 yímín
移植 yízhí
遗 yí
遗产 yíchǎn
*遗传 yíchuán
遗憾 yíhàn
遗留 yíliú
遗址 yízhǐ
遗嘱 yízhǔ
疑 yí
疑惑 yíhuò
疑问 yíwèn
*乙 yǐ
*已 yǐ
*已经 yǐ•jīng
*以 yǐ
*以便 yǐbiàn
*以后 yǐhòu
*以及 yǐjí
*以来 yǐlái
以免 yǐmiǎn
以内 yǐnèi
*以前 yǐqián
*以外 yǐwài
*以往 yǐwǎng
*以为 yǐwéi
*以下 yǐxià

*以至 yǐzhì
*以致 yǐzhì
*矣 yǐ
蚁 yǐ
倚 yǐ
椅子 yǐzi
*亿 yì
*义 yì
*义务 yìwù
艺 yì
*艺术 yìshù
*艺术家 yìshùjiā
议 yì
*议会 yìhuì
*议论 yìlùn
议员 yìyuán
*亦 yì
*异 yì
*异常 yìcháng
*抑制 yìzhì
役 yì
译 yì
*易 yì
易于 yìyú
益 yì
*意 yì
*意见 yì•jiàn
意境 yìjìng
*意识 yì•shí
*意思 yìsi
意图 yìtú
*意外 yìwài
*意味 yìwèi
意象 yìxiàng
*意义 yìyì
*意志 yìzhì
毅然 yìrán
翼 yì
*因 yīn
*因此 yīncǐ
因地制宜 yīndì-zhìyí
*因而 yīn'ér
因果 yīnguǒ

*因素 yīnsù
*因为 yīn•wèi
因子 yīnzǐ
*阴 yīn
阴谋 yīnmóu
阴阳 yīnyáng
阴影 yīnyǐng
*音 yīn
音调 yīndiào
音阶 yīnjiē
音节 yīnjié
音响 yīnxiǎng
*音乐 yīnyuè
*银 yín
*银行 yínháng
*引 yǐn
*引导 yǐndǎo
*引进 yǐnjìn
引力 yǐnlì
*引起 yǐnqǐ
引用 yǐnyòng
饮 yǐn
饮食 yǐnshí
隐 yǐn
隐蔽 yǐnbì
隐藏 yǐncáng
*印 yìn
印刷 yìnshuā
*印象 yìnxiàng
饮 yìn
*应 yīng
*应当 yīngdāng
*应该 yīnggāi
*英 yīng
*英雄 yīngxióng
英勇 yīngyǒng
*婴儿 yīng'ér
鹰 yīng
迎 yíng
迎接 yíngjiē
荧光屏 yíngguāngpíng
盈利 yínglì
*营 yíng
*营养 yíngyǎng

营业 yíngyè
赢得 yíngdé
影 yǐng
影片 yǐngpiàn
*影响 yǐngxiǎng
*影子 yǐngzi
*应 yìng
应付 yìng•fù
*应用 yìngyòng
映 yìng
*硬 yìng
拥 yōng
拥护 yōnghù
拥挤 yōngjǐ
*拥有 yōngyǒu
永 yǒng
永恒 yǒnghéng
永久 yǒngjiǔ
*永远 yǒngyuǎn
*勇敢 yǒnggǎn
勇气 yǒngqì
勇于 yǒngyú
涌 yǒng
涌现 yǒngxiàn
*用 yòng
用处 yòng•chù
用户 yònghù
用力 yònglì
用品 yòngpǐn
用途 yòngtú
优 yōu
*优点 yōudiǎn
优惠 yōuhuì
*优良 yōuliáng
*优美 yōuměi
*优势 yōushì
优先 yōuxiān
*优秀 yōuxiù
优越 yōuyuè
优质 yōuzhì
忧郁 yōuyù
幽默 yōumò
悠久 yōujiǔ
尤 yóu
*尤其 yóuqí

尤为 yóuwéi
*由 yóu
*由于 yóuyú
邮票 yóupiào
犹 yóu
犹如 yóurú
犹豫 yóuyù
*油 yóu
油画 yóuhuà
油田 yóutián
铀 yóu
*游 yóu
游击 yóujī
游击队 yóujīduì
游戏 yóuxì
游行 yóuxíng
游泳 yóuyǒng
友 yǒu
友好 yǒuhǎo
友人 yǒurén
*友谊 yǒuyì
*有 yǒu
*有关 yǒuguān
*有机 yǒujī
*有力 yǒulì
*有利 yǒulì
有名 yǒumíng
*有趣 yǒuqù
有如 yǒurú
*有时 yǒushí
*有限 yǒuxiàn
*有效 yǒuxiào
有益 yǒuyì
有意 yǒuyì
*又 yòu
*右 yòu
右边 yòu•biān
*右手 yòushǒu
*幼 yòu
*幼虫 yòuchóng
幼儿 yòu'ér
幼苗 yòumiáo
幼年 yòunián
诱导 yòudǎo
*于 yú

*于是	yúshì	遇见	yù•jiàn	乐队	yuèduì	赞成	zànchéng	眨	zhǎ
予	yú	*愈	yù	乐器	yuèqì	赞美	zànměi	炸	zhà
*余	yú	*元	yuán	*乐曲	yuèqǔ	赞叹	zàntàn	炸弹	zhàdàn
余地	yúdì	*元素	yuánsù	*阅读	yuèdú	赞扬	zànyáng	摘	zhāi
*鱼	yú	园	yuán	跃	yuè	赃	zāng	窄	zhǎi
娱乐	yúlè	*员	yuán	*越	yuè	脏	zàng	债	zhài
渔	yú	袁	Yuán	越冬	yuèdōng	葬	zàng	债务	zhàiwù
渔业	yúyè	*原	yuán	越过	yuèguò	*藏	zàng	寨	zhài
*愉快	yúkuài	原材料	yuáncáiliào	粤	Yuè	*遭	zāo	*占	zhān
舆论	yúlùn	*原来	yuánlái	*云	yún	*遭受	zāoshòu	沾	zhān
*与	yǔ	*原理	yuánlǐ	匀	yún	遭遇	zāoyù	粘	zhān
与其	yǔqí	原谅	yuánliàng	*允许	yǔnxǔ	糟	zāo	盏	zhǎn
予	yǔ	*原料	yuánliào	*运	yùn	*早	zǎo	展	zhǎn
*予以	yǔyǐ	原始	yuánshǐ	*运动	yùndòng	*早晨	zǎo•chén	*展开	zhǎnkāi
*宇宙	yǔzhòu	原先	yuánxiān	*运动员	yùndòngyuán	*早期	zǎoqī	展览	zhǎnlǎn
羽	yǔ	*原因	yuányīn	*运输	yùnshū	早日	zǎorì	展示	zhǎnshì
羽毛	yǔmáo	*原则	yuánzé	运算	yùnsuàn	早上	zǎoshang	展现	zhǎnxiàn
*雨	yǔ	*原子	yuánzǐ	*运行	yùnxíng	*早已	zǎoyǐ	崭新	zhǎnxīn
雨水	yǔshuǐ	原子核	yuánzǐhé	*运用	yùnyòng	藻	zǎo	*占	zhàn
*语	yǔ	*圆	yuán	运转	yùnzhuǎn	灶	zào	占据	zhànjù
*语法	yǔfǎ	圆心	yuánxīn	韵	yùn	*造	zào	*占领	zhànlǐng
语句	yǔjù	援助	yuánzhù	蕴藏	yùncáng	造就	zàojiù	占用	zhànyòng
语气	yǔqì	缘	yuán	**Z**		造型	zàoxíng	*占有	zhànyǒu
语文	yǔwén	*缘故	yuángù	扎	zā	*则	zé	*战	zhàn
*语言	yǔyán	*源	yuán	杂	zá	责	zé	*战场	zhànchǎng
*语音	yǔyīn	源泉	yuánquán	杂交	zájiāo	*责任	zérèn	*战斗	zhàndòu
玉	yù	*远	yuǎn	杂志	zázhì	责任感	zérèngǎn	战国	zhànguó
*玉米	yùmǐ	远方	yuǎnfāng	杂质	zázhì	贼	zéi	*战略	zhànlüè
*育	yù	怨	yuàn	砸	zá	怎	zěn	*战胜	zhànshèng
育种	yùzhǒng	*院	yuàn	灾难	zāinàn	*怎么	zěnme	*战士	zhànshì
*预报	yùbào	*院子	yuànzi	栽	zāi	*怎么样	zěnmeyàng	战术	zhànshù
*预备	yùbèi	*愿	yuàn	栽培	zāipéi	*怎样	zěnyàng	战线	zhànxiàn
*预测	yùcè	*愿望	yuànwàng	*再	zài	*曾	zēng	战役	zhànyì
预定	yùdìng	*愿意	yuàn•yì	再见	zàijiàn	*增	zēng	战友	zhànyǒu
*预防	yùfáng	*曰	yuē	再现	zàixiàn	*增产	zēngchǎn	*战争	zhànzhēng
预计	yùjì	*约	yuē	*在	zài	*增多	zēngduō	*站	zhàn
预料	yùliào	*约束	yuēshù	在场	zàichǎng	增高	zēnggāo	*张	zhāng
预期	yùqī	*月	yuè	在家	zàijiā	*增加	zēngjiā	*章	zhāng
预算	yùsuàn	月初	yuèchū	*在于	zàiyú	增进	zēngjìn	章程	zhāngchéng
预先	yùxiān	*月份	yuèfèn	*载	zài	*增强	zēngqiáng	*长	zhǎng
预言	yùyán	月光	yuèguāng	*咱	zán	增添	zēngtiān	长官	zhǎngguān
域	yù	*月亮	yuèliang	*咱们	zánmen	*增长	zēngzhǎng	涨	zhǎng
*欲	yù	*月球	yuèqiú	暂	zàn	增殖	zēngzhí	掌	zhǎng
欲望	yùwàng	*乐	yuè	*暂时	zànshí	扎	zhā	*掌握	zhǎngwò
遇	yù					炸	zhá	丈	zhàng

*丈夫 zhàngfu
仗 zhàng
帐 zhàng
帐篷 zhàngpeng
账 zhàng
胀 zhàng
涨 zhàng
*障碍 zhàng'ài
招 zhāo
招待 zhāodài
*招呼 zhāohu
招生 zhāoshēng
*着 zhāo
*朝 zhāo
*着 zháo
*着急 zháojí
*找 zhǎo
召集 zhàojí
*召开 zhàokāi
*赵 Zhào
*照 zhào
*照顾 zhào•gù
照例 zhàolì
照明 zhàomíng
*照片 zhàopiàn
照射 zhàoshè
照相 zhàoxiàng
照相机 zhàoxiàngjī
照样 zhàoyàng
照耀 zhàoyào
遮 zhē
*折 zhé
折磨 zhé•mó
折射 zhéshè
*哲学 zhéxué
*者 zhě
*这 zhè
*这个 zhège
*这里 zhè•lǐ
*这么 zhème
*这儿 zhèr
*这些 zhèxiē
*这样 zhèyàng
*针 zhēn
*针对 zhēnduì
针灸 zhēnjiǔ
侦查 zhēnchá
侦察 zhēnchá
珍贵 zhēnguì
珍珠 zhēnzhū
*真 zhēn
真诚 zhēnchéng
真空 zhēnkōng
*真理 zhēnlǐ
*真实 zhēnshí
*真正 zhēnzhèng
*诊断 zhěnduàn
枕头 zhěntou
*阵 zhèn
*阵地 zhèndì
*振 zhèn
振荡 zhèndàng
*振动 zhèndòng
振奋 zhènfèn
振兴 zhènxīng
震 zhèn
震动 zhèndòng
震惊 zhènjīng
*镇 zhèn
*镇压 zhènyā
*争 zhēng
争夺 zhēngduó
*争论 zhēnglùn
*争取 zhēngqǔ
征 zhēng
征服 zhēngfú
征求 zhēngqiú
征收 zhēngshōu
挣 zhēng
睁 zhēng
蒸 zhēng
*蒸发 zhēngfā
蒸气 zhēngqì
*整 zhěng
*整顿 zhěngdùn
*整个 zhěnggè
*整理 zhěnglǐ
整齐 zhěngqí
*整体 zhěngtǐ
*正 zhèng
*正常 zhèngcháng
*正当 zhèngdāng
*正当 zhèngdàng
正规 zhèngguī
*正好 zhènghǎo
正面 zhèngmiàn
*正确 zhèngquè
*正式 zhèngshì
正义 zhèngyì
*正在 zhèngzài
*证 zhèng
证据 zhèngjù
*证明 zhèngmíng
*证实 zhèngshí
证书 zhèngshū
郑 Zhèng
政 zhèng
*政策 zhèngcè
*政党 zhèngdǎng
*政府 zhèngfǔ
*政权 zhèngquán
*政委 zhèngwěi
*政治 zhèngzhì
挣 zhèng
*症 zhèng
*症状 zhèngzhuàng
*之 zhī
*之后 zhīhòu
*之前 zhīqián
*支 zhī
支部 zhībù
支撑 zhīchēng
*支持 zhīchí
*支出 zhīchū
支队 zhīduì
支付 zhīfù
*支配 zhīpèi
*支援 zhīyuán
*只 zhī
汁 zhī
*枝 zhī
枝条 zhītiáo
枝叶 zhīyè
*知 zhī
*知道 zhī•dào
知觉 zhījué
*知识 zhīshi
肢 zhī
织 zhī
脂肪 zhīfáng
*执行 zhíxíng
*直 zhí
直观 zhíguān
直角 zhíjiǎo
*直接 zhíjiē
*直径 zhíjìng
直觉 zhíjué
直立 zhílì
直辖市 zhíxiáshì
*直线 zhíxiàn
直至 zhízhì
*值 zhí
值班 zhíbān
*值得 zhí•dé
职 zhí
*职工 zhígōng
*职能 zhínéng
职权 zhíquán
*职务 zhíwù
*职业 zhíyè
职员 zhíyuán
职责 zhízé
植 zhí
*植物 zhíwù
植株 zhízhū
殖 zhí
殖民 zhímín
*殖民地 zhímíndì
止 zhǐ
*只 zhǐ
*只得 zhǐdé
只顾 zhǐgù
*只好 zhǐhǎo
*只是 zhǐshì
*只要 zhǐyào
*只有 zhǐyǒu
*纸 zhǐ
*指 zhǐ
*指标 zhǐbiāo
*指导 zhǐdǎo
指定 zhǐdìng
*指挥 zhǐhuī
指令 zhǐlìng
指明 zhǐmíng
*指示 zhǐshì
指数 zhǐshù
指责 zhǐzé
*至 zhì
至此 zhìcǐ
*至今 zhìjīn
*至少 zhìshǎo
*至于 zhìyú
*志 zhì
*制 zhì
*制订 zhìdìng
*制定 zhìdìng
*制度 zhìdù
制品 zhìpǐn
*制约 zhìyuē
*制造 zhìzào
制止 zhìzhǐ
*制作 zhìzuò
*质 zhì
质变 zhìbiàn
*质量 zhìliàng
质子 zhìzǐ
*治 zhì
治安 zhì'ān
治理 zhìlǐ
*治疗 zhìliáo
*致 zhì
致富 zhìfù
致使 zhìshǐ
*秩序 zhìxù
智 zhì
*智慧 zhìhuì
*智力 zhìlì
智能 zhìnéng
滞 zhì
置 zhì
*中 zhōng

中等 zhōngděng
中断 zhōngduàn
中华 zhōnghuá
*中间 zhōngjiān
中年 zhōngnián
中期 zhōngqī
中世纪 zhōngshìjì
中枢 zhōngshū
中外 zhōngwài
中午 zhōngwǔ
*中心 zhōngxīn
中性 zhōngxìng
*中学 zhōngxué
中学生 zhōngxuéshēng
中旬 zhōngxún
*中央 zhōngyāng
中叶 zhōngyè
中医 zhōngyī
中原 zhōngyuán
中子 zhōngzǐ
忠诚 zhōngchéng
忠实 zhōngshí
*终 zhōng
终究 zhōngjiū
终年 zhōngnián
终身 zhōngshēn
*终于 zhōngyú
*钟 zhōng
钟头 zhōngtóu
肿 zhǒng
肿瘤 zhǒngliú
*种 zhǒng
*种类 zhǒnglèi
种群 zhǒngqún
*种子 zhǒngzi
种族 zhǒngzú
*中 zhòng
中毒 zhòngdú
*众 zhòng
*众多 zhòngduō
众人 zhòngrén
*种 zhòng
*种植 zhòngzhí
*重 zhòng
*重大 zhòngdà
*重点 zhòngdiǎn
重工业 zhònggōngyè
*重力 zhònglì
*重量 zhòngliàng
*重视 zhòngshì
*重要 zhòngyào
*州 zhōu
*周 zhōu
周年 zhōunián
*周期 zhōuqī
*周围 zhōuwéi
周转 zhōuzhuǎn
*轴 zhóu
昼夜 zhòuyè
皱 zhòu
朱 zhū
珠 zhū
*株 zhū
*诸 zhū
诸如 zhūrú
*猪 zhū
*竹 zhú
逐 zhú
*逐步 zhúbù
*逐渐 zhújiàn
逐年 zhúnián
*主 zhǔ
主编 zhǔbiān
*主持 zhǔchí
*主导 zhǔdǎo
*主动 zhǔdòng
*主观 zhǔguān
主管 zhǔguǎn
主教 zhǔjiào
主力 zhǔlì
主权 zhǔquán
*主人 zhǔ•rén
主人公 zhǔréngōng
*主任 zhǔrèn
*主题 zhǔtí
*主体 zhǔtǐ
*主席 zhǔxí
*主要 zhǔyào
*主义 zhǔyì
*主意 zhǔyi(zhúyi)
主语 zhǔyǔ
*主张 zhǔzhāng
煮 zhǔ
*属 zhǔ
嘱咐 zhǔ•fù
助 zhù
助手 zhùshǒu
*住 zhù
住房 zhùfáng
住宅 zhùzhái
贮藏 zhùcáng
贮存 zhùcún
注 zhù
注射 zhùshè
注视 zhùshì
*注意 zhùyì
注重 zhùzhòng
*驻 zhù
*柱 zhù
祝 zhù
祝贺 zhùhè
著 zhù
*著名 zhùmíng
*著作 zhùzuò
筑 zhù
*抓 zhuā
抓紧 zhuājǐn
*专 zhuān
*专家 zhuānjiā
专利 zhuānlì
*专门 zhuānmén
专题 zhuāntí
*专业 zhuānyè
专用 zhuānyòng
*专政 zhuānzhèng
专制 zhuānzhì
砖 zhuān
*转 zhuǎn
*转变 zhuǎnbiàn
*转动 zhuǎndòng
*转化 zhuǎnhuà
*转换 zhuǎnhuàn
*转身 zhuǎnshēn
*转向 zhuǎnxiàng
*转移 zhuǎnyí
*传 zhuàn
*转 zhuàn
*转动 zhuàndòng
*转向 zhuànxiàng
赚 zhuàn
庄 zhuāng
庄稼 zhuāngjia
庄严 zhuāngyán
桩 zhuāng
*装 zhuāng
装备 zhuāngbèi
装饰 zhuāngshì
*装置 zhuāngzhì
壮 zhuàng
壮大 zhuàngdà
*状 zhuàng
*状况 zhuàngkuàng
*状态 zhuàngtài
撞 zhuàng
幢 zhuàng
*追 zhuī
追究 zhuījiū
*追求 zhuīqiú
追逐 zhuīzhú
*准 zhǔn
*准备 zhǔnbèi
*准确 zhǔnquè
准则 zhǔnzé
*捉 zhuō
桌 zhuō
*桌子 zhuōzi
卓越 zhuóyuè
啄木鸟 zhuómùniǎo
*着 zhuó
着手 zhuóshǒu
*着重 zhuózhòng
琢磨 zhuómó
咨询 zīxún
姿势 zīshì
*姿态 zītài
资 zī
*资本 zīběn
资产 zīchǎn
*资格 zī•gé
*资金 zījīn
*资料 zīliào
*资源 zīyuán
滋味 zīwèi
*子 zǐ
子弹 zǐdàn
子弟 zǐdì
子宫 zǐgōng
*子女 zǐnǚ
子孙 zǐsūn
*仔细 zǐxì
姊妹 zǐmèi
紫 zǐ
*自 zì
自称 zìchēng
*自从 zìcóng
*自动 zìdòng
自动化 zìdònghuà
自发 zìfā
自豪 zìháo
*自己 zìjǐ
*自觉 zìjué
自力更生 zìlì-gēngshēng
*自然 zìrán
*自然界 zìránjiè
自杀 zìshā
*自身 zìshēn
自卫 zìwèi
*自我 zìwǒ
自信 zìxìn
自行 zìxíng
自行车 zìxíngchē
*自由 zìyóu
自愿 zìyuàn
自在 zìzài
自在 zìzai
自治 zìzhì
*自治区 zìzhìqū
自主 zìzhǔ
自转 zìzhuàn
*字 zì
字母 zìmǔ

宗	zōng
*宗教	zōngjiào
宗旨	zōngzhǐ
*综合	zōnghé
*总	zǒng
总额	zǒng'é
总和	zǒnghé
*总结	zǒngjié
*总理	zǒnglǐ
总数	zǒngshù
总算	zǒngsuàn
*总体	zǒngtǐ
*总统	zǒngtǒng
*总之	zǒngzhī
纵	zòng
纵队	zòngduì
*走	zǒu
走廊	zǒuláng
*走向	zǒuxiàng
奏	zòu
租	zū
租界	zūjiè
*足	zú
*足够	zúgòu
足球	zúqiú
*足以	zúyǐ
*族	zú
阻	zǔ
*阻碍	zǔ'ài
阻力	zǔlì
阻止	zǔzhǐ
*组	zǔ
*组合	zǔhé
*组织	zǔzhī
祖	zǔ
祖父	zǔfù
*祖国	zǔguó
祖母	zǔmǔ
*祖先	zǔxiān
祖宗	zǔzong
*钻	zuān
钻研	zuānyán
*钻	zuàn
*嘴	zuǐ
嘴巴	zuǐba
*嘴唇	zuǐchún
*最	zuì
*最初	zuìchū
*最后	zuìhòu
*最近	zuìjìn
*最为	zuìwéi
*最终	zuìzhōng
*罪	zuì
罪恶	zuì'è
罪犯	zuìfàn
罪行	zuìxíng
醉	zuì
尊	zūn
尊敬	zūnjìng
尊严	zūnyán
*尊重	zūnzhòng
*遵守	zūnshǒu
*遵循	zūnxún
*昨天	zuótiān
琢磨	zuómo
*左	zuǒ
左边	zuǒ•biān
左手	zuǒshǒu
*左右	zuǒyòu
*作	zuò
作法	zuòfǎ
*作风	zuòfēng
*作家	zuòjiā
*作品	zuòpǐn
*作为	zuòwéi
*作物	zuòwù
*作业	zuòyè
*作用	zuòyòng
*作战	zuòzhàn
*作者	zuòzhě
*坐	zuò
坐标	zuòbiāo
*座	zuò
座位	zuò•wèi
*做	zuò
*做法	zuòfǎ
做梦	zuòmèng

表　二

A

哀	āi
哀愁	āichóu
哀悼	āidào
哀求	āiqiú
哀伤	āishāng
哀怨	āiyuàn
哀乐	āiyuè
皑皑	ái'ái
癌	ái
矮小	ǎixiǎo
艾	ài
爱戴	àidài
爱抚	àifǔ
爱慕	àimù
爱惜	àixī
碍	ài
碍事	àishì
安插	ānchā
安顿	āndùn
安放	ānfàng
安分	ānfèn
安抚	ānfǔ
安家	ānjiā
安居乐业	ānjū-lèyè
安理会	Ānlǐhuì
安宁	ānníng
安生	ānshēng
安稳	ānwěn
安息	ānxī
安闲	ānxián
安详	ānxiáng
安逸	ānyì
安葬	ānzàng
庵	ān
按摩	ànmó
按捺	ànnà
按钮	ànniǔ
按期	ànqī
按时	ànshí
按说	ànshuō
案例	ànlì
案情	ànqíng
案头	àntóu
案子	ànzi
暗藏	àncáng
暗淡	àndàn
暗号	ànhào
暗杀	ànshā
暗自	ànzì
黯	àn
黯然	ànrán
昂	áng
昂贵	ángguì
昂然	ángrán
昂首	ángshǒu
昂扬	ángyáng
盎然	àngrán
凹陷	āoxiàn
遨游	áoyóu
螯	áo
翱翔	áoxiáng
袄	ǎo
拗	ào
傲	ào
傲慢	àomàn
傲然	àorán
奥	ào
奥妙	àomiào
澳	ào
懊悔	àohuǐ
懊恼	àonǎo
懊丧	àosàng

B

八股	bāgǔ
八卦	bāguà
八仙桌	bāxiānzhuō
八字	bāzì
巴掌	bāzhang
芭蕉	bājiāo
芭蕾舞	bālěiwǔ
疤	bā
疤痕	bāhén
拔除	báchú
拔节	bájié
拔腿	bátuǐ
跋涉	báshè
把柄	bǎbǐng
把持	bǎchí
把门儿	bǎménr
把手	bǎ•shǒu
把守	bǎshǒu
把戏	bǎxì
把子	bǎzi
靶	bǎ
靶场	bǎchǎng
坝	bà
把子	bàzi
耙	bà
罢官	bàguān
罢课	bàkè
罢免	bàmiǎn
罢休	bàxiū
霸	bà
霸权	bàquán
霸王	bàwáng
霸占	bàzhàn
掰	bāi
白菜	báicài
白费	báifèi
白骨	báigǔ
白果	báiguǒ
白话	báihuà
白话文	báihuàwén
白桦	báihuà
白净	báijing
白酒	báijiǔ
白人	báirén

白日 báirì
白薯 báishǔ
白糖 báitáng
白皙 báixī
白眼 báiyǎn
白蚁 báiyǐ
白银 báiyín
白昼 báizhòu
百般 bǎibān
百分比 bǎifēnbǐ
百合 bǎihé
百花齐放 bǎihuā-qífàng
百货 bǎihuò
百家争鸣 bǎijiā-zhēngmíng
百科全书 bǎikē-quánshū
百灵 bǎilíng
柏 bǎi
柏油 bǎiyóu
摆布 bǎi•bù
摆弄 bǎi•nòng
摆设 bǎi•shè
败坏 bàihuài
败仗 bàizhàng
拜访 bàifǎng
拜年 bàinián
扳 bān
班车 bānchē
班级 bānjí
班主任 bānzhǔrèn
班子 bānzi
颁发 bānfā
斑 bān
斑白 bānbái
斑驳 bānbó
斑点 bāndiǎn
斑斓 bānlán
斑纹 bānwén
搬迁 bānqiān
搬用 bānyòng
板栗 bǎnlì
板子 bǎnzi
版本 bǎnběn
版画 bǎnhuà
版面 bǎnmiàn
版权 bǎnquán
版图 bǎntú
办案 bàn’àn
办公 bàngōng
办学 bànxué
半边 bànbiān
半成品 bànchéngpǐn
半截 bànjié
半空 bànkōng
半路 bànlù
半途 bàntú
半圆 bànyuán
扮 bàn
伴侣 bànlǚ
拌 bàn
绊 bàn
邦 bāng
帮办 bāngbàn
帮工 bānggōng
帮手 bāngshou
帮凶 bāngxiōng
梆 bāng
梆子 bāngzi
绑 bǎng
绑架 bǎngjià
榜 bǎng
膀 bǎng
膀子 bǎngzi
蚌 bàng
棒槌 bàngchui
棒球 bàngqiú
棒子 bàngzi
傍 bàng
磅 bàng
包办 bāobàn
包庇 bāobì
包工 bāogōng
包裹 bāoguǒ
包涵 bāohan
包揽 bāolǎn
包罗万象 bāoluó-wànxiàng
包容 bāoróng
包销 bāoxiāo
包扎 bāozā
包子 bāozi
苞 bāo
胞 bāo
剥 bāo
褒贬 bāo•biǎn
雹 báo
饱含 bǎohán
饱满 bǎomǎn
宝剑 bǎojiàn
宝库 bǎokù
宝塔 bǎotǎ
宝物 bǎowù
宝藏 bǎozàng
宝座 bǎozuò
保安 bǎo’ān
保护色 bǎohùsè
保健 bǎojiàn
保密 bǎomì
保姆 bǎomǔ
保全 bǎoquán
保温 bǎowēn
保险丝 bǎoxiǎnsī
保养 bǎoyǎng
保佑 bǎoyòu
保证金 bǎozhèngjīn
保证人 bǎozhèngrén
保重 bǎozhòng
堡 bǎo
堡垒 bǎolěi
报表 bàobiǎo
报仇 bàochóu
报答 bàodá
报导 bàodǎo
报到 bàodào
报废 bàofèi
报馆 bàoguǎn
报警 bàojǐng
报考 bàokǎo
报请 bàoqǐng
报社 bàoshè
报喜 bàoxǐ
报销 bàoxiāo
报信 bàoxìn
报应 bào•yìng
刨 bào
抱不平 bàobùpíng
抱负 bàofù
抱歉 bàoqiàn
抱怨 bào•yuàn
豹 bào
豹子 bàozi
鲍鱼 bàoyú
暴 bào
暴发 bàofā
暴风雪 bàofēngxuě
暴风雨 bàofēngyǔ
暴君 bàojūn
暴乱 bàoluàn
暴徒 bàotú
暴行 bàoxíng
暴躁 bàozào
暴涨 bàozhǎng
爆 bào
爆裂 bàoliè
爆破 bàopò
爆竹 bàozhú
杯子 bēizi
卑 bēi
卑鄙 bēibǐ
卑劣 bēiliè
卑微 bēiwēi
卑下 bēixià
悲 bēi
悲愤 bēifèn
悲观 bēiguān
悲苦 bēikǔ
悲凉 bēiliáng
悲伤 bēishāng
悲痛 bēitòng
悲壮 bēizhuàng
碑 bēi
碑文 bēiwén
北半球 běibànqiú
北边 běi•biān
北国 běiguó
北极 běijí
北极星 běijíxīng
贝壳 bèiké
备案 bèi’àn
备课 bèikè
备用 bèiyòng
备战 bèizhàn
背包 bèibāo
背道而驰 bèidào’érchí
背风 bèifēng
背脊 bèijǐ
背离 bèilí
背面 bèimiàn
背叛 bèipàn
背诵 bèisòng
背心 bèixīn
背影 bèiyǐng
钡 bèi
倍数 bèishù
倍增 bèizēng
被单 bèidān
被褥 bèirù
奔波 bēnbō
奔驰 bēnchí
奔放 bēnfàng
奔赴 bēnfù
奔流 bēnliú
奔腾 bēnténg
奔涌 bēnyǒng
奔走 bēnzǒu
本部 běnbù
本分 běnfèn
本行 běnháng
本家 běnjiā
本科 běnkē
本钱 běn•qián
本色 běnsè
本土 běntǔ
本位 běnwèi
本义 běnyì
本意 běnyì
本原 běnyuán
本源 běnyuán
本子 běnzi
笨重 bènzhòng
笨拙 bènzhuō
崩 bēng
绷 bēng

绷带 bēngdài
绷 běng
泵 bèng
迸 bèng
迸发 bèngfā
绷 bèng
逼近 bījìn
逼迫 bīpò
逼真 bīzhēn
鼻尖 bíjiān
鼻梁 bíliáng
鼻腔 bíqiāng
鼻涕 bí•tì
鼻音 bíyīn
匕首 bǐshǒu
比方 bǐfang
比分 bǐfēn
比例尺 bǐlìchǐ
比率 bǐlǜ
比拟 bǐnǐ
比热 bǐrè
比武 bǐwǔ
比值 bǐzhí
彼岸 bǐ'àn
笔触 bǐchù
笔法 bǐfǎ
笔画 bǐhuà
笔迹 bǐjì
笔尖 bǐjiān
笔名 bǐmíng
笔墨 bǐmò
笔直 bǐzhí
鄙 bǐ
鄙视 bǐshì
鄙夷 bǐyí
币 bì
币制 bìzhì
必需品 bìxūpǐn
毕 bì
毕生 bìshēng
闭幕 bìmù
闭塞 bìsè
庇护 bìhù
陛下 bìxià
毙 bì
敝 bì
婢女 bìnǚ
痹 bì
辟 bì
碧 bì
碧波 bìbō
碧绿 bìlǜ
蔽 bì
弊 bì
弊端 bìduān
弊病 bìbìng
壁垒 bìlěi
避雷针 bìléizhēn
避风 bìfēng
避难 bìnàn
臂膀 bìbǎng
璧 bì
边陲 biānchuí
边防 biānfáng
边际 biānjì
边沿 biānyán
边远 biānyuǎn
编导 biāndǎo
编号 biānhào
编码 biānmǎ
编排 biānpái
编造 biānzào
编者 biānzhě
编织 biānzhī
编撰 biānzhuàn
编纂 biānzuǎn
鞭策 biāncè
鞭打 biāndǎ
鞭炮 biānpào
贬 biǎn
贬低 biǎndī
贬义 biǎnyì
贬值 biǎnzhí
扁担 biǎndan
匾 biǎn
变故 biàngù
变幻 biànhuàn
变卖 biànmài
变色 biànsè
变数 biànshù
变通 biàntōng
变相 biànxiàng
变性 biànxìng
变压器 biànyāqì
变样 biànyàng
变质 biànzhì
变种 biànzhǒng
便秘 biànmì
便衣 biànyī
遍布 biànbù
遍地 biàndì
遍及 biànjí
辨正 biànzhèng
辩 biàn
辩驳 biànbó
辩护人 biànhùrén
辩解 biànjiě
辩论 biànlùn
辫 biàn
辫子 biànzi
标榜 biāobǎng
标兵 biāobīng
标尺 biāochǐ
标的 biāodì
标记 biāojì
标明 biāomíng
标签 biāoqiān
标新立异 biāoxīn-lìyì
膘 biāo
表白 biǎobái
表格 biǎogé
表决 biǎojué
表露 biǎolù
表率 biǎoshuài
表态 biǎotài
憋 biē
鳖 biē
别出心裁
biéchū-xīncái
别具一格
biéjù-yīgé
别开生面
biékāi-shēngmiàn
别墅 biéshù
别名 biémíng
别有用心
biéyǒu-yòngxīn
别致 bié•zhì
瘪 biě
别扭 bièniu
宾馆 bīnguǎn
宾客 bīnkè
宾语 bīnyǔ
宾主 bīnzhǔ
滨 bīn
濒临 bīnlín
濒于 bīnyú
摈弃 bìnqì
鬓 bìn
冰雹 bīngbáo
冰点 bīngdiǎn
冰冻 bīngdòng
冰窖 bīngjiào
冰晶 bīngjīng
冰冷 bīnglěng
冰凉 bīngliáng
冰山 bīngshān
冰天雪地
bīngtiān-xuědì
冰箱 bīngxiāng
兵法 bīngfǎ
兵家 bīngjiā
兵器 bīngqì
兵团 bīngtuán
兵役 bīngyì
兵营 bīngyíng
兵站 bīngzhàn
兵种 bīngzhǒng
饼干 bǐnggān
饼子 bǐngzi
屏息 bǐngxī
禀 bǐng
并发 bìngfā
并肩 bìngjiān
并进 bìngjìn
并举 bìngjǔ
并联 bìnglián
并列 bìngliè
并排 bìngpái
并行 bìngxíng
并重 bìngzhòng
病程 bìngchéng
病床 bìngchuáng
病房 bìngfáng
病根 bìnggēn
病故 bìnggù
病害 bìnghài
病号 bìnghào
病菌 bìngjūn
病例 bìnglì
病魔 bìngmó
病史 bìngshǐ
病榻 bìngtà
病态 bìngtài
病痛 bìngtòng
病因 bìngyīn
病员 bìngyuán
病原体 bìngyuántǐ
病灶 bìngzào
病症 bìngzhèng
摒弃 bìngqì
拨款 bōkuǎn
拨弄 bōnong
波段 bōduàn
波峰 bōfēng
波谷 bōgǔ
波及 bōjí
波澜 bōlán
波涛 bōtāo
波纹 bōwén
波折 bōzhé
钵 bō
剥离 bōlí
剥蚀 bōshí
菠菜 bōcài
菠萝 bōluó
播 bō
播放 bōfàng
播送 bōsòng
伯父 bófù
伯乐 Bólè
伯母 bómǔ
驳 bó
驳斥 bóchì
驳回 bóhuí

帛 bó
泊 bó
铂 bó
脖 bó
脖颈儿 bógěngr
博 bó
博爱 bó’ài
博大 bódà
博得 bódé
博览会 bólǎnhuì
博物馆 bówùguǎn
搏 bó
搏击 bójī
膊 bó
箔 bó
跛 bǒ
簸箕 bòji
卜 bǔ
补丁 bǔding
补给 bǔjǐ
补救 bǔjiù
补课 bǔkè
补习 bǔxí
补助 bǔzhù
补足 bǔzú
捕获 bǔhuò
捕杀 bǔshā
哺乳 bǔrǔ
哺育 bǔyù
不啻 bùchì
不得了 bùdéliǎo
不得已 bùdéyǐ
不动产 bùdòngchǎn
不动声色 bùdòng-shēngsè
不乏 bùfá
不法 bùfǎ
不凡 bùfán
不符 bùfú
不甘 bùgān
不敢当 bùgǎndāng
不计其数 bùjì-qíshù
不见得 bùjiàn•dé
不胫而走 bùjìng’érzǒu
不可思议 bùkě-sīyì
不可一世 bùkě-yīshì
不力 bùlì
不妙 bùmiào
不配 bùpèi
不屈 bùqū
不忍 bùrěn
不善 bùshàn
不适 bùshì
不速之客 bùsùzhīkè
不祥 bùxiáng
不像话 bùxiànghuà
不孝 bùxiào
不屑 bùxiè
不懈 bùxiè
不休 bùxiū
不朽 bùxiǔ
不锈钢 bùxiùgāng
不言而喻 bùyán’éryù
不一 bùyī
不依 bùyī
不以为然 bùyǐwéirán
不由得 bùyóude
不约而同 bùyuē’értóng
不在乎 bùzàihu
不只 bùzhǐ
不至于 bùzhìyú
布告 bùgào
布景 bùjǐng
布匹 bùpǐ
布衣 bùyī
步兵 bùbīng
步履 bùlǚ
步枪 bùqiāng
步行 bùxíng
部件 bùjiàn
部属 bùshǔ
部委 bùwěi
部下 bùxià
埠 bù
簿 bù

C

擦拭 cāshì
猜测 cāicè
猜想 cāixiǎng
猜疑 cāiyí
才干 cáigàn
才华 cáihuá
才智 cáizhì
财经 cáijīng
财会 cáikuài
财贸 cáimào
财权 cáiquán
财团 cáituán
财物 cáiwù
财源 cáiyuán
财主 cáizhu
裁 cái
裁定 cáidìng
裁缝 cáifeng
裁减 cáijiǎn
裁剪 cáijiǎn
裁决 cáijué
裁军 cáijūn
裁判 cáipàn
采伐 cǎifá
采掘 cǎijué
采矿 cǎikuàng
采纳 cǎinà
采写 cǎixiě
采样 cǎiyàng
采油 cǎiyóu
采摘 cǎizhāi
彩电 cǎidiàn
彩虹 cǎihóng
彩绘 cǎihuì
彩礼 cǎilǐ
彩旗 cǎiqí
彩塑 cǎisù
彩陶 cǎitáo
睬 cǎi
菜场 càichǎng
菜刀 càidāo
菜蔬 càishū
菜肴 càiyáo
菜园 càiyuán
参见 cānjiàn
参军 cānjūn
参看 cānkàn
参赛 cānsài
参天 cāntiān
参议院 cānyìyuàn
参阅 cānyuè
参展 cānzhǎn
参战 cānzhàn
参政 cānzhèng
餐 cān
餐具 cānjù
餐厅 cāntīng
餐桌 cānzhuō
残暴 cánbào
残存 cáncún
残废 cánfèi
残害 cánhài
残疾 cán•jí
残留 cánliú
残破 cánpò
残缺 cánquē
残忍 cánrěn
残杀 cánshā
蚕豆 cándòu
蚕食 cánshí
蚕丝 cánsī
惭愧 cánkuì
惨 cǎn
惨案 cǎn’àn
惨白 cǎnbái
惨败 cǎnbài
惨死 cǎnsǐ
惨痛 cǎntòng
惨重 cǎnzhòng
仓促 cāngcù
仓皇 cānghuáng
苍 cāng
苍翠 cāngcuì
苍老 cānglǎo
苍茫 cāngmáng
苍穹 cāngqióng
苍天 cāngtiān
沧桑 cāngsāng
藏身 cángshēn
藏书 cángshū
操办 cāobàn
操场 cāochǎng
操持 cāochí
操劳 cāoláo
操练 cāoliàn
操心 cāoxīn
嘈杂 cáozá
草本 cǎoběn
草场 cǎochǎng
草丛 cǎocóng
草帽 cǎomào
草莓 cǎoméi
草拟 cǎonǐ
草皮 cǎopí
草坪 cǎopíng
草率 cǎoshuài
草图 cǎotú
草屋 cǎowū
草鞋 cǎoxié
草药 cǎoyào
厕所 cèsuǒ
侧耳 cè’ěr
侧身 cèshēn
测绘 cèhuì
测试 cèshì
测算 cèsuàn
策 cè
策动 cèdòng
策划 cèhuà
层出不穷 céngchū-bùqióng
层面 céngmiàn
蹭 cèng
叉腰 chāyāo
杈 chā
差错 chācuò
差额 chā’é
插队 chāduì
插话 chāhuà
插曲 chāqǔ
插手 chāshǒu
插图 chātú
插秧 chāyāng
插嘴 chāzuǐ
茬 chá
茶点 chádiǎn

茶花 cháhuā
茶几 chájī
茶具 chájù
茶水 cháshuǐ
茶园 cháyuán
查处 cháchǔ
查对 cháduì
查获 cháhuò
查禁 chájìn
查看 chákàn
查问 cháwèn
查询 cháxún
查阅 cháyuè
查找 cházhǎo
察觉 chájué
查看 chákàn
杈 chà
岔 chà
刹 chà
刹那 chànà
诧异 chàyì
拆除 chāichú
拆毁 chāihuǐ
拆迁 chāiqiān
拆卸 chāixiè
差使 chāishǐ
差事 chāishi
柴火 cháihuo
柴油 cháiyóu
掺 chān
搀 chān
搀扶 chānfú
馋 chán
禅 chán
禅宗 chánzōng
缠绵 chánmián
缠绕 chánrào
蝉 chán
潺潺 chánchán
蟾蜍 chánchú
产妇 chǎnfù
产权 chǎnquán
产销 chǎnxiāo
铲 chǎn
铲除 chǎnchú
阐发 chǎnfā
阐释 chǎnshì
忏悔 chànhuǐ
颤 chàn
颤动 chàndòng
昌 chāng
猖獗 chāngjué
猖狂 chāngkuáng
娼妓 chāngjì
长臂猿 chángbìyuán
长波 chángbō
长笛 chángdí
长方形 chángfāngxíng
长工 chánggōng
长颈鹿 chángjǐnglù
长空 chángkōng
长年 chángnián
长袍 chángpáo
长跑 chángpǎo
长篇 chángpiān
长衫 chángshān
长寿 chángshòu
长叹 chángtàn
长途 chángtú
长线 chángxiàn
长夜 chángyè
长于 chángyú
长足 chángzú
肠胃 chángwèi
肠子 chángzi
尝新 chángxīn
常人 chángrén
常设 chángshè
常态 chángtài
常委 chángwěi
常温 chángwēn
常务 chángwù
常住 chángzhù
偿 cháng
偿付 chángfù
偿还 chánghuán
厂家 chǎngjiā
厂矿 chǎngkuàng
厂商 chǎngshāng
厂子 chǎngzi
场景 chǎngjǐng
场子 chǎngzi
敞 chǎng
敞开 chǎngkāi
怅惘 chàngwǎng
畅 chàng
畅快 chàngkuài
畅所欲言 chàngsuǒyùyán
畅谈 chàngtán
畅通 chàngtōng
畅销 chàngxiāo
倡 chàng
倡导 chàngdǎo
倡议 chàngyì
唱词 chàngcí
唱片 chàngpiàn
唱腔 chàngqiāng
唱戏 chàngxì
抄袭 chāoxí
抄写 chāoxiě
钞 chāo
钞票 chāopiào
超产 chāochǎn
超常 chāocháng
超导体 chāodǎotǐ
超级 chāojí
超前 chāoqián
超然 chāorán
超人 chāorén
超声波 chāoshēngbō
超脱 chāotuō
剿 chāo
巢穴 cháoxué
朝拜 cháobài
朝代 cháodài
朝向 cháoxiàng
朝阳 cháoyáng
朝野 cháoyě
朝政 cháozhèng
嘲讽 cháofěng
嘲弄 cháonòng
嘲笑 cháoxiào
潮水 cháoshuǐ
潮汐 cháoxī
吵架 chǎojià
吵闹 chǎonào
吵嘴 chǎozuǐ
车床 chēchuáng
车队 chēduì
车夫 chēfū
车祸 chēhuò
车门 chēmén
车身 chēshēn
车头 chētóu
扯皮 chěpí
彻 chè
撤换 chèhuàn
撤回 chèhuí
撤离 chèlí
撤退 chètuì
撤职 chèzhí
澈 chè
抻 chēn
臣民 chénmín
尘埃 chén'āi
尘土 chéntǔ
辰 chén
沉寂 chénjì
沉降 chénjiàng
沉浸 chénjìn
沉静 chénjìng
沉沦 chénlún
沉闷 chénmèn
沉没 chénmò
沉睡 chénshuì
沉痛 chéntòng
沉吟 chényín
沉郁 chényù
沉醉 chénzuì
陈腐 chénfǔ
陈规 chénguī
陈迹 chénjì
陈列 chénliè
陈设 chénshè
晨 chén
晨光 chénguāng
晨曦 chénxī
衬 chèn
衬衫 chènshān
衬托 chèntuō
衬衣 chènyī
称职 chènzhí
趁机 chènjī
趁势 chènshì
趁早 chènzǎo
称霸 chēngbà
称道 chēngdào
称颂 chēngsòng
称谓 chēngwèi
撑腰 chēngyāo
成败 chéngbài
成才 chéngcái
成材 chéngcái
成风 chéngfēng
成活 chénghuó
成家 chéngjiā
成见 chéngjiàn
成交 chéngjiāo
成名 chéngmíng
成品 chéngpǐn
成亲 chéngqīn
成全 chéngquán
成书 chéngshū
成套 chéngtào
成天 chéngtiān
成行 chéngxíng
成形 chéngxíng
成因 chéngyīn
丞 chéng
丞相 chéngxiàng
诚然 chéngrán
诚心 chéngxīn
诚挚 chéngzhì
承办 chéngbàn
承继 chéngjì
承建 chéngjiàn
承袭 chéngxí
城堡 chéngbǎo
城郊 chéngjiāo
城楼 chénglóu
城墙 chéngqiáng
城区 chéngqū
乘法 chéngfǎ

乘方 chéngfāng
乘积 chéngjī
乘凉 chéngliáng
乘务员 chéngwùyuán
乘坐 chéngzuò
惩 chéng
惩办 chéngbàn
惩处 chéngchǔ
惩戒 chéngjiè
惩治 chéngzhì
澄清 chéngqīng
橙 chéng
逞 chěng
吃不消 chī•bùxiāo
吃苦 chīkǔ
吃亏 chīkuī
吃水 chīshuǐ
吃香 chīxiāng
嗤 chī
痴 chī
痴呆 chīdāi
池子 chízi
驰骋 chíchěng
驰名 chímíng
迟到 chídào
迟缓 chíhuǎn
迟疑 chíyí
迟早 chízǎo
持之以恒 chízhīyǐhéng
持重 chízhòng
尺寸 chǐ•cùn
尺子 chǐzi
齿轮 chǐlún
齿龈 chǐyín
耻辱 chǐrǔ
斥 chì
斥责 chìzé
赤诚 chìchéng
赤裸 chìluǒ
赤手空拳 chìshǒu-kōngquán
赤字 chìzì
炽烈 chìliè
炽热 chìrè
冲淡 chōngdàn
冲锋 chōngfēng
冲积 chōngjī
冲刷 chōngshuā
冲天 chōngtiān
冲洗 chōngxǐ
冲撞 chōngzhuàng
充斥 chōngchì
充电 chōngdiàn
充饥 chōngjī
充沛 chōngpèi
充塞 chōngsè
充血 chōngxuè
充溢 chōngyì
充裕 chōngyù
舂 chōng
憧憬 chōngjǐng
虫害 chónghài
虫子 chóngzi
重叠 chóngdié
重逢 chóngféng
重申 chóngshēn
重围 chóngwéi
重行 chóngxíng
重修 chóngxiū
重演 chóngyǎn
崇敬 chóngjìng
崇尚 chóngshàng
宠 chǒng
宠爱 chǒng'ài
宠儿 chǒng'ér
抽查 chōuchá
抽搐 chōuchù
抽打 chōudǎ
抽调 chōudiào
抽空 chōukòng
抽泣 chōuqì
抽签 chōuqiān
抽取 chōuqǔ
抽穗 chōusuì
抽屉 chōu•tì
抽样 chōuyàng
仇 chóu
仇敌 chóudí
仇人 chóurén
仇视 chóushì
惆怅 chóuchàng
绸 chóu
绸缎 chóuduàn
绸子 chóuzi
稠 chóu
稠密 chóumì
愁苦 chóukǔ
筹 chóu
筹办 chóubàn
筹备 chóubèi
筹措 chóucuò
筹划 chóuhuà
筹集 chóují
筹建 chóujiàn
踌躇 chóuchú
丑恶 chǒu'è
丑陋 chǒulòu
臭氧 chòuyǎng
出兵 chūbīng
出差 chūchāi
出厂 chūchǎng
出场 chūchǎng
出动 chūdòng
出工 chūgōng
出海 chūhǎi
出击 chūjī
出家 chūjiā
出嫁 chūjià
出境 chūjìng
出类拔萃 chūlèi-bácuì
出力 chūlì
出马 chūmǎ
出面 chūmiàn
出苗 chūmiáo
出名 chūmíng
出没 chūmò
出品 chūpǐn
出其不意 chūqíbùyì
出奇 chūqí
出气 chūqì
出勤 chūqín
出人意料 chūrényìliào
出任 chūrèn
出入 chūrù
出山 chūshān
出神 chūshén
出生率 chūshēnglǜ
出师 chūshī
出使 chūshǐ
出示 chūshì
出世 chūshì
出事 chūshì
出手 chūshǒu
出台 chūtái
出头 chūtóu
出外 chūwài
出院 chūyuàn
出征 chūzhēng
出众 chūzhòng
出资 chūzī
出走 chūzǒu
出租 chūzū
初春 chūchūn
初等 chūděng
初冬 chūdōng
初恋 chūliàn
初年 chūnián
初秋 chūqiū
初夏 chūxià
初学 chūxué
除尘 chúchén
除法 chúfǎ
除外 chúwài
除夕 chúxī
厨 chú
厨师 chúshī
锄 chú
锄头 chútou
雏 chú
雏形 chúxíng
橱 chú
橱窗 chúchuāng
处方 chǔfāng
处决 chǔjué
处女 chǔnǚ
处世 chǔshì
处事 chǔshì
处死 chǔsǐ
处置 chǔzhì
储 chǔ
储藏 chǔcáng
处所 chùsuǒ
畜力 chùlì
畜生 chùsheng
触电 chùdiàn
触动 chùdòng
触发 chùfā
触犯 chùfàn
触及 chùjí
触角 chùjiǎo
触觉 chùjué
触摸 chùmō
触目惊心 chùmù-jīngxīn
触手 chùshǒu
触须 chùxū
矗立 chùlì
揣 chuāi
揣测 chuǎicè
揣摩 chuǎimó
踹 chuài
川剧 chuānjù
川流不息 chuānliú-bùxī
穿插 chuānchā
穿刺 chuāncì
穿戴 chuāndài
穿孔 chuānkǒng
穿山甲 chuānshānjiǎ
穿梭 chuānsuō
穿行 chuānxíng
穿越 chuānyuè
传布 chuánbù
传承 chuánchéng
传单 chuándān
传道 chuándào
传教 chuánjiào
传令 chuánlìng
传奇 chuánqí
传染 chuánrǎn
传人 chuánrén
传神 chuánshén
传输 chuánshū
传送 chuánsòng
传诵 chuánsòng

传闻 chuánwén
传真 chuánzhēn
船舱 chuáncāng
船夫 chuánfū
船家 chuánjiā
船台 chuántái
船舷 chuánxián
船员 chuányuán
船闸 chuánzhá
喘气 chuǎnqì
喘息 chuǎnxī
创口 chuāngkǒu
疮 chuāng
疮疤 chuāngbā
窗帘 chuānglián
窗台 chuāngtái
床单 chuángdān
床铺 chuángpù
床位 chuángwèi
创汇 chuànghuì
创见 chuàngjiàn
创建 chuàngjiàn
创举 chuàngjǔ
创刊 chuàngkān
创设 chuàngshè
创始 chuàngshǐ
创业 chuàngyè
创制 chuàngzhì
炊烟 chuīyān
吹拂 chuīfú
吹牛 chuīniú
吹捧 chuīpěng
吹嘘 chuīxū
吹奏 chuīzòu
垂钓 chuídiào
垂柳 chuíliǔ
垂死 chuísǐ
垂危 chuíwēi
捶 chuí
锤炼 chuíliàn
锤子 chuízi
春分 chūnfēn
春风 chūnfēng
春耕 chūngēng
春光 chūnguāng
春雷 chūnléi
春色 chūnsè
纯度 chúndù
纯净 chúnjìng
纯真 chúnzhēn
纯正 chúnzhèng
淳朴 chúnpǔ
醇 chún
蠢 chǔn
蠢事 chǔnshì
戳 chuō
戳穿 chuōchuān
啜泣 chuòqì
绰号 chuòhào
词句 cíjù
祠 cí
祠堂 cítáng
瓷 cí
瓷器 cíqì
瓷砖 cízhuān
辞典 cídiǎn
辞退 cítuì
慈 cí
慈爱 cí'ài
慈悲 cíbēi
慈善 císhàn
慈祥 cíxiáng
磁带 cídài
磁化 cíhuà
磁极 cíjí
磁体 cítǐ
磁头 cítóu
磁性 cíxìng
雌蕊 círuǐ
雌性 cíxìng
雌雄 cíxióng
此间 cǐjiān
此起彼伏 cǐqǐ-bǐfú
次第 cìdì
次品 cìpǐn
次日 cìrì
刺刀 cìdāo
刺耳 cì'ěr
刺骨 cìgǔ
刺客 cìkè
刺杀 cìshā
刺猬 cìwei
刺绣 cìxiù
刺眼 cìyǎn
赐予 cìyǔ
匆忙 cōngmáng
葱 cōng
聪慧 cōnghuì
从容 cóngróng
从军 cóngjūn
从属 cóngshǔ
从头 cóngtóu
从新 cóngxīn
从业 cóngyè
从众 cóngzhòng
丛林 cónglín
丛生 cóngshēng
丛书 cóngshū
凑合 còuhé
凑近 còujìn
凑巧 còuqiǎo
粗暴 cūbào
粗笨 cūbèn
粗布 cūbù
粗大 cūdà
粗放 cūfàng
粗犷 cūguǎng
粗鲁 cūlǔ
粗略 cūlüè
粗俗 cūsú
粗细 cūxì
粗心 cūxīn
粗野 cūyě
粗壮 cūzhuàng
醋 cù
簇拥 cùyōng
蹿 cuān
攒 cuán
篡夺 cuànduó
篡改 cuàngǎi
崔 Cuī
催促 cuīcù
催化 cuīhuà
催化剂 cuīhuàjì
催眠 cuīmián
摧 cuī
璀璨 cuǐcàn
脆 cuì
脆弱 cuìruò
萃取 cuìqǔ
啐 cuì
淬火 cuìhuǒ
翠 cuì
翠绿 cuìlǜ
村落 cūnluò
村民 cūnmín
村寨 cūnzhài
村镇 cūnzhèn
皴 cūn
存储 cúnchǔ
存放 cúnfàng
存活 cúnhuó
存货 cúnhuò
存留 cúnliú
存亡 cúnwáng
存心 cúnxīn
存折 cúnzhé
搓 cuō
磋商 cuōshāng
撮 cuō
挫 cuò
挫败 cuòbài
挫伤 cuòshāng
锉 cuò
错过 cuòguò
错觉 cuòjué
错位 cuòwèi
错综复杂 cuòzōng-fùzá

D

耷拉 dāla
搭救 dājiù
搭配 dāpèi
搭讪 dā•shàn
答辩 dábiàn
答话 dáhuà
打岔 dǎchà
打点 dǎdian
打动 dǎdòng
打赌 dǎdǔ
打盹儿 dǎdǔnr
打发 dǎfa
打火机 dǎhuǒjī
打交道 dǎjiāo•dào
打搅 dǎjiǎo
打垮 dǎkuǎ
打捞 dǎlāo
打猎 dǎliè
打趣 dǎqù
打扰 dǎrǎo
打扫 dǎsǎo
打铁 dǎtiě
打通 dǎtōng
打消 dǎxiāo
打印 dǎyìn
打颤 dǎzhàn
打字 dǎzì
大白 dàbái
大本营 dàběnyíng
大便 dàbiàn
大不了 dà•bùliǎo
大肠 dàcháng
大潮 dàcháo
大车 dàchē
大抵 dàdǐ
大殿 dàdiàn
大度 dàdù
大法 dàfǎ
大凡 dàfán
大方 dàfāng
大方 dàfang
大副 dàfù
大公无私 dàgōng-wúsī
大鼓 dàgǔ
大褂 dàguà
大汉 dàhàn
大号 dàhào
大户 dàhù
大计 dàjì
大将 dàjiàng
大惊小怪 dàjīng-xiǎoguài
大局 dàjú
大举 dàjǔ

大理石 dàlǐshí
大陆架 dàlùjià
大路 dàlù
大略 dàlüè
大麻 dàmá
大麦 dàmài
大米 dàmǐ
大气层 dàqìcéng
大气压 dàqìyā
大权 dàquán
大人物 dàrénwù
大赛 dàsài
大使 dàshǐ
大势 dàshì
大肆 dàsì
大同小异 dàtóng-xiǎoyì
大腿 dàtuǐ
大喜 dàxǐ
大显身手 dàxiǎn-shēnshǒu
大相径庭 dàxiāng-jìngtíng
大修 dàxiū
大选 dàxuǎn
大雪 dàxuě
大雁 dàyàn
大业 dàyè
大义 dàyì
大专 dàzhuān
大宗 dàzōng
大作 dàzuò
呆板 dāibǎn
呆滞 dāizhì
歹徒 dǎitú
逮 dǎi
代办 dàibàn
代表作 dàibiǎozuò
代词 dàicí
代号 dàihào
代数 dàishù
玳瑁 dàimào
带电 dàidiàn
带劲 dàijìn
带路 dàilù

带子 dàizi
贷 dài
待命 dàimìng
待业 dàiyè
怠工 dàigōng
怠慢 dàimàn
袋子 dàizi
逮 dài
丹 dān
丹顶鹤 dāndǐnghè
担保 dānbǎo
担当 dāndāng
担架 dānjià
担忧 dānyōu
单薄 dānbó
单产 dānchǎn
单词 dāncí
单方 dānfāng
单干 dāngàn
单价 dānjià
单据 dānjù
单身 dānshēn
单项 dānxiàng
单衣 dānyī
单元 dānyuán
单子 dānzi
耽搁 dānge
胆固醇 dǎngùchún
胆量 dǎnliàng
胆略 dǎnlüè
胆囊 dǎnnáng
胆怯 dǎnqiè
胆小鬼 dǎnxiǎoguǐ
胆汁 dǎnzhī
胆子 dǎnzi
掸 dǎn
旦 dàn
旦角儿 dànjuér
诞辰 dànchén
淡薄 dànbó
淡化 dànhuà
淡漠 dànmò
淡然 dànrán
弹片 dànpiàn
弹头 dàntóu

弹药 dànyào
蛋糕 dàngāo
氮肥 dànféi
氮气 dànqì
当差 dāngchāi
当归 dāngguī
当家 dāngjiā
当量 dāngliàng
当面 dāngmiàn
当权 dāngquán
当日 dāngrì
当下 dāngxià
当心 dāngxīn
当众 dāngzhòng
裆 dāng
党籍 dǎngjí
党纪 dǎngjì
党派 dǎngpài
党团 dǎngtuán
党务 dǎngwù
党校 dǎngxiào
党章 dǎngzhāng
当铺 dàng•pù
当日 dàngrì
当晚 dàngwǎn
当夜 dàngyè
当真 dàngzhēn
荡 dàng
荡漾 dàngyàng
档 dàng
档次 dàngcì
刀枪 dāoqiāng
刀子 dāozi
导电 dǎodiàn
导航 dǎoháng
导热 dǎorè
导师 dǎoshī
导向 dǎoxiàng
导游 dǎoyóu
导语 dǎoyǔ
捣 dǎo
捣鬼 dǎoguǐ
捣毁 dǎohuǐ
捣乱 dǎoluàn
倒闭 dǎobì

倒伏 dǎofú
倒卖 dǎomài
倒塌 dǎotā
祷告 dǎogào
蹈 dǎo
到家 dàojiā
倒挂 dàoguà
倒立 dàolì
倒数 dàoshǔ
倒数 dàoshù
倒退 dàotuì
倒影 dàoyǐng
倒置 dàozhì
倒转 dàozhuǎn
倒转 dàozhuàn
盗 dào
盗贼 dàozéi
悼念 dàoniàn
道家 Dàojiā
道具 dàojù
道歉 dàoqiàn
道士 dàoshi
道喜 dàoxǐ
道谢 dàoxiè
道义 dàoyì
稻草 dàocǎo
稻子 dàozi
得逞 déchěng
得当 dédàng
得分 défēn
得救 déjiù
得力 délì
得失 déshī
得体 détǐ
得天独厚 détiān-dúhòu
得心应手 déxīn-yìngshǒu
得罪 dé•zuì
灯火 dēnghuǒ
灯笼 dēnglong
灯塔 dēngtǎ
登场 dēngcháng
登场 dēngchǎng
登高 dēnggāo

登陆 dēnglù
登门 dēngmén
登山 dēngshān
登台 dēngtái
登载 dēngzǎi
等号 děnghào
等价 děngjià
等式 děngshì
等同 děngtóng
凳 dèng
凳子 dèngzi
澄 dèng
瞪眼 dèngyǎn
低层 dīcéng
低潮 dīcháo
低沉 dīchén
低估 dīgū
低空 dīkōng
低廉 dīlián
低劣 dīliè
低落 dīluò
低能 dīnéng
低洼 dīwā
低微 dīwēi
低压 dīyā
堤 dī
堤坝 dībà
提防 dīfang
滴灌 dīguàn
敌国 díguó
敌后 díhòu
敌寇 díkòu
敌情 díqíng
敌视 díshì
敌意 díyì
涤纶 dílún
笛 dí
笛子 dízi
嫡 dí
诋毁 dǐhuǐ
抵偿 dǐcháng
抵触 dǐchù
抵达 dǐdá
抵挡 dǐdǎng
抵消 dǐxiāo

抵押	dǐyā
抵御	dǐyù
底片	dǐpiàn
底细	dǐ•xì
底子	dǐzi
地产	dìchǎn
地磁	dìcí
地道	dìdào
地道	dìdao
地段	dìduàn
地核	dìhé
地基	dìjī
地窖	dìjiào
地雷	dìléi
地力	dìlì
地幔	dìmàn
地盘	dìpán
地皮	dìpí
地平线	dìpíngxiàn
地热	dìrè
地毯	dìtǎn
地下室	dìxiàshì
地衣	dìyī
地狱	dìyù
地址	dìzhǐ
弟妹	dìmèi
帝王	dìwáng
帝制	dìzhì
递减	dìjiǎn
递增	dìzēng
谛听	dìtīng
蒂	dì
缔	dì
缔结	dìjié
缔约	dìyuē
掂	diān
滇	Diān
颠	diān
颠簸	diānbǒ
颠倒	diāndǎo
颠覆	diānfù
巅	diān
典	diǎn
典范	diǎnfàn
典故	diǎngù

典籍	diǎnjí
典礼	diǎnlǐ
典雅	diǎnyǎ
点滴	diǎndī
点火	diǎnhuǒ
点名	diǎnmíng
点心	diǎnxin
点缀	diǎn•zhuì
电表	diànbiǎo
电波	diànbō
电车	diànchē
电磁场	diàncíchǎng
电镀	diàndù
电工	diàngōng
电光	diànguāng
电焊	diànhàn
电机	diànjī
电极	diànjí
电解	diànjiě
电解质	diànjiězhì
电缆	diànlǎn
电铃	diànlíng
电炉	diànlú
电气	diànqì
电气化	diànqìhuà
电扇	diànshàn
电梯	diàntī
电筒	diàntǒng
电网	diànwǎng
电文	diànwén
电信	diànxìn
电讯	diànxùn
电影院	diànyǐngyuàn
佃	diàn
店铺	diànpù
店堂	diàntáng
店员	diànyuán
垫圈	diànquān
惦记	diàn•jì
惦念	diànniàn
奠	diàn
奠基	diànjī
殿	diàn
殿堂	diàntáng
殿下	diànxià

刁	diāo
刁难	diāonàn
叼	diāo
貂	diāo
碉堡	diāobǎo
雕琢	diāozhuó
吊环	diàohuán
钓	diào
钓竿	diàogān
调度	diàodù
调换	diàohuàn
调集	diàojí
调配	diàopèi
调遣	diàoqiǎn
调运	diàoyùn
调子	diàozi
掉队	diàoduì
掉头	diàotóu
跌落	diēluò
碟	dié
蝶	dié
叮	dīng
叮咛	dīngníng
叮嘱	dīngzhǔ
钉子	dīngzi
顶峰	dǐngfēng
顶替	dǐngtì
鼎	dǐng
鼎盛	dǐngshèng
订购	dìnggòu
订婚	dìnghūn
订立	dìnglì
订阅	dìngyuè
订正	dìngzhèng
定点	dìngdiǎn
定都	dìngdū
订购	dìnggòu
定价	dìngjià
定居	dìngjū
定论	dìnglùn
定名	dìngmíng
定神	dìngshén
定时	dìngshí
定位	dìngwèi
定性	dìngxìng

定语	dìngyǔ
定员	dìngyuán
定罪	dìngzuì
锭	dìng
丢掉	diūdiào
丢脸	diūliǎn
丢人	diūrén
丢失	diūshī
东边	dōng•biān
东道主	dōngdàozhǔ
东风	dōngfēng
东家	dōngjia
东经	dōngjīng
东正教	Dōngzhèngjiào
冬眠	dōngmián
冬至	dōngzhì
董	dǒng
董事	dǒngshì
董事会	dǒngshìhuì
懂事	dǒngshì
动产	dòngchǎn
动荡	dòngdàng
动工	dònggōng
动画片	dònghuàpiàn
动乱	dòngluàn
动情	dòngqíng
动身	dòngshēn
动弹	dòngtan
动听	dòngtīng
动物园	dòngwùyuán
动向	dòngxiàng
动心	dòngxīn
动用	dòngyòng
动辄	dòngzhé
冻疮	dòngchuāng
冻结	dòngjié
栋	dòng
洞察	dòngchá
洞房	dòngfáng
洞穴	dòngxué
斗笠	dǒulì
抖动	dǒudòng
抖擞	dǒusǒu
陡	dǒu

陡坡	dǒupō
陡峭	dǒuqiào
陡然	dǒurán
斗志	dòuzhì
豆浆	dòujiāng
豆芽儿	dòuyár
豆子	dòuzi
逗乐儿	dòulèr
逗留	dòuliú
痘	dòu
窦	dòu
都城	dūchéng
督	dū
督办	dūbàn
督促	dūcù
督军	dūjūn
嘟囔	dūnang
毒草	dúcǎo
毒打	dúdǎ
毒害	dúhài
毒剂	dújì
毒品	dúpǐn
毒气	dúqì
毒蛇	dúshé
毒物	dúwù
毒药	dúyào
独霸	dúbà
独白	dúbái
独裁	dúcái
独唱	dúchàng
独创	dúchuàng
独到	dúdào
独断	dúduàn
独家	dújiā
独身	dúshēn
独舞	dúwǔ
独一无二	dúyī-wú'èr
独奏	dúzòu
读数	dúshù
读物	dúwù
读音	dúyīn
犊	dú
笃信	dǔxìn
堵截	dǔjié
堵塞	dǔsè

赌 dǔ
赌博 dǔbó
赌气 dǔqì
睹 dǔ
杜鹃 dùjuān
杜绝 dùjué
妒忌 dùjì
度量 dùliàng
度日 dùrì
渡船 dùchuán
渡口 dùkǒu
镀 dù
端午 Duānwǔ
端详 duānxiáng
端庄 duānzhuāng
短波 duǎnbō
短处 duǎn•chù
短促 duǎncù
短工 duǎngōng
短路 duǎnlù
短跑 duǎnpǎo
短缺 duǎnquē
短线 duǎnxiàn
短小 duǎnxiǎo
短语 duǎnyǔ
段落 duànluò
断层 duàncéng
断绝 duànjué
断然 duànrán
断送 duànsòng
断言 duànyán
缎 duàn
缎子 duànzi
煅 duàn
锻 duàn
堆放 duīfàng
堆砌 duīqì
队列 duìliè
对岸 duì'àn
对策 duìcè
对答 duìdá
对等 duìděng
对接 duìjiē
对口 duìkǒu
对联 duìlián
对路 duìlù
对门 duìmén
对偶 duì'ǒu
对数 duìshù
对头 duìtou
对虾 duìxiā
对峙 duìzhì
兑 duì
兑换 duìhuàn
兑现 duìxiàn
敦促 dūncù
墩 dūn
囤 dùn
炖 dùn
钝 dùn
盾 dùn
顿悟 dùnwù
多寡 duōguǎ
多亏 duōkuī
多情 duōqíng
多事 duōshì
多谢 duōxiè
多嘴 duōzuǐ
夺目 duómù
踱 duó
垛 duǒ
躲避 duǒbì
躲藏 duǒcáng
躲闪 duǒshǎn
剁 duò
垛 duò
舵 duò
堕 duò
堕落 duòluò
惰性 duòxìng
跺 duò
跺脚 duòjiǎo

E

鹅卵石 éluǎnshí
蛾子 ézi
额定 édìng
额角 éjiǎo
额头 étóu
额外 éwài
厄运 èyùn
扼 è
扼杀 èshā
扼要 èyào
恶霸 èbà
恶臭 èchòu
恶毒 èdú
恶棍 ègùn
恶果 èguǒ
恶魔 èmó
恶人 èrén
恶习 èxí
恶性 èxìng
恶意 èyì
恶作剧 èzuòjù
鄂 È
萼片 èpiàn
遏止 èzhǐ
遏制 èzhì
愕然 èrán
腭 è
恩赐 ēncì
恩情 ēnqíng
恩人 ēnrén
儿科 érkē
儿孙 érsūn
儿戏 érxì
而今 érjīn
尔后 ěrhòu
耳光 ěrguāng
耳环 ěrhuán
耳机 ěrjī
耳鸣 ěrmíng
耳目 ěrmù
耳语 ěryǔ
饵 ěr
二胡 èrhú

F

发报 fābào
发财 fācái
发愁 fāchóu
发呆 fādāi
发放 fāfàng
发疯 fāfēng
发还 fāhuán
发火 fāhuǒ
发酵 fājiào
发狂 fākuáng
发愣 fālèng
发毛 fāmáo
发霉 fāméi
发怒 fānù
发配 fāpèi
发票 fāpiào
发情 fāqíng
发球 fāqiú
发散 fāsàn
发烧 fāshāo
发誓 fāshì
发售 fāshòu
发送 fāsòng
发文 fāwén
发问 fāwèn
发笑 fāxiào
发泄 fāxiè
发言人 fāyánrén
发源 fāyuán
乏 fá
乏力 fálì
乏味 fáwèi
伐 fá
伐木 fámù
罚金 fájīn
阀 fá
筏 fá
法案 fǎ'àn
法宝 fǎbǎo
法典 fǎdiǎn
法纪 fǎjì
法权 fǎquán
法师 fǎshī
法术 fǎshù
法医 fǎyī
法治 fǎzhì
发型 fàxíng
帆 fān
帆布 fānbù
帆船 fānchuán
番茄 fānqié
藩镇 fānzhèn
翻案 fān'àn
翻动 fāndòng
翻滚 fāngǔn
翻腾 fān•téng
翻阅 fānyuè
凡人 fánrén
凡事 fánshì
烦 fán
烦闷 fánmèn
烦躁 fánzào
繁复 fánfù
繁华 fánhuá
繁忙 fánmáng
繁茂 fánmào
繁盛 fánshèng
繁琐 fánsuǒ
繁星 fánxīng
繁衍 fányǎn
繁育 fányù
繁杂 fánzá
反比 fǎnbǐ
反驳 fǎnbó
反常 fǎncháng
反刍 fǎnchú
反倒 fǎndào
反感 fǎngǎn
反攻 fǎngōng
反光 fǎnguāng
反击 fǎnjī
反叛 fǎnpàn
反扑 fǎnpū
反思 fǎnsī
反问 fǎnwèn
反响 fǎnxiǎng
反省 fǎnxǐng
反义词 fǎnyìcí
反证 fǎnzhèng
返航 fǎnháng
返还 fǎnhuán
返青 fǎnqīng
犯法 fànfǎ
犯人 fànrén
饭菜 fàncài
饭馆儿 fànguǎnr

饭盒 fànhé
饭厅 fàntīng
饭碗 fànwǎn
饭桌 fànzhuō
泛滥 fànlàn
范例 fànlì
贩 fàn
贩卖 fànmài
贩运 fànyùn
贩子 fànzi
梵文 fànwén
方剂 fāngjì
方略 fānglüè
方位 fāngwèi
方向盘 fāngxiàngpán
方兴未艾 fāngxīng-wèi’ài
方圆 fāngyuán
方桌 fāngzhuō
芳香 fāngxiāng
防备 fángbèi
防毒 fángdú
防范 fángfàn
防寒 fánghán
防洪 fánghóng
防护 fánghù
防护林 fánghùlín
防空 fángkōng
防守 fángshǒu
防卫 fángwèi
防务 fángwù
防线 fángxiàn
防汛 fángxùn
防疫 fángyì
妨害 fánghài
房产 fángchǎn
房东 fángdōng
房租 fángzū
仿 fǎng
仿效 fǎngxiào
仿照 fǎngzhào
仿制 fǎngzhì
纺 fǎng
纺织品 fǎngzhīpǐn
放大镜 fàngdàjìng
放电 fàngdiàn
放火 fànghuǒ
放假 fàngjià
放宽 fàngkuān
放牧 fàngmù
放炮 fàngpào
放任 fàngrèn
放哨 fàngshào
放射线 fàngshèxiàn
放声 fàngshēng
放手 fàngshǒu
放肆 fàngsì
放行 fàngxíng
放学 fàngxué
放眼 fàngyǎn
放养 fàngyǎng
放映 fàngyìng
放置 fàngzhì
放纵 fàngzòng
飞驰 fēichí
飞碟 fēidié
飞溅 fēijiàn
飞禽 fēiqín
飞速 fēisù
飞腾 fēiténg
飞天 fēitiān
飞艇 fēitǐng
飞舞 fēiwǔ
飞行器 fēixíngqì
飞行员 fēixíngyuán
飞扬 fēiyáng
飞越 fēiyuè
飞涨 fēizhǎng
妃 fēi
非得 fēiděi
非凡 fēifán
非难 fēinàn
非同小可 fēitóngxiǎokě
非议 fēiyì
绯红 fēihóng
肥大 féidà
肥厚 féihòu
肥力 féilì
肥胖 féipàng
肥水 féishuǐ
肥沃 féiwò
肥效 féixiào
肥皂 féizào
匪帮 fěibāng
匪徒 fěitú
诽谤 fěibàng
翡翠 fěicuì
吠 fèi
肺病 fèibìng
肺活量 fèihuóliàng
肺结核 fèijiéhé
肺炎 fèiyán
废话 fèihuà
废旧 fèijiù
废料 fèiliào
废品 fèipǐn
废气 fèiqì
废弃 fèiqì
废水 fèishuǐ
废物 fèiwù
废物 fèiwu
废渣 fèizhā
废止 fèizhǐ
沸 fèi
沸点 fèidiǎn
沸水 fèishuǐ
费解 fèijiě
费劲 fèijìn
费力 fèilì
分辨 fēnbiàn
分兵 fēnbīng
分寸 fēn•cùn
分担 fēndān
分队 fēnduì
分发 fēnfā
分隔 fēngé
分管 fēnguǎn
分红 fēnhóng
分家 fēnjiā
分居 fēnjū
分流 fēnliú
分娩 fēnmiǎn
分蘖 fēnniè
分派 fēnpài
分清 fēnqīng
分手 fēnshǒu
分数 fēnshù
分水岭 fēnshuǐlǐng
分摊 fēntān
分头 fēntóu
分享 fēnxiǎng
芬芳 fēnfāng
纷繁 fēnfán
纷飞 fēnfēi
纷乱 fēnluàn
纷纭 fēnyún
纷争 fēnzhēng
氛围 fēnwéi
酚 fēn
坟 fén
坟地 féndì
坟墓 fénmù
坟头 féntóu
焚 fén
焚毁 fénhuǐ
焚烧 fénshāo
粉笔 fěnbǐ
粉尘 fěnchén
粉刺 fěncì
粉红 fěnhóng
粉剂 fěnjì
粉饰 fěnshì
分外 fènwài
份额 fèn’é
份儿 fènr
份子 fènzi
奋不顾身 fènbùgùshēn
奋发 fènfā
奋力 fènlì
奋起 fènqǐ
奋勇 fènyǒng
奋战 fènzhàn
粪便 fènbiàn
愤 fèn
愤恨 fènhèn
愤慨 fènkǎi
愤然 fènrán
丰产 fēngchǎn
丰厚 fēnghòu
丰满 fēngmǎn
丰年 fēngnián
丰盛 fēngshèng
丰硕 fēngshuò
丰腴 fēngyú
风波 fēngbō
风采 fēngcǎi
风潮 fēngcháo
风车 fēngchē
风驰电掣 fēngchí-diànchè
风度 fēngdù
风帆 fēngfān
风寒 fēnghán
风化 fēnghuà
风浪 fēnglàng
风流 fēngliú
风貌 fēngmào
风靡 fēngmǐ
风起云涌 fēngqǐ-yúnyǒng
风情 fēngqíng
风趣 fēngqù
风沙 fēngshā
风尚 fēngshàng
风声 fēngshēng
风水 fēng•shuǐ
风味 fēngwèi
风箱 fēngxiāng
风向 fēngxiàng
风行 fēngxíng
风雅 fēngyǎ
风云 fēngyún
风韵 fēngyùn
风筝 fēngzheng
风姿 fēngzī
枫 fēng
封面 fēngmiàn
疯 fēng
疯子 fēngzi
峰峦 fēngluán
烽火 fēnghuǒ
锋利 fēnglì
锋芒 fēngmáng

蜂巢 fēngcháo
蜂房 fēngfáng
蜂蜜 fēngmì
蜂王 fēngwáng
蜂窝 fēngwō
逢 féng
缝合 féngé
缝纫 féngrèn
讽 fěng
凤 fèng
凤凰 fèng·huáng
奉命 fèngmìng
奉行 fèngxíng
缝隙 fèngxì
佛典 fódiǎn
佛法 fófǎ
佛经 fójīng
佛寺 fósì
佛像 fóxiàng
佛学 fóxué
否决 fǒujué
夫子 fūzǐ
肤浅 fūqiǎn
肤色 fūsè
孵 fū
敷 fū
敷衍 fūyǎn
弗 fú
伏击 fújī
伏帖 fútiē
芙蓉 fúróng
扶持 fúchí
扶贫 fúpín
扶桑 fúsāng
扶手 fú·shǒu
扶养 fúyǎng
扶植 fúzhí
扶助 fúzhù
拂 fú
拂晓 fúxiǎo
服侍 fú·shì
服饰 fúshì
服药 fúyào
服役 fúyì
氟 fú

俘 fú
俘获 fúhuò
浮雕 fúdiāo
浮力 fúlì
浮现 fúxiàn
浮云 fúyún
浮肿 fúzhǒng
符 fú
辐 fú
福气 fúqi
福音 fúyīn
甫 fǔ
抚 fǔ
抚摩 fǔmó
抚慰 fǔwèi
抚养 fǔyǎng
抚育 fǔyù
斧头 fǔ·tóu
斧子 fǔzi
俯 fǔ
俯冲 fǔchōng
俯瞰 fǔkàn
俯视 fǔshì
俯首 fǔshǒu
辅 fǔ
辅导 fǔdǎo
腐化 fǔhuà
腐烂 fǔlàn
父辈 fùbèi
父老 fùlǎo
负电 fùdiàn
负荷 fùhè
负极 fùjí
负离子 fùlízǐ
负伤 fùshāng
负载 fùzài
负债 fùzhài
负重 fùzhòng
妇科 fùkē
附带 fùdài
附和 fùhè
附件 fùjiàn
附录 fùlù
附设 fùshè
附属 fùshǔ

附庸 fùyōng
复查 fùchá
复仇 fùchóu
复发 fùfā
复古 fùgǔ
复核 fùhé
复活 fùhuó
复述 fùshù
复苏 fùsū
复习 fùxí
复兴 fùxīng
复眼 fùyǎn
复议 fùyì
复员 fùyuán
复原 fùyuán
副本 fùběn
副词 fùcí
副官 fùguān
副刊 fùkān
副食 fùshí
副作用 fùzuòyòng
赋税 fùshuì
富贵 fùguì
富丽 fùlì
富强 fùqiáng
富饶 fùráo
富庶 fùshù
富翁 fùwēng
富足 fùzú
腹地 fùdì
腹膜 fùmó
腹腔 fùqiāng
腹泻 fùxiè
缚 fù
覆 fù
覆灭 fùmiè

G

改道 gǎidào
改动 gǎidòng
改观 gǎiguān
改行 gǎiháng
改换 gǎihuàn
改悔 gǎihuǐ
改嫁 gǎijià

改建 gǎijiàn
改口 gǎikǒu
改写 gǎixiě
改选 gǎixuǎn
改制 gǎizhì
改装 gǎizhuāng
盖子 gàizi
概 gài
概况 gàikuàng
概论 gàilùn
概述 gàishù
干杯 gānbēi
干瘪 gānbiě
干冰 gānbīng
干草 gāncǎo
干涸 gānhé
干枯 gānkū
干粮 gān·liáng
甘 gān
甘草 gāncǎo
甘露 gānlù
甘薯 gānshǔ
甘愿 gānyuàn
甘蔗 gānzhe
杆子 gānzi
坩埚 gānguō
柑 gān
柑橘 gānjú
竿 gān
杆菌 gǎnjūn
竿子 gānzi
秆 gǎn
赶场 gǎnchǎng
赶车 gǎnchē
赶集 gǎnjí
赶路 gǎnlù
感触 gǎnchù
感光 gǎnguāng
感化 gǎnhuà
感冒 gǎnmào
感人 gǎnrén
感伤 gǎnshāng
感叹 gǎntàn
感想 gǎnxiǎng
橄榄 gǎnlǎn

擀 gǎn
干劲 gànjìn
干流 gànliú
干事 gànshi
干线 gànxiàn
赣 Gàn
刚好 gānghǎo
刚健 gāngjiàn
刚劲 gāngjìng
刚强 gāngqiáng
肛门 gāngmén
纲要 gāngyào
钢板 gāngbǎn
钢笔 gāngbǐ
钢材 gāngcái
钢筋 gāngjīn
钢盔 gāngkuī
缸 gāng
岗 gǎng
港币 gǎngbì
港湾 gǎngwān
杠 gàng
杠杆 gànggǎn
杠子 gàngzi
高昂 gāo’áng
高傲 gāo’ào
高倍 gāobèi
高层 gāocéng
高超 gāochāo
高档 gāodàng
高贵 gāoguì
高寒 gāohán
高价 gāojià
高举 gāojǔ
高亢 gāokàng
高考 gāokǎo
高粱 gāoliang
高龄 gāolíng
高明 gāomíng
高能 gāonéng
高强 gāoqiáng
高热 gāorè
高烧 gāoshāo
高深 gāoshēn
高手 gāoshǒu

高耸	gāosǒng
高下	gāoxià
高效	gāoxiào
高血压	gāoxuèyā
高雅	gāoyǎ
羔	gāo
羔皮	gāopí
羔羊	gāoyáng
膏	gāo
膏药	gāoyao
篙	gāo
糕	gāo
糕点	gāodiǎn
镐	gǎo
稿费	gǎofèi
稿件	gǎojiàn
稿纸	gǎozhǐ
稿子	gǎozi
告辞	gàocí
告发	gàofā
告急	gàojí
告诫	gàojiè
告示	gào•shì
告知	gàozhī
告终	gàozhōng
告状	gàozhuàng
膏	gào
戈壁	gēbì
哥们儿	gēmenr
搁置	gēzhì
割断	gēduàn
割据	gējù
割裂	gēliè
割让	gēràng
歌词	gēcí
歌喉	gēhóu
歌手	gēshǒu
歌星	gēxīng
歌咏	gēyǒng
革	gé
革除	géchú
阁	gé
阁楼	gélóu
阁下	géxià
格调	gédiào
格局	géjú
格律	gélǜ
格式	gé•shì
格言	géyán
格子	gézi
隔断	géduàn
隔阂	géhé
隔绝	géjué
隔膜	gémó
膈	gé
葛	Gě
个子	gèzi
个别	gèbié
根除	gēnchú
根基	gēnjī
根深蒂固	gēnshēn-dìgù
根治	gēnzhì
根子	gēnzi
跟头	gēntou
跟踪	gēnzōng
更改	gēnggǎi
更换	gēnghuàn
更替	gēngtì
更正	gēngzhèng
庚	gēng
耕耘	gēngyún
耕种	gēngzhòng
羹	gēng
埂	gěng
耿	gěng
哽咽	gěngyè
梗	gěng
工段	gōngduàn
工分	gōngfēn
工匠	gōngjiàng
工矿	gōngkuàng
工龄	gōnglíng
工期	gōngqī
工钱	gōng•qián
工时	gōngshí
工事	gōngshì
工头	gōngtóu
工效	gōngxiào
工序	gōngxù
工艺品	gōngyìpǐn
工友	gōngyǒu
工种	gōngzhǒng
工作日	gōngzuòrì
弓子	gōngzi
公案	gōng'àn
公报	gōngbào
公差	gōngchāi
公道	gōng•dào
公法	gōngfǎ
公费	gōngfèi
公告	gōnggào
公关	gōngguān
公馆	gōngguǎn
公海	gōnghǎi
公害	gōnghài
公函	gōnghán
工会	gōnghuì
公积金	gōngjījīn
公家	gōng•jiā
公款	gōngkuǎn
公墓	gōngmù
公婆	gōngpó
公仆	gōngpú
公然	gōngrán
公使	gōngshǐ
公事	gōngshì
公私	gōngsī
公诉	gōngsù
公文	gōngwén
公务	gōngwù
公务员	gōngwùyuán
公益	gōngyì
公用	gōngyòng
公寓	gōngyù
公约	gōngyuē
公债	gōngzhài
公证	gōngzhèng
公职	gōngzhí
公众	gōngzhòng
公转	gōngzhuàn
公子	gōngzǐ
功臣	gōngchén
功德	gōngdé
功绩	gōngjì
功劳	gōng•láo
功力	gōnglì
功利	gōnglì
功名	gōngmíng
功效	gōngxiào
功勋	gōngxūn
功用	gōngyòng
攻打	gōngdǎ
攻读	gōngdú
攻关	gōngguān
攻克	gōngkè
攻破	gōngpò
攻势	gōngshì
攻陷	gōngxiàn
攻占	gōngzhàn
供销	gōngxiāo
供需	gōngxū
供养	gōngyǎng
宫殿	gōngdiàn
宫女	gōngnǚ
恭敬	gōngjìng
恭维	gōng•wéi
恭喜	gōngxǐ
躬	gōng
龚	Gōng
拱桥	gǒngqiáo
拱手	gǒngshǒu
共存	gòngcún
共和	gònghé
共计	gòngjì
共生	gòngshēng
共事	gòngshì
共通	gòngtōng
共性	gòngxìng
共振	gòngzhèn
贡	gòng
供奉	gòngfèng
供养	gòngyǎng
勾	gōu
勾画	gōuhuà
勾勒	gōulè
勾引	gōuyǐn
沟谷	gōugǔ
沟渠	gōuqú
钩子	gōuzi
篝火	gōuhuǒ
苟且	gǒuqiě
狗熊	gǒuxióng
勾当	gòu•dàng
构件	gòujiàn
构图	gòutú
构想	gòuxiǎng
构筑	gòuzhù
购置	gòuzhì
垢	gòu
估	gū
估价	gūjià
估量	gū•liáng
估算	gūsuàn
姑姑	gūgu
姑且	gūqiě
姑息	gūxī
孤	gū
孤单	gūdān
孤儿	gū'ér
孤寂	gūjì
孤军	gūjūn
孤僻	gūpì
辜负	gūfù
古董	gǔdǒng
古怪	gǔguài
古籍	gǔjí
古迹	gǔjì
古兰经	Gǔlánjīng
古朴	gǔpǔ
古书	gǔshū
古文	gǔwén
古音	gǔyīn
谷地	gǔdì
谷物	gǔwù
谷子	gǔzi
股东	gǔdōng
股份	gǔfèn
股金	gǔjīn
股息	gǔxī
骨灰	gǔhuī
骨架	gǔjià
骨盆	gǔpén
骨气	gǔqì
骨肉	gǔròu

骨髓 gǔsuǐ
骨折 gǔzhé
鼓动 gǔdòng
鼓膜 gǔmó
鼓掌 gǔzhǎng
固守 gùshǒu
固态 gùtài
故此 gùcǐ
故而 gù’ér
故宫 gùgōng
故国 gùguó
故土 gùtǔ
故障 gùzhàng
顾及 gùjí
顾忌 gùjì
顾名思义 gùmíng-sīyì
顾盼 gùpàn
雇工 gùgōng
雇佣 gùyōng
雇用 gùyòng
雇员 gùyuán
雇主 gùzhǔ
瓜分 guāfēn
瓜子 guāzǐ
寡 guǎ
卦 guà
挂钩 guàgōu
挂念 guàniàn
挂帅 guàshuài
褂子 guàzi
乖 guāi
拐棍 guǎigùn
拐弯 guǎiwān
拐杖 guǎizhàng
怪事 guàishì
怪异 guàiyì
关口 guānkǒu
关门 guānmén
关卡 guānqiǎ
关切 guānqiè
关税 guānshuì
关头 guāntóu
关押 guānyā
关照 guānzhào
观光 guānguāng
观摩 guānmó
观赏 guānshǎng
观望 guānwàng
官办 guānbàn
官场 guānchǎng
官方 guānfāng
官府 guānfǔ
官司 guānsi
官职 guānzhí
管家 guǎnjiā
管教 guǎnjiào
管事 guǎnshì
管弦乐 guǎnxiányuè
管用 guǎnyòng
管制 guǎnzhì
贯通 guàntōng
惯例 guànlì
惯用 guànyòng
灌木 guànmù
灌区 guànqū
灌输 guànshū
灌注 guànzhù
罐 guàn
罐头 guàntou
罐子 guànzi
光波 guāngbō
光度 guāngdù
光复 guāngfù
光顾 guānggù
光环 guānghuán
光洁 guāngjié
光临 guānglín
光能 guāngnéng
光年 guāngnián
光束 guāngshù
光速 guāngsù
光阴 guāngyīn
广博 guǎngbó
广度 guǎngdù
广袤 guǎngmào
广漠 guǎngmò
归队 guīduì
归附 guīfù
归还 guīhuán
归侨 guīqiáo
归属 guīshǔ
归宿 guīsù
归途 guītú
归于 guīyú
龟 guī
规 guī
规程 guīchéng
规范化 guīfànhuà
规劝 guīquàn
规章 guīzhāng
皈依 guīyī
瑰丽 guīlì
轨 guǐ
轨迹 guǐjì
诡辩 guǐbiàn
诡秘 guǐmì
鬼魂 guǐhún
鬼脸 guǐliǎn
鬼神 guǐshén
柜 guì
柜台 guìtái
柜子 guìzi
贵宾 guìbīn
贵妃 guìfēi
贵贱 guìjiàn
贵人 guìrén
贵姓 guìxìng
贵重 guìzhòng
桂冠 guìguān
桂花 guìhuā
桂圆 guìyuán
滚动 gǔndòng
滚烫 gǔntàng
棍 gùn
棍棒 gùnbàng
棍子 gùnzi
锅炉 guōlú
锅台 guōtái
锅子 guōzi
国策 guócè
国产 guóchǎn
国度 guódù
国法 guófǎ
国歌 guógē
国画 guóhuà
国货 guóhuò
国籍 guójí
国界 guójiè
国境 guójìng
国君 guójūn
国库 guókù
国力 guólì
国立 guólì
国难 guónàn
国旗 guóqí
国庆 guóqìng
国人 guórén
国事 guóshì
国势 guóshì
国体 guótǐ
国务 guówù
国语 guóyǔ
果木 guǒmù
果皮 guǒpí
果品 guǒpǐn
果肉 guǒròu
果园 guǒyuán
果真 guǒzhēn
果子 guǒzi
过场 guòchǎng
过错 guòcuò
过道 guòdào
过冬 guòdōng
过关 guòguān
过火 guòhuǒ
过境 guòjìng
过量 guòliàng
过路 guòlù
过滤 guòlǜ
过敏 guòmǐn
过热 guòrè
过人 guòrén
过剩 guòshèng
过失 guòshī
过时 guòshí
过头 guòtóu
过往 guòwǎng
过问 guòwèn
过夜 guòyè
过瘾 guòyǐn
过硬 guòyìng

H

哈密瓜 hāmìguā
蛤蟆 háma
孩提 háití
海岸线 hǎi’ànxiàn
海报 hǎibào
海滨 hǎibīn
海潮 hǎicháo
海岛 hǎidǎo
海盗 hǎidào
海防 hǎifáng
海风 hǎifēng
海港 hǎigǎng
海口 hǎikǒu
海里 hǎilǐ
海流 hǎiliú
海轮 hǎilún
海绵 hǎimián
海参 hǎishēn
海市蜃楼 hǎishì-shènlóu
海滩 hǎitān
海棠 hǎitáng
海豚 hǎitún
海峡 hǎixiá
海啸 hǎixiào
海员 hǎiyuán
海运 hǎiyùn
海蜇 hǎizhé
骇 hài
氦 hài
害处 hài•chù
害羞 hàixiū
蚶 hān
酣睡 hānshuì
憨 hān
憨厚 hānhòu
鼾声 hānshēng
含糊 hánhu
含混 hánhùn
含笑 hánxiào
含蓄 hánxù
含意 hányì

函 hán
函授 hánshòu
涵义 hányì
韩 hán
寒潮 háncháo
寒带 hándài
寒假 hánjià
寒噤 hánjìn
寒流 hánliú
寒气 hánqì
寒热 hánrè
寒暑 hánshǔ
寒暄 hánxuān
寒意 hányì
寒颤 hánzhàn
罕 hǎn
喊叫 hǎnjiào
汗流浃背 hànliú-jiābèi
汗毛 hànmáo
汗衫 hànshān
旱地 hàndì
旱烟 hànyān
旱灾 hànzāi
捍卫 hànwèi
悍然 hànrán
焊 hàn
焊接 hànjiē
憾 hàn
行当 hángdang
行会 hánghuì
行家 háng•jiā
行情 hángqíng
杭 háng
航 háng
航程 hángchéng
航船 hángchuán
航道 hángdào
航路 hánglù
航天 hángtiān
航线 hángxiàn
航运 hángyùn
巷道 hàngdào
毫 háo
豪 háo
豪放 háofàng
豪华 háohuá
豪迈 háomài
豪情 háoqíng
豪爽 háoshuǎng
壕 háo
壕沟 háogōu
嚎 háo
嚎啕 háotáo
好歹 hǎodǎi
好感 hǎogǎn
好汉 hǎohàn
好评 hǎopíng
好受 hǎoshòu
好说 hǎoshuō
好似 hǎosì
好玩儿 hǎowánr
好笑 hǎoxiào
好心 hǎoxīn
好意 hǎoyì
郝 Hǎo
号称 hàochēng
号角 hàojiǎo
号令 hàolìng
号码 hàomǎ
好客 hàokè
好恶 hàowù
耗资 hàozī
浩大 hàodà
浩劫 hàojié
呵斥 hēchì
禾 hé
合唱 héchàng
合伙 héhuǒ
合击 héjī
合计 héjì
合流 héliú
合算 hésuàn
合体 hétǐ
合营 héyíng
合影 héyǐng
合用 héyòng
合资 hézī
合奏 hézòu
何尝 hécháng
何苦 hékǔ
何止 hézhǐ
和蔼 hé'ǎi
和缓 héhuǎn
和解 héjiě
和睦 hémù
和气 hé•qì
和声 héshēng
和约 héyuē
河床 héchuáng
河道 hédào
河谷 hégǔ
河口 hékǒu
河山 héshān
河滩 hétān
河豚 hétún
荷包 hé•bāo
核定 hédìng
核对 héduì
核能 hénéng
核实 héshí
核桃 hétao
核准 hézhǔn
核子 hézǐ
盒子 hézi
贺 hè
贺喜 hèxǐ
喝彩 hècǎi
赫 hè
赫然 hèrán
褐 hè
鹤 hè
壑 hè
黑白 hēibái
黑板 hēibǎn
黑洞 hēidòng
黑体 hēitǐ
痕 hén
狠 hěn
狠心 hěnxīn
恒定 héngdìng
恒温 héngwēn
恒心 héngxīn
横渡 héngdù
横亘 hénggèn
横贯 héngguàn
横扫 héngsǎo
横行 héngxíng
衡 héng
轰动 hōngdòng
轰击 hōngjī
轰鸣 hōngmíng
轰然 hōngrán
轰响 hōngxiǎng
轰炸 hōngzhà
烘 hōng
烘托 hōngtuō
弘扬 hóngyáng
红火 hónghuo
红利 hónglì
红领巾 hónglǐngjīn
红木 hóngmù
红娘 hóngniáng
红润 hóngrùn
红烧 hóngshāo
红外线 hóngwàixiàn
红星 hóngxīng
红叶 hóngyè
红晕 hóngyùn
宏大 hóngdà
虹 hóng
洪亮 hóngliàng
洪流 hóngliú
鸿沟 hónggōu
侯 hóu
喉 hóu
喉舌 hóushé
吼 hǒu
吼叫 hǒujiào
吼声 hǒushēng
后备 hòubèi
后盾 hòudùn
后顾之忧 hòugùzhīyōu
后继 hòujì
后劲 hòujìn
后门 hòumén
后台 hòutái
后头 hòutou
后退 hòutuì
后卫 hòuwèi
后续 hòuxù
后裔 hòuyì
后院 hòuyuàn
厚薄 hòubó
厚道 hòudao
候补 hòubǔ
候鸟 hòuniǎo
候审 hòushěn
呼号 hūháo
呼叫 hūjiào
呼救 hūjiù
呼声 hūshēng
呼啸 hūxiào
呼应 hūyìng
忽而 hū'ér
狐狸 húli
狐疑 húyí
弧光 húguāng
胡乱 húluàn
胡萝卜 húluóbo
胡闹 húnào
胡琴 húqin
胡同儿 hútóngr
胡须 húxū
糊 hú
唬 hǔ
互利 hùlì
户主 hùzhǔ
护理 hùlǐ
护送 hùsòng
护照 hùzhào
花白 huābái
花瓣 huābàn
花边 huābiān
花草 huācǎo
花丛 huācóng
花旦 huādàn
花萼 huā'è
花岗岩 huāgāngyán
花冠 huāguān
花卉 huāhuì
花轿 huājiào
花蕾 huālěi
花脸 huāliǎn
花蜜 huāmì
花木 huāmù

花鸟	huāniǎo
花瓶	huāpíng
花圃	huāpǔ
花期	huāqī
花圈	huāquān
花蕊	huāruǐ
花坛	huātán
花厅	huātīng
花样	huāyàng
华贵	huáguì
华丽	huálì
华美	huáměi
华人	huárén
华夏	huáxià
哗然	huárán
滑稽	huá•jī
滑轮	huálún
滑行	huáxíng
滑雪	huáxuě
化脓	huànóng
化身	huàshēn
化纤	huàxiān
化验	huàyàn
化妆	huàzhuāng
化妆品	huàzhuāngpǐn
化装	huàzhuāng
画报	huàbào
画笔	huàbǐ
画册	huàcè
画卷	huàjuàn
画廊	huàláng
画片	huàpiàn
画师	huàshī
画室	huàshì
画坛	huàtán
画图	huàtú
画外音	huàwàiyīn
画院	huàyuàn
画展	huàzhǎn
话音	huàyīn
桦	huà
怀孕	huáiyùn
淮	huái
槐	huái
坏蛋	huàidàn
坏事	huàishì
坏死	huàisǐ
欢	huān
欢呼	huānhū
欢快	huānkuài
欢送	huānsòng
欢腾	huānténg
欢笑	huānxiào
欢心	huānxīn
欢欣	huānxīn
还击	huánjī
环抱	huánbào
环顾	huángù
环球	huánqiú
环绕	huánrào
环视	huánshì
环行	huánxíng
缓冲	huǎnchōng
缓解	huǎnjiě
缓刑	huǎnxíng
幻	huàn
幻灯	huàndēng
幻象	huànxiàng
幻影	huànyǐng
宦官	huànguān
换取	huànqǔ
换算	huànsuàn
唤醒	huànxǐng
涣散	huànsàn
患难	huànnàn
焕发	huànfā
焕然一新	huànrán-yīxīn
豢养	huànyǎng
荒诞	huāngdàn
荒地	huāngdì
荒废	huāngfèi
荒凉	huāngliáng
荒谬	huāngmiù
荒漠	huāngmò
荒僻	huāngpì
荒唐	huāng•táng
荒芜	huāngwú
荒野	huāngyě
荒原	huāngyuán
慌乱	huāngluàn
慌忙	huāngmáng
慌张	huāngzhāng
皇	huáng
皇宫	huánggōng
皇冠	huángguān
皇后	huánghòu
皇家	huángjiā
皇权	huángquán
皇上	huángshang
皇室	huángshì
黄疸	huángdǎn
黄澄澄	huángdēngdēng
黄帝	huángdì
黄豆	huángdòu
黄瓜	huáng•guā
黄花	huánghuā
黄连	huánglián
黄鼠狼	huángshǔláng
黄莺	huángyīng
惶惑	huánghuò
惶恐	huángkǒng
蝗虫	huángchóng
簧	huáng
恍惚	huǎng•hū
恍然	huǎngrán
谎	huǎng
谎话	huǎnghuà
谎言	huǎngyán
幌子	huǎngzi
晃动	huàngdòng
灰暗	huī'àn
灰白	huībái
灰烬	huījìn
灰心	huīxīn
诙谐	huīxié
挥动	huīdòng
挥发	huīfā
挥霍	huīhuò
挥手	huīshǒu
挥舞	huīwǔ
辉	huī
辉映	huīyìng
徽	huī
回报	huíbào
回荡	huídàng
回复	huífù
回归线	huíguīxiàn
回合	huíhé
回话	huíhuà
回环	huíhuán
回击	huíjī
回敬	huíjìng
回流	huíliú
回路	huílù
回身	huíshēn
回升	huíshēng
回声	huíshēng
回师	huíshī
回收	huíshōu
回首	huíshǒu
回味	huíwèi
回响	huíxiǎng
回想	huíxiǎng
回信	huíxìn
回旋	huíxuán
回忆录	huíyìlù
回音	huíyīn
回应	huíyìng
回转	huízhuǎn
洄游	huíyóu
蛔虫	huíchóng
悔	huǐ
悔改	huǐgǎi
悔恨	huǐhèn
毁坏	huǐhuài
汇	huì
汇编	huìbiān
汇合	huìhé
汇集	huìjí
汇率	huìlǜ
汇总	huìzǒng
会合	huìhé
会话	huìhuà
会聚	huìjù
会面	huìmiàn
会师	huìshī
会谈	huìtán
会堂	huìtáng
会晤	huìwù
会心	huìxīn
会意	huìyì
会战	huìzhàn
讳言	huìyán
荟萃	huìcuì
绘制	huìzhì
贿赂	huìlù
彗星	huìxīng
晦气	huì•qì
惠	huì
喙	huì
慧	huì
昏	hūn
昏暗	hūn'àn
昏黄	hūnhuáng
昏迷	hūnmí
昏睡	hūnshuì
荤	hūn
婚配	hūnpèi
婚事	hūnshì
浑	hún
浑厚	húnhòu
浑浊	húnzhuó
魂魄	húnpò
混沌	hùndùn
混合物	hùnhéwù
混凝土	hùnníngtǔ
混同	hùntóng
混杂	hùnzá
混战	hùnzhàn
混浊	hùnzhuó
豁	huō
豁口	huōkǒu
活命	huómìng
活期	huóqī
活塞	huósāi
活体	huótǐ
活捉	huózhuō
火把	huǒbǎ
火海	huǒhǎi
火红	huǒhóng
火候	huǒhou
火花	huǒhuā

火化	huǒhuà
火炬	huǒjù
火坑	huǒkēng
火力	huǒlì
火炉	huǒlú
火苗	huǒmiáo
火炮	huǒpào
火气	huǒ•qì
火器	huǒqì
火热	huǒrè
火速	huǒsù
火线	huǒxiàn
火药	huǒyào
火灾	huǒzāi
火葬	huǒzàng
火种	huǒzhǒng
伙	huǒ
伙房	huǒfáng
伙计	huǒji
伙食	huǒ•shí
货场	huòchǎng
货车	huòchē
货款	huòkuǎn
货轮	huòlún
货色	huòsè
货源	huòyuán
货运	huòyùn
获悉	huòxī
祸	huò
祸害	huò•hài
惑	huò
霍	huò
霍乱	huòluàn
豁免	huòmiǎn

J

几率	jīlǜ
讥讽	jīfěng
讥笑	jīxiào
击败	jībài
击毙	jībì
击毁	jīhuǐ
击落	jīluò
饥	jī
机舱	jīcāng
机床	jīchuáng
机电	jīdiàn
机动	jīdòng
机井	jījǐng
机警	jījǐng
机理	jīlǐ
机灵	jīling
机密	jīmì
机敏	jīmǐn
机枪	jīqiāng
机遇	jīyù
机缘	jīyuán
机智	jīzhì
机组	jīzǔ
肌肤	jīfū
肌腱	jījiàn
肌体	jītǐ
积存	jīcún
积分	jīfēn
积聚	jījù
积蓄	jīxù
姬	jī
基本功	jīběngōng
基调	jīdiào
基石	jīshí
基数	jīshù
激昂	jī'áng
激荡	jīdàng
激愤	jīfèn
激化	jīhuà
激活	jīhuó
激进	jījìn
激流	jīliú
激怒	jīnù
激增	jīzēng
激战	jīzhàn
羁绊	jībàn
及格	jígé
及早	jízǎo
吉	jí
吉利	jílì
吉普车	jípǔchē
吉他	jítā
吉祥	jíxiáng
汲取	jíqǔ
级别	jíbié
级差	jíchā
极地	jídì
极点	jídiǎn
极度	jídù
极限	jíxiàn
即便	jíbiàn
即刻	jíkè
即日	jírì
即时	jíshí
即位	jíwèi
即兴	jíxìng
急促	jícù
急救	jíjiù
急遽	jíjù
急流	jíliú
急迫	jípò
急切	jíqiè
急事	jíshì
急速	jísù
急中生智	jízhōng-shēngzhì
疾	jí
疾驰	jíchí
疾患	jíhuàn
疾苦	jíkǔ
棘手	jíshǒu
集成	jíchéng
集结	jíjié
集聚	jíjù
集权	jíquán
集市	jíshì
集训	jíxùn
集邮	jíyóu
集约	jíyuē
集镇	jízhèn
集装箱	jízhuāngxiāng
辑	jí
嫉妒	jídù
瘠	jí
几经	jǐjīng
几时	jǐshí
纪	Jǐ
给养	jǐyǎng
脊背	jǐbèi
脊梁	jǐliang
脊髓	jǐsuǐ
脊柱	jǐzhù
脊椎	jǐzhuī
戟	jǐ
麂	jǐ
计价	jìjià
计较	jìjiào
计量	jìliàng
计数	jìshù
记号	jìhao
记事	jìshì
记述	jìshù
记性	jìxing
记忆力	jìyìlì
伎俩	jìliǎng
纪年	jìnián
纪实	jìshí
纪要	jìyào
技法	jìfǎ
技工	jìgōng
技师	jìshī
忌	jì
忌讳	jì•huì
妓女	jìnǚ
季度	jìdù
剂量	jìliàng
迹象	jìxiàng
继承权	jìchéngquán
继而	jì'ér
继母	jìmǔ
继任	jìrèn
祭礼	jìlǐ
祭坛	jìtán
寄居	jìjū
寄予	jìyǔ
寂	jì
暨	jì
髻	jì
冀	jì
加班	jiābān
加倍	jiābèi
加法	jiāfǎ
加固	jiāgù
加油	jiāyóu
夹攻	jiāgōng
夹击	jiājī
夹杂	jiāzá
夹子	jiāzi
佳话	jiāhuà
佳节	jiājié
佳肴	jiāyáo
佳作	jiāzuò
枷锁	jiāsuǒ
家产	jiāchǎn
家常	jiācháng
家访	jiāfǎng
家教	jiājiào
家境	jiājìng
家眷	jiājuàn
家禽	jiāqín
家业	jiāyè
家用	jiāyòng
家喻户晓	jiāyù-hùxiǎo
家园	jiāyuán
嘉奖	jiājiǎng
荚	jiá
颊	jiá
甲虫	jiǎchóng
甲骨文	jiǎgǔwén
甲壳	jiǎqiào
甲鱼	jiǎyú
甲状腺	jiǎzhuàngxiàn
贾	jiǎ
钾肥	jiǎféi
假借	jiǎjiè
假冒	jiǎmào
假若	jiǎruò
假想	jiǎxiǎng
假象	jiǎxiàng
假意	jiǎyì
假装	jiǎzhuāng
驾	jià
驾驭	jiàyù
架空	jiàkōng
架设	jiàshè
架势	jiàshi
假期	jiàqī

假日 jiàrì
嫁妆 jiàzhuang
尖刀 jiāndāo
尖端 jiānduān
尖利 jiānlì
尖子 jiānzi
奸 jiān
奸商 jiānshāng
歼 jiān
坚 jiān
坚韧 jiānrèn
坚守 jiānshǒu
坚信 jiānxìn
坚毅 jiānyì
坚贞 jiānzhēn
间距 jiānjù
肩负 jiānfù
肩胛 jiānjiǎ
肩头 jiāntóu
艰险 jiānxiǎn
艰辛 jiānxīn
监 jiān
监测 jiāncè
监察 jiānchá
监工 jiāngōng
监管 jiānguǎn
监禁 jiānjìn
监牢 jiānláo
兼备 jiānbèi
兼并 jiānbìng
兼顾 jiāngù
兼任 jiānrèn
兼职 jiānzhí
缄默 jiānmò
煎 jiān
煎熬 jiān’áo
茧子 jiǎnzi
柬 jiǎn
检测 jiǎncè
检察 jiǎnchá
检举 jiǎnjǔ
检索 jiǎnsuǒ
检讨 jiǎntǎo
检修 jiǎnxiū
检疫 jiǎnyì
检阅 jiǎnyuè
减产 jiǎnchǎn
减低 jiǎndī
减免 jiǎnmiǎn
减速 jiǎnsù
减退 jiǎntuì
剪裁 jiǎncái
剪刀 jiǎndāo
剪纸 jiǎnzhǐ
剪子 jiǎnzi
简便 jiǎnbiàn
简短 jiǎnduǎn
简洁 jiǎnjié
简介 jiǎnjiè
简练 jiǎnliàn
简陋 jiǎnlòu
简略 jiǎnlüè
简明 jiǎnmíng
简朴 jiǎnpǔ
简要 jiǎnyào
简易 jiǎnyì
见长 jiàncháng
见地 jiàndì
见识 jiànshi
见闻 jiànwén
见效 jiànxiào
见于 jiànyú
见证 jiànzhèng
间谍 jiàndié
间断 jiànduàn
间或 jiànhuò
间隙 jiànxì
间歇 jiànxiē
间作 jiànzuò
建材 jiàncái
建交 jiànjiāo
建树 jiànshù
建制 jiànzhì
荐 jiàn
贱 jiàn
涧 jiàn
健儿 jiàn’ér
健将 jiànjiàng
健美 jiànměi
健身 jiànshēn
舰 jiàn
舰队 jiànduì
舰艇 jiàntǐng
渐变 jiànbiàn
渐次 jiàncì
渐进 jiànjìn
谏 jiàn
践踏 jiàntà
毽子 jiànzi
腱 jiàn
溅 jiàn
鉴赏 jiànshǎng
鉴于 jiànyú
箭头 jiàntóu
江湖 jiānghú
江山 jiāngshān
将就 jiāngjiu
姜 jiāng
僵 jiāng
僵化 jiānghuà
僵死 jiāngsǐ
僵硬 jiāngyìng
缰 jiāng
缰绳 jiāng•shéng
疆 jiāng
疆域 jiāngyù
讲解 jiǎngjiě
讲理 jiǎnglǐ
讲求 jiǎngqiú
讲师 jiǎngshī
讲授 jiǎngshòu
讲台 jiǎngtái
讲坛 jiǎngtán
讲学 jiǎngxué
讲演 jiǎngyǎn
讲义 jiǎngyì
讲座 jiǎngzuò
奖惩 jiǎngchéng
奖品 jiǎngpǐn
奖券 jiǎngquàn
奖赏 jiǎngshǎng
奖章 jiǎngzhāng
奖状 jiǎngzhuàng
浆 jiāng
匠 jiàng
降价 jiàngjià
降临 jiànglín
降生 jiàngshēng
降温 jiàngwēn
将领 jiànglǐng
将士 jiàngshì
绛 jiàng
酱 jiàng
酱油 jiàngyóu
犟 jiàng
交待 jiāodài
交道 jiāodào
交点 jiāodiǎn
交锋 jiāofēng
交付 jiāofù
交互 jiāohù
交还 jiāohuán
交汇 jiāohuì
交加 jiāojiā
交接 jiāojiē
交界 jiāojiè
交纳 jiāonà
交配 jiāopèi
交情 jiāoqing
交融 jiāoróng
交涉 jiāoshè
交尾 jiāowěi
交响乐 jiāoxiǎngyuè
交易所 jiāoyìsuǒ
交战 jiāozhàn
郊 jiāo
郊外 jiāowài
郊野 jiāoyě
浇灌 jiāoguàn
娇 jiāo
娇嫩 jiāonèn
娇艳 jiāoyàn
胶布 jiāobù
胶片 jiāopiàn
教书 jiāoshū
椒 jiāo
焦距 jiāojù
焦虑 jiāolǜ
焦炭 jiāotàn
焦躁 jiāozào
焦灼 jiāozhuó
跤 jiāo
礁 jiāo
礁石 jiāoshí
角膜 jiǎomó
角质 jiǎozhì
狡猾 jiǎohuá
饺子 jiǎozi
绞 jiǎo
矫 jiǎo
矫健 jiǎojiàn
矫揉造作 jiǎoróu-zàozuò
矫正 jiǎozhèng
矫治 jiǎozhì
皎洁 jiǎojié
脚背 jiǎobèi
脚跟 jiǎogēn
脚尖 jiǎojiān
脚手架 jiǎoshǒujià
脚掌 jiǎozhǎng
脚趾 jiǎozhǐ
搅拌 jiǎobàn
搅动 jiǎodòng
剿 jiǎo
缴 jiǎo
缴获 jiǎohuò
缴纳 jiǎonà
叫喊 jiàohǎn
叫好 jiàohǎo
叫唤 jiàohuan
叫卖 jiàomài
叫嚷 jiàorǎng
叫嚣 jiàoxiāo
校对 jiàoduì
校样 jiàoyàng
校正 jiàozhèng
轿 jiào
轿车 jiàochē
轿子 jiàozi
较量 jiàoliàng
教案 jiào’àn
教程 jiàochéng
教官 jiàoguān
教规 jiàoguī

教化	jiàohuà	结伴	jiébàn	金刚	Jīngāng	进修	jìnxiū	惊叹	jīngtàn
教皇	jiàohuáng	结核	jiéhé	金龟子	jīnguīzǐ	进驻	jìnzhù	惊吓	jīngxià
教诲	jiàohuì	结集	jiéjí	金黄	jīnhuáng	近海	jìnhǎi	惊险	jīngxiǎn
教科书	jiàokēshū	结膜	jiémó	金库	jīnkù	近郊	jìnjiāo	惊疑	jīngyí
教士	jiàoshì	结社	jiéshè	金石	jīnshí	近邻	jìnlín	晶莹	jīngyíng
教条	jiàotiáo	结石	jiéshí	金丝猴	jīnsīhóu	近旁	jìnpáng	睛	jīng
教徒	jiàotú	结识	jiéshí	金文	jīnwén	近期	jìnqī	精彩	jīngcǎi
教务	jiàowù	结尾	jiéwěi	金星	jīnxīng	近亲	jìnqīn	精干	jīnggàn
教益	jiàoyì	结业	jiéyè	金鱼	jīnyú	近视	jìn•shì	精光	jīngguāng
窖	jiào	结余	jiéyú	金子	jīnzi	劲头	jìntóu	精华	jīnghuá
酵母	jiàomǔ	捷	jié	金字塔	jīnzìtǎ	晋级	jìnjí	精简	jīngjiǎn
阶	jiē	捷报	jiébào	津贴	jīntiē	晋升	jìnshēng	精练	jīngliàn
阶梯	jiētī	捷径	jiéjìng	津液	jīnyè	浸泡	jìnpào	精灵	jīnglíng
接管	jiēguǎn	睫毛	jiémáo	矜持	jīnchí	浸润	jìnrùn	精美	jīngměi
接合	jiēhé	截断	jiéduàn	筋	jīn	浸透	jìntòu	精明	jīngmíng
接济	jiējì	截面	jiémiàn	筋骨	jīngǔ	靳	Jìn	精辟	jīngpì
接见	jiējiàn	截取	jiéqǔ	禁	jīn	禁	jìn	精品	jīngpǐn
接纳	jiēnà	截然	jiérán	禁不住	jīn•bùzhù	禁锢	jìngù	精巧	jīngqiǎo
接洽	jiēqià	截止	jiézhǐ	襟	jīn	禁忌	jìnjì	精锐	jīngruì
接壤	jiērǎng	截至	jiézhì	尽早	jǐnzǎo	禁令	jìnlìng	精髓	jīngsuǐ
接生	jiēshēng	竭	jié	紧凑	jǐncòu	禁区	jìnqū	精通	jīngtōng
接替	jiētì	姐夫	jiěfu	紧迫	jǐnpò	京城	jīngchéng	精微	jīngwēi
接头	jiētóu	解冻	jiědòng	紧俏	jǐnqiào	京师	jīngshī	精益求精	jīngyì-qiújīng
接吻	jiēwěn	解毒	jiědú	紧缺	jǐnquē	京戏	jīngxì	精英	jīngyīng
接线	jiēxiàn	解雇	jiěgù	紧缩	jǐnsuō	经度	jīngdù	精湛	jīngzhàn
接种	jiēzhòng	解救	jiějiù	紧要	jǐnyào	经纪人	jīngjìrén	精制	jīngzhì
秸	jiē	解渴	jiěkě	锦	jǐn	经久	jīngjiǔ	精致	jīngzhì
秸秆	jiēgǎn	解说	jiěshuō	锦旗	jǐnqí	经络	jīngluò	颈椎	jǐngzhuī
揭	jiē	解体	jiětǐ	锦绣	jǐnxiù	经脉	jīngmài	景观	jǐngguān
揭穿	jiēchuān	介	jiè	谨	jǐn	经贸	jīngmào	景况	jǐngkuàng
揭发	jiēfā	介入	jièrù	尽情	jìnqíng	经商	jīngshāng	景致	jǐngzhì
揭晓	jiēxiǎo	介意	jièyì	尽头	jìntóu	经书	jīngshū	警	jǐng
街坊	jiēfang	戒备	jièbèi	尽心	jìnxīn	经线	jīngxiàn	警报	jǐngbào
街市	jiēshì	戒律	jièlǜ	进逼	jìnbī	经销	jīngxiāo	警备	jǐngbèi
节俭	jiéjiǎn	戒严	jièyán	进餐	jìncān	经由	jīngyóu	警车	jǐngchē
节律	jiélǜ	戒指	jièzhi	进出	jìnchū	荆	jīng	警官	jǐngguān
节能	jiénéng	届时	jièshí	进度	jìndù	荆棘	jīngjí	警戒	jǐngjiè
节拍	jiépāi	界定	jièdìng	进发	jìnfā	惊诧	jīngchà	警觉	jǐngjué
节余	jiéyú	界面	jièmiàn	进犯	jìnfàn	惊动	jīngdòng	警犬	jǐngquǎn
节制	jiézhì	界线	jièxiàn	进贡	jìngòng	惊愕	jīng'è	警卫	jǐngwèi
劫	jié	诫	jiè	进货	jìnhuò	惊骇	jīnghài	劲旅	jìnglǚ
劫持	jiéchí	借贷	jièdài	进食	jìnshí	惊慌	jīnghuāng	径直	jìngzhí
杰作	jiézuò	借以	jièyǐ	进退	jìntuì	惊惶	jīnghuáng	净土	jìngtǔ
洁	jié	借重	jièzhòng	进位	jìnwèi	惊恐	jīngkǒng	竞	jìng
洁净	jiéjìng	巾	jīn	进行曲	jìnxíngqǔ	惊扰	jīngrǎo	竞技	jìngjì

竞相	jìngxiāng
竞选	jìngxuǎn
敬爱	jìng'ài
敬礼	jìnglǐ
敬佩	jìngpèi
敬畏	jìngwèi
敬仰	jìngyǎng
敬意	jìngyì
敬重	jìngzhòng
静电	jìngdiàn
静谧	jìngmì
静默	jìngmò
静穆	jìngmù
静态	jìngtài
境况	jìngkuàng
境遇	jìngyù
镜框	jìngkuàng
镜片	jìngpiàn
炯炯	jiǒngjiǒng
窘	jiǒng
窘迫	jiǒngpò
纠	jiū
纠缠	jiūchán
纠葛	jiūgé
纠集	jiūjí
揪	jiū
久远	jiǔyuǎn
灸	jiǔ
韭菜	jiǔcài
酒吧	jiǔbā
酒店	jiǔdiàn
酒会	jiǔhuì
酒家	jiǔjiā
酒席	jiǔxí
旧历	jiùlì
旧式	jiùshì
旧址	jiùzhǐ
臼齿	jiùchǐ
厩	jiù
救护	jiùhù
救火	jiùhuǒ
救命	jiùmìng
救亡	jiùwáng
救援	jiùyuán
救灾	jiùzāi
救助	jiùzhù
就餐	jiùcān
就此	jiùcǐ
就地	jiùdì
就读	jiùdú
就近	jiùjìn
就任	jiùrèn
就绪	jiùxù
就学	jiùxué
就职	jiùzhí
就座	jiùzuò
舅妈	jiùmā
拘	jū
拘谨	jūjǐn
拘留	jūliú
拘泥	jūnì
拘束	jūshù
拘留	jūliú
居室	jūshì
驹	jū
鞠躬	jūgōng
鞠躬尽瘁	jūgōng-jìncuì
局促	júcù
菊	jú
橘子	júzi
沮丧	jǔsàng
矩	jǔ
矩形	jǔxíng
举例	jǔlì
举目	jǔmù
举止	jǔzhǐ
举重	jǔzhòng
举足轻重	jǔzú-qīngzhòng
巨额	jù'é
巨人	jùrén
巨星	jùxīng
巨著	jùzhù
句法	jùfǎ
拒	jù
俱乐部	jùlèbù
剧变	jùbiàn
剧目	jùmù
剧情	jùqíng
剧院	jùyuàn
据悉	jùxī
惧	jù
惧怕	jùpà
锯	jù
锯齿	jùchǐ
聚变	jùbiàn
聚餐	jùcān
聚合	jùhé
聚会	jùhuì
聚积	jùjī
聚居	jùjū
踞	jù
捐款	juānkuǎn
捐税	juānshuì
捐赠	juānzèng
卷烟	juǎnyān
卷子	juànzi
倦	juàn
绢	juàn
眷恋	juànliàn
撅	juē
决断	juéduàn
决裂	juéliè
决赛	juésài
决死	juésǐ
决算	juésuàn
决意	juéyì
决战	juézhàn
诀	jué
诀别	juébié
诀窍	juéqiào
抉择	juézé
角逐	juézhú
觉醒	juéxǐng
绝迹	juéjì
绝技	juéjì
绝境	juéjìng
绝妙	juémiào
绝食	juéshí
绝缘	juéyuán
倔强	juéjiàng
掘	jué
崛起	juéqǐ
厥	jué
蕨	jué
爵	jué
爵士	juéshì
爵士乐	juéshìyuè
攫	jué
攫取	juéqǔ
倔	juè
军备	jūnbèi
军费	jūnfèi
军服	jūnfú
军工	jūngōng
军火	jūnhuǒ
军机	jūnjī
军礼	jūnlǐ
军粮	jūnliáng
军属	jūnshǔ
军务	jūnwù
军校	jūnxiào
军需	jūnxū
军训	jūnxùn
军医	jūnyī
军营	jūnyíng
军用	jūnyòng
军装	jūnzhuāng
均等	jūnděng
君权	jūnquán
君子	jūnzǐ
钧	jūn
俊	jùn
俊美	jùnměi
俊俏	jùnqiào
郡	jùn
峻	jùn
骏马	jùnmǎ
竣工	jùngōng

K

卡车	kǎchē
卡片	kǎpiàn
咯	kǎ
开场	kāichǎng
开车	kāichē
开春	kāichūn
开刀	kāidāo
开导	kāidǎo
开动	kāidòng
开端	kāiduān
开饭	kāifàn
开赴	kāifù
开工	kāigōng
开荒	kāihuāng
开火	kāihuǒ
开机	kāijī
开掘	kāijué
开朗	kāilǎng
开明	kāimíng
开炮	kāipào
开启	kāiqǐ
开窍	kāiqiào
开山	kāishān
开庭	kāitíng
开通	kāitōng
开脱	kāituō
开外	kāiwài
开销	kāixiāo
开心	kāixīn
开学	kāixué
开业	kāiyè
开凿	kāizáo
开战	kāizhàn
开张	kāizhāng
揩	kāi
凯歌	kǎigē
凯旋	kǎixuán
慨然	kǎirán
慨叹	kǎitàn
楷模	kǎimó
刊	kān
刊载	kānzǎi
看管	kānguǎn
看护	kānhù
看守	kānshǒu
勘测	kāncè
勘察	kānchá
堪	kān
坎	kǎn
坎坷	kǎnkě
砍伐	kǎnfá
看病	kànbìng
看不起	kàn•bùqǐ
看穿	kànchuān

看好	kànhǎo
看台	kàntái
看透	kàntòu
看中	kànzhòng
看重	kànzhòng
看做	kànzuò
康	kāng
康复	kāngfù
慷慨	kāngkǎi
糠	kāng
亢奋	kàngfèn
亢进	kàngjìn
抗旱	kànghàn
抗衡	kànghéng
抗击	kàngjī
抗拒	kàngjù
抗体	kàngtǐ
抗原	kàngyuán
抗灾	kàngzāi
抗争	kàngzhēng
考查	kǎochá
考场	kǎochǎng
考究	kǎo•jiū
考据	kǎojù
考取	kǎoqǔ
考生	kǎoshēng
考问	kǎowèn
考证	kǎozhèng
烤	kǎo
烤火	kǎohuǒ
靠不住	kào•bùzhù
靠拢	kàolǒng
靠山	kàoshān
苛刻	kēkè
苛求	kēqiú
柯	kē
科班	kēbān
科举	kējǔ
科目	kēmù
科普	kēpǔ
科室	kēshì
磕	kē
磕头	kētóu
瞌睡	kēshuì
蝌蚪	kēdǒu
可悲	kěbēi
可耻	kěchǐ
可观	kěguān
可贵	kěguì
可恨	kěhèn
可口	kěkǒu
可取	kěqǔ
可恶	kěwù
可喜	kěxǐ
可行	kěxíng
可疑	kěyí
渴	kě
渴求	kěqiú
克己	kèjǐ
克制	kèzhì
刻板	kèbǎn
刻薄	kèbó
刻不容缓	kèbùrónghuǎn
恪守	kèshǒu
客车	kèchē
客房	kèfáng
客户	kèhù
客机	kèjī
客轮	kèlún
客商	kèshāng
客运	kèyùn
课外	kèwài
课文	kèwén
课余	kèyú
垦	kěn
垦荒	kěnhuāng
恳切	kěnqiè
恳求	kěnqiú
坑道	kēngdào
吭声	kēngshēng
铿锵	kēngqiāng
空洞	kōngdòng
空话	kōnghuà
空旷	kōngkuàng
空谈	kōngtán
空投	kōngtóu
空袭	kōngxí
空想	kōngxiǎng
空心	kōngxīn
孔洞	kǒngdòng
孔隙	kǒngxì
恐	kǒng
恐吓	kǒnghè
恐龙	kǒnglóng
空地	kòngdì
空隙	kòngxì
空闲	kòngxián
空子	kòngzi
控	kòng
控告	kònggào
控诉	kòngsù
抠	kōu
口岸	kǒu'àn
口服	kǒufú
口角	kǒujiǎo
口径	kǒujìng
口诀	kǒujué
口粮	kǒuliáng
口令	kǒulìng
口琴	kǒuqín
口哨	kǒushào
口水	kǒushuǐ
口味	kǒuwèi
口吻	kǒuwěn
口音	kǒuyīn
口罩	kǒuzhào
口子	kǒuzi
叩	kòu
叩头	kòutóu
扣除	kòuchú
扣留	kòuliú
扣押	kòuyā
扣子	kòuzi
寇	kòu
枯	kū
枯黄	kūhuáng
枯竭	kūjié
枯萎	kūwěi
枯燥	kūzào
哭泣	kūqì
哭诉	kūsù
窟	kū
窟窿	kūlong
苦果	kǔguǒ
苦力	kǔlì
苦闷	kǔmèn
苦涩	kǔsè
苦痛	kǔtòng
苦头	kǔ•tóu
苦笑	kǔxiào
苦心	kǔxīn
苦于	kǔyú
苦战	kǔzhàn
苦衷	kǔzhōng
库房	kùfáng
裤	kù
裤脚	kùjiǎo
裤腿	kùtuǐ
酷	kù
酷爱	kù'ài
酷热	kùrè
酷暑	kùshǔ
酷似	kùsì
夸	kuā
夸大	kuādà
夸奖	kuājiǎng
夸耀	kuāyào
垮	kuǎ
垮台	kuǎtái
挎	kuà
挎包	kuàbāo
跨度	kuàdù
跨越	kuàyuè
快感	kuàigǎn
快慢	kuàimàn
快艇	kuàitǐng
快意	kuàiyì
脍炙人口	kuàizhì-rénkǒu
宽敞	kuān•chǎng
宽度	kuāndù
宽广	kuānguǎng
宽厚	kuānhòu
宽容	kuānróng
宽恕	kuānshù
宽慰	kuānwèi
宽裕	kuānyù
款待	kuǎndài
款式	kuǎnshì
款项	kuǎnxiàng
狂奔	kuángbēn
狂风	kuángfēng
狂欢	kuánghuān
狂热	kuángrè
狂妄	kuángwàng
狂喜	kuángxǐ
狂笑	kuángxiào
旷	kuàng
旷工	kuànggōng
旷野	kuàngyě
况	kuàng
矿藏	kuàngcáng
矿床	kuàngchuáng
矿工	kuànggōng
矿井	kuàngjǐng
矿区	kuàngqū
矿山	kuàngshān
矿石	kuàngshí
矿业	kuàngyè
框	kuàng
框架	kuàngjià
框子	kuàngzi
眶	kuàng
亏本	kuīběn
盔	kuī
窥	kuī
窥见	kuījiàn
窥探	kuītàn
奎	kuí
葵花	kuíhuā
魁梧	kuí•wú
傀儡	kuǐlěi
匮乏	kuìfá
溃	kuì
溃烂	kuìlàn
溃疡	kuìyáng
愧	kuì
坤	kūn
昆曲	kūnqǔ
困惑	kùnhuò
困苦	kùnkǔ
困扰	kùnrǎo
扩	kuò
扩充	kuòchōng

扩建 kuòjiàn
括 kuò
括号 kuòhào
阔气 kuòqi
廓 kuò

L

拉力 lālì
拉拢 lā•lǒng
喇嘛 lǎma
腊 là
腊梅 làméi
腊月 làyuè
辣 là
来宾 láibīn
来电 láidiàn
来访 láifǎng
来客 láikè
来历 láilì
来龙去脉 láilóng-qùmài
来年 láinián
来去 láiqù
来世 láishì
来势 láishì
来意 láiyì
来者 láizhě
癞 lài
兰花 lánhuā
拦 lán
拦截 lánjié
拦腰 lányāo
拦阻 lánzǔ
栏杆 lángān
蓝图 lántú
篮 lán
篮球 lánqiú
篮子 lánzi
览 lǎn
揽 lǎn
缆 lǎn
懒 lǎn
懒得 lǎnde
懒惰 lǎnduò
懒汉 lǎnhàn
懒散 lǎnsǎn
烂泥 lànní
滥 làn
滥用 lànyòng
郎 láng
狼狈 lángbèi
廊 láng
朗读 lǎngdú
朗诵 lǎngsòng
浪潮 làngcháo
浪漫 làngmàn
浪涛 làngtāo
浪头 làngtou
劳工 láogōng
劳驾 láojià
劳教 láojiào
劳苦 láokǔ
劳累 láolèi
劳模 láomó
劳务 láowù
劳役 láoyì
劳资 láozī
劳作 láozuò
牢房 láofáng
牢记 láojì
牢笼 láolóng
牢骚 láo•sāo
牢狱 láoyù
老伯 lǎobó
老化 lǎohuà
老家 lǎojiā
老练 lǎoliàn
老少 lǎoshào
老生 lǎoshēng
老式 lǎoshì
老天爷 lǎotiānyé
老头儿 lǎotóur
老鹰 lǎoyīng
老者 lǎozhě
老总 lǎozǒng
姥姥 lǎolao
烙 lào
烙印 làoyìn
涝 lào
乐趣 lèqù
乐意 lèyì
乐于 lèyú
乐园 lèyuán
勒 lè
勒令 lèlìng
勒索 lèsuǒ
勒 lēi
累赘 léizhui
雷暴 léibào
雷电 léidiàn
雷鸣 léimíng
雷同 léitóng
雷雨 léiyǔ
擂 léi
镭 léi
垒 lěi
累积 lěijī
累及 lěijí
累计 lěijì
肋 lèi
肋骨 lèigǔ
泪痕 lèihén
泪花 lèihuā
泪眼 lèiyǎn
泪珠 lèizhū
类比 lèibǐ
类别 lèibié
类群 lèiqún
类推 lèituī
擂 lèi
棱 léng
棱角 léngjiǎo
棱镜 léngjìng
冷不防 lěng•bùfáng
冷藏 lěngcáng
冷淡 lěngdàn
冷冻 lěngdòng
冷风 lěngfēng
冷汗 lěnghàn
冷峻 lěngjùn
冷酷 lěngkù
冷落 lěngluò
冷漠 lěngmò
冷凝 lěngníng
冷暖 lěngnuǎn
冷气 lěngqì
冷清 lěng•qīng
冷眼 lěngyǎn
冷饮 lěngyǐn
冷遇 lěngyù
厘 lí
离别 líbié
离奇 líqí
离散 lísàn
离心 líxīn
离心力 líxīnlì
离休 líxiū
离异 líyì
离职 lízhí
梨园 líyuán
黎明 límíng
篱笆 líba
礼拜 lǐbài
礼法 lǐfǎ
礼教 lǐjiào
礼节 lǐjié
礼品 lǐpǐn
礼让 lǐràng
礼堂 lǐtáng
礼仪 lǐyí
里程 lǐchéng
里程碑 lǐchéngbēi
理财 lǐcái
理睬 lǐcǎi
理发 lǐfà
理会 lǐhuì
理科 lǐkē
理事 lǐ•shì
理应 lǐyīng
理直气壮 lǐzhí-qìzhuàng
锂 lǐ
鲤 lǐ
力度 lìdù
力争 lìzhēng
历程 lìchéng
历次 lìcì
历法 lìfǎ
历届 lìjiè
历尽 lìjìn
历经 lìjīng
历年 lìnián
历书 lìshū
厉声 lìshēng
立案 lì'àn
立方 lìfāng
立功 lìgōng
立国 lìguó
立论 lìlùn
立宪 lìxiàn
立意 lìyì
立正 lìzhèng
立志 lìzhì
立足 lìzú
吏 lì
利弊 lìbì
利落 lìluo
利尿 lìniào
利索 lìsuo
沥青 lìqīng
例证 lìzhèng
隶 lì
隶属 lìshǔ
荔枝 lìzhī
栗子 lìzi
砾石 lìshí
痢疾 lìji
连带 liándài
连贯 liánguàn
连环 liánhuán
连环画 liánhuánhuà
连累 liánlei
连绵 liánmián
连年 liánnián
连日 liánrì
连声 liánshēng
连锁 liánsuǒ
连通 liántōng
连夜 liányè
连衣裙 liányīqún
怜 lián
怜悯 liánmǐn
帘 lián
帘子 liánzi
莲 lián

莲花	liánhuā
涟漪	liányī
联欢	liánhuān
联名	liánmíng
联赛	liánsài
联姻	liányīn
廉	lián
廉洁	liánjié
镰	lián
镰刀	liándāo
敛	liǎn
脸红	liǎnhóng
脸颊	liǎnjiá
脸面	liǎnmiàn
脸庞	liǎnpáng
脸皮	liǎnpí
脸谱	liǎnpǔ
练兵	liànbīng
练功	liàngōng
练武	liànwǔ
恋	liàn
恋人	liànrén
链条	liàntiáo
良机	liángjī
良久	liángjiǔ
良田	liángtián
良性	liángxìng
凉快	liángkuai
凉爽	liángshuǎng
凉水	liángshuǐ
凉鞋	liángxié
粮仓	liángcāng
两口子	liǎngkǒuzi
两栖	liǎngqī
两性	liǎngxìng
两样	liǎngyàng
两翼	liǎngyì
亮度	liàngdù
亮光	liàngguāng
亮相	liàngxiàng
谅解	liàngjiě
量变	liàngbiàn
量词	liàngcí
量刑	liàngxíng
晾	liàng
踉跄	liàngqiàng
撩	liāo
辽	liáo
疗	liáo
疗程	liáochéng
疗效	liáoxiào
疗养	liáoyǎng
疗养院	liáoyǎngyuàn
聊	liáo
聊天儿	liáotiānr
撩	liáo
嘹亮	liáoliàng
潦倒	liáodǎo
缭绕	liáorào
燎	liáo
了不得	liǎo•bù•dé
了结	liǎojié
了然	liǎorán
了如指掌	liǎorúzhǐzhǎng
燎	liǎo
料理	liàolǐ
料想	liàoxiǎng
料子	liàozi
撂	liào
廖	Liào
瞭望	liàowàng
列强	lièqiáng
列席	lièxí
劣	liè
劣等	lièděng
劣势	lièshì
劣质	lièzhì
烈	liè
烈火	lièhuǒ
烈日	lièrì
烈性	lièxìng
烈焰	lièyàn
猎狗	liègǒu
猎枪	lièqiāng
猎取	lièqǔ
猎犬	lièquǎn
猎人	lièrén
猎手	lièshǒu
猎物	lièwù
裂变	lièbiàn
裂缝	lièfèng
裂痕	lièhén
裂纹	lièwén
裂隙	lièxì
拎	līn
邻里	línlǐ
邻舍	línshè
林带	líndài
林地	líndì
林立	línlì
林阴道	línyīndào
林子	línzi
临别	línbié
临到	líndào
临界	línjiè
临近	línjìn
临摹	línmó
临终	línzhōng
淋巴结	línbājié
淋漓	línlí
淋漓尽致	línlí-jìnzhì
琳琅满目	línláng-mǎnmù
嶙峋	línxún
霖	lín
磷肥	línféi
磷脂	línzhī
鳞	lín
鳞片	línpiàn
吝啬	lìnsè
伶	líng
伶俐	líng•lì
灵巧	língqiǎo
灵堂	língtáng
灵通	língtōng
灵性	língxìng
灵芝	língzhī
玲珑	línglóng
凌	líng
凌晨	língchén
凌空	língkōng
凌乱	língluàn
陵	líng
陵墓	língmù
陵园	língyuán
聆听	língtīng
菱形	língxíng
翎子	língzi
羚羊	língyáng
绫	líng
零点	língdiǎn
零乱	língluàn
零散	língsǎn
零碎	língsuì
零星	língxīng
领带	lǐngdài
领地	lǐngdì
领队	lǐngduì
领海	lǐnghǎi
领教	lǐngjiào
领口	lǐngkǒu
领略	lǐnglüè
领取	lǐngqǔ
领事馆	lǐngshìguǎn
领受	lǐngshòu
领头	lǐngtóu
领悟	lǐngwù
领先	lǐngxiān
领主	lǐngzhǔ
领子	lǐngzi
另行	lìngxíng
溜达	liūda
蹓	liū
浏览	liúlǎn
留成	liúchéng
留存	liúcún
留恋	liúliàn
留神	liúshén
留声机	liúshēngjī
留守	liúshǒu
留心	liúxīn
留意	liúyì
流产	liúchǎn
流畅	liúchàng
流程	liúchéng
流毒	liúdú
流放	liúfàng
流浪	liúlàng
流利	liúlì
流量	liúliàng
流落	liúluò
流失	liúshī
流逝	liúshì
流水线	liúshuǐxiàn
流速	liúsù
流淌	liútǎng
流亡	liúwáng
流星	liúxīng
流言	liúyán
流转	liúzhuǎn
琉璃	liú•lí
硫磺	liúhuáng
绺	liǔ
蹓	liù
龙船	lóngchuán
龙灯	lóngdēng
龙骨	lónggǔ
龙卷风	lóngjuǎnfēng
龙王	Lóngwáng
龙眼	lóngyǎn
聋	lóng
聋子	lóngzi
笼子	lóngzi
隆冬	lóngdōng
隆重	lóngzhòng
陇	Lǒng
垄	lǒng
笼络	lǒngluò
笼统	lǒngtǒng
楼阁	lóugé
楼台	lóutái
楼梯	lóutī
篓	lǒu
陋	lòu
漏洞	lòudòng
漏斗	lòudǒu
卢	Lú
芦笙	lúshēng
芦苇	lúwěi
炉灶	lúzào
颅	lú
卤水	lǔshuǐ
卤素	lǔsù

虏	lǔ
掳	lǔ
鲁莽	lǔmǎng
陆路	lùlù
录取	lùqǔ
录像	lùxiàng
录像机	lùxiàngjī
录音	lùyīn
录音机	lùyīnjī
录用	lùyòng
录制	lùzhì
绿林	lùlín
禄	lù
路标	lùbiāo
路灯	lùdēng
路费	lùfèi
路径	lùjìng
路口	lùkǒu
路面	lùmiàn
路人	lùrén
路途	lùtú
麓	lù
露骨	lùgǔ
露水	lù•shuǐ
露天	lùtiān
露珠	lùzhū
吕	lǚ
捋	lǚ
旅伴	lǚbàn
旅程	lǚchéng
旅店	lǚdiàn
旅途	lǚtú
屡	lǚ
屡次	lǚcì
屡见不鲜	lǚjiàn-bùxiān
履	lǚ
虑	lǜ
绿灯	lǜdēng
绿地	lǜdì
绿豆	lǜdòu
绿肥	lǜféi
绿洲	lǜzhōu
峦	luán
孪生	luánshēng
卵石	luǎnshí
卵子	luǎnzǐ
掠	lüè
略微	lüèwēi
抡	lūn
沦陷	lúnxiàn
轮班	lúnbān
轮番	lúnfān
轮换	lúnhuàn
轮回	lúnhuí
轮胎	lúntāi
轮椅	lúnyǐ
轮子	lúnzi
论调	lùndiào
论断	lùnduàn
论据	lùnjù
论理	lùnlǐ
论说	lùnshuō
论坛	lùntán
论战	lùnzhàn
论著	lùnzhù
捋	luō
罗汉	luóhàn
罗列	luóliè
罗盘	luópán
萝卜	luóbo
锣	luó
锣鼓	luógǔ
箩	luó
箩筐	luókuāng
骡子	luózi
螺	luó
螺丝	luósī
螺旋桨	luóxuánjiǎng
裸	luǒ
裸露	luǒlù
裸体	luǒtǐ
洛	Luò
落差	luòchā
落成	luòchéng
落户	luòhù
落脚	luòjiǎo
落空	luòkōng
落日	luòrì
落水	luòshuǐ
落伍	luòwǔ
摞	luò

M

抹布	mābù
麻痹	mábì
麻袋	mádài
麻将	májiàng
麻利	málì
麻木	mámù
麻雀	máquè
麻疹	mázhěn
麻子	mázi
马达	mǎdá
马灯	mǎdēng
马褂	mǎguà
马虎	mǎhu
马力	mǎlì
马铃薯	mǎlíngshǔ
马匹	mǎpǐ
马蹄	mǎtí
马桶	mǎtǒng
马戏	mǎxì
玛瑙	mǎnǎo
埋藏	máicáng
埋伏	mái•fú
埋没	máimò
埋头	máitóu
埋葬	máizàng
买主	mǎizhǔ
迈步	màibù
迈进	màijìn
麦收	màishōu
麦子	màizi
卖国	màiguó
卖力	màilì
卖命	màimìng
卖弄	mài•nòng
卖主	màizhǔ
脉搏	màibó
脉冲	màichōng
脉络	màiluò
蛮干	mángàn
蛮横	mánhèng
鳗	mán
满腹	mǎnfù
满怀	mǎnhuái
满口	mǎnkǒu
满面	mǎnmiàn
满目	mǎnmù
满腔	mǎnqiāng
满心	mǎnxīn
满月	mǎnyuè
满载	mǎnzài
满嘴	mǎnzuǐ
螨	mǎn
曼	màn
谩骂	mànmà
蔓	màn
蔓延	mànyán
漫	màn
漫不经心	mànbùjīngxīn
漫步	mànbù
漫画	mànhuà
漫天	màntiān
漫游	mànyóu
慢条斯理	màntiáo-sīlǐ
忙活	mánghuo
忙乱	mángluàn
盲	máng
盲肠	mángcháng
盲从	mángcóng
盲流	mángliú
盲人	mángrén
蟒	mǎng
猫头鹰	māotóuyīng
毛笔	máobǐ
毛虫	máochóng
毛发	máofà
毛骨悚然	máogǔ-sǒngrán
毛料	máoliào
毛驴	máolǘ
毛囊	máonáng
毛皮	máopí
毛毯	máotǎn
毛线	máoxiàn
毛衣	máoyī
矛	máo
矛头	máotóu
茅草	máocǎo
茅屋	máowū
锚	máo
卯	mǎo
铆	mǎo
茂密	màomì
茂盛	màoshèng
冒充	màochōng
冒火	màohuǒ
冒昧	màomèi
冒失	màoshi
贸然	màorán
貌	mào
貌似	màosì
没劲	méijìn
没命	méimìng
没趣	méiqù
没准儿	méizhǔnr
玫瑰	méi•guī
眉飞色舞	méifēi-sèwǔ
眉开眼笑	méikāi-yǎnxiào
眉目	méi•mù
眉眼	méiyǎn
眉宇	méiyǔ
梅花	méihuā
梅雨	méiyǔ
媒	méi
媒人	méiren
煤气	méiqì
煤油	méiyóu
霉	méi
霉菌	méijūn
霉烂	méilàn
美德	měidé
美观	měiguān
美景	měijǐng
美酒	měijiǔ
美满	měimǎn
美貌	měimào
美女	měinǚ
美人	měirén
美容	měiróng
美谈	měitán
美味	měiwèi

美育 měiyù
昧 mèi
媚 mèi
闷热 mēnrè
门板 ménbǎn
门道 méndao
门第 méndì
门洞儿 méndòngr
门户 ménhù
门槛 ménkǎn
门框 ménkuàng
门类 ménlèi
门帘 ménlián
门铃 ménlíng
门面 mén•miàn
门票 ménpiào
门生 ménshēng
门徒 méntú
门牙 ményá
门诊 ménzhěn
萌 méng
萌动 méngdòng
萌生 méngshēng
蒙蔽 méngbì
蒙昧 méngmèi
蒙受 méngshòu
盟 méng
盟国 méngguó
猛然 měngrán
猛兽 měngshòu
蒙古包 ménggǔbāo
锰 měng
梦幻 mènghuàn
梦境 mèngjìng
梦寐以求 mèngmèiyǐqiú
梦乡 mèngxiāng
梦想 mèngxiǎng
梦呓 mèngyì
眯 mī
眯缝 mīfeng
弥 mí
弥散 mísàn
迷宫 mígōng
迷糊 míhu
迷惑 míhuò
迷离 mílí
迷恋 míliàn
迷路 mílù
迷茫 mímáng
迷蒙 míméng
迷失 míshī
迷惘 míwǎng
迷雾 míwù
猕猴 míhóu
糜烂 mílàn
米饭 mǐfàn
觅 mì
秘 mì
秘诀 mìjué
密闭 mìbì
密布 mìbù
密封 mìfēng
密码 mìmǎ
幂 mì
蜜月 mìyuè
眠 mián
绵 mián
绵延 miányán
绵羊 miányáng
棉布 miánbù
棉纱 miánshā
棉田 miántián
棉絮 miánxù
免除 miǎnchú
免得 miǎn•dé
免费 miǎnfèi
免税 miǎnshuì
勉 miǎn
勉励 miǎnlì
缅怀 miǎnhuái
面额 miàn’é
面粉 miànfěn
面颊 miànjiá
面具 miànjù
面庞 miànpáng
面容 miànróng
面色 miànsè
面纱 miànshā
面谈 miàntán
面条儿 miàntiáor
面子 miànzi
苗木 miáomù
苗圃 miáopǔ
苗条 miáotiao
苗头 miáotou
描 miáo
描画 miáohuà
描摹 miáomó
瞄 miáo
瞄准 miáozhǔn
渺 miǎo
渺茫 miǎománg
渺小 miǎoxiǎo
藐视 miǎoshì
庙会 miàohuì
庙宇 miàoyǔ
灭火 mièhuǒ
灭绝 mièjué
蔑视 mièshì
蔑 miè
民办 mínbàn
民法 mínfǎ
民房 mínfáng
民工 míngōng
民航 mínháng
民警 mínjǐng
民情 mínqíng
民权 mínquán
民生 mínshēng
民心 mínxīn
民谣 mínyáo
民意 mínyì
民营 mínyíng
民用 mínyòng
民政 mínzhèng
皿 mǐn
泯 mǐn
泯灭 mǐnmiè
闽 Mǐn
名次 míngcì
名单 míngdān
名额 míng’é
名副其实 míngfùqíshí
名贵 míngguì
名家 míngjiā
名利 mínglì
名列前茅 mínglièqiánmáo
名流 míngliú
名目 míngmù
名牌 míngpái
名片 míngpiàn
名气 míngqì
名人 míngrén
名山 míngshān
名声 míngshēng
名胜 míngshèng
名师 míngshī
名堂 míngtang
名望 míngwàng
名下 míngxià
名言 míngyán
名誉 míngyù
名著 míngzhù
明矾 míngfán
明净 míngjìng
明镜 míngjìng
明快 míngkuài
明朗 mínglǎng
明了 míngliǎo
明媚 míngmèi
明日 míngrì
明晰 míngxī
明星 míngxīng
明珠 míngzhū
鸣叫 míngjiào
冥想 míngxiǎng
铭 míng
铭文 míngwén
命脉 mìngmài
命中 mìngzhòng
谬 miù
谬论 miùlùn
谬误 miùwù
摹 mó
模特儿 mótèr
摩登 módēng
摩托 mótuō
磨练 móliàn
磨难 mónàn
磨损 mósǔn
蘑菇 mógu
魔 mó
魔法 mófǎ
魔鬼 móguǐ
魔力 mólì
魔术 móshù
魔王 mówáng
魔爪 mózhǎo
抹杀 mǒshā
末日 mòrì
末梢 mòshāo
末尾 mòwěi
沫 mò
莫大 mòdà
莫非 mòfēi
蓦然 mòrán
漠然 mòrán
漠视 mòshì
墨水 mòshuǐ
默 mò
默念 mòniàn
默契 mòqì
默然 mòrán
眸 móu
谋害 móuhài
谋略 móulüè
谋求 móuqiú
谋取 móuqǔ
谋杀 móushā
谋生 móushēng
模板 múbǎn
母爱 mǔ’ài
母本 mǔběn
母系 mǔxì
母校 mǔxiào
母语 mǔyǔ
牡丹 mǔ•dān
牡蛎 mǔlì
拇指 mǔzhǐ
木本 mùběn
木柴 mùchái
木耳 mù’ěr
木筏 mùfá

木工 mùgōng
木匠 mùjiang
木刻 mùkè
木料 mùliào
木偶 mù'ǒu
木炭 mùtàn
木星 mùxīng
目不转睛 mùbùzhuǎnjīng
目瞪口呆 mùdèng-kǒudāi
目睹 mùdǔ
目录 mùlù
目送 mùsòng
沐浴 mùyù
牧 mù
牧草 mùcǎo
牧场 mùchǎng
牧民 mùmín
牧区 mùqū
募 mù
募捐 mùjuān
墓碑 mùbēi
墓地 mùdì
墓室 mùshì
墓葬 mùzàng
幕后 mùhòu
暮 mù
暮色 mùsè
穆 mù
穆斯林 mùsīlín

N

纳粹 Nàcuì
纳闷儿 nàmènr
娜 nà
捺 nà
奶粉 nǎifěn
奶牛 nǎiniú
奶油 nǎiyóu
氖 nǎi
奈何 nàihé
耐力 nàilì
耐用 nàiyòng
男方 nánfāng
男生 nánshēng
南半球 nánbànqiú
南边 nán•biān
南瓜 nán•guā
南面 nán•miàn
南洋 Nányáng
难保 nánbǎo
难产 nánchǎn
难处 nán•chù
难点 nándiǎn
难度 nándù
难关 nánguān
难堪 nánkān
难看 nánkàn
难说 nánshuō
难听 nántīng
难为 nánwei
难为情 nánwéiqíng
难民 nànmín
难友 nànyǒu
囊括 nángkuò
挠 náo
恼 nǎo
恼火 nǎohuǒ
恼怒 nǎonù
脑海 nǎohǎi
脑际 nǎojì
脑筋 nǎojīn
脑力 nǎolì
脑髓 nǎosuǐ
闹市 nàoshì
闹事 nàoshì
闹钟 nàozhōng
内阁 nèigé
内海 nèihǎi
内行 nèiháng
内疚 nèijiù
内科 nèikē
内力 nèilì
内陆 nèilù
内乱 nèiluàn
内幕 nèimù
内情 nèiqíng
内燃机 nèiránjī
内伤 nèishāng
内务 nèiwù
内线 nèixiàn
内向 nèixiàng
内销 nèixiāo
内省 nèixǐng
内衣 nèiyī
内因 nèiyīn
内政 nèizhèng
嫩绿 nènlǜ
能干 nénggàn
能耐 néngnai
能人 néngrén
能事 néngshì
能手 néngshǒu
尼 ní
尼姑 nígū
尼龙 nílóng
呢绒 níróng
泥浆 níjiāng
泥坑 níkēng
泥泞 nínìng
泥鳅 ní•qiū
泥塑 nísù
泥炭 nítàn
倪 ní
霓虹灯 níhóngdēng
拟订 nǐdìng
拟定 nǐdìng
拟人 nǐrén
逆差 nìchā
逆境 nìjìng
逆流 nìliú
逆向 nìxiàng
逆转 nìzhuǎn
腻 nì
溺 nì
溺爱 nì'ài
拈 niān
蔫 niān
年份 niánfèn
年华 niánhuá
年画 niánhuà
年会 niánhuì
年景 niánjǐng
年轮 niánlún
年迈 niánmài
年岁 niánsuì
年限 niánxiàn
年终 niánzhōng
黏 nián
捻 niǎn
碾 niǎn
撵 niǎn
廿 niàn
念白 niànbái
念叨 niàndao
娘家 niángjia
酿 niàng
鸟瞰 niǎokàn
袅袅 niǎoniǎo
尿布 niàobù
尿素 niàosù
捏造 niēzào
聂 Niè
涅槃 nièpán
啮 niè
镊子 nièzi
镍 niè
孽 niè
狞笑 níngxiào
凝神 níngshén
凝望 níngwàng
宁可 nìngkě
宁肯 nìngkěn
宁愿 nìngyuàn
牛犊 niúdú
牛皮 niúpí
牛仔裤 niúzǎikù
扭曲 niǔqǔ
纽带 niǔdài
纽扣 niǔkòu
拗 niù
农夫 nóngfū
农妇 nóngfù
农耕 nónggēng
农机 nóngjī
农家 nóngjiā
农垦 nóngkěn
农历 nónglì
农忙 nóngmáng
农事 nóngshì
农闲 nóngxián
浓淡 nóngdàn
浓烈 nóngliè
浓眉 nóngméi
浓密 nóngmì
浓缩 nóngsuō
浓郁 nóngyù
浓重 nóngzhòng
弄虚作假 nòngxū-zuòjiǎ
奴 nú
奴才 núcai
奴仆 núpú
怒放 nùfàng
怒吼 nùhǒu
怒火 nùhuǒ
怒气 nùqì
女方 nǚfāng
女皇 nǚhuáng
女郎 nǚláng
女神 nǚshén
女生 nǚshēng
女王 nǚwáng
暖和 nuǎnhuo
暖流 nuǎnliú
暖瓶 nuǎnpíng
暖气 nuǎnqì
疟疾 nüèji
虐待 nüèdài
挪 nuó
挪动 nuó•dòng
挪用 nuóyòng
诺言 nuòyán
懦弱 nuòruò
糯米 nuòmǐ

O

讴歌 ōugē
鸥 ōu
殴打 ōudǎ
呕 ǒu
呕吐 ǒutù
偶像 ǒuxiàng
藕 ǒu

P

趴　pā
爬行　páxíng
耙　pá
帕　pà
拍板　pāibǎn
拍卖　pāimài
拍手　pāishǒu
拍照　pāizhào
拍子　pāizi
排场　pái·chǎng
排队　páiduì
排挤　páijǐ
排练　páiliàn
排卵　páiluǎn
排球　páiqiú
排戏　páixì
排泄　páixiè
排演　páiyǎn
排忧解难　páiyōu-jiěnàn
牌坊　pái·fāng
牌价　páijià
牌楼　páilou
派别　pàibié
派生　pàishēng
派头　pàitóu
派系　pàixì
派性　pàixìng
攀登　pāndēng
攀谈　pāntán
攀援　pānyuán
盘剥　pánbō
盘踞　pánjù
盘算　pánsuan
盘问　pánwèn
盘旋　pánxuán
盘子　pánzi
判别　pànbié
判决书　pànjuéshū
判明　pànmíng
判刑　pànxíng
叛　pàn
叛变　pànbiàn
叛乱　pànluàn
叛逆　pànnì
叛徒　pàntú
畔　pàn
膀　pāng
庞　páng
旁白　pángbái
旁人　pángrén
旁听　pángtīng
膀胱　pángguāng
磅礴　pángbó
胖子　pàngzi
刨　páo
咆哮　páoxiào
狍子　páozi
炮制　páozhì
袍　páo
跑步　pǎobù
跑道　pǎodào
泡菜　pàocài
泡沫　pàomò
炮兵　pàobīng
炮火　pàohuǒ
炮击　pàojī
炮楼　pàolóu
炮台　pàotái
胚芽　pēiyá
陪伴　péibàn
陪衬　péichèn
陪同　péitóng
培　péi
培土　péitǔ
培植　péizhí
赔　péi
赔款　péikuǎn
赔钱　péiqián
裴　Péi
佩　pèi
佩戴　pèidài
配备　pèibèi
配对　pèiduì
配方　pèifāng
配件　pèijiàn
配角　pèijué
配偶　pèi'ǒu
配伍　pèiwǔ
配制　pèizhì
配种　pèizhǒng
喷发　pēnfā
喷泉　pēnquán
喷洒　pēnsǎ
喷射　pēnshè
喷嚏　pēn·tì
喷涂　pēntú
盆景　pénjǐng
盆栽　pénzāi
盆子　pénzi
抨击　pēngjī
烹饪　pēngrèn
烹调　pēngtiáo
棚子　péngzi
蓬　péng
蓬乱　péngluàn
蓬松　péngsōng
硼　péng
蓬　péng
膨大　péngdà
碰见　pèng·jiàn
碰巧　pèngqiǎo
碰头　pèngtóu
碰撞　pèngzhuàng
批驳　pībó
批量　pīliàng
批示　pīshì
坯　pī
披露　pīlù
劈　pī
霹雳　pīlì
皮包　píbāo
皮层　pícéng
皮带　pídài
皮革　pígé
皮毛　pímáo
皮球　píqiú
皮肉　píròu
皮子　pízi
毗邻　pílín
疲　pí
疲惫　píbèi
疲乏　pífá
啤酒　píjiǔ
琵琶　pí·pá
脾胃　píwèi
脾脏　pízàng
匹配　pǐpèi
痞子　pǐzi
劈　pǐ
癖　pǐ
屁　pì
辟　pì
媲美　pìměi
僻静　pìjìng
片子　piānzi
偏爱　piān'ài
偏差　piānchā
偏激　piānjī
偏离　piānlí
偏旁　piānpáng
偏僻　piānpì
偏颇　piānpō
偏心　piānxīn
偏重　piānzhòng
篇幅　piān·fú
篇章　piānzhāng
片段　piànduàn
片断　piànduàn
骗局　piànjú
骗取　piànqǔ
骗子　piànzi
漂　piāo
漂泊　piāobó
漂浮　piāofú
漂流　piāoliú
漂移　piāoyí
飘带　piāodài
飘荡　piāodàng
飘动　piāodòng
飘浮　piāofú
飘忽　piāohū
飘零　piāolíng
飘落　piāoluò
飘然　piāorán
飘散　piāosàn
飘扬　piāoyáng
飘逸　piāoyì
朴　Piáo
瓢　piáo
漂　piǎo
漂白粉　piǎobáifěn
瞟　piǎo
票据　piàojù
票子　piàozi
撇　piē
撇开　piē·kāi
瞥　piē
瞥见　piējiàn
撇　piě
拼　pīn
拼搏　pīnbó
拼凑　pīncòu
拼死　pīnsǐ
拼音　pīnyīn
贫乏　pínfá
贫寒　pínhán
贫瘠　pínjí
贫苦　pínkǔ
贫民　pínmín
贫血　pínxuè
频　pín
频道　píndào
品尝　pǐncháng
品格　pǐngé
品评　pǐnpíng
品位　pǐnwèi
品味　pǐnwèi
品行　pǐnxíng
聘　pìn
聘请　pìnqǐng
平安　píng'ān
平板　píngbǎn
平淡　píngdàn
平地　píngdì
平定　píngdìng
平反　píngfǎn
平方　píngfāng
平房　píngfáng
平衡木　pínghéngmù
平滑　pínghuá
平缓　pínghuǎn
平价　píngjià
平米　píngmǐ
平生　píngshēng
平素　píngsù
平台　píngtái
平稳　píngwěn

平息 píngxī
平移 píngyí
平庸 píngyōng
平整 píngzhěng
评比 píngbǐ
评定 píngdìng
评分 píngfēn
评估 pínggū
评奖 píngjiǎng
评剧 píngjù
评判 píngpàn
评审 píngshěn
评述 píngshù
评弹 píngtán
评议 píngyì
评语 píngyǔ
坪 píng
凭吊 píngdiào
凭空 píngkōng
凭证 píngzhèng
屏风 píngfēng
屏障 píngzhàng
瓶子 píngzi
萍 píng
坡地 pōdì
坡度 pōdù
泊 pō
泼 pō
泼辣 pō•là
婆家 pójia
迫不及待 pòbùjídài
破案 pò’àn
破除 pòchú
破格 pògé
破获 pòhuò
破旧 pòjiù
破烂 pòlàn
破例 pòlì
破灭 pòmiè
破碎 pòsuì
破绽 pò•zhàn
魄 pò
魄力 pò•lì
剖 pōu
剖析 pōuxī
仆 pū
扑鼻 pūbí
扑克 pūkè
扑灭 pūmiè
铺盖 pūgai
铺设 pūshè
仆 pú
仆人 púrén
仆役 púyì
匍匐 púfú
葡萄酒 pú•táojiǔ
蒲公英 púgōngyīng
蒲扇 púshàn
朴实 pǔshí
圃 pǔ
浦 pǔ
普 pǔ
普查 pǔchá
普法 pǔfǎ
普选 pǔxuǎn
谱写 pǔxiě
堡 pù
瀑 pù
瀑布 pùbù

Q

沏 qī
栖息 qīxī
凄惨 qīcǎn
凄楚 qīchǔ
凄厉 qīlì
凄然 qīrán
戚 qī
期刊 qīkān
欺 qī
欺负 qīfu
欺凌 qīlíng
欺侮 qīwǔ
欺压 qīyā
欺诈 qīzhà
漆黑 qīhēi
漆器 qīqì
齐备 qíbèi
齐名 qímíng
齐全 qíquán
齐整 qízhěng
奇观 qíguān
奇妙 qímiào
奇闻 qíwén
歧视 qíshì
歧途 qítú
歧义 qíyì
祈 qí
祈祷 qídǎo
祈求 qíqiú
畦 qí
崎岖 qíqū
骑兵 qíbīng
棋 qí
棋盘 qípán
旗子 qízǐ
旗号 qíhào
旗袍 qípáo
旗子 qízi
鳍 qí
乞丐 qǐgài
乞求 qǐqiú
乞讨 qǐtǎo
岂有此理 qǐyǒu-cǐlǐ
企鹅 qǐ’é
启 qǐ
启程 qǐchéng
启迪 qǐdí
启动 qǐdòng
启蒙 qǐméng
启事 qǐshì
起兵 qǐbīng
起步 qǐbù
起草 qǐcǎo
起床 qǐchuáng
起飞 qǐfēi
起哄 qǐhòng
起火 qǐhuǒ
起家 qǐjiā
起见 qǐjiàn
起劲 qǐjìn
起居 qǐjū
起立 qǐlì
起落 qǐluò
起事 qǐshì
起诉 qǐsù
起先 qǐxiān
起因 qǐyīn
绮丽 qǐlì
气喘 qìchuǎn
气垫 qìdiàn
气度 qìdù
气概 qìgài
气功 qìgōng
气管 qìguǎn
气急 qìjí
气节 qìjié
气孔 qìkǒng
气力 qìlì
气囊 qìnáng
气恼 qìnǎo
气馁 qìněi
气派 qìpài
气泡 qìpào
气魄 qìpò
气球 qìqiú
气色 qìsè
气势 qìshì
气态 qìtài
气虚 qìxū
气旋 qìxuán
气焰 qìyàn
迄 qì
迄今 qìjīn
汽 qì
汽笛 qìdí
汽缸 qìgāng
汽化 qìhuà
汽水 qìshuǐ
汽艇 qìtǐng
泣 qì
契 qì
契机 qìjī
器件 qìjiàn
器具 qìjù
器皿 qìmǐn
器物 qìwù
器械 qìxiè
器乐 qìyuè
器重 qìzhòng
掐 qiā
洽 qià
洽谈 qiàtán
恰 qià
恰巧 qiàqiǎo
恰如 qiàrú
恰似 qiàsì
千古 qiāngǔ
千金 qiānjīn
千钧一发 qiānjūn-yīfà
千卡 qiānkǎ
千瓦 qiānwǎ
扦 qiān
迁就 qiānjiù
迁居 qiānjū
牵动 qiāndòng
牵挂 qiānguà
牵连 qiānlián
牵涉 qiānshè
牵引 qiānyǐn
牵制 qiānzhì
谦虚 qiānxū
谦逊 qiānxùn
签 qiān
签发 qiānfā
签名 qiānmíng
签署 qiānshǔ
签约 qiānyuē
签证 qiānzhèng
签字 qiānzì
前辈 qiánbèi
前臂 qiánbì
前程 qiánchéng
前额 qián’é
前锋 qiánfēng
前列 qiánliè
前年 qiánnián
前仆后继 qiánpū-hòujì
前哨 qiánshào
前身 qiánshēn
前世 qiánshì
前天 qiántiān
前卫 qiánwèi
前沿 qiányán
前夜 qiányè
前肢 qiánzhī
前奏 qiánzòu
虔诚 qiánchéng
钱包 qiánbāo
钱币 qiánbì

钱财 qiáncái
钳工 qiángōng
钳子 qiánzi
乾 qián
乾坤 qiánkūn
潜藏 qiáncáng
潜伏 qiánfú
潜入 qiánrù
潜水 qiánshuǐ
潜艇 qiántǐng
潜移默化 qiányí-mòhuà
黔 Qián
浅薄 qiǎnbó
浅海 qiǎnhǎi
浅滩 qiǎntān
浅显 qiǎnxiǎn
谴责 qiǎnzé
欠缺 qiànquē
纤 qiàn
歉 qiàn
歉收 qiànshōu
歉意 qiànyì
呛 qiāng
枪毙 qiāngbì
枪弹 qiāngdàn
枪杀 qiāngshā
枪支 qiāngzhī
腔调 qiāngdiào
强渡 qiángdù
强攻 qiánggōng
强国 qiángguó
强加 qiángjiā
强健 qiángjiàn
强劲 qiángjìng
强力 qiánglì
强盛 qiángshèng
强行 qiángxíng
强硬 qiángyìng
强占 qiángzhàn
强壮 qiángzhuàng
墙根 qiánggēn
墙角 qiángjiǎo
墙头 qiángtóu
抢夺 qiǎngduó
抢购 qiǎnggòu
抢劫 qiǎngjié
抢先 qiǎngxiān
抢险 qiǎngxiǎn
抢修 qiǎngxiū
抢占 qiǎngzhàn
强求 qiǎngqiú
呛 qiàng
跷 qiāo
锹 qiāo
敲打 qiāo•dǎ
乔 qiáo
乔木 qiáomù
侨胞 qiáobāo
侨眷 qiáojuàn
侨民 qiáomín
侨务 qiáowù
桥头 qiáotóu
翘 qiáo
瞧见 qiáo•jiàn
巧合 qiǎohé
悄然 qiǎorán
悄声 qiǎoshēng
俏 qiào
俏皮 qiào•pí
峭壁 qiàobì
窍 qiào
窍门 qiàomén
翘 qiào
撬 qiào
鞘 qiào
切除 qiēchú
切磋 qiēcuō
切点 qiēdiǎn
切割 qiēgē
切口 qiēkǒu
切面 qiēmiàn
切片 qiēpiàn
切线 qiēxiàn
茄子 qiézi
切合 qièhé
切忌 qièjì
切身 qièshēn
妾 qiè
怯 qiè
怯懦 qiènuò
窃 qiè
窃取 qièqǔ
惬意 qièyì
钦差 qīnchāi
钦佩 qīnpèi
侵害 qīnhài
侵吞 qīntūn
侵袭 qīnxí
亲爱 qīn’ài
亲笔 qīnbǐ
亲近 qīnjìn
亲口 qīnkǒu
亲临 qīnlín
亲昵 qīnnì
亲朋 qīnpéng
亲身 qīnshēn
亲生 qīnshēng
亲事 qīn•shì
亲手 qīnshǒu
亲王 qīnwáng
亲吻 qīnwěn
亲信 qīnxìn
亲缘 qīnyuán
亲子 qīnzǐ
禽 qín
禽兽 qínshòu
勤奋 qínfèn
勤俭 qínjiǎn
勤快 qínkuai
擒 qín
噙 qín
寝 qǐn
寝室 qǐnshì
沁 qìn
青菜 qīngcài
青草 qīngcǎo
青翠 qīngcuì
青稞 qīngkē
青睐 qīnglài
青霉素 qīngméisù
青苔 qīngtái
青天 qīngtiān
青铜 qīngtóng
青衣 qīngyī
轻便 qīngbiàn
轻而易举 qīng’éryìjǔ
轻浮 qīngfú
轻快 qīngkuài
轻描淡写 qīngmiáo-dànxiě
轻蔑 qīngmiè
轻骑 qīngqí
轻巧 qīng•qiǎo
轻柔 qīngróu
轻率 qīngshuài
轻信 qīngxìn
轻音乐 qīngyīnyuè
轻盈 qīngyíng
氢弹 qīngdàn
倾倒 qīngdǎo
倾倒 qīngdào
倾角 qīngjiǎo
倾诉 qīngsù
倾吐 qīngtǔ
倾销 qīngxiāo
倾泻 qīngxiè
倾心 qīngxīn
倾注 qīngzhù
卿 qīng
清白 qīngbái
清查 qīngchá
清偿 qīngcháng
清澈 qīngchè
清脆 qīngcuì
清单 qīngdān
清淡 qīngdàn
清风 qīngfēng
清高 qīnggāo
清官 qīngguān
清净 qīngjìng
清静 qīngjìng
清冷 qīnglěng
清凉 qīngliáng
清明 qīngmíng
清扫 qīngsǎo
清瘦 qīngshòu
清爽 qīngshuǎng
清算 qīngsuàn
清洗 qīngxǐ
清闲 qīngxián
清香 qīngxiāng
清新 qīngxīn
清秀 qīngxiù
清早 qīngzǎo
清真寺 qīngzhēnsì
蜻蜓 qīngtíng
情不自禁 qíngbùzìjīn
情调 qíngdiào
情怀 qínghuái
情理 qínglǐ
情侣 qínglǚ
情人 qíngrén
情势 qíngshì
情书 qíngshū
情思 qíngsī
情态 qíngtài
情谊 qíngyì
情意 qíngyì
情欲 qíngyù
情愿 qíngyuàn
晴 qíng
晴空 qíngkōng
晴朗 qínglǎng
擎 qíng
顷 qǐng
顷刻 qǐngkè
请假 qǐngjià
请教 qǐngjiào
请客 qǐngkè
请愿 qǐngyuàn
庆 qìng
庆贺 qìnghè
庆幸 qìngxìng
亲家 qìngjia
磬 qìng
穷尽 qióngjìn
穷苦 qióngkǔ
穷困 qióngkùn
琼 qióng
丘陵 qiūlíng
邱 Qiū
秋风 qiūfēng
秋收 qiūshōu
仇 Qiú
囚 qiú
囚犯 qiúfàn
囚禁 qiújìn
囚徒 qiútú
求爱 qiú’ài

求婚 qiúhūn
求救 qiújiù
求解 qiújiě
求教 qiújiào
求人 qiúrén
求生 qiúshēng
求实 qiúshí
求学 qiúxué
求援 qiúyuán
求知 qiúzhī
求助 qiúzhù
球场 qiúchǎng
球迷 qiúmí
球面 qiúmiàn
球赛 qiúsài
球体 qiútǐ
裘 qiú
裘皮 qiúpí
区划 qūhuà
区间 qūjiān
曲解 qūjiě
曲面 qūmiàn
曲轴 qūzhóu
驱车 qūchē
驱除 qūchú
驱赶 qūgǎn
驱散 qūsàn
驱使 qūshǐ
屈 qū
屈从 qūcóng
屈辱 qūrǔ
祛 qū
蛆 qū
躯 qū
躯干 qūgàn
躯壳 qūqiào
躯体 qūtǐ
曲调 qǔdiào
曲目 qǔmù
曲牌 qǔpái
曲艺 qǔyì
曲子 qǔzi
取材 qǔcái
取缔 qǔdì
取经 qǔjīng
取乐 qǔlè

取暖 qǔnuǎn
取舍 qǔshě
取胜 qǔshèng
取笑 qǔxiào
取样 qǔyàng
取悦 qǔyuè
去处 qù•chù
去路 qùlù
去向 qùxiàng
趣 qù
圈套 quāntào
圈子 quānzi
权贵 quánguì
权衡 quánhéng
权势 quánshì
权限 quánxiàn
全集 quánjí
全力 quánlì
全貌 quánmào
全能 quánnéng
全盘 quánpán
全权 quánquán
全文 quánwén
全线 quánxiàn
泉水 quánshuǐ
泉源 quányuán
拳击 quánjī
痊愈 quányù
蜷 quán
蜷缩 quánsuō
犬 quǎn
犬齿 quǎnchǐ
劝导 quàndǎo
劝告 quàngào
劝解 quànjiě
劝说 quànshuō
劝慰 quànwèi
劝阻 quànzǔ
券 quàn
缺德 quēdé
缺憾 quēhàn
缺口 quēkǒu
缺损 quēsǔn
瘸 qué
雀 què
确信 quèxìn

确凿 quèzáo(quèzuò)
确证 quèzhèng
阙 què
裙 qún
裙子 qúnzi
群岛 qúndǎo
群居 qúnjū

R

冉冉 rǎnrǎn
染料 rǎnliào
让步 ràngbù
让位 ràngwèi
饶 ráo
饶恕 ráoshù
扰 rǎo
绕道 ràodào
热潮 rècháo
热忱 rèchén
热诚 rèchéng
热度 rèdù
热浪 rèlàng
热泪 rèlèi
热力 rèlì
热恋 rèliàn
热流 rèliú
热门 rèmén
热气 rèqì
热切 rèqiè
热望 rèwàng
热血 rèxuè
热源 rèyuán
人称 rénchēng
人次 réncì
人道 réndào
人丁 réndīng
人和 rénhé
人际 rénjì
人迹 rénjì
人流 rénliú
人伦 rénlún
人马 rénmǎ
人命 rénmìng
人品 rénpǐn
人情 rénqíng

人权 rénquán
人参 rénshēn
人声 rénshēng
人世 rénshì
人手 rénshǒu
人文 rénwén
人像 rénxiàng
人行道 rénxíngdào
人选 rénxuǎn
人烟 rényān
人中 rénzhōng
人种 rénzhǒng
仁慈 réncí
仁义 rényì
忍痛 rěntòng
忍心 rěnxīn
刃 rèn
认错 rèncuò
认购 rèngòu
认可 rènkě
认同 rèntóng
认罪 rènzuì
任教 rènjiào
任免 rènmiǎn
任凭 rènpíng
任期 rènqī
任性 rènxìng
任用 rènyòng
任职 rènzhí
韧 rèn
韧带 rèndài
韧性 rènxìng
妊娠 rènshēn
日程 rìchéng
日光 rìguāng
日后 rìhòu
日见 rìjiàn
日渐 rìjiàn
日历 rìlì
日食 rìshí
日用 rìyòng
荣 róng
荣获 rónghuò
荣幸 róngxìng
荣耀 róngyào
绒 róng

绒毛 róngmáo
绒线 róngxiàn
容积 róngjī
容貌 róngmào
容忍 róngrěn
容许 róngxǔ
容颜 róngyán
溶洞 róngdòng
溶化 rónghuà
溶血 róngxuè
熔化 rónghuà
融 róng
融化 rónghuà
融洽 róngqià
融资 róngzī
冗长 rǒngcháng
柔 róu
柔道 róudào
柔美 róuměi
柔情 róuqíng
柔弱 róuruò
柔顺 róushùn
蹂躏 róulìn
肉食 ròushí
肉眼 ròuyǎn
肉质 ròuzhì
如期 rúqī
如实 rúshí
如释重负 rúshìzhòngfù
如意 rúyì
儒 rú
儒学 rúxué
蠕动 rúdòng
汝 rǔ
乳白 rǔbái
乳房 rǔfáng
乳牛 rǔniú
乳汁 rǔzhī
辱 rǔ
入股 rùgǔ
入境 rùjìng
入口 rùkǒu
入门 rùmén
入迷 rùmí
入睡 rùshuì
入伍 rùwǔ

入夜	rùyè
入座	rùzuò
褥子	rùzi
软骨	ruǎngǔ
软化	ruǎnhuà
软件	ruǎnjiàn
软禁	ruǎnjìn
软弱	ruǎnruò
蕊	ruǐ
锐	ruì
锐角	ruìjiǎo
锐利	ruìlì
瑞	ruì
闰	rùn
润	rùn
润滑	rùnhuá
若无其事	ruòwúqíshì
弱小	ruòxiǎo

S

仨	sā
撒谎	sāhuǎng
撒娇	sājiāo
撒手	sāshǒu
洒脱	sǎ•tuō
卅	sà
腮	sāi
塞子	sāizi
赛场	sàichǎng
赛跑	sàipǎo
赛事	sàishì
三角洲	sānjiǎozhōu
三轮车	sānlúnchē
散漫	sǎnmàn
散场	sànchǎng
散会	sànhuì
散伙	sànhuǒ
散落	sànluò
散失	sànshī
丧事	sāngshì
丧葬	sāngzàng
桑	sāng
嗓	sǎng
嗓门儿	sǎngménr
嗓音	sǎngyīn
丧气	sàngqì
搔	sāo
骚	sāo
骚动	sāodòng
骚扰	sāorǎo
缫	sāo
臊	sāo
扫除	sǎochú
扫地	sǎodì
扫盲	sǎománg
扫描	sǎomiáo
扫射	sǎoshè
扫视	sǎoshì
扫兴	sǎoxìng
扫帚	sàozhou
臊	sào
色调	sèdiào
色光	sèguāng
色盲	sèmáng
色情	sèqíng
色素	sèsù
色泽	sèzé
涩	sè
瑟	sè
森严	sēnyán
僧尼	sēngní
杀菌	shājūn
杀戮	shālù
杀伤	shāshāng
杉木	shāmù
沙丘	shāqiū
沙土	shātǔ
沙哑	shāyǎ
沙子	shāzi
纱布	shābù
纱锭	shādìng
刹	shā
刹车	shāchē
煞	shā
傻瓜	shǎguā
傻子	shǎzi
煞	shà
霎时	shàshí
筛	shāi
筛选	shāixuǎn
山坳	shān'ào
山茶	shānchá
山川	shānchuān
山村	shāncūn
山歌	shāngē
山沟	shāngōu
山河	shānhé
山洪	shānhóng
山涧	shānjiàn
山脚	shānjiǎo
山梁	shānliáng
山岭	shānlǐng
山麓	shānlù
山峦	shānluán
山门	shānmén
山系	shānxì
山崖	shānyá
山羊	shānyáng
山腰	shānyāo
山野	shānyě
山岳	shānyuè
山楂	shānzhā
杉	shān
衫	shān
珊瑚	shānhú
扇动	shāndòng
煽动	shāndòng
闪现	shǎnxiàn
闪耀	shǎnyào
陕	Shǎn
扇贝	shànbèi
扇子	shànzi
善后	shànhòu
善意	shànyì
善战	shànzhàn
禅	shàn
擅长	shàncháng
擅自	shànzì
膳	shàn
膳食	shànshí
赡养	shànyǎng
伤疤	shāngbā
伤感	shānggǎn
伤寒	shānghán
伤痕	shānghén
伤势	shāngshì
伤亡	shāngwáng
商场	shāngchǎng
商船	shāngchuán
商定	shāngdìng
商贩	shāngfàn
商贾	shānggǔ
商会	shānghuì
商检	shāngjiǎn
商榷	shāngquè
商谈	shāngtán
商讨	shāngtǎo
商务	shāngwù
商议	shāngyì
晌	shǎng
晌午	shǎngwu
赏赐	shǎngcì
赏识	shǎngshí
上报	shàngbào
上臂	shàngbì
上场	shàngchǎng
上当	shàngdàng
上等	shàngděng
上吊	shàngdiào
上风	shàngfēng
上工	shànggōng
上古	shànggǔ
上好	shànghǎo
上将	shàngjiàng
上缴	shàngjiǎo
上进	shàngjìn
上列	shàngliè
上流	shàngliú
上路	shànglù
上马	shàngmǎ
上门	shàngmén
上品	shàngpǐn
上任	shàngrèn
上身	shàngshēn
上书	shàngshū
上司	shàngsi
上台	shàngtái
上头	shàngtou
上行	shàngxíng
上旬	shàngxún
上演	shàngyǎn
上阵	shàngzhèn
上肢	shàngzhī
上座	shàngzuò
尚且	shàngqiě
捎	shāo
烧杯	shāobēi
烧饼	shāobing
烧毁	shāohuǐ
烧火	shāohuǒ
烧酒	shāojiǔ
烧瓶	shāopíng
烧伤	shāoshāng
烧香	shāoxiāng
勺	sháo
勺子	sháozi
少见	shǎojiàn
少儿	shào'ér
少妇	shàofù
少将	shàojiàng
哨	shào
哨兵	shàobīng
哨所	shàosuǒ
哨子	shàozi
奢侈	shēchǐ
舌苔	shétāi
舍弃	shěqì
舍身	shěshēn
设防	shèfáng
社交	shèjiāo
社论	shèlùn
社区	shèqū
社团	shètuán
射程	shèchéng
射箭	shèjiàn
射门	shèmén
射手	shèshǒu
涉	shè
涉外	shèwài
涉足	shèzú
赦	shè
赦免	shèmiǎn
摄取	shèqǔ
摄食	shèshí
摄制	shèzhì
麝	shè
申	shēn
申报	shēnbào
申明	shēnmíng
申诉	shēnsù

伸缩	shēnsuō
伸展	shēnzhǎn
伸张	shēnzhāng
身长	shēncháng
身段	shēnduàn
身高	shēngāo
身价	shēnjià
身世	shēnshì
呻吟	shēnyín
绅士	shēnshì
砷	shēn
深奥	shēn'ào
深层	shēncéng
深海	shēnhǎi
深浅	shēnqiǎn
深切	shēnqiè
深秋	shēnqiū
深山	shēnshān
深思	shēnsī
深邃	shēnsuì
深信	shēnxìn
深渊	shēnyuān
深造	shēnzào
深重	shēnzhòng
神采	shéncǎi
神化	shénhuà
神经病	shénjīngbìng
神经质	shénjīngzhì
神龛	shénkān
神灵	shénlíng
神明	shénmíng
神速	shénsù
神通	shéntōng
神童	shéntóng
神往	shénwǎng
神仙	shén•xiān
神像	shénxiàng
神韵	shényùn
神志	shénzhì
神州	shénzhōu
审	shěn
审定	shěndìng
审核	shěnhé
审理	shěnlǐ
审批	shěnpī
审慎	shěnshèn
审视	shěnshì
审问	shěnwèn
审讯	shěnxùn
审议	shěnyì
婶子	shěnzi
肾脏	shènzàng
甚而	shèn'ér
渗	shèn
渗入	shènrù
慎	shèn
升华	shēnghuá
升级	shēngjí
升降	shēngjiàng
升任	shēngrèn
升腾	shēngténg
升学	shēngxué
生病	shēngbìng
生发	shēngfā
生根	shēnggēn
生机	shēngjī
生计	shēngjì
生路	shēnglù
生怕	shēngpà
生平	shēngpíng
生日	shēng•rì
生疏	shēngshū
生死	shēngsǐ
生息	shēngxī
生肖	shēngxiào
生效	shēngxiào
生性	shēngxìng
生涯	shēngyá
生硬	shēngyìng
生字	shēngzì
声波	shēngbō
声部	shēngbù
声称	shēngchēng
声带	shēngdài
声浪	shēnglàng
声名	shēngmíng
声势	shēngshì
声速	shēngsù
声望	shēngwàng
声息	shēngxī
声学	shēngxué
声言	shēngyán
声誉	shēngyù
声援	shēngyuán
声乐	shēngyuè
笙	shēng
绳索	shéngsuǒ
省城	shěngchéng
省份	shěngfèn
省会	shěnghuì
省略	shěnglüè
省事	shěngshì
圣诞节	Shèngdàn Jié
圣地	shèngdì
圣母	shèngmǔ
圣人	shèngrén
圣旨	shèngzhǐ
胜地	shèngdì
胜任	shèngrèn
胜仗	shèngzhàng
盛产	shèngchǎn
盛大	shèngdà
盛会	shènghuì
盛开	shèngkāi
盛况	shèngkuàng
盛名	shèngmíng
盛怒	shèngnù
盛夏	shèngxià
盛装	shèngzhuāng
尸	shī
尸骨	shīgǔ
尸首	shī•shǒu
失常	shīcháng
失传	shīchuán
失地	shīdì
失火	shīhuǒ
失控	shīkòng
失礼	shīlǐ
失利	shīlì
失恋	shīliàn
失灵	shīlíng
失落	shīluò
失眠	shīmián
失明	shīmíng
失散	shīsàn
失神	shīshén
失声	shīshēng
失实	shīshí
失守	shīshǒu
失陷	shīxiàn
失效	shīxiào
失血	shīxuè
失意	shīyì
失真	shīzhēn
失职	shīzhí
失重	shīzhòng
失踪	shīzōng
失足	shīzú
师父	shīfu
师母	shīmǔ
师资	shīzī
诗集	shījí
诗句	shījù
诗篇	shīpiān
虱子	shīzi
狮子	shīzi
施放	shīfàng
施加	shījiā
施舍	shīshě
施展	shīzhǎn
施政	shīzhèng
湿热	shīrè
十足	shízú
什	shí
石板	shíbǎn
石雕	shídiāo
石膏	shígāo
石匠	shíjiang
石刻	shíkè
石窟	shíkū
石料	shíliào
石榴	shíliu
石棉	shímián
石墨	shímò
石笋	shísǔn
石英	shíyīng
石子儿	shízǐr
时分	shífèn
时光	shíguāng
时局	shíjú
时区	shíqū
时日	shírì
时尚	shíshàng
时事	shíshì
时势	shíshì
时务	shíwù
时效	shíxiào
时兴	shíxīng
时针	shízhēn
时钟	shízhōng
时装	shízhuāng
识破	shípò
实测	shícè
实地	shídì
实话	shíhuà
实惠	shíhuì
实况	shíkuàng
实情	shíqíng
实权	shíquán
实事	shíshì
实数	shíshù
实习	shíxí
实效	shíxiào
实心	shíxīn
实业	shíyè
实战	shízhàn
实证	shízhèng
拾掇	shíduo
食道	shídào
食管	shíguǎn
食粮	shíliáng
食谱	shípǔ
食物链	shíwùliàn
食性	shíxìng
食欲	shíyù
食指	shízhǐ
蚀	shí
史册	shǐcè
史籍	shǐjí
史料	shǐliào
史前	shǐqián
史诗	shǐshī
史实	shǐshí
史书	shǐshū
矢	shǐ
使馆	shǐguǎn
使唤	shǐhuan
使节	shǐjié
使者	shǐzhě

始祖	shǐzǔ
驶	shǐ
屎	shǐ
士气	shìqì
士族	shìzú
示弱	shìruò
示意	shìyì
示众	shìzhòng
世道	shìdào
世故	shìgu
世故	shìgù
世家	shìjiā
世间	shìjiān
世面	shìmiàn
世人	shìrén
世事	shìshì
世俗	shìsú
世袭	shìxí
仕	shì
市价	shìjià
市郊	shìjiāo
市面	shìmiàn
市镇	shìzhèn
市政	shìzhèng
式样	shìyàng
事理	shìlǐ
事态	shìtài
事项	shìxiàng
事宜	shìyí
势头	shì·tóu
侍	shì
侍从	shìcóng
侍奉	shìfèng
侍候	shìhòu
侍卫	shìwèi
饰	shì
试点	shìdiǎn
试剂	shìjì
试卷	shìjuàn
试看	shìkàn
试探	shìtàn
试题	shìtí
试问	shìwèn
试想	shìxiǎng
试行	shìxíng
试用	shìyòng
试纸	shìzhǐ
视察	shìchá
视角	shìjiǎo
视力	shìlì
视图	shìtú
视网膜	shìwǎngmó
柿子	shìzi
拭	shì
适度	shìdù
适量	shìliàng
适时	shìshí
适中	shìzhōng
恃	shì
逝	shì
舐	shì
嗜	shì
嗜好	shìhào
誓	shì
誓言	shìyán
噬	shì
螫	shì
收藏	shōucáng
收场	shōuchǎng
收成	shōucheng
收发	shōufā
收复	shōufù
收割	shōugē
收工	shōugōng
收缴	shōujiǎo
收看	shōukàn
收敛	shōuliǎn
收留	shōuliú
收录	shōulù
收买	shōumǎi
收取	shōuqǔ
收容	shōuróng
收听	shōutīng
收效	shōuxiào
收养	shōuyǎng
手背	shǒubèi
手册	shǒucè
手稿	shǒugǎo
手巾	shǒu·jīn
手绢儿	shǒujuànr
手铐	shǒukào
手帕	shǒupà
手软	shǒuruǎn
手套	shǒutào
手腕	shǒuwàn
手下	shǒuxià
手心	shǒuxīn
手艺	shǒuyì
手杖	shǒuzhàng
手足	shǒuzú
守备	shǒubèi
守法	shǒufǎ
守候	shǒuhòu
守护	shǒuhù
守旧	shǒujiù
守卫	shǒuwèi
守则	shǒuzé
首创	shǒuchuàng
首府	shǒufǔ
首届	shǒujiè
首脑	shǒunǎo
首饰	shǒushi
首尾	shǒuwěi
首席	shǒuxí
首相	shǒuxiàng
寿	shòu
受挫	shòucuò
受害	shòuhài
受贿	shòuhuì
受奖	shòujiǎng
受戒	shòujiè
受惊	shòujīng
受苦	shòukǔ
受累	shòulěi
受累	shòulèi
受理	shòulǐ
受命	shòumìng
受难	shòunàn
受骗	shòupiàn
受气	shòuqì
受热	shòurè
受训	shòuxùn
受益	shòuyì
受灾	shòuzāi
受制	shòuzhì
受阻	shòuzǔ
受罪	shòuzuì
授粉	shòufěn
授课	shòukè
授权	shòuquán
授予	shòuyǔ
售	shòu
兽医	shòuyī
瘦弱	shòuruò
瘦小	shòuxiǎo
书法	shūfǎ
书房	shūfáng
书画	shūhuà
书架	shūjià
书局	shūjú
书卷	shūjuàn
书刊	shūkān
书目	shūmù
书生	shūshēng
书信	shūxìn
书院	shūyuàn
书桌	shūzhuō
抒发	shūfā
枢	shū
枢纽	shūniǔ
倏然	shūrán
梳理	shūlǐ
梳子	shūzi
舒	shū
舒畅	shūchàng
舒坦	shūtan
舒展	shūzhǎn
舒张	shūzhāng
疏导	shūdǎo
疏忽	shūhu
疏散	shūsàn
疏松	shūsōng
疏通	shūtōng
疏远	shūyuǎn
孰	shú
赎	shú
赎罪	shúzuì
熟人	shúrén
熟睡	shúshuì
熟知	shúzhī
暑	shǔ
暑假	shǔjià
署	shǔ
署名	shǔmíng
蜀	shǔ
曙光	shǔguāng
述评	shùpíng
述说	shùshuō
树丛	shùcóng
树冠	shùguān
树苗	shùmiáo
树脂	shùzhī
竖立	shùlì
恕	shù
庶民	shùmín
数额	shù'é
数码	shùmǎ
刷新	shuāxīn
衰	shuāi
衰败	shuāibài
衰减	shuāijiǎn
衰竭	shuāijié
衰落	shuāiluò
衰弱	shuāiruò
衰退	shuāituì
衰亡	shuāiwáng
摔跤	shuāijiāo
帅	shuài
率先	shuàixiān
栓	shuān
涮	shuàn
双边	shuāngbiān
双重	shuāngchóng
双亲	shuāngqīn
双向	shuāngxiàng
双语	shuāngyǔ
霜冻	shuāngdòng
霜期	shuāngqī
爽	shuǎng
爽快	shuǎngkuai
爽朗	shuǎnglǎng
水泵	shuǐbèng
水兵	shuǐbīng
水波	shuǐbō
水草	shuǐcǎo
水产	shuǐchǎn
水车	shuǐchē
水花	shuǐhuā
水火	shuǐhuǒ
水晶	shuǐjīng

水井 shuǐjǐng
水力 shuǐlì
水龙头 shuǐlóngtóu
水陆 shuǐlù
水路 shuǐlù
水鸟 shuǐniǎo
水牛 shuǐniú
水情 shuǐqíng
水渠 shuǐqú
水势 shuǐshì
水塔 shuǐtǎ
水獭 shuǐtǎ
水土 shuǐtǔ
水系 shuǐxì
水仙 shuǐxiān
水乡 shuǐxiāng
水箱 shuǐxiāng
水星 shuǐxīng
水性 shuǐxìng
水域 shuǐyù
水运 shuǐyùn
水灾 shuǐzāi
水闸 shuǐzhá
水质 shuǐzhì
水肿 shuǐzhǒng
水准 shuǐzhǔn
税额 shuì'é
税法 shuìfǎ
税利 shuìlì
税率 shuìlǜ
税务 shuìwù
睡梦 shuìmèng
睡意 shuìyì
吮 shǔn
顺便 shùnbiàn
顺从 shùncóng
顺风 shùnfēng
顺口 shùnkǒu
顺势 shùnshì
顺心 shùnxīn
顺眼 shùnyǎn
顺应 shùnyìng
舜 Shùn
瞬时 shùnshí
说唱 shuōchàng
说穿 shuōchuān
说谎 shuōhuǎng
说教 shuōjiào
说理 shuōlǐ
说笑 shuōxiào
硕大 shuòdà
硕士 shuòshì
司空见惯 sīkōng-jiànguàn
丝绸 sīchóu
丝绒 sīróng
丝线 sīxiàn
私产 sīchǎn
私法 sīfǎ
私立 sīlì
私利 sīlì
私事 sīshì
私塾 sīshú
私下 sīxià
私心 sīxīn
私语 sīyǔ
私自 sīzì
思辨 sībiàn
思忖 sīcǔn
思量 sīliang
思虑 sīlǜ
思念 sīniàn
思绪 sīxù
斯文 sīwén
厮杀 sīshā
撕 sī
撕毁 sīhuǐ
嘶哑 sīyǎ
死板 sǐbǎn
死活 sǐhuó
死寂 sǐjì
死伤 sǐshāng
死神 sǐshén
死守 sǐshǒu
四季 sìjì
四散 sìsàn
四时 sìshí
四外 sìwài
四围 sìwéi
寺庙 sìmiào
似是而非 sìshì'érfēi
伺机 sìjī
祀 sì
饲 sì
俟 sì
肆无忌惮 sìwújìdàn
肆意 sìyì
嗣 sì
松动 sōngdòng
松软 sōngruǎn
松散 sōngsǎn
松手 sōngshǒu
松鼠 sōngshǔ
松懈 sōngxiè
怂恿 sǒngyǒng
耸 sǒng
耸立 sǒnglì
讼 sòng
送别 sòngbié
送礼 sònglǐ
送气 sòngqì
送行 sòngxíng
送葬 sòngzàng
诵 sòng
诵读 sòngdú
颂 sòng
颂扬 sòngyáng
搜 sōu
搜捕 sōubǔ
搜查 sōuchá
搜刮 sōuguā
搜罗 sōuluó
搜索 sōusuǒ
搜寻 sōuxún
苏醒 sūxǐng
酥 sū
俗话 súhuà
俗名 súmíng
俗人 súrén
俗语 súyǔ
诉 sù
诉苦 sùkǔ
诉说 sùshuō
肃穆 sùmù
肃清 sùqīng
素来 sùlái
素描 sùmiáo
素养 sùyǎng
速成 sùchéng
速写 sùxiě
宿营 sùyíng
粟 sù
塑 sù
塑像 sùxiàng
溯 sù
酸痛 suāntòng
酸雨 suānyǔ
酸枣 suānzǎo
蒜 suàn
算计 suànji
算命 suànmìng
算盘 suàn•pán
算术 suànshù
算账 suànzhàng
绥 suí
随处 suíchù
随从 suícóng
随军 suíjūn
随身 suíshēn
随同 suítóng
随心所欲 suíxīnsuǒyù
岁数 suìshu
隧道 suìdào
孙女 sūn•nǚ
损 sǔn
损坏 sǔnhuài
笋 sǔn
唆使 suōshǐ
梭 suō
蓑衣 suōyī
缩减 suōjiǎn
缩影 suōyǐng
索取 suǒqǔ
索性 suǒxìng
琐事 suǒshì
琐碎 suǒsuì
锁链 suǒliàn

T

他乡 tāxiāng
塌 tā
拓 tà
榻 tà
踏步 tàbù
胎盘 tāipán
胎生 tāishēng
台词 táicí
台灯 táidēng
台阶 táijiē
台子 táizi
抬升 táishēng
太后 tàihòu
太监 tài•jiàn
太子 tàizǐ
汰 tài
态势 tàishì
钛 tài
泰 tài
泰山 tàishān
坍塌 tāntā
贪 tān
贪婪 tānlán
贪图 tāntú
贪污 tānwū
摊贩 tānfàn
摊派 tānpài
摊子 tānzi
滩涂 tāntú
瘫痪 tānhuàn
坛 tán
坛子 tánzi
谈天 tántiān
谈吐 tántǔ
谈心 tánxīn
弹劾 tánhé
弹力 tánlì
弹跳 tántiào
谭 Tán
潭 tán
坦白 tǎnbái
坦然 tǎnrán
坦率 tǎnshuài
毯子 tǎnzi
叹气 tànqì
炭 tàn
探究 tànjiū
探亲 tànqīn
探求 tànqiú
探视 tànshì
探听 tàntīng

探头 tàntóu
探望 tànwàng
探问 tànwèn
探险 tànxiǎn
探寻 tànxún
探询 tànxún
堂皇 tánghuáng
搪瓷 tángcí
搪塞 tángsè
糖果 tángguǒ
糖尿病 tángniàobìng
螳螂 tángláng
倘使 tǎngshǐ
淌 tǎng
烫伤 tàngshāng
涛 tāo
绦虫 tāochóng
滔滔 tāotāo
逃兵 táobīng
逃窜 táocuàn
逃荒 táohuāng
逃命 táomìng
逃难 táonàn
逃脱 táotuō
逃亡 táowáng
逃学 táoxué
桃李 táolǐ
桃子 táozi
陶瓷 táocí
陶器 táoqì
陶醉 táozuì
淘 táo
淘气 táoqì
讨伐 tǎofá
讨饭 tǎofàn
讨好 tǎohǎo
套用 tàoyòng
特产 tèchǎn
特长 tècháng
特技 tèjì
特例 tèlì
特派 tèpài
特区 tèqū
特赦 tèshè
特写 tèxiě
特许 tèxǔ
特异 tèyì
特约 tèyuē
特制 tèzhì
特质 tèzhì
特种 tèzhǒng
疼爱 téng'ài
腾飞 téngfēi
腾空 téngkōng
藤 Téng
藤萝 téngluó
剔除 tīchú
梯 tī
梯田 tītián
梯形 tīxíng
梯子 tīzi
提案 tí'àn
提拔 tí•bá
提包 tíbāo
提成 tíchéng
提纯 tíchún
提纲 tígāng
提货 tíhuò
提交 tíjiāo
提留 tíliú
提名 tímíng
提琴 tíqín
提请 tíqǐng
提升 tíshēng
提示 tíshì
提问 tíwèn
提携 tíxié
提早 tízǎo
啼 tí
啼哭 tíkū
啼笑皆非 tíxiào-jiēfēi
题词 tící
蹄 tí
蹄子 tízi
体察 tǐchá
体罚 tǐfá
体格 tǐgé
体检 tǐjiǎn
体谅 tǐ•liàng
体面 tǐ•miàn
体魄 tǐpò
体态 tǐtài
体贴 tǐtiē
体味 tǐwèi
体形 tǐxíng
体型 tǐxíng
体液 tǐyè
体育场 tǐyùchǎng
体育馆 tǐyùguǎn
体征 tǐzhēng
剃 tì
剃头 tìtóu
替换 tì•huàn
天边 tiānbiān
天窗 tiānchuāng
天敌 tiāndí
天赋 tiānfù
天国 tiānguó
天花 tiānhuā
天花板 tiānhuābǎn
天际 tiānjì
天经地义 tiānjīng-dìyì
天井 tiānjǐng
天理 tiānlǐ
天亮 tiānliàng
天明 tiānmíng
天命 tiānmìng
天幕 tiānmù
天平 tiānpíng
天色 tiānsè
天时 tiānshí
天使 tiānshǐ
天书 tiānshū
天堂 tiāntáng
天外 tiānwài
天线 tiānxiàn
天象 tiānxiàng
天性 tiānxìng
天涯 tiānyá
天灾 tiānzāi
天职 tiānzhí
天资 tiānzī
天子 tiānzǐ
添置 tiānzhì
田赋 tiánfù
田埂 tiángěng
田亩 tiánmǔ
田鼠 tiánshǔ
田园 tiányuán
恬静 tiánjìng
甜菜 tiáncài
甜美 tiánměi
甜蜜 tiánmì
填补 tiánbǔ
填充 tiánchōng
填空 tiánkòng
填塞 tiánsè
填写 tiánxiě
舔 tiǎn
挑剔 tiāoti
挑子 tiāozi
条理 tiáolǐ
条文 tiáowén
条子 tiáozi
调剂 tiáojì
调价 tiáojià
调控 tiáokòng
调配 tiáopèi
调皮 tiáopí
调试 tiáoshì
调停 tiáotíng
调制 tiáozhì
挑拨 tiǎobō
挑衅 tiǎoxìn
眺望 tiàowàng
跳板 tiàobǎn
跳高 tiàogāo
跳水 tiàoshuǐ
跳蚤 tiàozao
贴近 tiējìn
贴切 tiēqiè
帖 tiě
铁道 tiědào
铁轨 tiěguǐ
铁匠 tiějiang
铁青 tiěqīng
铁丝 tiěsī
铁索 tiěsuǒ
铁蹄 tiětí
铁锹 tiěxiān
帖 tiè
厅堂 tīngtáng
听从 tīngcóng
听候 tīnghòu
听讲 tīngjiǎng
听课 tīngkè
听任 tīngrèn
听筒 tīngtǒng
听信 tīngxìn
廷 tíng
亭 tíng
亭子 tíngzi
庭审 tíngshěn
庭院 tíngyuàn
停办 tíngbàn
停泊 tíngbó
停车 tíngchē
停放 tíngfàng
停刊 tíngkān
停息 tíngxī
停歇 tíngxiē
停业 tíngyè
停战 tíngzhàn
停滞 tíngzhì
挺拔 tǐngbá
挺进 tǐngjìn
挺立 tǐnglì
挺身 tǐngshēn
艇 tǐng
通报 tōngbào
通畅 tōngchàng
通车 tōngchē
通称 tōngchēng
通达 tōngdá
通风 tōngfēng
通告 tōnggào
通航 tōngháng
通话 tōnghuà
通婚 tōnghūn
通货 tōnghuò
通令 tōnglìng
通路 tōnglù
通气 tōngqì
通融 tōng•róng
通商 tōngshāng
通俗 tōngsú
通宵 tōngxiāo
通晓 tōngxiǎo
通行 tōngxíng

通则 tōngzé
同班 tóngbān
同辈 tóngbèi
同步 tóngbù
同感 tónggǎn
同居 tóngjū
同龄 tónglíng
同盟 tóngméng
同名 tóngmíng
同位素 tóngwèisù
同乡 tóngxiāng
同心 tóngxīn
同性 tóngxìng
同姓 tóngxìng
佟 Tóng
铜板 tóngbǎn
铜臭 tóngxiù
铜钱 tóngqián
童 tóng
童工 tónggōng
童心 tóngxīn
童子 tóngzǐ
瞳孔 tóngkǒng
统称 tǒngchēng
统筹 tǒngchóu
统购 tǒnggòu
统领 tǒnglǐng
统帅 tǒngshuài
统率 tǒngshuài
统辖 tǒngxiá
统一体 tǒngyītǐ
统制 tǒngzhì
捅 tǒng
痛斥 tòngchì
痛楚 tòngchǔ
痛恨 tònghèn
痛觉 tòngjué
痛哭 tòngkū
痛心 tòngxīn
偷懒 tōulǎn
偷窃 tōuqiè
偷袭 tōuxí
头等 tóuděng
头骨 tóugǔ
头号 tóuhào
头巾 tóujīn
头盔 tóukuī
头颅 tóulú
头目 tóumù
头疼 tóuténg
头痛 tóutòng
头衔 tóuxián
头绪 tóuxù
头子 tóuzi
投案 tóu’àn
投保 tóubǎo
投奔 tóubèn
投标 tóubiāo
投递 tóudì
投放 tóufàng
投考 tóukǎo
投靠 tóukào
投票 tóupiào
投射 tóushè
投身 tóushēn
投诉 tóusù
投影 tóuyǐng
投掷 tóuzhì
透彻 tòuchè
透亮 tòu•liàng
透气 tòuqì
透视 tòushì
秃顶 tūdǐng
突起 tūqǐ
突围 tūwéi
突袭 tūxí
图表 túbiǎo
图解 tújiě
图景 tújǐng
图谋 túmóu
图片 túpiàn
图腾 túténg
图像 túxiàng
图样 túyàng
徒步 túbù
徒弟 tú•dì
徒工 túgōng
徒然 túrán
徒手 túshǒu
徒刑 túxíng
途 tú
涂料 túliào
涂抹 túmǒ
屠 tú
屠刀 túdāo
屠宰 túzǎi
土产 tǔchǎn
土豆 tǔdòu
土星 tǔxīng
土语 tǔyǔ
土质 tǔzhì
土著 tǔzhù
吐露 tǔlù
吐血 tùxiě
湍急 tuānjí
团队 tuánduì
团伙 tuánhuǒ
团聚 tuánjù
团圆 tuányuán
推迟 tuīchí
推崇 tuīchóng
推辞 tuīcí
推导 tuīdǎo
推倒 tuīdǎo
推定 tuīdìng
推断 tuīduàn
推举 tuījǔ
推力 tuīlì
推敲 tuīqiāo
推算 tuīsuàn
推想 tuīxiǎng
推卸 tuīxiè
推选 tuīxuǎn
推演 tuīyǎn
推移 tuīyí
颓废 tuífèi
颓然 tuírán
颓丧 tuísàng
腿脚 tuǐjiǎo
退步 tuìbù
退还 tuìhuán
退回 tuìhuí
退路 tuìlù
退却 tuìquè
退让 tuìràng
退守 tuìshǒu
退缩 tuìsuō
退位 tuìwèi
退伍 tuìwǔ
退学 tuìxué
蜕 tuì
蜕变 tuìbiàn
蜕化 tuìhuà
蜕皮 tuìpí
褪 tuì
吞 tūn
吞并 tūnbìng
吞没 tūnmò
吞食 tūnshí
吞噬 tūnshì
吞吐 tūntǔ
吞咽 tūnyàn
屯 tún
囤 tún
囤积 túnjī
臀 tún
拖车 tuōchē
拖累 tuōlěi
拖欠 tuōqiàn
拖鞋 tuōxié
拖延 tuōyán
托管 tuōguǎn
托盘 tuōpán
脱节 tuōjié
脱口 tuōkǒu
脱身 tuōshēn
脱水 tuōshuǐ
脱胎 tuōtāi
脱险 tuōxiǎn
脱销 tuōxiāo
驮 tuó
陀螺 tuóluó
驼 tuó
驼背 tuóbèi
妥 tuǒ
妥当 tuǒdang
妥善 tuǒshàn
椭圆 tuǒyuán
拓 tuò
唾 tuò
唾沫 tuòmo
唾液 tuòyè

W

挖苦 wāku
挖潜 wāqián
洼 wā
洼地 wādì
蛙 wā
瓦解 wǎjiě
瓦砾 wǎlì
瓦斯 wǎsī
袜 wà
袜子 wàzi
外币 wàibì
外宾 wàibīn
外出 wàichū
外感 wàigǎn
外公 wàigōng
外观 wàiguān
外海 wàihǎi
外行 wàiháng
外号 wàihào
外籍 wàijí
外加 wàijiā
外流 wàiliú
外露 wàilù
外貌 wàimào
外婆 wàipó
外人 wàirén
外伤 wàishāng
外省 wàishěng
外事 wàishì
外套 wàitào
外围 wàiwéi
外文 wàiwén
外线 wàixiàn
外销 wàixiāo
外延 wàiyán
外衣 wàiyī
外因 wàiyīn
外债 wàizhài
外长 wàizhǎng
外族 wàizú
外祖父 wàizǔfù
外祖母 wàizǔmǔ
弯路 wānlù
剜 wān
湾 wān
丸 wán
完工 wángōng

完好 wánhǎo
完结 wánjié
完满 wánmǎn
玩弄 wánnòng
玩赏 wánshǎng
玩耍 wánshuǎ
玩味 wánwèi
玩物 wánwù
玩意儿 wányìr
顽固 wángù
顽皮 wánpí
宛如 wǎnrú
挽回 wǎnhuí
挽救 wǎnjiù
挽留 wǎnliú
晚报 wǎnbào
晚辈 wǎnbèi
晚会 wǎnhuì
晚婚 wǎnhūn
晚年 wǎnnián
晚霞 wǎnxiá
惋惜 wǎnxī
婉转 wǎnzhuǎn
皖 Wǎn
万恶 wàn'è
万国 wànguó
万能 wànnéng
万岁 wànsuì
万紫千红 wànzǐ-qiānhóng
腕 wàn
蔓 wàn
汪洋 wāngyáng
亡灵 wánglíng
王府 wángfǔ
王宫 wánggōng
王冠 wángguān
王后 wánghòu
王室 wángshì
王位 wángwèi
王子 wángzǐ
网点 wǎngdiǎn
网罗 wǎngluó
网球 wǎngqiú
枉 wǎng
往常 wǎngcháng

往返 wǎngfǎn
往复 wǎngfù
往年 wǎngnián
往日 wǎngrì
往事 wǎngshì
往昔 wǎngxī
妄 wàng
妄图 wàngtú
妄想 wàngxiǎng
忘恩负义 wàng'ēn-fùyì
忘怀 wànghuái
忘情 wàngqíng
忘却 wàngquè
忘我 wàngwǒ
旺季 wàngjì
危 wēi
危及 wēijí
危急 wēijí
危难 wēinàn
危亡 wēiwáng
威 wēi
威风 wēifēng
威吓 wēihè
威望 wēiwàng
威武 wēiwǔ
威严 wēiyán
微波 wēibō
微风 wēifēng
微机 wēijī
微妙 wēimiào
微细 wēixì
微型 wēixíng
巍峨 wēi'é
韦 wéi
为害 wéihài
违 wéi
违犯 wéifàn
违抗 wéikàng
违心 wéixīn
违约 wéiyuē
违章 wéizhāng
围攻 wéigōng
围观 wéiguān
围巾 wéijīn
围困 wéikùn

围棋 wéiqí
围墙 wéiqiáng
围裙 wéi•qún
桅杆 wéigān
帷幕 wéimù
唯恐 wéikǒng
唯一 wéiyī
唯有 wéiyǒu
维 wéi
维系 wéixì
伟 wěi
伟人 wěirén
伪善 wěishàn
伪造 wěizào
伪装 wěizhuāng
苇 wěi
尾声 wěishēng
尾随 wěisuí
纬线 wěixiàn
委 wěi
委派 wěipài
委任 wěirèn
委婉 wěiwǎn
萎 wěi
萎缩 wěisuō
卫兵 wèibīng
卫队 wèiduì
卫士 wèishì
未尝 wèicháng
未免 wèimiǎn
未遂 wèisuì
未能 wèinéng
位子 wèizi
味觉 wèijué
畏 wèi
畏惧 wèijù
畏缩 wèisuō
胃口 wèikǒu
胃液 wèiyè
谓语 wèiyǔ
喂养 wèiyǎng
蔚蓝 wèilán
慰藉 wèijiè
慰劳 wèiláo
慰问 wèiwèn
温饱 wēnbǎo

温差 wēnchā
温存 wēncún
温情 wēnqíng
温泉 wēnquán
温室 wēnshì
温顺 wēnshùn
温馨 wēnxīn
瘟 wēn
瘟疫 wēnyì
文本 wénběn
文笔 wénbǐ
文法 wénfǎ
文风 wénfēng
文官 wénguān
文集 wénjí
文教 wénjiào
文静 wénjìng
文具 wénjù
文科 wénkē
文盲 wénmáng
文凭 wénpíng
文书 wénshū
文坛 wéntán
文体 wéntǐ
文武 wénwǔ
文选 wénxuǎn
文雅 wényǎ
文言 wényán
文娱 wényú
纹理 wénlǐ
纹饰 wénshì
闻名 wénmíng
蚊虫 wénchóng
蚊帐 wénzhàng
吻合 wěnhé
紊乱 wěnluàn
稳步 wěnbù
稳产 wěnchǎn
稳当 wěndang
稳固 wěngù
稳健 wěnjiàn
稳妥 wěntuǒ
稳重 wěnzhòng
问答 wèndá
问号 wènhào
问候 wènhòu

问卷 wènjuàn
翁 wēng
瓮 wèng
涡 wō
涡流 wōliú
窝头 wōtóu
蜗牛 wōniú
卧床 wòchuáng
乌 wū
乌黑 wūhēi
乌鸦 wūyā
乌云 wūyún
乌贼 wūzéi
污秽 wūhuì
污蔑 wūmiè
侮辱 wǔrǔ
污浊 wūzhuó
巫 wū
巫师 wūshī
呜咽 wūyè
诬告 wūgào
污蔑 wūmiè
诬陷 wūxiàn
屋脊 wūjǐ
屋檐 wūyán
无边 wúbiān
无常 wúcháng
无偿 wúcháng
无耻 wúchǐ
无端 wúduān
无辜 wúgū
无故 wúgù
无尽 wújìn
无赖 wúlài
无理 wúlǐ
无量 wúliàng
无聊 wúliáo
无奈 wúnài
无能 wúnéng
无视 wúshì
无私 wúsī
无损 wúsǔn
无望 wúwàng
无畏 wúwèi
无谓 wúwèi
无误 wúwù

无暇 wúxiá
无心 wúxīn
无须 wúxū
无需 wúxū
无遗 wúyí
无益 wúyì
无垠 wúyín
无缘 wúyuán
毋 wú
梧桐 wútóng
五谷 wǔgǔ
五行 wǔxíng
五脏 wǔzàng
午 wǔ
午餐 wǔcān
午饭 wǔfàn
午睡 wǔshuì
午夜 wǔyè
伍 wǔ
武打 wǔdǎ
武断 wǔduàn
武功 wǔgōng
武生 wǔshēng
武士 wǔshì
武术 wǔshù
武艺 wǔyì
捂 wǔ
舞弊 wǔbì
舞步 wǔbù
舞场 wǔchǎng
舞动 wǔdòng
舞会 wǔhuì
舞女 wǔnǚ
舞曲 wǔqǔ
舞厅 wǔtīng
舞姿 wǔzī
务必 wùbì
务农 wùnóng
物产 wùchǎn
物件 wùjiàn
物象 wùxiàng
悟 wù
悟性 wùxìng
晤 wù
雾气 wùqì

X

夕 xī
夕阳 xīyáng
兮 xī
西服 xīfú
西红柿 xīhóngshì
西天 xītiān
西医 xīyī
西域 xīyù
西装 xīzhuāng
吸毒 xīdú
吸盘 xīpán
吸食 xīshí
吸吮 xīshǔn
希冀 xījì
昔 xī
昔日 xīrì
析出 xīchū
唏嘘 xīxū
奚落 xīluò
悉 xī
惜 xī
稀薄 xībó
稀饭 xīfàn
稀罕 xīhan
稀奇 xīqí
稀释 xīshì
稀疏 xīshū
稀有 xīyǒu
犀利 xīlì
溪 xī
溪流 xīliú
蜥蜴 xīyì
熄 xī
熄灯 xīdēng
膝 xī
嬉戏 xīxì
习气 xíqì
习题 xítí
习作 xízuò
席卷 xíjuǎn
席位 xíwèi
席子 xízi
袭 xí
洗涤 xǐdí
洗礼 xǐlǐ
洗刷 xǐshuā
铣 xǐ
喜好 xǐhào
喜庆 xǐqìng
喜鹊 xǐ·què
喜人 xǐrén
喜事 xǐshì
喜讯 xǐxùn
戏弄 xìnòng
戏台 xìtái
戏谑 xìxuè
戏院 xìyuàn
细胞核 xìbāohé
细密 xìmì
细腻 xìnì
细弱 xìruò
细碎 xìsuì
细微 xìwēi
细则 xìzé
瞎子 xiāzi
匣 xiá
匣子 xiázi
峡 xiá
峡谷 xiágǔ
狭长 xiácháng
狭小 xiáxiǎo
遐想 xiáxiǎng
辖 xiá
辖区 xiáqū
霞 xiá
下巴 xiàba
下笔 xiàbǐ
下等 xiàděng
下跌 xiàdiē
下海 xiàhǎi
下课 xiàkè
下流 xiàliú
下马 xiàmǎ
下手 xiàshǒu
下台 xiàtái
下文 xiàwén
下行 xiàxíng
下野 xiàyě
下肢 xiàzhī
吓唬 xiàhu
吓人 xiàrén
夏令 xiàlìng
仙鹤 xiānhè
仙境 xiānjìng
仙女 xiānnǚ
仙人 xiānrén
先辈 xiānbèi
先导 xiāndǎo
先锋 xiānfēng
先例 xiānlì
先驱 xiānqū
先人 xiānrén
先行 xiānxíng
先知 xiānzhī
纤 xiān
纤毛 xiānmáo
纤细 xiānxì
掀 xiān
鲜红 xiānhóng
鲜美 xiānměi
鲜嫩 xiānnèn
闲话 xiánhuà
闲人 xiánrén
闲散 xiánsǎn
闲谈 xiántán
闲暇 xiánxiá
闲置 xiánzhì
贤 xián
咸菜 xiáncài
涎 xián
娴熟 xiánshú
衔接 xiánjiē
舷窗 xiánchuāng
嫌弃 xiánqì
嫌疑 xiányí
显赫 xiǎnhè
显明 xiǎnmíng
显眼 xiǎnyǎn
险恶 xiǎn’è
险峻 xiǎnjùn
险情 xiǎnqíng
险要 xiǎnyào
现成 xiànchéng
现货 xiànhuò
现款 xiànkuǎn
现任 xiànrèn
现役 xiànyì
限定 xiàndìng
限额 xiàn’é
限期 xiànqī
宪兵 xiànbīng
宪章 xiànzhāng
宪政 xiànzhèng
陷害 xiànhài
陷阱 xiànjǐng
陷落 xiànluò
馅儿 xiànr
霰 xiàn
乡间 xiāngjiān
乡里 xiānglǐ
乡亲 xiāngqīn
乡土 xiāngtǔ
乡音 xiāngyīn
乡镇 xiāngzhèn
相称 xiāngchèn
相持 xiāngchí
相处 xiāngchǔ
相传 xiāngchuán
相得益彰 xiāngdé-yìzhāng
相仿 xiāngfǎng
相逢 xiāngféng
相符 xiāngfú
相干 xiānggān
相隔 xiānggé
相间 xiāngjiàn
相距 xiāngjù
相识 xiāngshí
相思 xiāngsī
相宜 xiāngyí
相约 xiāngyuē
香火 xiānghuǒ
香蕉 xiāngjiāo
香料 xiāngliào
香炉 xiānglú
香水 xiāngshuǐ
香甜 xiāngtián
厢 xiāng
厢房 xiāngfáng
湘 xiāng
镶 xiāng
镶嵌 xiāngqiàn

详 xiáng
详尽 xiángjìn
详情 xiángqíng
祥 xiáng
翔 xiáng
享福 xiǎngfú
享乐 xiǎnglè
享用 xiǎngyòng
响动 xiǎngdòng
响亮 xiǎngliàng
饷 xiǎng
想必 xiǎngbì
想见 xiǎngjiàn
想来 xiǎnglái
想念 xiǎngniàn
向导 xiàngdǎo
向日葵 xiàngrìkuí
向阳 xiàngyáng
项链 xiàngliàn
巷 xiàng
相机 xiàngjī
相貌 xiàngmào
相片 xiàngpiàn
相声 xiàngsheng
象棋 xiàngqí
象形 xiàngxíng
象牙 xiàngyá
像样 xiàngyàng
肖 Xiāo
逍遥 xiāoyáo
消沉 xiāochén
消防 xiāofáng
消磨 xiāomó
消遣 xiāoqiǎn
消融 xiāoróng
消散 xiāosàn
消逝 xiāoshì
消瘦 xiāoshòu
消退 xiāotuì
消长 xiāozhǎng
萧 xiāo
萧条 xiāotiáo
硝 xiāo
硝烟 xiāoyān
销毁 xiāohuǐ
销路 xiāolù
箫 xiāo
潇 xiāo
潇洒 xiāosǎ
嚣张 xiāozhāng
小便 xiǎobiàn
小菜 xiǎocài
小肠 xiǎocháng
小车 xiǎochē
小吃 xiǎochī
小丑 xiǎochǒu
小调 xiǎodiào
小贩 xiǎofàn
小褂 xiǎoguà
小鬼 xiǎoguǐ
小节 xiǎojié
小结 xiǎojié
小看 xiǎokàn
小米 xiǎomǐ
小脑 xiǎonǎo
小品 xiǎopǐn
小气 xiǎoqi
小巧 xiǎoqiǎo
小区 xiǎoqū
小人 xiǎorén
小生 xiǎoshēng
小数 xiǎoshù
小偷 xiǎotōu
小腿 xiǎotuǐ
小雪 xiǎoxuě
小夜曲 xiǎoyèqǔ
晓 xiǎo
孝 xiào
孝敬 xiàojìng
孝顺 xiàoshùn
孝子 xiàozǐ
肖 xiào
肖像 xiàoxiàng
校风 xiàofēng
校舍 xiàoshè
校园 xiàoyuán
哮喘 xiàochuǎn
笑脸 xiàoliǎn
笑语 xiàoyǔ
效法 xiàofǎ
效劳 xiàoláo
效能 xiàonéng
效验 xiàoyàn
效用 xiàoyòng
效忠 xiàozhōng
啸 xiào
楔 xiē
歇脚 xiējiǎo
协 xié
协和 xiéhé
协力 xiélì
协约 xiéyuē
协奏曲 xiézòuqǔ
邪恶 xié'è
邪路 xiélù
邪气 xiéqì
胁 xié
胁迫 xiépò
挟 xié
偕 xié
斜面 xiémiàn
斜坡 xiépō
协调 xiétiáo
携 xié
携手 xiéshǒu
写法 xiěfǎ
写生 xiěshēng
写实 xiěshí
写意 xiěyì
写照 xiězhào
写字台 xiězìtái
泄漏 xièlòu
泄露 xièlòu
泄气 xièqì
泻 xiè
卸 xiè
屑 xiè
械 xiè
械斗 xièdòu
亵渎 xièdú
谢绝 xièjué
心爱 xīn'ài
心病 xīnbìng
心不在焉 xīnbùzàiyān
心肠 xīncháng
心得 xīndé
心地 xīndì
心烦 xīnfán
心房 xīnfáng
心肝 xīngān
心慌 xīnhuāng
心急 xīnjí
心计 xīnjì
心悸 xīnjì
心境 xīnjìng
心坎 xīnkǎn
心口 xīnkǒu
心旷神怡 xīnkuàng-shényí
心力 xīnlì
心律 xīnlǜ
心率 xīnlǜ
心切 xīnqiè
心神 xīnshén
心声 xīnshēng
心室 xīnshì
心酸 xīnsuān
心态 xīntài
心疼 xīnténg
心田 xīntián
心跳 xīntiào
心弦 xīnxián
心胸 xīnxiōng
心虚 xīnxū
心绪 xīnxù
心眼儿 xīnyǎnr
心意 xīnyì
心愿 xīnyuàn
芯 xīn
辛 xīn
辛辣 xīnlà
辛劳 xīnláo
辛酸 xīnsuān
欣然 xīnrán
欣慰 xīnwèi
欣喜 xīnxǐ
新潮 xīncháo
新房 xīnfáng
新婚 xīnhūn
新近 xīnjìn
新居 xīnjū
新郎 xīnláng
新年 xīnnián
新诗 xīnshī
新书 xīnshū
新星 xīnxīng
新秀 xīnxiù
新学 xīnxué
新意 xīnyì
新月 xīnyuè
薪 xīn
薪金 xīnjīn
薪水 xīn•shuǐ
信步 xìnbù
信风 xìnfēng
信封 xìnfēng
信奉 xìnfèng
信服 xìnfú
信函 xìnhán
信件 xìnjiàn
信赖 xìnlài
信使 xìnshǐ
信条 xìntiáo
信托 xìntuō
信誉 xìnyù
信纸 xìnzhǐ
兴办 xīngbàn
兴盛 xīngshèng
兴衰 xīngshuāi
兴亡 xīngwáng
兴旺 xīngwàng
兴修 xīngxiū
星辰 xīngchén
星光 xīngguāng
星空 xīngkōng
星体 xīngtǐ
星座 xīngzuò
猩猩 xīngxing
腥 xīng
刑场 xíngchǎng
刑期 xíngqī
刑侦 xíngzhēn
邢 Xíng
行车 xíngchē
行程 xíngchéng
行船 xíngchuán
行将 xíngjiāng
行进 xíngjìn
行径 xíngjìng
行礼 xínglǐ

行文 xíngwén
行销 xíngxiāo
行凶 xíngxiōng
行医 xíngyī
行装 xíngzhuāng
形容词 xíngróngcí
型号 xínghào
醒目 xǐngmù
醒悟 xǐngwù
兴高采烈
xìnggāo-cǎiliè
兴致 xìngzhì
杏儿 xìngr
杏仁 xìngrén
幸 xìng
幸存 xìngcún
幸而 xìng'ér
幸好 xìnghǎo
幸亏 xìngkuī
幸免 xìngmiǎn
幸运 xìngyùn
性爱 xìng'ài
性病 xìngbìng
性急 xìngjí
性命 xìngmìng
性子 xìngzi
姓氏 xìngshì
凶残 xiōngcán
凶恶 xiōng'è
凶犯 xiōngfàn
凶狠 xiōnghěn
凶猛 xiōngměng
凶手 xiōngshǒu
匈奴 xiōngnú
汹涌 xiōngyǒng
胸骨 xiōnggǔ
胸怀 xiōnghuái
胸襟 xiōngjīn
胸口 xiōngkǒu
胸腔 xiōngqiāng
胸膛 xiōngtáng
胸有成竹
xiōngyǒuchéngzhú
雄辩 xióngbiàn
雄厚 xiónghòu
雄浑 xiónghún

雄蕊 xióngruǐ
雄心 xióngxīn
雄性 xióngxìng
雄壮 xióngzhuàng
雄姿 xióngzī
熊猫 xióngmāo
休 xiū
休假 xiūjià
休想 xiūxiǎng
休养 xiūyǎng
休整 xiūzhěng
休止 xiūzhǐ
修补 xiūbǔ
修长 xiūcháng
修订 xiūdìng
修好 xiūhǎo
修剪 xiūjiǎn
修配 xiūpèi
修缮 xiūshàn
修饰 xiūshì
修行 xiū•xíng
修整 xiūzhěng
修筑 xiūzhù
羞 xiū
羞耻 xiūchǐ
羞愧 xiūkuì
羞怯 xiūqiè
羞辱 xiūrǔ
羞涩 xiūsè
朽 xiǔ
秀 xiù
秀才 xiùcai
秀丽 xiùlì
秀美 xiùměi
秀气 xiùqi
袖口 xiùkǒu
袖珍 xiùzhēn
袖子 xiùzi
绣花 xiùhuā
锈 xiù
嗅觉 xiùjué
戌 xū
须要 xūyào
须臾 xūyú
须知 xūzhī
虚构 xūgòu

虚幻 xūhuàn
虚假 xūjiǎ
虚拟 xūnǐ
虚弱 xūruò
虚实 xūshí
虚妄 xūwàng
虚伪 xūwěi
虚无 xūwú
虚线 xūxiàn
虚心 xūxīn
嘘 xū
许久 xǔjiǔ
许诺 xǔnuò
许愿 xǔyuàn
旭日 xùrì
序列 xùliè
序幕 xùmù
序曲 xùqǔ
序数 xùshù
序言 xùyán
叙 xù
叙事 xùshì
叙说 xùshuō
畜牧 xùmù
绪 xù
续 xù
絮 xù
蓄 xù
蓄电池 xùdiànchí
蓄积 xùjī
蓄意 xùyì
宣 xuān
宣称 xuānchēng
宣读 xuāndú
宣讲 xuānjiǎng
宣誓 xuānshì
宣泄 xuānxiè
宣战 xuānzhàn
喧哗 xuānhuá
喧闹 xuānnào
喧嚷 xuānrǎng
喧嚣 xuānxiāo
玄 xuán
悬浮 xuánfú
悬空 xuánkōng
悬念 xuánniàn

悬殊 xuánshū
悬崖 xuányá
旋即 xuánjí
旋涡 xuánwō
选集 xuǎnjí
选民 xuǎnmín
选派 xuǎnpài
选票 xuǎnpiào
选取 xuǎnqǔ
选送 xuǎnsòng
选种 xuǎnzhǒng
癣 xuǎn
炫耀 xuànyào
绚丽 xuànlì
眩晕 xuànyùn
旋风 xuànfēng
渲染 xuànrǎn
削价 xuējià
削减 xuējiǎn
靴 xuē
靴子 xuēzi
薛 xuē
穴位 xuéwèi
学报 xuébào
学费 xuéfèi
学风 xuéfēng
学府 xuéfǔ
学界 xuéjiè
学历 xuélì
学龄 xuélíng
学年 xuénián
学期 xuéqī
学识 xuéshí
学士 xuéshì
学位 xuéwèi
学业 xuéyè
学制 xuézhì
雪茄 xuějiā
雪亮 xuěliàng
雪片 xuěpiàn
雪山 xuěshān
雪线 xuěxiàn
雪原 xuěyuán
血汗 xuèhàn
血红 xuèhóng
血迹 xuèjì

血浆 xuèjiāng
血泪 xuèlèi
血脉 xuèmài
血泊 xuèpō
血气 xuèqì
血亲 xuèqīn
血清 xuèqīng
血肉 xuèròu
血色 xuèsè
血糖 xuètáng
血统 xuètǒng
血腥 xuèxīng
血型 xuèxíng
血压 xuèyā
血缘 xuèyuán
勋章 xūnzhāng
熏 xūn
熏陶 xūntáo
薰 xūn
循 xún
旬 xún
寻常 xúncháng
寻根 xúngēn
寻觅 xúnmì
巡 xún
巡回 xúnhuí
巡警 xúnjǐng
巡逻 xúnluó
巡视 xúnshì
循 xún
训斥 xùnchì
训话 xùnhuà
讯 xùn
讯号 xùnhào
汛 xùn
汛期 xùnqī
迅 xùn
迅猛 xùnměng
驯 xùn
驯服 xùnfú
驯化 xùnhuà
驯鹿 xùnlù
驯养 xùnyǎng
逊 xùn
逊色 xùnsè

Y

丫头 yātou
压倒 yādǎo
压低 yādī
压榨 yāzhà
押送 yāsòng
押韵 yāyùn
鸭子 yāzi
牙膏 yágāo
牙关 yáguān
牙刷 yáshuā
牙龈 yáyín
蚜虫 yáchóng
崖 yá
衙门 yámen
哑 yǎ
哑巴 yǎba
哑剧 yǎjù
雅 yǎ
雅致 yǎzhì
轧 yà
亚军 yàjūn
亚麻 yàmá
亚热带 yàrèdài
咽喉 yānhóu
殷红 yānhóng
胭脂 yānzhi
烟草 yāncǎo
烟尘 yānchén
烟袋 yāndài
烟斗 yāndǒu
烟花 yānhuā
烟灰 yānhuī
烟火 yānhuǒ
烟幕 yānmù
烟筒 yāntong
烟雾 yānwù
烟叶 yānyè
焉 yān
淹 yān
淹没 yānmò
腌 yān
湮没 yānmò
燕 Yān
延 yán
延迟 yánchí
延缓 yánhuǎn
延期 yánqī
延误 yánwù
严惩 yánchéng
严冬 yándōng
严谨 yánjǐn
严禁 yánjìn
严酷 yánkù
严守 yánshǒu
严正 yánzhèng
言传 yánchuán
言辞 yáncí
言谈 yántán
岩层 yáncéng
岩洞 yándòng
岩浆 yánjiāng
炎热 yánrè
炎症 yánzhèng
沿路 yánlù
沿途 yántú
沿袭 yánxí
沿线 yánxiàn
沿用 yányòng
研读 yándú
研究员 yánjiūyuán
研讨 yántǎo
盐场 yánchǎng
盐分 yánfèn
盐田 yántián
阎 Yán
筵席 yánxí
颜 yán
颜料 yánliào
颜面 yánmiàn
檐 yán
俨然 yǎnrán
衍 yǎn
掩 yǎn
掩蔽 yǎnbì
掩埋 yǎnmái
掩饰 yǎnshì
掩映 yǎnyìng
眼底 yǎndǐ
眼红 yǎnhóng
眼花 yǎnhuā
眼睑 yǎnjiǎn
眼见 yǎnjiàn
眼角 yǎnjiǎo
眼界 yǎnjiè
眼眶 yǎnkuàng
眼力 yǎnlì
眼帘 yǎnlián
眼皮 yǎnpí
眼球 yǎnqiú
眼圈 yǎnquān
眼色 yǎnsè
眼窝 yǎnwō
演技 yǎnjì
演进 yǎnjìn
演示 yǎnshì
演算 yǎnsuàn
演习 yǎnxí
演戏 yǎnxì
演义 yǎnyì
厌烦 yànfán
厌倦 yànjuàn
厌世 yànshì
砚 yàn
艳 yàn
艳丽 yànlì
宴 yàn
宴席 yànxí
验收 yànshōu
谚语 yànyǔ
堰 yàn
雁 yàn
焰 yàn
燕 yàn
燕麦 yànmài
燕子 yànzi
央求 yāngqiú
秧歌 yāngge
秧苗 yāngmiáo
秧田 yāngtián
扬弃 yángqì
扬言 yángyán
羊羔 yánggāo
阳历 yánglì
阳台 yángtái
阳性 yángxìng
杨柳 yángliǔ
杨梅 yángméi
佯 yáng
洋葱 yángcōng
洋流 yángliú
洋溢 yángyì
仰慕 yǎngmù
仰望 yǎngwàng
养病 yǎngbìng
养护 yǎnghù
养活 yǎnghuo
养老 yǎnglǎo
养生 yǎngshēng
养育 yǎngyù
痒 yǎng
样板 yàngbǎn
漾 yàng
夭折 yāozhé
吆喝 yāohe
妖 yāo
妖怪 yāo•guài
妖精 yāojing
要挟 yāoxié
腰带 yāodài
腰身 yāoshēn
邀 yāo
尧 Yáo
姚 Yáo
窑 yáo
窑洞 yáodòng
谣言 yáoyán
摇摆 yáobǎi
摇动 yáodòng
摇篮 yáolán
摇曳 yáoyè
徭役 yáoyì
遥控 yáokòng
遥望 yáowàng
瑶 yáo
舀 yǎo
窈窕 yǎotiǎo
药材 yàocái
药店 yàodiàn
药方 yàofāng
药剂 yàojì
药水 yàoshuǐ
要道 yàodào
要地 yàodì
要点 yàodiǎn
要害 yàohài
要好 yàohǎo
要件 yàojiàn
要领 yàolǐng
要命 yàomìng
要人 yàorén
要职 yàozhí
耀 yào
耀眼 yàoyǎn
掖 yē
椰子 yēzi
噎 yē
冶 yě
野菜 yěcài
野地 yědì
野心 yěxīn
野性 yěxìng
业绩 yèjì
业已 yèyǐ
业主 yèzhǔ
叶柄 yèbǐng
叶绿素 yèlǜsù
叶脉 yèmài
曳 yè
夜班 yèbān
夜空 yèkōng
夜幕 yèmù
夜色 yèsè
夜市 yèshì
夜校 yèxiào
液 yè
液化 yèhuà
液晶 yèjīng
腋 yè
一筹莫展
yīchóu-mòzhǎn
一点儿 yīdiǎnr
一帆风顺
yīfān-fēngshùn
一概 yīgài
一举 yījǔ
一流 yīliú
一目了然 yīmù-liǎorán
一瞥 yīpiē

一气	yīqì
一瞬	yīshùn
一丝不苟	yīsī-bùgǒu
伊	yī
衣襟	yījīn
衣料	yīliào
衣衫	yīshān
衣食	yīshí
衣物	yīwù
衣着	yīzhuó
医师	yīshī
医务	yīwù
医治	yīzhì
依存	yīcún
依恋	yīliàn
依托	yītuō
依偎	yīwēi
依稀	yīxī
依仗	yīzhàng
仪表	yíbiǎo
夷	yí
宜人	yírén
贻误	yíwù
姨	yí
姨妈	yímā
胰岛素	yídǎosù
胰腺	yíxiàn
移交	yíjiāo
移居	yíjū
遗存	yícún
遗风	yífēng
遗迹	yíjì
遗漏	yílòu
遗弃	yíqì
遗失	yíshī
遗体	yítǐ
遗忘	yíwàng
遗物	yíwù
遗像	yíxiàng
遗言	yíyán
疑虑	yílǜ
疑难	yínán
疑团	yítuán
疑心	yíxīn
已然	yǐrán
已往	yǐwǎng
倚靠	yǐkào
义气	yì·qì
艺人	yìrén
忆	yì
议案	yì'àn
议程	yìchéng
议定	yìdìng
议价	yìjià
议决	yìjué
议题	yìtí
屹立	yìlì
异彩	yìcǎi
异端	yìduān
异国	yìguó
异化	yìhuà
异己	yìjǐ
异体	yìtǐ
异同	yìtóng
异物	yìwù
异乡	yìxiāng
异性	yìxìng
异样	yìyàng
异议	yìyì
异族	yìzú
抑	yì
抑或	yìhuò
抑扬顿挫	yìyáng-dùncuò
抑郁	yìyù
邑	yì
役使	yìshǐ
译本	yìběn
译文	yìwén
驿站	yìzhàn
疫	yì
疫苗	yìmiáo
益虫	yìchóng
益处	yì·chù
逸	yì
翌日	yìrì
意会	yìhuì
意料	yìliào
意念	yìniàn
意想	yìxiǎng
意向	yìxiàng
意愿	yìyuàn
意蕴	yìyùn
意旨	yìzhǐ
溢	yì
毅力	yìlì
熠熠	yìyì
臆造	yìzào
因袭	yīnxí
阴暗	yīn'àn
阴沉	yīnchén
阴极	yīnjí
阴间	yīnjiān
阴冷	yīnlěng
阴历	yīnlì
阴凉	yīnliáng
阴霾	yīnmái
阴森	yīnsēn
阴险	yīnxiǎn
阴性	yīnxìng
阴雨	yīnyǔ
阴郁	yīnyù
阴云	yīnyún
音标	yīnbiāo
音程	yīnchéng
音符	yīnfú
音高	yīngāo
音量	yīnliàng
音律	yīnlǜ
音色	yīnsè
音讯	yīnxùn
音译	yīnyì
音韵	yīnyùn
姻缘	yīnyuán
殷	yīn
殷切	yīnqiè
殷勤	yīnqín
吟	yín
银河	yínhé
银幕	yínmù
银杏	yínxìng
银元	yínyuán
银子	yínzi
淫	yín
淫秽	yínhuì
寅	yín
尹	yǐn
引发	yǐnfā
引路	yǐnlù
引擎	yǐnqíng
引申	yǐnshēn
引水	yǐnshuǐ
引文	yǐnwén
引诱	yǐnyòu
引证	yǐnzhèng
饮料	yǐnliào
饮水	yǐnshuǐ
隐患	yǐnhuàn
隐居	yǐnjū
隐瞒	yǐnmán
隐秘	yǐnmì
隐没	yǐnmò
隐士	yǐnshì
隐约	yǐnyuē
瘾	yǐn
印发	yìnfā
印花	yìnhuā
印记	yìnjì
印染	yìnrǎn
印行	yìnxíng
印章	yìnzhāng
印证	yìnzhèng
荫庇	yìnbì
应届	yīngjiè
应允	yīngyǔn
英镑	yīngbàng
英俊	yīngjùn
英明	yīngmíng
英武	yīngwǔ
婴	yīng
樱花	yīnghuā
樱桃	yīng·táo
鹦鹉	yīngwǔ
膺	yīng
迎风	yíngfēng
迎合	yínghé
迎面	yíngmiàn
迎亲	yíngqīn
迎头	yíngtóu
迎战	yíngzhàn
荧光	yíngguāng
荧屏	yíngpíng
盈	yíng
盈亏	yíngkuī
盈余	yíngyú
萤	yíng
营地	yíngdì
营房	yíngfáng
营救	yíngjiù
营垒	yínglěi
营造	yíngzào
萦绕	yíngrào
蝇	yíng
赢	yíng
赢利	yínglì
影射	yǐngshè
影像	yǐngxiàng
影院	yǐngyuàn
应变	yìngbiàn
应酬	yìngchou
应对	yìngduì
应急	yìngjí
应考	yìngkǎo
应邀	yìngyāo
应战	yìngzhàn
应征	yìngzhēng
映照	yìngzhào
硬币	yìngbì
硬度	yìngdù
硬化	yìnghuà
硬件	yìngjiàn
硬性	yìngxìng
拥抱	yōngbào
拥戴	yōngdài
痈	yōng
庸俗	yōngsú
壅	yōng
臃肿	yōngzhǒng
永别	yǒngbié
永生	yǒngshēng
甬道	yǒngdào
咏	yǒng
咏叹调	yǒngtàndiào
泳	yǒng
勇	yǒng
勇猛	yǒngměng
勇士	yǒngshì
蛹	yǒng
踊跃	yǒngyuè
用场	yòngchǎng

用法 yòngfǎ
用工 yònggōng
用功 yònggōng
用劲 yòngjìn
用具 yòngjù
用心 yòngxīn
用意 yòngyì
佣金 yòngjīn
优待 yōudài
优厚 yōuhòu
优化 yōuhuà
优生 yōushēng
优胜 yōushèng
优雅 yōuyǎ
优异 yōuyì
忧 yōu
忧愁 yōuchóu
忧虑 yōulǜ
忧伤 yōushāng
幽暗 yōu'àn
幽静 yōujìng
幽灵 yōulíng
幽深 yōushēn
幽雅 yōuyǎ
悠长 yōucháng
悠然 yōurán
悠闲 yōuxián
悠扬 yōuyáng
由来 yóulái
由衷 yóuzhōng
邮 yóu
邮电 yóudiàn
邮寄 yóujì
邮件 yóujiàn
邮局 yóujú
邮政 yóuzhèng
犹疑 yóuyí
油菜 yóucài
油茶 yóuchá
油井 yóujǐng
油轮 yóulún
油门 yóumén
油墨 yóumò
油腻 yóunì
油漆 yóuqī
油条 yóutiáo

油污 yóuwū
油脂 yóuzhī
游荡 yóudàng
游记 yóujì
游客 yóukè
游览 yóulǎn
游乐 yóulè
游离 yóulí
游历 yóulì
游牧 yóumù
游人 yóurén
游玩 yóuwán
游艺 yóuyì
游子 yóuzǐ
友爱 yǒu'ài
友邦 yǒubāng
友情 yǒuqíng
有偿 yǒucháng
有待 yǒudài
有的放矢 yǒudì-fàngshǐ
有理 yǒulǐ
有心 yǒuxīn
有形 yǒuxíng
有幸 yǒuxìng
有余 yǒuyú
酉 yǒu
黝黑 yǒuhēi
右面 yòu•miàn
右倾 yòuqīng
右翼 yòuyì
幼儿园 yòu'éryuán
幼体 yòutǐ
幼小 yòuxiǎo
幼稚 yòuzhì
佑 yòu
柚子 yòuzi
诱 yòu
诱发 yòufā
诱惑 yòuhuò
诱因 yòuyīn
釉 yòu
迂 yū
迂回 yūhuí
淤 yū
淤积 yūjī

淤泥 yūní
余额 yú'é
余粮 yúliáng
余年 yúnián
鱼雷 yúléi
鱼鳞 yúlín
鱼苗 yúmiáo
俞 Yú
渔场 yúchǎng
渔船 yúchuán
渔村 yúcūn
渔夫 yúfū
渔民 yúmín
渔网 yúwǎng
隅 yú
逾 yú
逾期 yúqī
逾越 yúyuè
愉悦 yúyuè
榆 yú
虞 yú
愚 yú
愚蠢 yúchǔn
愚昧 yúmèi
愚弄 yúnòng
与日俱增 yǔrì-jùzēng
宇航 yǔháng
羽毛球 yǔmáoqiú
羽绒 yǔróng
雨点儿 yǔdiǎnr
雨季 yǔjì
雨量 yǔliàng
雨伞 yǔsǎn
雨衣 yǔyī
禹 Yǔ
语词 yǔcí
语调 yǔdiào
语汇 yǔhuì
语录 yǔlù
语重心长 yǔzhòng-xīncháng
与会 yùhuì
郁 yù
郁闷 yùmèn
育才 yùcái
育苗 yùmiáo

狱 yù
浴 yù
浴场 yùchǎng
浴池 yùchí
浴室 yùshì
预感 yùgǎn
预见 yùjiàn
预示 yùshì
预想 yùxiǎng
预约 yùyuē
预兆 yùzhào
预知 yùzhī
欲念 yùniàn
谕 yù
遇难 yùnàn
喻 yù
御 yù
寓 yù
寓所 yùsuǒ
寓言 yùyán
寓意 yùyì
寓于 yùyú
愈合 yùhé
愈加 yùjiā
愈益 yùyì
豫 yù
誉 yù
鸳鸯 yuān•yāng
冤 yuān
冤案 yuān'àn
冤枉 yuānwang
渊 yuān
渊博 yuānbó
渊源 yuānyuán
元宝 yuánbǎo
元旦 yuándàn
元件 yuánjiàn
元老 yuánlǎo
元气 yuánqì
元首 yuánshǒu
元帅 yuánshuài
元宵 yuánxiāo
元音 yuányīn
元月 yuányuè
园地 yuándì
园丁 yuándīng

园林 yuánlín
园艺 yuányì
员工 yuángōng
垣 yuán
原本 yuánběn
原稿 yuángǎo
原告 yuángào
原籍 yuánjí
原价 yuánjià
原煤 yuánméi
原文 yuánwén
原形 yuánxíng
原型 yuánxíng
原样 yuányàng
原野 yuányě
原意 yuányì
原油 yuányóu
原著 yuánzhù
原状 yuánzhuàng
原作 yuánzuò
圆场 yuánchǎng
圆满 yuánmǎn
圆圈 yuánquān
圆润 yuánrùn
圆舞曲 yuánwǔqǔ
圆周 yuánzhōu
圆柱 yuánzhù
圆锥 yuánzhuī
圆桌 yuánzhuō
援 yuán
援兵 yuánbīng
缘由 yuányóu
猿 yuán
猿猴 yuánhóu
猿人 yuánrén
源流 yuánliú
源头 yuántóu
远程 yuǎnchéng
远大 yuǎndà
远古 yuǎngǔ
远航 yuǎnháng
远见 yuǎnjiàn
远近 yuǎnjìn
远景 yuǎnjǐng
远洋 yuǎnyáng
远征 yuǎnzhēng

苑 yuàn
怨恨 yuànhèn
怨气 yuànqì
怨言 yuànyán
院落 yuànluò
院士 yuànshì
约定 yuēdìng
约法 yuēfǎ
约会 yuēhuì
月饼 yuèbing
月季 yuè•jì
月刊 yuèkān
月色 yuèsè
月食 yuèshí
月夜 yuèyè
乐谱 yuèpǔ
乐师 yuèshī
乐团 yuètuán
乐音 yuèyīn
乐章 yuèzhāng
岳 yuè
岳父 yuèfù
岳母 yuèmǔ
阅 yuè
阅兵 yuèbīng
阅历 yuèlì
悦 yuè
悦耳 yuè'ěr
越发 yuèfā
越轨 yuèguǐ
晕 yūn
云彩 yúncai
云层 yúncéng
云端 yúnduān
云朵 yúnduǒ
云海 yúnhǎi
云集 yúnjí
云雾 yúnwù
云游 yúnyóu
匀称 yún•chèn
允 yǔn
陨石 yǔnshí
孕 yùn
孕妇 yùnfù
孕育 yùnyù
运筹 yùnchóu
运费 yùnfèi
运河 yùnhé
运气 yùnqi
运送 yùnsòng
运销 yùnxiāo
运载 yùnzài
运作 yùnzuò
晕 yùn
酝酿 yùnniàng
韵律 yùnlǜ
韵味 yùnwèi
蕴 yùn
蕴含 yùnhán
蕴涵 yùnhán

Z

咂 zā
杂费 záfèi
杂技 zájì
杂居 zájū
杂剧 zájù
杂粮 záliáng
杂乱 záluàn
杂事 záshì
杂文 záwén
杂音 záyīn
灾 zāi
灾害 zāihài
灾荒 zāihuāng
灾祸 zāihuò
灾民 zāimín
灾情 zāiqíng
哉 zāi
栽植 zāizhí
栽种 zāizhòng
宰 zǎi
宰割 zǎigē
宰相 zǎixiàng
崽 zǎi
再度 zàidù
再会 zàihuì
再婚 zàihūn
再造 zàizào
在行 zàiháng
在乎 zàihu
在世 zàishì
在望 zàiwàng
在位 zàiwèi
在意 zàiyì
在职 zàizhí
在座 zàizuò
载体 zàitǐ
载重 zàizhòng
攒 zǎn
暂且 zànqiě
暂行 zànxíng
赞 zàn
赞歌 zàngē
赞赏 zànshǎng
赞颂 zànsòng
赞同 zàntóng
赞许 zànxǔ
赞誉 zànyù
赞助 zànzhù
脏腑 zàngfǔ
葬礼 zànglǐ
葬身 zàngshēn
葬送 zàngsòng
遭殃 zāoyāng
糟糕 zāogāo
糟粕 zāopò
糟蹋 zāo•tà
凿 záo
早春 zǎochūn
早稻 zǎodào
早点 zǎodiǎn
早饭 zǎofàn
早婚 zǎohūn
早年 zǎonián
早熟 zǎoshú
早晚 zǎowǎn
早先 zǎoxiān
枣 zǎo
澡 zǎo
造反 zàofǎn
造福 zàofú
造价 zàojià
造句 zàojù
造谣 zàoyáo
造诣 zàoyì
噪 zào
噪声 zàoshēng
噪音 zàoyīn
燥 zào
躁 zào
责备 zébèi
责成 zéchéng
责怪 zéguài
责令 zélìng
责骂 zémà
责难 zénàn
责问 zéwèn
择 zé
择优 zéyōu
泽 zé
啧啧 zézé
仄 zè
增补 zēngbǔ
增设 zēngshè
增生 zēngshēng
增收 zēngshōu
增援 zēngyuán
增值 zēngzhí
憎 zēng
憎恨 zēnghèn
憎恶 zēngwù
赠 zèng
赠送 zèngsòng
扎根 zhāgēn
扎实 zhāshi
渣滓 zhā•zǐ
轧 zhá
闸 zhá
闸门 zhámén
铡 zhá
眨巴 zhǎba
眨眼 zhǎyǎn
乍 zhà
诈 zhà
诈骗 zhàpiàn
栅栏 zhàlan
炸药 zhàyào
蚱蜢 zhàměng
榨 zhà
榨取 zhàqǔ
斋 zhāi
摘除 zhāichú
宅 zhái
宅子 zháizi
择菜 zhái cài
债权 zhàiquán
债券 zhàiquàn
寨子 zhàizi
占卜 zhānbǔ
沾染 zhānrǎn
毡 zhān
粘连 zhānlián
瞻 zhān
瞻仰 zhānyǎng
斩 zhǎn
展翅 zhǎnchì
展望 zhǎnwàng
展销 zhǎnxiāo
辗转 zhǎnzhuǎn
战败 zhànbài
战备 zhànbèi
战地 zhàndì
战犯 zhànfàn
战俘 zhànfú
战功 zhàngōng
战壕 zhànháo
战火 zhànhuǒ
战绩 zhànjì
战局 zhànjú
战栗 zhànlì
战乱 zhànluàn
战区 zhànqū
战事 zhànshì
站岗 zhàngǎng
站立 zhànlì
站台 zhàntái
蘸 zhàn
张罗 zhāngluo
张贴 zhāngtiē
张望 zhāngwàng
章法 zhāngfǎ
章节 zhāngjié
樟脑 zhāngnǎo
长辈 zhǎngbèi
长老 zhǎnglǎo
长相 zhǎngxiàng
长者 zhǎngzhě
涨潮 zhǎngcháo
掌舵 zhǎngduò

掌管 zhǎngguǎn
掌权 zhǎngquán
掌心 zhǎngxīn
丈量 zhàngliáng
丈人 zhàngren
杖 zhàng
帐子 zhàngzi
账本 zhàngběn
账房 zhàngfáng
账目 zhàngmù
障 zhàng
招标 zhāobiāo
招考 zhāokǎo
招徕 zhāolái
招募 zhāomù
招牌 zhāopai
招聘 zhāopìn
招收 zhāoshōu
招手 zhāoshǒu
招致 zhāozhì
昭 zhāo
朝气 zhāoqì
朝夕 zhāoxī
朝霞 zhāoxiá
朝阳 zhāoyáng
着火 zháohuǒ
着迷 zháomí
爪 zhǎo
爪牙 zhǎoyá
找寻 zhǎoxún
沼气 zhǎoqì
沼泽 zhǎozé
召 zhào
召唤 zhàohuàn
召见 zhàojiàn
兆 zhào
诏 zhào
诏书 zhàoshū
照搬 zhàobān
照办 zhàobàn
照常 zhàocháng
照管 zhàoguǎn
照会 zhàohuì
照旧 zhàojiù
照看 zhàokàn
照料 zhàoliào
照应 zhào•yìng
罩 zhào
肇事 zhàoshì
折腾 zhēteng
遮蔽 zhēbì
遮挡 zhēdǎng
遮盖 zhēgài
遮掩 zhēyǎn
折叠 zhédié
折光 zhéguāng
折合 zhéhé
折旧 zhéjiù
折扣 zhékòu
折算 zhésuàn
折中 zhézhōng
哲 zhé
哲理 zhélǐ
哲人 zhérén
辙 zhé
褶 zhě
褶皱 zhězhòu
浙 Zhè
蔗 zhè
蔗糖 zhètáng
贞 zhēn
贞操 zhēncāo
针头 zhēntóu
侦破 zhēnpò
侦探 zhēntàn
珍 zhēn
珍宝 zhēnbǎo
珍藏 zhēncáng
珍品 zhēnpǐn
珍视 zhēnshì
珍惜 zhēnxī
珍稀 zhēnxī
珍重 zhēnzhòng
真迹 zhēnjì
真菌 zhēnjūn
真皮 zhēnpí
真切 zhēnqiè
真情 zhēnqíng
真丝 zhēnsī
真相 zhēnxiàng
真心 zhēnxīn
真知 zhēnzhī
真挚 zhēnzhì
砧 zhēn
斟 zhēn
斟酌 zhēnzhuó
臻 zhēn
诊 zhěn
诊所 zhěnsuǒ
诊治 zhěnzhì
枕 zhěn
阵容 zhènróng
阵势 zhèn•shì
阵亡 zhènwáng
阵线 zhènxiàn
阵营 zhènyíng
振作 zhènzuò
朕 zhèn
震颤 zhènchàn
震荡 zhèndàng
震耳欲聋 zhèn’ěr-yùlóng
震撼 zhènhàn
镇定 zhèndìng
镇静 zhènjìng
镇守 zhènshǒu
正月 zhēngyuè
争辩 zhēngbiàn
争吵 zhēngchǎo
争斗 zhēngdòu
争端 zhēngduān
争光 zhēngguāng
争鸣 zhēngmíng
争气 zhēngqì
争议 zhēngyì
争执 zhēngzhí
征购 zhēnggòu
征集 zhēngjí
征途 zhēngtú
征文 zhēngwén
征询 zhēngxún
征兆 zhēngzhào
症结 zhēngjié
蒸馏 zhēngliú
蒸馏水 zhēngliúshuǐ
蒸汽 zhēngqì
蒸腾 zhēngténg
拯救 zhěngjiù
整编 zhěngbiān
整风 zhěngfēng
整洁 zhěngjié
整数 zhěngshù
整形 zhěngxíng
整修 zhěngxiū
整治 zhěngzhì
正比 zhèngbǐ
正比例 zhèngbǐlì
正步 zhèngbù
正道 zhèngdào
正轨 zhèngguǐ
正极 zhèngjí
正门 zhèngmén
正派 zhèngpài
正气 zhèngqì
正巧 zhèngqiǎo
正视 zhèngshì
正统 zhèngtǒng
正文 zhèngwén
正午 zhèngwǔ
正直 zhèngzhí
正中 zhèngzhōng
正宗 zhèngzōng
证件 zhèngjiàn
证券 zhèngquàn
证人 zhèng•rén
郑重 zhèngzhòng
政变 zhèngbiàn
政法 zhèngfǎ
政界 zhèngjiè
政局 zhèngjú
政客 zhèngkè
政论 zhènglùn
政事 zhèngshì
政体 zhèngtǐ
政务 zhèngwù
支架 zhījià
支流 zhīliú
支票 zhīpiào
支取 zhīqǔ
支柱 zhīzhù
只身 zhīshēn
汁液 zhīyè
芝麻 zhīma
知己 zhījǐ
知了 zhīliǎo
知名 zhīmíng
知情 zhīqíng
知晓 zhīxiǎo
知心 zhīxīn
知音 zhīyīn
肢体 zhītǐ
织物 zhīwù
脂 zhī
脂粉 zhīfěn
执 zhí
执笔 zhíbǐ
执法 zhífǎ
执教 zhíjiào
执拗 zhíniù
执勤 zhíqín
执意 zhíyì
执照 zhízhào
执政 zhízhèng
执着 zhízhuó
直播 zhíbō
直肠 zhícháng
直达 zhídá
直属 zhíshǔ
直率 zhíshuài
直爽 zhíshuǎng
侄 zhí
侄女 zhí•nǚ
侄子 zhízi
值勤 zhíqín
值日 zhírì
职称 zhíchēng
职位 zhíwèi
植被 zhíbèi
止步 zhǐbù
只管 zhǐguǎn
只消 zhǐxiāo
旨 zhǐ
旨意 zhǐyì
址 zhǐ
纸板 zhǐbǎn
纸币 zhǐbì
纸浆 zhǐjiāng
纸烟 zhǐyān
纸张 zhǐzhāng
指点 zhǐdiǎn

指甲	zhǐjia(zhījia)
指控	zhǐkòng
指南	zhǐnán
指南针	zhǐnánzhēn
指派	zhǐpài
指使	zhǐshǐ
指头	zhǐ·tou(zhí·tou)
指望	zhǐwàng
指纹	zhǐwén
指引	zhǐyǐn
指摘	zhǐzhāi
指针	zhǐzhēn
趾	zhǐ
至多	zhìduō
至上	zhìshàng
志气	zhì·qì
志趣	zhìqù
志向	zhìxiàng
志愿	zhìyuàn
志愿军	zhìyuànjūn
帜	zhì
制备	zhìbèi
制裁	zhìcái
制服	zhìfú
制剂	zhìjì
制图	zhìtú
质地	zhìdì
质朴	zhìpǔ
质问	zhìwèn
炙	zhì
治水	zhìshuǐ
治学	zhìxué
致敬	zhìjìng
致密	zhìmì
致命	zhìmìng
致死	zhìsǐ
致意	zhìyì
桎梏	zhìgù
掷	zhì
窒息	zhìxī
智育	zhìyù
滞留	zhìliú
滞销	zhìxiāo
置换	zhìhuàn
置身	zhìshēn
稚	zhì
稚嫩	zhìnèn
稚气	zhìqì
中层	zhōngcéng
中级	zhōngjí
中间人	zhōngjiānrén
中介	zhōngjiè
中立	zhōnglì
中秋	zhōngqiū
中途	zhōngtú
中文	zhōngwén
中西	zhōngxī
中线	zhōngxiàn
中药	zhōngyào
中庸	zhōngyōng
中用	zhōngyòng
中游	zhōngyóu
中止	zhōngzhǐ
中转	zhōngzhuǎn
忠	zhōng
忠厚	zhōnghòu
忠于	zhōngyú
忠贞	zhōngzhēn
终点	zhōngdiǎn
终端	zhōngduān
终归	zhōngguī
终极	zhōngjí
终结	zhōngjié
终了	zhōngliǎo
终日	zhōngrì
终生	zhōngshēng
终止	zhōngzhǐ
盅	zhōng
钟表	zhōngbiǎo
钟点	zhōngdiǎn
衷心	zhōngxīn
肿胀	zhǒngzhàng
种姓	zhǒngxìng
冢	zhǒng
中风	zhòngfēng
中肯	zhòngkěn
中意	zhòngyì
仲	zhòng
仲裁	zhòngcái
众生	zhòngshēng
种地	zhòngdì
种田	zhòngtián
重兵	zhòngbīng
重担	zhòngdàn
重金	zhòngjīn
重任	zhòngrèn
重伤	zhòngshāng
重心	zhòngxīn
重型	zhòngxíng
重音	zhòngyīn
重用	zhòngyòng
舟	zhōu
周报	zhōubào
周到	zhōu·dào
周而复始	zhōu'érfùshǐ
周刊	zhōukān
周末	zhōumò
周身	zhōushēn
周岁	zhōusuì
周旋	zhōuxuán
周延	zhōuyán
周折	zhōuzhé
洲	zhōu
粥	zhōu
轴线	zhóuxiàn
肘	zhǒu
咒	zhòu
咒骂	zhòumà
昼	zhòu
皱纹	zhòuwén
骤	zhòu
骤然	zhòurán
诛	zhū
珠宝	zhūbǎo
珠子	zhūzi
株连	zhūlián
诸侯	zhūhóu
诸如此类	zhūrúcǐlèi
诸位	zhūwèi
蛛网	zhūwǎng
竹竿	zhúgān
竹笋	zhúsǔn
竹子	zhúzi
烛	zhú
主办	zhǔbàn
主次	zhǔcì
主峰	zhǔfēng
主干	zhǔgàn
主根	zhǔgēn
主攻	zhǔgōng
主顾	zhǔgù
主机	zhǔjī
主见	zhǔjiàn
主将	zhǔjiàng
主角	zhǔjué
主考	zhǔkǎo
主流	zhǔliú
主人翁	zhǔrénwēng
主食	zhǔshí
主事	zhǔshì
主线	zhǔxiàn
主演	zhǔyǎn
主宰	zhǔzǎi
主旨	zhǔzhǐ
主子	zhǔzi
拄	zhǔ
嘱	zhǔ
嘱托	zhǔtuō
瞩目	zhǔmù
伫立	zhùlì
助教	zhùjiào
助理	zhùlǐ
助长	zhùzhǎng
住处	zhù·chù
住户	zhùhù
住家	zhùjiā
住宿	zhùsù
住所	zhùsuǒ
住院	zhùyuàn
住址	zhùzhǐ
贮	zhù
贮备	zhùbèi
注册	zhùcè
注定	zhùdìng
注解	zhùjiě
注目	zhùmù
注射器	zhùshèqì
注释	zhùshì
注销	zhùxiāo
注音	zhùyīn
驻地	zhùdì
驻防	zhùfáng
驻军	zhùjūn
驻守	zhùshǒu
驻扎	zhùzhā
柱子	zhùzi
祝福	zhùfú
祝愿	zhùyuàn
著称	zhùchēng
著述	zhùshù
著者	zhùzhě
蛀	zhù
铸	zhù
铸造	zhùzào
抓获	zhuāhuò
爪	zhuǎ
爪子	zhuǎzi
拽	zhuài
专长	zhuāncháng
专车	zhuānchē
专程	zhuānchéng
专断	zhuānduàn
专横	zhuānhèng
专科	zhuānkē
专款	zhuānkuǎn
专栏	zhuānlán
专卖	zhuānmài
专区	zhuānqū
专人	zhuānrén
专心	zhuānxīn
专一	zhuānyī
专员	zhuānyuán
专职	zhuānzhí
专注	zhuānzhù
专著	zhuānzhù
砖头	zhuāntóu
转播	zhuǎnbō
转产	zhuǎnchǎn
转达	zhuǎndá
转告	zhuǎngào
转机	zhuǎnjī
转嫁	zhuǎnjià
转交	zhuǎnjiāo
转脸	zhuǎnliǎn
转念	zhuǎnniàn
转让	zhuǎnràng
转手	zhuǎnshǒu
转瞬	zhuǎnshùn
转弯	zhuǎnwān

转眼 zhuǎnyǎn
转业 zhuǎnyè
转运 zhuǎnyùn
转战 zhuǎnzhàn
转折 zhuǎnzhé
传记 zhuànjì
转速 zhuànsù
转悠 zhuànyou
转轴 zhuànzhóu
撰 zhuàn
撰写 zhuànxiě
篆 zhuàn
篆刻 zhuànkè
妆 zhuāng
庄园 zhuāngyuán
庄重 zhuāngzhòng
庄子 zhuāngzi
装扮 zhuāngbàn
装点 zhuāngdiǎn
装潢 zhuānghuáng
装配 zhuāngpèi
装束 zhuāngshù
装卸 zhuāngxiè
装修 zhuāngxiū
装运 zhuāngyùn
装载 zhuāngzài
壮丁 zhuàngdīng
壮观 zhuàngguān
壮举 zhuàngjǔ
壮丽 zhuànglì
壮烈 zhuàngliè
壮年 zhuàngnián
壮实 zhuàngshi
壮士 zhuàngshì
壮志 zhuàngzhì
状语 zhuàngyǔ
状元 zhuàngyuan
撞击 zhuàngjī
追捕 zhuībǔ
追查 zhuīchá
追悼 zhuīdào
追肥 zhuīféi
追赶 zhuīgǎn
追击 zhuījī
追加 zhuījiā
追溯 zhuīsù
追随 zhuīsuí
追问 zhuīwèn
追寻 zhuīxún
追忆 zhuīyì
追踪 zhuīzōng
椎 zhuī
锥 zhuī
锥子 zhuīzi
坠 zhuì
坠落 zhuìluò
缀 zhuì
赘 zhuì
赘述 zhuìshù
准绳 zhǔnshéng
准时 zhǔnshí
准许 zhǔnxǔ
拙 zhuō
捉拿 zhuōná
灼 zhuó
灼热 zhuórè
茁壮 zhuózhuàng
卓 zhuó
卓著 zhuózhù
浊 zhuó
酌 zhuó
啄 zhuó
着力 zhuólì
着陆 zhuólù
着落 zhuóluò
着实 zhuóshí
着想 zhuóxiǎng
着眼 zhuóyǎn
着意 zhuóyì
姿 zī
兹 zī
资财 zīcái
资方 zīfāng
资历 zīlì
资助 zīzhù
滋 zī
滋补 zībǔ
滋润 zīrùn
滋生 zīshēng
滋养 zīyǎng
滋长 zīzhǎng
籽 zǐ
紫菜 zǐcài
紫外线 zǐwàixiàn
自卑 zìbēi
自大 zìdà
自得 zìdé
自费 zìfèi
自封 zìfēng
自负 zìfù
自给 zìjǐ
自家 zìjiā
自尽 zìjìn
自救 zìjiù
自居 zìjū
自来水 zìláishuǐ
自理 zìlǐ
自立 zìlì
自流 zìliú
自律 zìlǜ
自满 zìmǎn
自强 zìqiáng
自如 zìrú
自始至终 zìshǐ-zhìzhōng
自首 zìshǒu
自述 zìshù
自私 zìsī
自修 zìxiū
自学 zìxué
自以为是 zìyǐwéishì
自制 zìzhì
自重 zìzhòng
自传 zìzhuàn
自尊 zìzūn
字典 zìdiǎn
字号 zìhào
字画 zìhuà
字迹 zìjì
字句 zìjù
字体 zìtǐ
字条 zìtiáo
字形 zìxíng
字义 zìyì
字音 zìyīn
渍 zì
宗法 zōngfǎ
宗派 zōngpài
宗室 zōngshì
棕 zōng
棕榈 zōnglǘ
棕色 zōngsè
踪 zōng
踪迹 zōngjì
踪影 zōngyǐng
鬃 zōng
总称 zǒngchēng
总得 zǒngděi
总队 zǒngduì
总共 zǒnggòng
总管 zǒngguǎn
总归 zǒngguī
总计 zǒngjì
总务 zǒngwù
纵横 zònghéng
纵然 zòngrán
纵容 zòngróng
纵身 zòngshēn
纵深 zòngshēn
纵使 zòngshǐ
纵向 zòngxiàng
粽子 zòngzi
走动 zǒudòng
走访 zǒufǎng
走私 zǒusī
奏鸣曲 zòumíngqǔ
奏效 zòuxiào
奏章 zòuzhāng
揍 zòu
租借 zūjiè
租金 zūjīn
租赁 zūlìn
租用 zūyòng
足迹 zújì
足见 zújiàn
卒 zú
诅咒 zǔzhòu
阻挡 zǔdǎng
阻隔 zǔgé
阻击 zǔjī
阻拦 zǔlán
阻挠 zǔnáo
阻塞 zǔsè
组建 zǔjiàn
组装 zǔzhuāng
祖传 zǔchuán
钻探 zuāntàn
钻石 zuànshí
钻头 zuàntóu
攥 zuàn
嘴脸 zuǐliǎn
罪过 zuìguò
罪名 zuìmíng
罪孽 zuìniè
罪人 zuìrén
罪证 zuìzhèng
罪状 zuìzhuàng
醉人 zuìrén
醉心 zuìxīn
尊称 zūnchēng
尊贵 zūnguì
遵 zūn
遵从 zūncóng
遵照 zūnzhào
作坊 zuōfang
左面 zuǒ•miàn
左倾 zuǒqīng
左翼 zuǒyì
佐 zuǒ
撮 zuǒ
作案 zuò'àn
作对 zuòduì
作恶 zuò'è
作怪 zuòguài
作价 zuòjià
作客 zuòkè
作祟 zuòsuì
作文 zuòwén
坐落 zuòluò
坐镇 zuòzhèn
座舱 zuòcāng
座谈 zuòtán
做工 zuògōng
做功 zuògōng
做人 zuòrén
做声 zuòshēng
做戏 zuòxì
做主 zuòzhǔ

第三部分

朗读短文

第一单元　朗读要略

一、朗读测试要求

（一）朗读测试概述

朗读测试是将书面语言转变为形象生动、发音规范的有声语言的再创作活动。普通话水平测试中的朗读测试，是指应试人在朗读普通话水平测试用60篇作品时，对其发音中声母、韵母、声调、语流音变、停连、重音、语调以及朗读流畅程度等进行的一种测试。

（二）朗读测试目的

朗读测试的目的在于测查应试人使用普通话朗读书面作品的水平。在测查声母、韵母、声调读音标准程度的同时，重点测查连读音变、停连、语调以及流畅程度。具有以下作用：

①朗读能帮助理解作品。

②朗读能锻炼说话能力与写作能力。

③朗读有助于促进语言规范化。

④朗读有助于发挥语言的感染力。

（三）朗读测试要求

在普通话朗读测试中，要求应试人尽量做到如下几点：

①准确、熟练地运用普通话，做到字音规范、音变正确。

②领会作品内容，正确把握作品思想感情，读出真情实感。

③遵从原文，不丢字、不添字、不颠倒字或改字。

④语调自然，停连恰当。重音处理正确，语速快慢得当。

二、朗读准备

朗读既不同于日常说话，也不同于朗诵。日常说话的口头语是朗读的基础(明白通俗、流畅自然)，但与之相比，朗读还要对口头语进行加工，要能比较有效地再现原文的思想和艺术形象。朗诵是一种艺术表演形式，语言形式较为夸张，节律起伏比朗读大，它往往要借助表情、手势等体态语言来强化表达效果，有些还运用灯光、布景、音乐等来渲染，以增强表演的艺术性，而朗读则不需要这些。朗读虽然也讲究语言的艺术性，但它必须接近真实自然的生活语言，它是一种介于日常说话与朗诵艺术之间的口头表达形式。

（一）朗读前的准备

在朗读前要对作品做深入的理解，把握作品创作的背景、作品的主题和情感的基调。

1. 熟悉作品内容

①清除障碍，搞清楚文中生字、生词、成语典故、语句等的含义。

②必须深入理解作品的思想内容。

2. 深刻细致的感受

有的朗诵，听起来也有抑扬顿挫的语调，却始终打动不了听众，原因有二：一是作品本身有缺陷；二是朗诵者本身对作品的感受不够深刻，没有真正走进作品，而是在那里"挤"情、"造"性。听众是敏锐的，他们不会被虚情所动，朗诵者要唤起听众的感情，必须仔细体味作品，进入角色，进入情境。

3. 把握朗读基调

在理解感受作品的同时，往往伴随着丰富的想象，这样才能使作品的内容在自己的心中、眼前活动起来，就像亲眼看到、亲身经历一样。这样通过深入的理解、真挚的感受和丰富的想象，激发自己的真挚感情，使朗读出来的词句有血有肉有感情，从而引起听者的共鸣。

（二）注意语音规范

①注意语流音变。上声的变调，"一""不"的变调，"啊"的变读及轻声词和儿化是在朗读作品中要重点留意的地方。

②注意多音字的读音。一字多音是容易产生误读的重要原因之一，必须十分注意。在朗读的篇目中出现较多的多音字包括"为""似""倒""累""处"等。

③注意异读词的读音。普通话词汇中，有一部分词（或词中的语素），意义相同或基本相同，但在习惯上有两个或多个不同的读法，这些词被称为"异读词"。

④注意普通话与甘肃方言在语音上的差异。朗读时如果不注意克服方言影响，声、韵、调出现混淆，势必影响语义的表达，从测试的角度讲，也就是出现了语音失误。这是应该通过练习予以克服的。

⑤忠于原作，避免加字、漏字、改字。朗读作为一种特定的口头表达形式，应该严格依据文字材料，忠实地把它转换成有声语言。朗读测试时，一旦出现和文字材料不一致的情况，如加字、改字、漏读等，不论是否影响语义的表达，均被视为语音错误。这种情况应尽量加以避免。

⑥注意由字形相近或由偏旁类推引起的误读。由于字形相近张冠李戴地读错，这种误读十分常见；由偏旁本身的读音或者由偏旁组成的较常用的字的读音，去类推一个生字的读音而引起的误读，也很常见。朗读时应注意。

（三）练习朗读时需要注意克服的几种不正确的朗读样式

1. 念读式

单纯地念字，照字读音，有字无词或有词无句，词或词组没有轻重格式的体现。

2. 唱读式

以固定的类似于唱歌的调来读作品，这种读法比念读更差，它只有声音的外壳，而表情达意的作用已被大大削弱。

3. 念经式

声音小而速度快，没有顿歇，没有重音，更没有感情和声音的变化。

4. 表演式

特别注意感情表达而把朗读变成朗诵，有表演的趋向。由于过于注重感情表达，朗读时往往会增字、丢字或改字。

5. 八股式

腔调固定，前高后低或前低后高。前松后紧或前紧后松。声音没有起伏变化。

6. 固定式

过分强调作品的体裁，无论内容如何，同一体裁的都用一种腔调去读。以不变的固定腔调应对不同的作品内容。

三、朗读技巧

要读好一篇作品，我们可以先根据内容确定其感情基调，然后根据其感情基调来确定整篇文章的语速，最后根据上下文文意确定朗读时语音的轻重、停连和语调。朗读时对语音的轻重、停连和语调等的正确处理就形成一定的朗读技巧。

（一）停连

停连是指停顿和连接。在朗读过程中，那些为表情达意所需要的声音的中断和休止就是停顿；那些声音不中断、不休止，特别是作品中有标点符号而在朗读中却不需要中断、休止的地方就是连接。停连一方面是生理的需要，另一方面也是表情达意的需要，通过停连可以更清晰、更有效地表达作品内容，更鲜明、更强烈地体现作品情感。同时，它也是表达上的需要。因为得体的停连可以显示语言的节奏，并增强表达的效果。我们常用以下几种符号来表示停连。停顿：ˊ（停顿时间最短）、/（停顿时间较短）、//（停顿时间较长）、///（停顿时间最长）；连接：︵。

1. 朗读时如何选择停连位置的四个方面

①准确理解句意和文意。

②正确分析语句结构。

③恰当想象文字所体现的情景。

④合理处理标点符号。

2. 停顿的分类

①语法停顿。即指句子间语法关系的停顿，如句子中主谓之间、主宾之间、修饰限制词与中心词之间的停顿，还有分句之间、句子之间以及段落层次之间的停顿等。语法停顿应与标点、层次、段落相一致。具体来讲，语法停顿的时间长短可通过下列关系进行：顿号＜逗号＜分号，而冒号＜分号＜句间＜层间，如“台湾岛形状狭长，/从东到西，/最宽处只有一百四十多公里[①]；//由南至北，/最长的地方约有三百九十多公里。///地形像一个纺织用的梭子。”（作品 56 号）。

②逻辑停顿。即指为准确表达语意，揭示语言内在联系而形成的语流中声音的顿歇。逻辑停顿不受语法停顿的限制，它没有明确的符号标记，往往是根据表达的内容与语境要求来决定停顿的地方和停顿的时间，如：“没有ˊ一片绿叶，没有ˊ一缕炊烟。”（作品 22 号）。

③感情停顿。感情停顿是为了突出某种感情而作出的间歇，这种停顿通常出现在感情强烈处，诸如悲痛欲绝、恼怒至极、兴奋异常等。

3. 连接的分类

①直连。即指在有标点符号而前后连接较紧的地方，不停顿、不换气，直接地继续。

① 1 公里＝1 000 米。

②曲连。即指在简短的句子间，需要连接又需区分的地方连续。处理连续应找准“连点”，一般情况下，连点多在停顿的顿号和短促分句间的逗号处。

（二）重音

重音是指在朗读过程中为了更好地体现语句目的，在表达时着意强调的词或词组。重音常和停连一起，使语意表达更加清楚准确，使感情色彩更加鲜明。重音可分为词重音和语句重音，但在朗读部分我们着重讲语句重音。注意重音不等于重读。重音都用重读来强调会显得呆板。语句重音一般用“ . ”表示。

1. 语句重音的选择标准

①重音应该是突出语句目的的中心词。

②重音应该是体现逻辑关系的对应词。

③重音应该是点染感情色彩的关键词。

2. 语句重音的分类

①肯定性重音：表达不能只看肯定性的词语，要看整句话的意图是什么。一种是要肯定“是什么”，一种是要肯定“是”还是“不是”。如：疫情还在持续，湖北人民还在经受严峻的考验，但他们不会倒下。

②并列性重音：在段落、语句中有并列关系的词或短语。如：新的语言现象的传播速度、传播方向、传播范围和传播方式都在发生着重要变化；改革开放离不开稳定、发展离不开稳定、人民安居乐业也离不开稳定。

③对比性重音：在句子中通过比较、对比使事物的特征更加突出。如：谦受益、满招损；有的人活着，他已经死了；有的人死了，他还活着。

④呼应性重音：揭示上下文的呼应关系。如：人才被埋没应该有两种情况：一种是社会埋没，另一种是自我埋没；小林常说他有“两宝”，一是有个好母亲，二是有个好媳妇。

⑤递进性重音：文章中描写的对象、所说的道理，往往都是一步步向前发展和深入的。如：他们决心上阵不利则守城，守城不利则巷战，巷战不利则短兵相接，短兵相接不利则自尽以殉国。

⑥转折性重音：对相反方向的内容变化的揭示，表现说话者的实际意图。如：这不是失败，而是成功的开始；徐本禹的事迹是平凡的，但他奉献爱心的精神是许多人想做、能做而没能做到的。

⑦比喻性重音：比喻可以把抽象变具体，使语言生动有趣。如：水仙花很漂亮，像一位站在小河边，穿着白衣服的仙女；雪犹如白色的细粉飘扬下来，把窗户蒙上了一层薄雾。

⑧强调性重音：表达感情色彩的词或词组加以强调，突出感情。如：我们在努力追求幸福的生活。

⑨拟声性重音：句中的象声词。如：轰隆一声巨响，敌人碉堡飞上了天。

⑩反义性重音：为了揭露事物的本质，正话反说或反话正说。如：狼吃了羊之后，还要表示自己是善良的；你们把困难全都要走了，一点都没给我们剩，可真够自私的。

3. 重音的表达方法

①高低强弱法：欲高先低、欲强先弱或低后渐高、弱中渐强。如：只要有一线希望，就要尽百倍努力。

②快慢停连法：有意识将音节拖长一些，用延长音节的方法使重音突出。如：太阳像负着什么重担似的，慢慢儿，一纵一纵地使劲儿向上升。

③虚实法：用声音的虚实变化来强调重音。如：既像婴儿喜爱母亲的怀抱，又像男子依偎着自己的恋人；鸟语花香的清晨，我的心空了，净了。

④利用笑声、颤音、泣音来表达特殊的情感。如：笑声处理：春天像小姑娘，花枝招展的，笑着，走着；颤音处理：我的心疼得像刀绞一样，眼泪止不住地往下流；泣音处理：妈，是你吗？你快说话啊，你能听到吗？

（三）语调

语调即语句声音的抑扬或升降。这种抑扬或升降是准确传达句子思想感情的需要，它是语气的外在表现形式。对于语调，人们通常有一种误解，即把语调仅仅理解成句末一个音节的字调，其实这是不对的。语调是情感的产物，具有明显的感情色彩，语调是整个语句甚至是语段感情色彩的起伏变化，语调与语速、重音、停连等技巧结合，显示着朗读的节奏。

1. 语调形式

①上扬调，即指语流状态由低向高升起，句尾音强且向上扬起，一般表示疑问、激动、号召、呼唤等感情。上扬调一般用“↗”表示，如：“难道你就只觉得树只是树，↗难道你就不想到它的朴质，严肃，坚强不屈，至少也象征了北方的农民。↗”（作品 1 号）。

②下抑调，即指语流状态由高向低运动，句尾音下降，一般表现感叹、请求、痛苦、愤怒等语气。下抑调一般用“↘”表示，如：“外祖母永远不会回来了。↘”（作品 14 号）。

③平直调，即指语流运动状态是平稳直线型的，一般表现庄严、冷漠、麻木等感情。平直调一般用“→”表示，如：“三百多年前，建筑设计师莱伊恩受命设计了英国温泽市政府大厅。→”（作品 19 号）。

④曲折调，即指语流运动状态是起伏曲折的，由高而低再扬起，或由低而高再降下，全句表现为上升和下降的曲折变化，用来表示讽刺、暗示、双关、反语等感情。曲折调一般用“↗”“↘”表示，如：“你以为这是什么车？旅游车？↗”（作品 10 号）。

在朗读时，语调不是一成不变的，而是有变化的。粗略地可以分为：轻度、重度、中度三种。轻度语调即停顿较短，重音较清楚，色彩一般化，一般来讲，作品中的次要语句属此类；重度语调是停顿较长，有较重的重音，色彩显示鲜明，通常作品中的主要语句、核心句属此类；而中度语调的停顿稍长，重音稍突出，色彩较鲜明，通常作品中比较重要的语句属此类。

2. 语调分类

①轻度语调。停顿较短，重音较清楚，色彩一般化。一般来讲，作品中的次要语句属此类。

②中度语调。停顿稍长，重音稍突出，色彩较鲜明。通常，作品中比较重要的语句属此类。

③重度语调。停顿较长，有较重的重音，色彩显示鲜明。通常，作品中的主要语句、核心句属此类。

3. 语调练习

朗诵叶挺同志的《囚歌》，注意句调的处理：

为人进出的门紧锁着，（→平调）（冷眼相看）为狗爬出的洞敞开着，（→平调）一个声音高叫着：（↗曲调）（嘲讽）爬出来吧，给你自由！（↘曲调）（诱惑）我渴望自由，（→平调）（庄严）但我深深地知道——（→平调）人的身躯怎能从狗洞子里爬出！（↑升调）（蔑视、愤慨、反击）我希望有一天，（→平调）地下的烈火，（稍向上扬）（语意未完）将我连这活棺材一齐烧掉，（↓降调）（毫不犹豫）我应该在烈火与热血中得到永生！（↓降调）（沉着、坚毅、充满自信）。

（四）节奏

朗读是讲究速度的。朗读速度受作品内容和形式影响，也受朗读者心境的影响，也就是说，朗读节奏是由作品展示出来的，表现出了朗读者思想感情的起伏所形成的抑扬顿挫、轻重缓急的声音形式的回环。

节奏不能和语调混淆。语调是以语句为单位，节奏是以全篇为单位；节奏一定要有某种声音形式的回环往复，而不是毫无规律可循的各种声音形式的拼合。

常见的节奏有以下几种：

1. 轻快型

要求多连少停、多轻少重、多扬少抑，朗读时语调舒展柔和，语流显得轻快，如：作品《绿》《紫藤萝瀑布》。

2. 凝重型

要求多停少连、多重少轻、多抑少扬，语流平衡凝重，语言表达强而有力，如：作品《丑石》《西部文化和西部开发》。

3. 低沉型

要求停顿多而长、语调多抑、节拍较长，朗读时声音偏暗，句尾沉重，语流沉缓，如：作品《牡丹的拒绝》《世间最美的坟墓》。

4. 高亢型

要求多连少停、多重少轻、扬而不抑，朗读时语气高昂，语流畅达，语速稍快，节奏较紧，如：作品《白杨礼赞》《站在历史的枝头微笑》。

5. 舒缓型

要求多连少停、声音清亮，语流声音较高但不着力，气长音清，语气舒展开阔，如：作品《海滨仲夏夜》《住的梦》。

6. 紧张型

要求多连少停、多重少轻、多扬少抑，朗读时节奏拖长，语气紧张，如：作品《麻雀》《迷途笛音》。

（五）语速

语速是指朗诵时话语的速度。说话的速度是由说话人的感情决定的，而朗诵的速度则与文章的思想内容相联系。

1. 语速的变化

①通常在激动、欢快的时候，语速要相对快一些；而在痛苦、悲伤的时候，情绪低沉，语速往往要慢一些。

②对于抒情的诗文，朗读中语速不宜过快；而对于慷慨激昂的文章、激情奔放的诗歌，语速则不宜过慢。同时，在同一篇诗文的朗读中，语速的处理要随着作品中情感的变化而变化。

2. 语速的练习

以《雷雨》中周朴园和鲁侍萍的对话为例，朗诵时应根据人物心情的变化调整语速，而不应一律以一种速度读下来。

周：梅家的一个年轻小姐，很贤惠，也很规矩。有一天夜里，忽然地投水死了。后来，后来——你知道吗？（慢速。周朴园故作与鲁侍萍闲谈状，以便探听一些情况。）

鲁：这个梅姑娘倒是有一天晚上跳的河，可是不是一个，她手里抱着一个刚生下三天的男孩，听人说她生前是不规矩的。（慢速，侍萍回忆悲痛的往事，又想极力克制怨愤，以免周朴园认出。）

鲁：我前几天还见着她！（中速）
周：什么？她就在这儿？此地？（快速。表现周朴园的吃惊与紧张）
鲁：老爷，您想见一见她吗？（慢速。鲁故意试探）
周：不，不，不用。（快速。表现周朴园的慌乱与心虚。）
周：我看过去的事不必再提了吧。（中速）
鲁：我要提，我要提，我闷了三十年了！（快速，表现鲁侍萍极度的悲愤以至几乎喊叫）

第二单元　朗读作品

一、朗读说明

1. 60篇朗读作品供普通话水平测试第四项——朗读短文测试使用。为适应测试需要，必要时对原作品做了部分更动。
2. 朗读作品的顺序，按篇名的汉语拼音字母顺序排列。
3. 每篇作品采用汉字和汉语拼音对照的方式编排。
4. 每篇作品在第400个音节后用“//”标注。
5. 为适应朗读的需要，作品中的数字一律采用汉字的书写方式书写，如：“1998年”写作“一九九八年”；“23%”写作“百分之二十三”。
6. 加注的汉语拼音原则依据《汉语拼音正词法基本规则》拼写。
7. 注音一般只标本调，不标变调。啊标的均为实际读音。
8. 作品中的必读轻声音节，拼音不标调号。一般轻读，间或重读的音节，拼音加注调号，并在拼音前加圆点提示，如：“因为”拼音写作“yīn・wèi”；“差不多”拼音写作“chà・bùduō”。
9. 作品中的儿化音节分两种情况：一是书面上加“儿”，拼音时在基本形式后加r，如：“小孩儿”拼音写作“xiǎoháir”；二是书面上没有加“儿”，但口语里一般儿化的音节，拼音时也在基本形式后加r，如：“胡同”拼音写作“hútòngr”。

二、朗读作品及注音

作品1号——《白杨礼赞》

[朗读提示]这篇文章是一篇托物言意之作，也是一曲献给根据地抗日军民的赞歌，通过对白杨树不平凡形象的赞美，歌颂了中国共产党领导下的抗日军民和整个中华民族的紧密团结、力求上进、坚强不屈的革命精神和斗争意志。所以，朗读时语气要热情奔放，气势要雄浑、铿锵有力，但不乏浓浓的诗意和质朴的情感。

Nà shì lìzhēng shàngyóu de yī zhǒng shù, bǐzhí de gàn, bǐzhí de zhī. Tā de gàn ne,
那是力争上游的一种树，笔直的干，笔直的枝。它的干呢，
tōngcháng shì zhàng bǎ gāo, xiàngshì jiāyǐ réngōng shìde, yī zhàng yǐnèi, juéwú pángzhī; tā
通常是丈把高，像是加以人工似的，一丈以内，绝无旁枝；它
suǒyǒu de yāzhī ne, yīlǜ xiàngshàng, érqiě jǐnjǐn kàolǒng, yě xiàngshì jiāyǐ réngōng shìde,
所有的丫枝呢，一律向上，而且紧紧靠拢，也像是加以人工似的，

chéngwéi yī shù, juéwú héng xié yì chū; tā de kuāndà de yèzi yě shì piànpiàn xiàngshàng, jīhū
成为一束，绝无横斜逸出；它的宽大的叶子也是片片向上，几乎
méi•yǒu xié shēng de, gèng bùyòng shuō dàochuí le; tā de pí, guānghuá ér yǒu yínsè de
没有斜生的，更不用说倒垂了；它的皮，光滑而有银色的
yùnquān, wēiwēi fànchū dànqīngsè. Zhè shì suī zài běifāng de fēngxuě de yāpò xià què bǎochízhe
晕圈，微微泛出淡青色。这是虽在北方的风雪的压迫下却保持着
juéjiàng tǐnglì de yī zhǒng shù! Nǎpà zhǐyǒu wǎn lái cūxì ba, tā què nǔlì xiàngshàng fāzhǎn,
倔强挺立的一种树！哪怕只有碗来粗细罢，它却努力向上发展，
gāo dào zhàng xǔ, liǎng zhàng, cāntiān sǒnglì, bùzhé-bùnáo, duìkàngzhe xīběifēng.
高到丈许，两丈，参天耸立，不折不挠，对抗着西北风。

Zhè jiùshì báiyángshù, xīběi jí pǔtōng de yī zhǒng shù, rán'ér jué bù shì píngfán de shù!
这就是白杨树，西北极普通的一种树，然而决不是平凡的树！

Tā méi•yǒu pósuō de zītài, méi•yǒu qūqū pánxuán de qiúzhī, yěxǔ nǐ yào shuō tā bù měilì,——
它没有婆娑的姿态，没有屈曲盘旋的虬枝，也许你要说它不美丽，——
rúguǒ měi shì zhuān zhǐ "pósuō" huò "héng xié yì chū" zhīlèi ér yán, nàme, báiyángshù
如果美是专指"婆娑"或"横斜逸出"之类而言，那么，白杨树
suàn•bù•dé shù zhōng de hǎo nǚzǐ; dànshì tā què shì wěi'àn, zhèngzhí, pǔzhì, yánsù, yě bù
算不得树中的好女子；但是它却是伟岸，正直，朴质，严肃，也不
quēfá wēnhé, gèng bùyòng tí tā de jiānqiáng bùqū yǔ tǐngbá, tā shì shù zhōng de wěizhàngfū!
缺乏温和，更不用提它的坚强不屈与挺拔，它是树中的伟丈夫！
Dāng nǐ zài jīxuě chū róng de gāoyuán• shàng zǒuguò, kàn•jiàn píngtǎn de dàdì•shàng àorán
当你在积雪初融的高原上走过，看见平坦的大地上傲然
tǐnglì zhème yī zhū huò yī pái báiyángshù, nándào nǐ jiù zhǐ jué•dé shù zhǐshì shù, nándào nǐ jiù
挺立这么一株或一排白杨树，难道你就只觉得树只是树，难道你就
bù xiǎngdào tā de pǔzhì, yánsù, jiānqiáng bùqū, zhìshǎo yě xiàngzhēngle běifāng de nóngmín;
不想到它的朴质，严肃，坚强不屈，至少也象征了北方的农民；
nándào nǐ jìng yīdiǎnr yě bù liánxiǎng dào, zài díhòu de guǎngdà // tǔdì•shàng, dàochù yǒu
难道你竟一点儿也不联想到，在敌后的广大//土地上，到处有
jiānqiáng bùqū, jiù xiàng zhè báiyángshù yīyàng àorán tǐnglì de shǒuwèi tāmen jiāxiāng de
坚强不屈，就像这白杨树一样傲然挺立的守卫他们家乡的
shàobīng! Nándào nǐ yòu bù gèng yuǎn yīdiǎnr xiǎngdào zhèyàng zhīzhī-yèyè kàojǐn tuánjié, lìqiú
哨兵！难道你又不更远一点想到这样枝枝叶叶靠紧团结，力求
shàngjìn de báiyángshù, wǎnrán xiàngzhēngle jīntiān zài Huáběi Píngyuán zònghéng juédàng yòng
上进的白杨树，宛然象征了今天在华北平原纵横决荡用
xuè xiěchū xīn Zhōngguó lìshǐ de nà zhǒng jīngshén hé yìzhì.
血写出新中国历史的那种精神和意志。

——节选自茅盾《白杨礼赞》

作品 2 号——《差别》

[朗读提示]注意老板话语的朗读，但语气不要太夸张。同时也要注意对比布鲁诺和阿诺德的行为，朗读布鲁诺的行为时语气要略显责备之情，朗读阿诺德的行为时语气要带赞扬之情。

Liǎng gè tónglíng de niánqīngrén tóngshí shòugù yú yī jiā diànpù, bìngqiě ná tóngyàng de
两个同龄的年轻人同时受雇于一家店铺，并且拿同样的
xīn•shuǐ.
薪水。

Kěshì yī duàn shíjiān hòu, jiào Ānuòdé de nàge xiǎohuǒzi qīngyún zhíshàng, ér nàge jiào
可是一段时间后，叫阿诺德的那个小伙子青云直上，而那个叫

Bùlǔnuò de xiǎohuǒzi què réng zài yuándì tàbù. Bùlǔnuò hěn bù mǎnyì lǎobǎn de bù gōngzhèng
布鲁诺 的 小伙子 却 仍 在 原地 踏步。布鲁诺 很 不 满意 老板 的 不 公正
dàiyù. Zhōngyú yǒu yī tiān tā dào lǎobǎn nàr fā láo•sāo le. Lǎobǎn yībiān nàixīn de tīngzhe tā
待遇。终于 有 一 天 他 到 老板 那儿 发 牢骚 了。老板 一边 耐心 地 听着 他
de bào•yuàn, yībiān zài xīn•lǐ pánsuanzhe zěnyàng xiàng tā jiěshì qīngchu tā hé Ānuòdé zhījiān
的 抱怨，一边 在 心里 盘算着 怎样 向 他 解释 清楚 他 和 阿诺德 之间
de chābié.
的 差别。

“Bùlǔnuò xiānsheng,” Lǎobǎn kāikǒu shuōhuà le, “Nín xiànzài dào jíshì•shàng qù yīxià,
“布鲁诺 先生，” 老板 开口 说话 了，“您 现在 到 集市 上 去 一下，
kànkan jīntiān zǎoshang yǒu shénme mài de.”
看看 今天 早上 有 什么 卖 的。”

Bùlǔnuò cóng jíshì•shàng huí•lái xiàng lǎobǎn huìbào shuō, jīnzǎo jíshì•shàng zhǐyǒu yī gè
布鲁诺 从 集市 上 回来 向 老板 汇报 说，今早 集市 上 只有 一 个
nóngmín lāle yī chē tǔdòu zài mài.
农民 拉了 一 车 土豆 在 卖。

“Yǒu duō•shǎo?” Lǎobǎn wèn.
“有 多少？” 老板 问。

Bùlǔnuò gǎnkuài dài•shàng màozi yòu pǎodào jí•shàng, ránhòu huí•lái gàosu lǎobǎn yīgòng
布鲁诺 赶快 戴 上 帽子 又 跑到 集 上，然后 回来 告诉 老板 一共
sìshí dài tǔdòu.
四十 袋 土豆。

“Jiàgé shì duō•shǎo?”
“价格 是 多少？”

Bùlǔnuò yòu dì-sān cì pǎodào jí•shàng wènláile jiàgé.
布鲁诺 又 第三 次 跑到 集 上 问来了 价格。

“Hǎo ba,” Lǎobǎn duì tā shuō, “Xiànzài qǐng nín zuòdào zhè bǎ yǐzi•shàng yī jù huà yě
“好 吧，” 老板 对 他 说，“现在 请 您 坐到 这 把 椅子 上 一 句 话 也
bùyào shuō, kànkan Ānuòdé zěnme shuō.”
不要 说，看看 阿诺德 怎么 说。”

Ānuòdé hěn kuài jiù cóng jíshì•shàng huí•lái le. Xiàng lǎobǎn huìbào shuō dào xiànzài wéizhǐ
阿诺德 很 快 就 从 集市 上 回来 了。向 老板 汇报 说 到 现在 为止
zhǐyǒu yī gè nóngmín zài mài tǔdòu, yīgòng sìshí kǒudai, jiàgé shì duō•shǎo duō•shǎo; tǔdòu
只有 一 个 农民 在 卖 土豆，一共 四十 口袋，价格 是 多少 多少；土豆
zhìliàng hěn bùcuò, tā dài huí•lái yī gè ràng lǎobǎn kànkan. Zhège nóngmín yī gè zhōngtóu yǐhòu
质量 很 不错，他 带 回来 一 个 让 老板 看看。这个 农民 一 个 钟头 以后
hái huì nònglái jǐ xiāng xīhóngshì, jù tā kàn jiàgé fēicháng gōng•dào. Zuótiān tāmen pùzi de
还 会 弄来 几 箱 西红柿，据 他 看 价格 非常 公道。 昨天 他们 铺子 的
xīhóngshì mài de hěn kuài, kùcún yǐ•jīng bù // duō le. Tā xiǎng zhème piányi de xīhóngshì, lǎobǎn
西红柿 卖 得 很 快，库存 已经 不 // 多 了。他 想 这么 便宜 的 西红柿，老板
kěndìng huì yào jìn yīxiē de, suǒyǐ tā bùjǐn dàihuíle yī ge xīhóngshì zuò yàngpǐn, érqiě bǎ nàge
肯定 会 要 进 一些 的，所以 他 不仅 带回了 一 个 西红柿 做 样品，而且 把 那个
nóngmín yě dài•lái le, tā xiànzài zhèngzài wài•miàn děng huíhuà ne.
农民 也 带来 了，他 现在 正在 外面 等 回话 呢。

Cǐshí lǎobǎn zhuǎnxiàngle Bùlǔnuò, shuō: “Xiànzài nín kěndìng zhī•dào wèi shénme Ānuòdé de
此时 老板 转向了 布鲁诺，说：“现在 您 肯定 知道 为 什么 阿诺德 的
xīn•shuǐ bǐ nín gāo le ba!”
薪水 比 您 高 了 吧！”

——节选自张健鹏、胡足青主编《故事时代》中《差别》

作品3号——《丑石》

[朗读提示]注意作者前后态度的变化，在知道丑石是陨石之前，朗读时语气要略带不屑，但不能太露骨，朗读到那块丑石原来是陨石时，要带有惊奇而又遗憾的心情。

Wǒ chángcháng yíhàn wǒ jiā mén qián nà kuài chǒu shí: Tā hēiyǒuyǒu de wò zài nà•lǐ, niú
我常常遗憾我家门前那块丑石：它黑黝黝地卧在那里，牛
shìde múyàng; shéi yě bù zhī•dào shì shénme shíhou liú zài zhè•lǐ de, shéi yě bù qù lǐhuì tā.
似的模样；谁也不知道是什么时候留在这里的，谁也不去理会它。
Zhǐshì màishōu shíjié, mén qián tānle màizi, nǎinai zǒngshì shuō: Zhè kuài chǒu shí, duō zhàn
只是麦收时节，门前摊了麦子，奶奶总是说：这块丑石，多占
dìmiàn ya, chōukòng bǎ tā bānzǒu ba.
地面呀，抽空把它搬走吧。

Tā bù xiàng hànbáiyù nàyàng de xìnì, kěyǐ kèzì diāohuā, yě bù xiàng dà qīngshí nàyàng
它不像汉白玉那样的细腻，可以刻字雕花，也不像大青石那样
de guānghuá, kěyǐ gōng lái huànshā chuíbù. Tā jìngjìng de wò zài nà•lǐ, yuàn biān de huáiyīn
的光滑，可以供来浣纱捶布。它静静地卧在那里，院边的槐阴
méi•yǒu bìfù tā, huā'•ér yě bùzài zài tā shēnbiān shēngzhǎng. Huāngcǎo biàn fányǎn chū•lái,
没有庇覆它，花儿也不再在它身边生长。荒草便繁衍出来，
zhīmàn shàngxià, mànmàn de, tā jìng xiùshàngle lǜtái、hēibān. Wǒmen zhèxiē zuò háizi de, yě
枝蔓上下，慢慢地，它竟锈上了绿苔、黑斑。我们这些做孩子的，也
tǎoyàn•qǐ tā•lái, céng héhuǒ yào bānzǒu tā, dàn lìqi yòu bùzú; suī shíshí zhòumà tā, xiánqì
讨厌起它来，曾合伙要搬走它，但力气又不足；虽时时咒骂它，嫌弃
tā, yě wúkě-nàihé, zhǐ hǎo rèn tā liú zài nà•lǐ le.
它，也无可奈何，只好任它留在那里了。

Zhōng yǒu yī rì, cūnzi•lǐ láile yī gè tiānwénxuéjiā. Tā zài wǒ jiā mén qián lùguò, tūrán
终有一日，村子里来了一个天文学家。他在我家门前路过，突然
fāxiànle zhè kuài shítou, yǎnguāng lìjí jiù lāzhí le. Tā zài méi•yǒu líkāi, jiù zhùle xià•lái;
发现了这块石头，眼光立即就拉直了。他再没有离开，就住了下来；
yǐhòu yòu láile hǎoxiē rén, dōu shuō zhè shì yī kuài yǔnshí, cóng tiān•shàng luò xià•lái yǐ•jīng yǒu
以后又来了好些人，都说这是一块陨石，从天上落下来已经有
èr-sānbǎi nián le, shì yī jiàn liǎo•bùqǐ de dōngxi. Bùjiǔ biàn láile chē, xiǎoxīn-yìyì de jiāng tā
二三百年了，是一件了不起的东西。不久便来了车，小心翼翼地将它
yùnzǒu le.
运走了。

Zhè shǐ wǒmen dōu hěn jīngqí, zhè yòu guài yòu chǒu de shítou, yuánlái shì tiān•shàng de ya!
这使我们都很惊奇，这又怪又丑的石头，原来是天上的啊！
Tā bǔguo tiān, zài tiān•shàng fāguo rè、shǎnguo guāng, wǒmen de xiānzǔ huòxǔ yǎngwàngguo
它补过天，在天上发过热、闪过光，我们的先祖或许仰望过
tā, tā gěile tāmen guāngmíng、xiàngwǎng、chōngjǐng; ér tā luò xià•lái le, zài wūtǔ•lǐ,
它，它给了他们光明、向往、憧憬；而它落下来了，在污土里，
huāngcǎo•lǐ, yī tǎng jiù // shì jǐbǎi nián le!
荒草里，一躺就//是几百年了！

Wǒ gǎndào zìjǐ de wúzhī, yě gǎndàole chǒu shí de wěidà, wǒ shènzhì yuànhèn tā zhème duō
我感到自己的无知，也感到了丑石的伟大，我甚至怨恨它这么多
nián jìng huì mòmò de rěnshòuzhe zhè yīqiè! Ér wǒ yòu lìjí shēnshēn de gǎndào tā nà zhǒng
年竟会默默地忍受着这一切！而我又立即深深地感到它那种
bùqū yú wùjiě、jìmò de shēngcún de wěidà.
不屈于误解、寂寞的生存的伟大。

——节选自贾平凹《丑石》

作品 4 号——《达瑞的故事》

[朗读提示]这虽然是一篇叙事文章，但富有哲理，启发人们发现自我，创造机会，可采用自然、深沉的感情基调，并用平实、质朴的声音表达出作者的感受来。

Zài Dáruì bā suì de shíhou, yǒu yī tiān tā xiǎng qù kàn diànyǐng. Yīn•wèi méi•yǒu qián, tā
在 达瑞 八 岁 的 时候，有 一 天 他 想 去 看 电影。 因为 没有 钱，他
xiǎng shì xiàng bà mā yào qián, háishì zìjǐ zhèngqián. Zuìhòu tā xuǎnzéle hòuzhě. Tā zìjǐ
想 是 向 爸 妈 要 钱，还是 自己 挣钱。 最后 他 选择了 后者。他 自己
tiáozhìle yī zhǒng qìshuǐr, xiàng guòlù de xíngrén chūshòu. Kě nàshí zhèngshì hánlěng de dōngtiān,
调制了 一 种 汽水，向 过路 的 行人 出售。可 那时 正是 寒冷 的 冬天，
méi•yǒu rén mǎi, zhǐyǒu liǎng gè rén lìwài —— tā de bàba hé māma.
没有 人 买，只有 两 个 人 例外 —— 他 的 爸爸 和 妈妈。

Tā ǒurán yǒu yī gè hé fēicháng chénggōng de shāngrén tánhuà de jī•huì. Dāng tā duì
他 偶然 有 一 个 和 非常 成功 的 商人 谈话 的 机会。 当 他 对
shāngrén jiǎngshùle zìjǐ de "pòchǎnshǐ" hòu, shāngrén gěile tā liǎng gè zhòngyàode jiànyì: yī shì
商人 讲述了 自己 的“破产史”后，商人 给了 他 两 个 重要 的 建议：一 是
chángshì wèi bié•rén jiějué yī gè nántí; èr shì bǎ jīnglì jízhōng zài nǐ zhī•dào de、nǐ huì de hé
尝试 为 别人 解决 一 个 难题；二 是 把 精力 集中 在 你 知道 的、你 会 的 和
nǐ yōngyǒu de dōngxi•shàng.
你 拥有 的 东西 上。

Zhè liǎng gè jiànyì hěn guānjiàn. Yīn•wèi duìyú yī gè bā suì de háizi ér yán, tā bù huì zuò
这 两 个 建议 很 关键。 因为 对于 一 个 八 岁 的 孩子 而 言，他 不 会 做
de shìqing hěn duō. Yúshì tā chuānguo dàjiē xiǎoxiàng, bùtíng de sīkǎo: Rénmen huì yǒu shénme
的 事情 很 多。于是 他 穿过 大街 小巷， 不停 地 思考：人们 会 有 什么
nántí, tā yòu rúhé lìyòng zhège jī•huì?
难题，他 又 如何 利用 这个 机会？

Yī tiān, chī zǎofàn shí fù•qīn ràng Dáruì qù qǔ bàozhǐ. Měiguó de sòngbàoyuán zǒngshì bǎ
一 天，吃 早饭 时 父亲 让 达瑞 去 取 报纸。 美国 的 送报员 总是 把
bàozhǐ cóng huāyuán líba de yī gè tèzhì de guǎnzi•lǐ sāi jìn•lái. Jiǎrú nǐ xiǎng chuānzhe shuìyī
报纸 从 花园 篱笆 的 一 个 特制 的 管子 里 塞 进来。假如 你 想 穿着 睡衣
shūshū-fúfú de chī zǎofàn hé kàn bàozhǐ, jiù bìxū líkāi wēnnuǎn de fángjiān, màozhe hánfēng,
舒舒 服服 地 吃 早饭 和 看 报纸，就 必须 离开 温暖 的 房间， 冒着 寒风，
dào huāyuán qù qǔ. Suīrán lù duǎn, dàn shífēn máfan.
到 花园 去 取。虽然 路 短， 但 十分 麻烦。

Dāng Dáruì wèi fù•qīn qǔ bàozhǐ de shíhou, yī gè zhǔyi dànshēng le. Dàngtiān tā jiù ànxiǎng
当 达瑞 为 父亲 取 报纸 的 时候，一 个 主意 诞生 了。 当天 他 就 按响
lín•jū de ménlíng, duì tāmen shuō, měi gè yuè zhǐ xū fùgěi tā yī měiyuán, tā jiù měitiān
邻居 的 门铃， 对 他们 说， 每 个 月 只 需 付给 他 一 美元， 他 就 每天
zǎoshang bǎ bàozhǐ sāidào tāmen de fángmén dǐ•xià. Dàduōshù rén dōu tóngyì le, hěn kuài tā
早上 把 报纸 塞到 他们 的 房门 底 下。大多数 人 都 同意 了，很 快 他
yǒu // le qīshí duō gè gùkè. Yī gè yuè hòu, dāng tā nádào zìjǐ zhuàn de qián shí, jué•dé zìjǐ
有 // 了 七十 多 个 顾客。一 个 月 后， 当 他 拿到 自己 赚 的 钱 时，觉得 自己
jiǎnzhí shì fēi•shàngle tiān.
简直 是 飞 上了 天。

Hěn kuài tā yòu yǒule xīn de jī•huì, tā ràng tā de gùkè měitiān bǎ lājīdài fàngzài mén
很 快 他 又 有了 新 的 机会，他 让 他 的 顾客 每天 把 垃圾袋 放在 门

qián, ránhòu yóu tā zǎoshang yùndào lājītǒng•lǐ, měi gè yuè jiā yī měiyuán. Zhīhòu tā hái
前，然后由他早上运到垃圾桶里，每个月加一美元。之后他还
xiǎngchūle xǔduō háizi zhuànqián de bànfǎ, bìng bǎ tā jíjié chéng shū, shūmíng wéi《Értóng
想出了许多孩子赚钱的办法，并把它集结成书，书名为《儿童
Zhèngqián de Èrbǎi Wǔshí gè Zhǔyi》 Wèicǐ, Dáruì shí'èr suì shí jiù chéngle chàngxiāoshū zuòjiā,
挣钱的二百五十个主意》。为此，达瑞十二岁时就成了畅销书作家，
shíwǔ suì yǒule zìjǐ de tánhuà jiémù, shíqī suì jiù yōngyǒule jǐ bǎiwàn měiyuán.
十五岁有了自己的谈话节目，十七岁就拥有了几百万美元。

——节选自[德]博多·舍费尔《达瑞的故事》，刘志明译

作品 5 号——《第一场雪》

[朗读提示]这篇文章前一部分主要描写了雪景，朗读时要把作者对美丽雪景的喜爱之情和雪地里孩子们打闹的欢乐情景表现出来，后一部分则主要写了大雪对农作物的益处，朗读时要客观、朴素、自然。

Zhè shì rùdōng yǐlái, Jiāodōng Bàndǎo•shàng dì-yī cháng xuě.
这是入冬以来，胶东半岛上第一场雪。

Xuě fēnfēn-yángyáng, xià de hěn dà. Kāishǐ hái bànzhe yīzhènr xiǎoyǔ, bùjiǔ jiù zhǐ jiàn
雪纷纷扬扬，下得很大。开始还伴着一阵儿小雨，不久就只见
dàpiàn dàpiàn de xuěhuā, cóng tóngyún-mìbù de tiānkōng zhōng piāoluò xià•lái. Dìmiàn•shàng
大片大片的雪花，从彤云密布的天空中飘落下来。地面上
yīhuìr jiù bái le. Dōngtiān de shāncūn, dàole yè•lǐ jiù wànlài-jùjì, zhǐ tīng de xuěhuā sùsù de
一会儿就白了。冬天的山村，到了夜里就万籁俱寂，只听得雪花簌簌地
bùduàn wǎngxià luò, shùmù de kūzhī bèi xuě yāduàn le, ǒu'ěr gēzhī yī shēng xiǎng.
不断往下落，树木的枯枝被雪压断了，偶尔咯吱一声响。

Dàxuě zhěngzhěng xiàle yīyè. Jīntiān zǎo•chén, tiān fàngqíng le, tài•yáng chū•lái le. Tuīkāi
大雪整整下了一夜。今天早晨，天放晴了，太阳出来了。推开
mén yī kàn, hē! Hǎo dà de xuě ya! Shānchuān、héliú、shùmù、fángwū, quán dōu zhào•shàngle yī
门一看，嗬！好大的雪啊！山川、河流、树木、房屋，全都罩上了一
céng hòuhòu de xuě, wànlǐ jiāngshān, biànchéngle fěnzhuāng-yùqì de shìjiè. Luòguāngle yèzi de
层厚厚的雪，万里江山，变成了粉妆玉砌的世界。落光了叶子的
liǔshù•shàng guàmǎnle máoróngróng liàngjīngjīng de yíntiáor; ér nàxiē dōng-xià chángqīng de
柳树上挂满了毛茸茸亮晶晶的银条儿；而那些冬夏常青的
sōngshù hé bǎishù•shàng, zé guàmǎnle péngsōngsōng chéndiàndiàn de xuěqiúr. Yī zhèn fēng
松树和柏树上，则挂满了蓬松松沉甸甸的雪球儿。一阵风
chuīlái, shùzhī qīngqīng de yáo•huàng, měilì de yíntiáor hé xuěqiúr sùsù de luò xià•lái, yùxiè
吹来，树枝轻轻地摇晃，美丽的银条儿和雪球儿簌簌地落下来，玉屑
shìde xuěmòr suí fēng piāoyáng, yìngzhe qīngchén de yángguāng, xiǎnchū yī dàodào wǔguāng-shísè
似的雪末儿随风飘扬，映着清晨的阳光，显出一道道五光十色
de cǎihóng.
的彩虹。

Dàjiē•shàng de jīxuě zú yǒu yī chǐ duō shēn, rén cǎi shàng•qù, jiǎo dǐ•xià fāchū gēzhī
大街上的积雪足有一尺多深，人踩上去，脚底下发出咯吱
gēzhī de xiǎngshēng. Yī qúnqún háizi zài xuědì•lǐ duī xuěrén, zhì xuěqiúr. Nà huānlè de
咯吱的响声。一群群孩子在雪地里堆雪人，掷雪球儿。那欢乐的
jiàohǎnshēng, bǎ shùzhī•shàng de xuě dōu zhènluò xià•lái le.
叫喊声，把树枝上的雪都震落下来了。

Súhuà shuō, “Ruìxuě zhào fēngnián”. Zhège huà yǒu chōngfèn de kēxué gēnjù, bìng bù shì yī
俗话说，“瑞雪兆丰年”。这个话有充分的科学根据，并不是一
jù míxìn de chéngyǔ. Hándōng dàxuě, kěyǐ dòngsǐ yī bùfen yuèdōng de hàichóng; rónghuàle de
句迷信的成语。寒冬大雪，可以冻死一部分越冬的害虫；融化了的
shuǐ shènjìn tǔcéng shēnchù, yòu néng gōngyìng // zhuāngjia shēngzhǎng de xūyào. Wǒ xiāngxìn zhè
水渗进土层深处，又能供应 // 庄稼生长的需要。我相信这
yī cháng shífēn jíshí de dàxuě, yīdìng huì cùjìn míngnián chūnjì zuòwù, yóuqí shì xiǎomài de
一场十分及时的大雪，一定会促进明年春季作物，尤其是小麦的
fēngshōu. Yǒu jīngyàn de lǎonóng bǎ xuě bǐzuò shì “màizi de miánbèi”. Dōngtiān “miánbèi” gài de
丰收。有经验的老农把雪比做是“麦子的棉被”。冬天“棉被”盖得
yuè hòu, míngchūn màizi jiù zhǎng de yuè hǎo, suǒyǐ yòu yǒu zhèyàng yī jù yànyǔ: “Dōngtiān mài
越厚，明春麦子就长得越好，所以又有这样一句谚语：“冬天麦
gài sān céng bèi, láinián zhěnzhe mántou shuì.”
盖三层被，来年枕着馒头睡。”

Wǒ xiǎng, zhè jiùshì rénmen wèishénme bǎ jíshí de dàxuě chēngwéi “ruìxuě” de dào•lǐ ba.
我想，这就是人们为什么把及时的大雪称为“瑞雪”的道理吧。

——节选自峻青《第一场雪》

作品 6 号——《读书人是幸福人》

[朗读提示]这是一篇对读书充满深情厚谊的议论文，所以朗读时要把作者语重心长、耐人寻味的心声表述出来，语气要厚重、坚实。

Wǒ cháng xiǎng dúshūrén shì shìjiān xìngfú rén, yīn•wèi tā chúle yōngyǒu xiànshí de shìjiè
我常想读书人是世间幸福人，因为他除了拥有现实的世界
zhīwài, hái yōngyǒu lìng yī gè gèng wéi hàohàn yě gèng wéi fēngfù de shìjiè. Xiànshí de shìjiè shì
之外，还拥有另一个更为浩瀚也更为丰富的世界。现实的世界是
rénrén dōu yǒu de, ér hòu yī gè shìjiè què wéi dúshūrén suǒ dúyǒu. Yóu cǐ wǒ xiǎng, nàxiē
人人都有的，而后一个世界却为读书人所独有。由此我想，那些
shīqù huò bùnéng yuèdú de rén shì duōme de bùxìng, tāmen de sàngshī shì bùkě bǔcháng de.
失去或不能阅读的人是多么的不幸，他们的丧失是不可补偿的。
Shìjiān yǒu zhūduō de bù píngděng, cáifù de bù píngděng, quánlì de bù píngděng, ér yuèdú nénglì
世间有诸多的不平等，财富的不平等，权力的不平等，而阅读能力
de yōngyǒu huò sàngshīquè tǐxiàn wéi jīngshén de bù píngděng.
的拥有或丧失却体现为精神的不平等。

Yī gè rén de yīshēng, zhǐnéng jīnglì zìjǐ yōngyǒu de nà yī fèn xīnyuè, nà yī fèn kǔnàn, yě
一个人的一生，只能经历自己拥有的那一份欣悦，那一份苦难，也
xǔ zài jiā•shàng tā qīnzì wén zhī de nà yīxiē guānyú zìshēn yǐwài de jīnglì hé jīngyàn. Rán’ér,
许再加上他亲自闻知的那一些关于自身以外的经历和经验。然而，
rénmen tōngguò yuèdú, què néng jìnrù bùtóng shíkōng de zhūduō tārén de shìjiè. Zhèyàng, jùyǒu
人们通过阅读，却能进入不同时空的诸多他人的世界。这样，具有
yuèdú nénglì de rén, wúxíng jiān huòdéle chāoyuè yǒuxiàn shēngmìng de wúxiàn kěnéngxìng. Yuèdú
阅读能力的人，无形间获得了超越有限生命的无限可能性。阅读
bùjǐn shǐ tā duō shíle cǎo-mù-chóng-yú zhī míng, érqiě kěyǐ shàngsù yuǎngǔ xià jí wèilái, bǎolǎn
不仅使他多识了草木虫鱼之名，而且可以上溯远古下及未来，饱览
cúnzài de yǔ fēicúnzài de qífēng-yìsú.
存在的与非存在的奇风异俗。

Gèng wéi zhòngyào de shì, dúshū jiāhuì yú rénmen de bùjǐn shì zhīshi de zēngguǎng, érqiě hái
更为重要的是，读书加惠于人们的不仅是知识的增广，而且还

zàiyú jīngshén de gǎnhuà yǔ táoyě. Rénmen cóng dúshū xué zuò rén, cóng nàxiē wǎngzhé xiānxián
在于 精神 的 感化 与 陶冶。人们 从 读书 学 做 人，从 那些 往哲 先贤
yǐjí dāngdài cáijùn de zhùshù zhōng xuédé tāmen de réngé. Rénmen cóng《Lúnyǔ》zhōng xuédé
以及 当代 才俊 的 著述 中 学得 他们 的 人格。人们 从《论语》中 学得
zhìhuì de sīkǎo, cóng《Shǐjì》zhōng xuédé yánsù de lìshǐ jīngshén, cóng《Zhèngqìgē》zhōng xuédé
智慧 的 思考，从《史记》中 学得 严肃 的 历史 精神，从《正气歌》中 学得
réngé de gāngliè, cóng Mǎkèsī xuédé rénshì // de jīqíng, cóng Lǔ Xùn xuédé pīpàn jīngshén, cóng
人格 的 刚烈，从 马克思 学得 人世 // 的 激情，从 鲁 迅 学得 批判 精神，从
Tuō'ěrsītài xuédé dàodé de zhízhuó. Gēdé de shījù kèxiězhe ruìzhì de rénshēng, Bàilún de shījù
托尔斯泰 学得 道德 的 执着。歌德 的 诗句 刻写着 睿智 的 人生，拜伦 的 诗句
hūhuànzhe fèndòu de rèqíng. Yī gè dúshūrén, yī gè yǒu jī•huì yōngyǒu chāohū gèrén shēngmìng
呼唤着 奋斗 的 热情。一 个 读书人，一 个 有 机会 拥有 超乎 个人 生命
tǐyàn de xìngyùn rén.
体验 的 幸运 人。

——节选自谢冕《读书人是幸福人》

作品 7 号——《二十美金的价值》

[朗读提示]这篇文章的角色对话很多，朗读时要注意把孩子稚嫩和渴望的语言与父亲疲惫、不耐烦的语言进行对比，同时也要注意区分父亲发怒时和平静之后语言的鲜明不同。

Yī tiān, bàba xiàbān huídào jiā yǐ•jīng hěn wǎn le, tā hěn lèi yě yǒu diǎnr fán, tā fāxiàn
一 天，爸爸 下班 回到 家 已经 很 晚 了，他 很 累 也 有 点儿 烦，他 发现
wǔ suì de érzi kào zài mén páng zhèng děngzhe tā.
五 岁 的 儿子 靠 在 门 旁 正 等着 他。

"Bà, wǒ kěyǐ wèn nín yī gè wèntí ma?"
"爸，我 可以 问 您 一 个 问题 吗？"

"Shénme wèntí?" "Bà, nín yī xiǎoshí kěyǐ zhuàn duō•shǎo qián?" "Zhè yǔ nǐ wúguān, nǐ
"什么 问题？""爸，您 一 小时 可以 赚 多少 钱？""这 与 你 无关，你
wèishénme wèn zhège wèntí?" Fù•qīn shēngqì de shuō.
为什么 问 这个 问题？"父亲 生气 地 说。

"Wǒ zhǐshì xiǎng zhī•dào, qǐng gàosu wǒ, nín yī xiǎoshí zhuàn duō•shǎo qián?" Xiǎoháir āiqiú
"我 只是 想 知道，请 告诉 我，您 一 小时 赚 多少 钱？"小孩儿 哀求
dào. "Jiǎrú nǐ yīdìng yào zhī•dào de huà, wǒ yī xiǎoshí zhuàn èrshí měijīn."
道。"假如 你 一定 要 知道 的 话，我 一 小时 赚 二十 美金。"

"Ò," Xiǎoháir dīxiàle tóu, jiēzhe yòu shuō, "Bà, kěyǐ jiè wǒ shí měijīn ma?" Fù•qīn fānù
"哦，"小孩儿 低下了 头，接着 又 说，"爸，可以 借 我 十 美金 吗？"父亲 发怒
le: "Rúguǒ nǐ zhǐshì yào jiè qián qù mǎi háowú yìyì de wánjù de huà, gěiwǒ huídào nǐ de
了："如果 你 只是 要 借 钱 去 买 毫无 意义 的 玩具 的 话，给我 回到 你 的
fángjiān shuìjiào•qù. Hǎohǎo xiǎngxiang wèishénme nǐ huì nàme zìsī. Wǒ měitiān xīnkǔ gōngzuò,
房间 睡觉 去。好好 想想 为什么 你 会 那么 自私。我 每天 辛苦 工作，
méi shíjiān hé nǐ wánr xiǎoháizi de yóuxì."
没 时间 和 你 玩儿 小孩子 的 游戏。"

Xiǎoháir mòmò de huídào zìjǐ de fángjiān guān•shàng mén.
小孩儿 默默 地 回到 自己 的 房间 关上 门。

Fù•qīn zuò xià•lái hái zài shēngqì. Hòulái, tā píngjìng xià•lái le. Xīnxiǎng tā kěnéng duì
父亲 坐 下 来 还 在 生气。后来，他 平静 下 来 了。心想 他 可能 对
háizi tài xiōng le —— huòxǔ háizi zhēnde hěn xiǎng mǎi shénme dōngxi, zài shuō tā píngshí hěn
孩子 太 凶 了 —— 或许 孩子 真的 很 想 买 什么 东西，再 说 他 平时 很

shǎo yàoguo qián.
少 要过 钱。

Fù•qīn zǒujìn háizi de fángjiān："Nǐ shuìle ma?""Bà，hái méi•yǒu，wǒ hái xǐngzhe." Háizi huídá.
父亲 走进 孩子 的 房间："你 睡了 吗?""爸，还 没有，我 还 醒着。"孩子 回答。

"Wǒ gāngcái kěnéng duì nǐ tài xiōng le，" Fù•qīn shuō，"Wǒ bù yīnggāi fā nàme dà de huǒr —— zhè shì nǐ yào de shí měijīn." "Bà，xièxie nín." Háizi gāoxìng de cóng zhěntou•xià náchū yīxiē bèi nòngzhòu de chāopiào，mànmàn de shǔzhe.
"我 刚才 可能 对 你 太 凶 了，"父亲 说，"我 不 应该 发 那么 大 的 火儿 —— 这 是 你 要 的 十 美金。""爸，谢谢 您。"孩子 高兴 地 从 枕头 下 拿出 一些 被 弄皱 的 钞票，慢慢 地 数着。

"Wèishénme nǐ yǐ•jīng yǒu qián le hái yào?" Fù•qīn bùjiě de wèn.
"为什么 你 已经 有 钱 了 还 要?"父亲 不解 地 问。

"Yīn•wèi yuánlái bùgòu，dàn xiànzài còugòu le." Háizi huídá："Bà，wǒ xiànzài yǒu // èrshí měijīn le，wǒ kěyǐ xiàng nín mǎi yī gè xiǎoshí de shíjiān ma? Míngtiān qǐng zǎo yīdiǎnr huíjiā —— wǒ xiǎng hé nín yīqǐ chī wǎncān."
"因为 原来 不够，但 现在 凑够 了。"孩子 回答："爸，我 现在 有 // 二十 美金 了，我 可以 向 您 买 一 个 小时 的 时间 吗? 明天 请 早 一点儿 回家 —— 我 想 和 您 一起 吃 晚餐。"

——节选自唐继柳编译《二十美金的价值》

作品 8 号——《繁星》

[朗读提示]作品中三次写繁星，由于年龄、阅历、心情和时间、地点、氛围的不同，表现出的意境和感受也就不同。朗读时要注意三次写繁星时行文感情处理的不同：第一次是在自家院子里，卧看时，所见的天空有限，显得深而且远，因此有回到母亲怀里的感觉；第二次是在南京的菜园地，作者当时挣脱出了封建家庭的樊笼，因此觉得星星很亲切，光明无所不在；第三次是在海上，船动星移。

Wǒ ài yuèyè，dàn wǒ yě ài xīngtiān. Cóngqián zài jiāxiāng qī-bāyuè de yèwǎn zài tíngyuàn•lǐ nàliáng de shíhou，wǒ zuì ài kàn tiān•shàng mìmì-mámá de fánxīng. Wàngzhe xīngtiān，wǒ jiù huì wàngjì yīqiè，fǎngfú huídào le mǔ•qīn de huái•lǐ shìde.
我 爱 月夜，但 我 也 爱 星天。从前 在 家乡 七八月 的 夜晚 在 庭院 里 纳凉 的 时候，我 最 爱 看 天 上 密密 麻麻 的 繁星。望着 星天，我 就 会 忘记 一切，仿佛 回到了 母亲 的 怀 里 似的。

Sān nián qián zài Nánjīng wǒ zhù de dìfang yǒu yī dào hòumén，měi wǎn wǒ dǎkāi hòumén，biàn kàn•jiàn yī gè jìngjì de yè. Xià•miàn shì yī piàn càiyuán，shàng•miàn shì xīngqún mìbù de lántiān. Xīngguāng zài wǒmen de ròuyǎn•lǐ suīrán wēixiǎo，rán'ér tā shǐ wǒmen jué•dé guāngmíng wúchù-bùzài. Nà shíhou wǒ zhèngzài dú yīxiē tiānwénxué de shū，yě rènde yīxiē xīngxing，hǎoxiàng tāmen jiùshì wǒ de péngyou，tāmen chángcháng zài hé wǒ tánhuà yīyàng.
三 年 前 在 南京 我 住 的 地方 有 一 道 后门，每 晚 我 打开 后门，便 看见 一 个 静寂 的 夜。下面 是 一 片 菜园，上面 是 星群 密布 的 蓝天。星光 在 我们 的 肉眼 里 虽然 微小，然而 它 使 我们 觉得 光明 无处 不在。那 时候 我 正在 读 一些 天文学 的 书，也 认得 一些 星星，好像 它们 就是 我 的 朋友，它们 常常 在 和 我 谈话 一样。

Rújīn zài hǎi•shàng，měi wǎn hé fánxīng xiāngduì，wǒ bǎ tāmen rènde hěn shú le. Wǒ tǎng
如今 在 海 上，每 晚 和 繁星 相对，我 把 它们 认得 很 熟 了。我 躺

zài cāngmiàn•shàng, yǎngwàng tiānkōng. Shēnlánsè de tiānkōng•lǐ xuánzhe wúshù
在舱面上，仰望天空。深蓝色的天空里悬着无数

bànmíng-bànmèi de xīng. Chuán zài dòng, xīng yě zài dòng, tāmen shì zhèyàng dī, zhēn shì
半明半昧的星。船在动，星也在动，它们是这样低，真是

yáoyáo-yùzhuì ne! Jiànjiàn de wǒ de yǎnjing móhu le, wǒ hǎoxiàng kàn•jiàn wúshù yínghuǒchóng
摇摇欲坠呢！渐渐地我的眼睛模糊了，我好像看见无数萤火虫

zài wǒ de zhōuwéi fēiwǔ. Hǎi•shàng de yè shì róuhé de, shì jìngjì de, shì mènghuàn de. Wǒ
在我的周围飞舞。海上的夜是柔和的，是静寂的，是梦幻的。我

wàngzhe xǔduō rènshi de xīng, wǒ fǎngfú kàn•jiàn tāmen zài duì wǒ zhǎyǎn, wǒ fǎngfú tīng•jiàn
望着许多认识的星，我仿佛看见它们在对我眨眼，我仿佛听见

tāmen zài xiǎoshēng shuōhuà. Zhèshí wǒ wàngjìle yīqiè. Zài xīng de huáibào zhōng wǒ wēixiàozhe,
它们在小声说话。这时我忘记了一切。在星的怀抱中我微笑着，

wǒ chénshuìzhe. Wǒ jué•dé zìjǐ shì yī gè xiǎoháizi, xiànzài shuì zài mǔ•qīn de huái•lǐ le.
我沉睡着。我觉得自己是一个小孩子，现在睡在母亲的怀里了。

Yǒu yī yè, nàge zài Gēlúnbō shàng chuán de Yīngguórén zhǐ gěi wǒ kàn tiān•shàng de jùrén.
有一夜，那个在哥伦波上船的英国人指给我看天上的巨人。

Tā yòng shǒu zhǐzhe: // Nà sì kē míngliàng de xīng shì tóu, xià•miàn de jǐ kē shì shēnzi, zhè jǐ
他用手指着：//那四颗明亮的星是头，下面的几颗是身子，这几

kē shì shǒu, nà jǐ kē shì tuǐ hé jiǎo, háiyǒu sān kē xīng suànshì yāodài. Jīng tā zhè yīfān
颗是手，那几颗是腿和脚，还有三颗星算是腰带。经他这一番

zhǐdiǎn, wǒ guǒrán kàn qīngchu le nàge tiān•shàng de jùrén. Kàn, nàge jùrén hái zài pǎo ne!
指点，我果然看清楚了那个天上的巨人。看，那个巨人还在跑呢！

——节选自巴金《繁星》

作品9号——《风筝畅想曲》

[朗读提示]这是一篇关于童年美好回忆的作品，语言自然清新。朗读时可以使用甜美的声音，把作者的童趣勾勒出来。最后一个自然段和倒数第二自然段的最后一句话是全文的画龙点睛之笔，朗读时应饱含着深深的思乡之情和爱国之情。

Jiàrì dào hétān•shàng zhuànzhuan, kàn•jiàn xǔduō háizi zài fàng fēngzheng. Yīgēngēn
假日到河滩上转转，看见许多孩子在放风筝。一根根

chángcháng de yǐnxiàn, yītóur jì zài tiān•shàng yī tóur jì zài dì•shàng, háizi tóng fēngzheng
长长的引线，一头系在天上一头系在地上，孩子同风筝

dōu zài tiān yǔ dì zhījiān yōudàng, lián xīn yě bèi yōudàng de huǎnghuǎng-hūhū le, hǎoxiàng
都在天与地之间悠荡，连心也被悠荡得恍恍惚惚了，好像

yòu huídàole tóngnián.
又回到了童年。

Érshí fàng de fēngzheng, dàduō shì zìjǐ de zhǎngbèi huò jiārén biānzā de, jǐ gēnxiāo de
儿时放的风筝，大多是自己的长辈或家人编扎的，几根削得

hěn báo de miè, yòng xì shāxiàn zāchéng gè zhǒng niǎo shòu de zàoxíng, hú•shàng xuěbái de
很薄的篾，用细纱线扎成各种鸟兽的造型，糊上雪白的

zhǐpiàn, zài yòng cǎibǐ gōulè chū miànkǒng yǔ chìbǎng de tú'àn. Tōngcháng zā de zuì duō de shì
纸片，再用彩笔勾勒出面孔与翅膀的图案。通常扎得最多的是

"lǎodiāo" "měirénr" "huā húdié" děng.
"老雕""美人儿""花蝴蝶"等。

Wǒmen jiā qiányuàn jiù yǒu wèi shūshu, shàn zā fēngzheng, yuǎn-jìn wénmíng. Tā zā de
我们家前院就有位叔叔，擅扎风筝，远近闻名。他扎得

fēngzheng bùzhǐ tǐxíng hǎokàn, sècǎi yànlì, fàngfēi de gāo yuǎn, hái zài fēngzheng•shàng bēng yī
风筝 不只 体形 好看，色彩 艳丽，放飞 得 高 远，还 在 风筝 上 绷 一
yè yòng púwěi xiāochéng de mópiàn, jīng fēng yī chuī, fāchū “wēngwēng” de shēngxiǎng, fǎngfú
叶 用 蒲苇 削成 的 膜片，经 风 一 吹，发出 “嗡嗡” 的 声响，仿佛
shì fēngzheng de gēchàng, zài lántiān•xià bō yáng, gěi kāikuò de tiāndì zēngtiānle wújìn de
是 风筝 的 歌唱，在 蓝天 下 播 扬，给 开阔 的 天地 增添了 无尽 的
yùnwèi, gěi chídàng de tóngxīn dàilái jǐ fēn fēngkuáng.
韵味，给 驰荡 的 童心 带来 几 分 疯狂。

Wǒmen nà tiáo hútòngr de zuǒlín-yòushè de háizimen fàng de fēngzheng jīhū dōu shì shūshu
我们 那 条 胡同 的 左邻 右舍 的 孩子们 放 的 风筝 几乎 都 是 叔叔
biānzā de. Tā de fēngzheng bù mài qián, shéi shàngmén qù yào, jiù gěi shéi, tā lèyì zìjǐ tiē
编扎 的。他 的 风筝 不 卖 钱，谁 上门 去 要，就 给 谁，他 乐意 自己 贴
qián mǎi cáiliào.
钱 买 材料。

Hòulái, zhèwèi shūshu qùle hǎiwài, fàng fēngzheng yě jiàn yǔ háizimen yuǎnlí le. Bùguò
后来，这位 叔叔 去了 海外，放 风筝 也 渐 与 孩子们 远离 了。不过
niánnián shūshu gěi jiāxiāng xiěxìn, zǒng bù wàng tíqǐ érshí de fàng fēngzheng. Xiānggǎng huíguī
年年 叔叔 给 家乡 写信，总 不 忘 提起 儿时 的 放 风筝。香港 回归
zhīhòu, tā zài jiāxìn zhōng shuōdào, tā zhè zhī bèi gùxiāng fàngfēi dào hǎiwài de fēngzheng,
之后，他 在 家信 中 说到，他 这 只 被 故乡 放飞 到 海外 的 风筝，
jǐnguǎn piāodàng yóuyì, jīng mù fēngyǔ, kě nà xiàntóur yīzhí zài gùxiāng hé // qīnrén shǒu zhōng
尽管 飘荡 游弋，经 沐 风雨，可 那 线头儿 一直 在 故乡 和 // 亲人 手 中
qiānzhe, rújīn piāo de tài lèi le, yě gāi yào huíguī dào jiāxiāng hé qīnrén shēnbiān lái le.
牵着，如今 飘 得 太 累 了，也 该 要 回归 到 家乡 和 亲人 身边 来 了。

Shìde. Wǒ xiǎng, bùguāng shì shūshu, wǒmen měi gè rén dōu shì fēngzheng, zài māma shǒu
是的。我 想，不光 是 叔叔，我们 每 个 人 都 是 风筝，在 妈妈 手
zhōng qiānzhe, cóngxiǎo fàngdào dà, zài cóng jiāxiāng fàngdào zǔguó zuì xūyào de dìfang qù ya!
中 牵着，从小 放到 大，再 从 家乡 放到 祖国 最 需要 的 地方 去 啊！

——节选自李恒瑞《风筝畅想曲》

作品 10 号——《父亲的爱》

[朗读提示]区分朗读爸爸的行为和妈妈的行为。在朗读爸爸的行为时要表现出责备中带有理解和含蓄，以及最后对爸爸深沉的爱的眷顾，不能大声地斥责。

Bà bù dǒng•dé zěnyàng biǎodá ài, shǐ wǒmen yī jiā rén róngqià xiāngchǔ de shì wǒ mā. Tā
爸 不 懂得 怎样 表达 爱，使 我们 一 家 人 融洽 相处 的 是 我 妈。他
zhǐshì měi tiān shàngbān xiàbān, ér mā zé bǎ wǒmen zuòguo de cuòshì kāiliè qīngdān, ránhòu yóu
只是 每 天 上班 下班，而 妈 则 把 我们 做过 的 错事 开列 清单，然后 由
tā lái zémà wǒmen.
他 来 责骂 我们。

Yǒu yī cì wǒ tōule yī kuài tángguǒ, tā yào wǒ bǎ tā sòng huí•qù, gàosu mài táng de
有 一 次 我 偷了 一 块 糖果，他 要 我 把 它 送 回 去，告诉 卖 糖 的
shuō shì wǒ tōu•lái de, shuō wǒ yuàn•yì tì tā chāi xiāng xiè huò zuòwéi péicháng. Dàn māma què
说 是 我 偷 来 的，说 我 愿意 替 他 拆 箱 卸 货 作为 赔偿。但 妈妈 却
míngbai wǒ zhǐshì gè háizi.
明白 我 只是 个 孩子。

Wǒ zài yùndòngchǎng dǎ qiūqiān diēduànle tuǐ, zài qiánwǎng yīyuàn túzhōng yīzhí bàozhe wǒ
我 在 运动场 打 秋千 跌断了 腿，在 前往 医院 途中 一直 抱着 我

de, shì wǒ mā. Bà bǎ qìchē tíng zài jízhěnshì ménkǒu, tāmen jiào tā shǐkāi, shuō nà kòngwèi shì
的,是我妈。爸把汽车停在急诊室门口,他们叫他驶开,说那空位是
liúgěi jǐnjí chēliàng tíngfàng de. Bà tīngle biàn jiàorǎng dào: "Nǐ yǐwéi zhè shì shénme chē?
留给紧急车辆停放的。爸听了便叫嚷道:"你以为这是什么车?
Lǚyóuchē?"
旅游车?"

Zài wǒ shēngri huì•shàng, bà zǒngshì xiǎn•dé yǒuxiē bùdà xiāngchèn. Tā zhǐshì máng yú chuī
在我生日会上,爸总是显得有些不大相称。他只是忙于吹
qìqiú, bùzhì cānzhuō, zuò záwù. Bǎ chāzhe làzhú de dàngāo tuī guò•lái ràng wǒ chuī de, shì wǒ
气球,布置餐桌,做杂务。把插着蜡烛的蛋糕推过来让我吹的,是我
mā.
妈。

Wǒ fānyuè zhàoxiàngcè shí, rénmen zǒngshì wèn: "Nǐ bàba shì shénme yàngzi de?" Tiān
我翻阅照相册时,人们总是问:"你爸爸是什么样子的?"天
xiǎo•dé! Tā lǎoshì mángzhe tì bié•rén pāizhào. Mā hé wǒ xiàoróng-kějū de yīqǐ pāi de
晓得!他老是忙着替别人拍照。妈和我笑容可掬地一起拍的
zhàopiàn, duō de bùkě-shèngshǔ.
照片,多得不可胜数。

Wǒ jì•dé mā yǒu yī cì jiào tā jiāo wǒ qí zìxíngchē. Wǒ jiào tā bié fàngshǒu, dàn tā què
我记得妈有一次叫他教我骑自行车。我叫他别放手,但他却
shuō shì yīnggāi fàngshǒu de shíhou le. Wǒ shuāidǎo zhīhòu, mā pǎo guò•lái fú wǒ, bà què
说是应该放手的时候了。我摔倒之后,妈跑过来扶我,爸却
huīshǒu yào tā zǒukāi. Wǒ dāngshí shēngqì jí le, juéxīn yào gěi tā diǎnr yánsè kàn. Yúshì wǒ
挥手要她走开。我当时生气极了,决心要给他点儿颜色看。于是我
mǎshàng pá•shàng zìxíngchē, érqiě zìjǐ qí gěi tā kàn. Tā zhǐshì wēixiào.
马上爬上自行车,而且自己骑给他看。他只是微笑。

Wǒ niàn dàxué shí, suǒyǒu de jiāxìn dōu shì mā xiě de. Tā // chúle jì zhīpiào wài, hái jìguo
我念大学时,所有的家信都是妈写的。他//除了寄支票外,还寄过
yī fēng duǎn jiǎn gěi wǒ, shuō yīn•wèi wǒ bù zài cǎopíng•shàng tī zúqiú le, suǒyǐ tā de cǎopíng
一封短柬给我,说因为我不在草坪上踢足球了,所以他的草坪
zhǎng de hěn měi.
长得很美。

Měi cì wǒ dǎ diànhuà huíjiā, tā sìhū dōu xiǎng gēn wǒ shuōhuà, dàn jiéguǒ zǒngshì shuō:
每次我打电话回家,他似乎都想跟我说话,但结果总是说:
"Wǒ jiào nǐ mā lái jiē."
"我叫你妈来接。"

Wǒ jiéhūn shí, diào yǎnlèi de shì wǒ mā. Tā zhǐshì dàshēng xǐngle yīxià bízi, biàn zǒuchū
我结婚时,掉眼泪的是我妈。他只是大声擤了一下鼻子,便走出
fángjiān.
房间。

Wǒ cóng xiǎo dào dà dōu tīng tā shuō: "Nǐ dào nǎ•lǐ qù? Shénme shíhou huíjiā? Qìchē yǒu
我从小到大都听他说:"你到哪里去?什么时候回家?汽车有
méi•yǒu qìyóu? Bù, bùzhǔn qù." Bà wánquán bù zhī•dào zěnyàng biǎodá ài. Chúfēi……
没有汽油?不,不准去。"爸完全不知道怎样表达爱。除非……

Huì bù huì shì tā yǐ•jīng biǎodá le, ér wǒ què wèi néng chájué?
会不会是他已经表达了,而我却未能察觉?

——节选自[美]艾尔玛·邦贝克《父亲的爱》

作品 11 号——《国家荣誉感》

[**朗读提示**]本篇写了作者从足球比赛领悟出的感受，朗读时应该注意语调自然，感情真切，节奏明朗适中。

Yī gè dà wèntí yīzhí pánjù zài wǒ nǎodai•lǐ：
一个大问题一直盘踞在我脑袋里：

Shìjièbēi zěnme huì yǒu rúcǐ jùdà de xīyǐnlì? Chúqù zúqiú běnshēn de mèilì zhīwài, hái yǒu shénme chāohūqíshàng ér gèng wěidà de dōngxi?
世界杯怎么会有如此巨大的吸引力？除去足球本身的魅力之外，还有什么超乎其上而更伟大的东西？

Jìnlái guānkàn shìjièbēi, hūrán cóngzhōng dédàole dá'àn：Shì yóuyú yī zhǒng wúshàng chónggāo de jīngshén qínggǎn—— guójiā róngyùgǎn!
近来观看世界杯，忽然从中得到了答案：是由于一种无上崇高的精神情感——国家荣誉感！

Dìqiú•shàng de rén dōu huì yǒu guójiā de gàiniàn, dàn wèibì shíshí dōu yǒu guójiā de gǎnqíng. Wǎngwǎng rén dào yìguó, sīniàn jiāxiāng, xīn huái gùguó, zhè guójiā gàiniàn jiù biànde yǒu xiě yǒu ròu, àiguó zhī qíng lái de fēicháng jùtǐ. Ér xiàndài shèhuì, kējì chāngdá, xìnxī kuàijié, shìshì shàngwǎng, shìjiè zhēn shì tài xiǎo tài xiǎo, guójiā de jièxiàn sìhū yě bù nàme qīngxī le. Zàishuō zúqiú zhèngzài kuàisù shìjièhuà, píngrì•lǐ gè guó qiúyuán pínfán zhuǎn huì, wǎnglái suíyì, zhìshǐ yuèláiyuè duō de guójiā liánsài dōu jùyǒu guójì de yīnsù. Qiúyuánmen bùlùn guójí, zhǐ xiàolì yú zìjǐ de jùlèbù, tāmen bǐsài shí de jīqíng zhōng wánquán méi•yǒu àiguózhǔyì de yīnzǐ.
地球上的人都会有国家的概念，但未必时时都有国家的感情。往往人到异国，思念家乡，心怀故国，这国家概念就变得有血有肉，爱国之情来得非常具体。而现代社会，科技昌达，信息快捷，事事上网，世界真是太小太小，国家的界限似乎也不那么清晰了。再说足球正在快速世界化，平日里各国球员频繁转会，往来随意，致使越来越多的国家联赛都具有国际的因素。球员们不论国籍，只效力于自己的俱乐部，他们比赛时的激情中完全没有爱国主义的因子。

Rán'ér, dàole shìjièbēi dàsài, tiānxià dàbiàn. Gè guó qiúyuán dōu huíguó xiàolì, chuān•shàng yǔ guāngróng de guóqí tóngyàng sècǎi de fúzhuāng. Zài měi yī chǎng bǐsài qián, hái gāochàng guógē yǐ xuānshì duì zìjǐ zǔguó de zhì'ài yǔ zhōngchéng. Yī zhǒng xuèyuán qínggǎn kāishǐ zài quánshēn de xuèguǎn•lǐ ránshāo qǐ•lái, érqiě lìkè rèxuè fèiténg.
然而，到了世界杯大赛，天下大变。各国球员都回国效力，穿上与光荣的国旗同样色彩的服装。在每一场比赛前，还高唱国歌以宣誓对自己祖国的挚爱与忠诚。一种血缘情感开始在全身的血管里燃烧起来，而且立刻热血沸腾。

Zài lìshǐ shídài, guójiā jiān jīngcháng fāshēng duìkàng, hǎo nán'ér róngzhuāng wèiguó. Guójiā de róngyù wǎngwǎng xūyào yǐ zìjǐ de shēngmìng qù huàn // qǔ. Dàn zài hépíng shídài, wéiyǒu zhè zhǒng guójiā zhījiān dàguīmó duìkàngxìng de dàsài, cái kěyǐ huànqǐ nà zhǒng yáoyuǎn ér shénshèng de qínggǎn, nà jiùshì：Wèi zǔguó ér zhàn!
在历史时代，国家间经常发生对抗，好男儿戎装卫国。国家的荣誉往往需要以自己的生命去换//取。但在和平时代，惟有这种国家之间大规模对抗性的大赛，才可以唤起那种遥远而神圣的情感，那就是：为祖国而战！

——节选自冯骥才《国家荣誉感》

作品 12 号——《海滨仲夏夜》

[**朗读提示**]本篇是优美的写景散文。作者抓住夕阳落山不久——月到中天这段时间的光线和色彩的变化，描绘了夏夜海滨特有的景色和劳动者的闲适、欢愉的休憩场面，抒发了对美好生活的赞美之情。所以，朗读时要热情、真切，让听者从你的声音里感受到大自然的多彩多姿和生活之美。

Xīyáng luòshān bùjiǔ, xīfāng de tiānkōng, hái ránshāozhe yī piàn júhóngsè de wǎnxiá. Dàhǎi,
夕阳落山不久，西方的天空，还燃烧着一片橘红色的晚霞。大海，
yě bèi zhè xiáguāng rǎnchéngle hóngsè, érqiě bǐ tiānkōng de jǐngsè gèng yào zhuàngguān. Yīn•wèi
也被这霞光染成了红色，而且比天空的景色更要壮观。因为
tā shì huó•dòng de, měidāng yīpáipái bōlàng yǒngqǐ de shíhou, nà yìngzhào zài làngfēng•shàng de
它是活动的，每当一排排波浪涌起的时候，那映照在浪峰上的
xiáguāng, yòu hóng yòu liàng, jiǎnzhí jiù xiàng yīpiànpiàn huòhuò ránshāozhe de huǒyàn, shǎnshuò
霞光，又红又亮，简直就像一片片霍霍燃烧着的火焰，闪烁
zhe, xiāoshī le. Ér hòu•miàn de yī pái, yòu shǎnshuòzhe, gǔndòngzhe, yǒngle guò•lái.
着，消失了。而后面的一排，又闪烁着，滚动着，涌了过来。

Tiānkōng de xiáguāng jiànjiàn de dàn xià•qù le, shēnhóng de yánsè biànchéngle fēihóng,
天空的霞光渐渐地淡下去了，深红的颜色变成了绯红，
fēihóng yòu biànwéi qiǎnhóng. Zuìhòu, dāng zhè yīqiè hóngguāng dōu xiāoshīle de shíhou, nà tūrán
绯红又变为浅红。最后，当这一切红光都消失了的时候，那突然
xiǎn•dé gāo ér yuǎn le de tiānkōng, zé chéngxiàn chū yī piàn sùmù de shénsè. Zuì zǎo chūxiàn
显得高而远了的天空，则呈现出一片肃穆的神色。最早出现
de qǐmíngxīng, zài zhè lánsè de tiānmù•shàng shǎnshuò qǐ•lái le. Tā shì nàme dà, nàme liàng,
的启明星，在这蓝色的天幕上闪烁起来了。它是那么大，那么亮，
zhěnggè guǎngmò de tiānmù•shàng zhǐyǒu tā zài nà•lǐ fàngshèzhe lìng rén zhùmù de guānghuī,
整个广漠的天幕上只有它在那里放射着令人注目的光辉，
huóxiàng yī zhǎn xuánguà zài gāokōng de míngdēng.
活像一盏悬挂在高空的明灯。

Yèsè jiā nóng, cāngkōng zhōng de “míngdēng” yuèláiyuè duō le. Ér chéngshì gè chù de zhēn
夜色加浓，苍空中的“明灯”越来越多了。而城市各处的真
de dēnghuǒ yě cìdì liàngle qǐ•lái, yóuqí shì wéirào zài hǎigǎng zhōuwéi shānpō•shàng de nà yī
的灯火也次第亮了起来，尤其是围绕在海港周围山坡上的那一
piàn dēngguāng, cóng bànkōng dàoyìng zài wūlán de hǎimiàn•shàng, suízhe bōlàng, huàngdòngzhe,
片灯光，从半空倒映在乌蓝的海面上，随着波浪，晃动着，
shǎnshuòzhe, xiàng yī chuàn liúdòngzhe de zhēnzhū, hé nà yīpiànpiàn mìbù zài cāngqióng•lǐ de
闪烁着，像一串流动着的珍珠，和那一片片密布在苍穹里的
xīngdǒu hùxiāng huīyìng, shà shì hǎokàn.
星斗互相辉映，煞是好看。

Zài zhè yōuměi de yèsè zhōng, wǒ tàzhe ruǎnmiánmián de shātān, yánzhe hǎibiān, mànmàn
在这幽美的夜色中，我踏着软绵绵的沙滩，沿着海边，慢慢
de xiàngqián zǒu•qù. Hǎishuǐ, qīngqīng de fǔmōzhe xìruǎn de shātān, fāchū wēnróu de // shuāshuā
地向前走去。海水，轻轻地抚摸着细软的沙滩，发出温柔的//刷刷
shēng. Wǎnlái de hǎifēng, qīngxīn ér yòu liángshuǎng. Wǒ de xīn•lǐ, yǒuzhe shuō•bùchū de xīngfèn
声。晚来的海风，清新而又凉爽。我的心里，有着说不出的兴奋
hé yúkuài.
和愉快。

Yèfēng qīngpiāopiāo de chuīfúzhe, kōngqì zhōng piāodàngzhe yī zhǒng dàhǎi hé tiánhé xiāng
夜风轻飘飘地吹拂着，空气中飘荡着一种大海和田禾相
hùnhé de xiāngwèir, róuruǎn de shātān•shàng hái cánliúzhe bái•tiān tài•yáng zhìshài de yúwēn. Nàxiē
混合的香味儿，柔软的沙滩上还残留着白天太阳炙晒的余温。那些
zài gè gè gōngzuò gǎngwèi•shàng láodòngle yī tiān de rénmen, sānsān-liǎngliǎng de láidào zhè
在各个工作岗位上劳动了一天的人们，三三两两地来到这
ruǎnmiánmián de shātān•shàng, tāmen yùzhe liángshuǎng de hǎifēng, wàngzhe nà zhuìmǎnle xīngxing
软绵绵的沙滩上，他们浴着凉爽的海风，望着那缀满了星星
de yèkōng, jìnqíng de shuōxiào, jìnqíng de xiūqì.
的夜空，尽情地说笑，尽情地休憩。

——节选自峻青《海滨仲夏夜》

作品 13 号——《海洋与生命》

[朗读提示]这是一篇说明文，但字里行间又充满了对生命之源——水的赞美之情，朗读时注意融入这种情感，做到客观说明和情感表达的有机结合。

Shēngmìng zài hǎiyáng•lǐ dànshēng jué bù shì ǒurán de, hǎiyáng de wùlǐ hé huàxué xìngzhì,
生命在海洋里诞生绝不是偶然的，海洋的物理和化学性质，
shǐ tā chéngwéi yùnyù yuánshǐ shēngmìng de yáolán.
使它成为孕育原始生命的摇篮。

Wǒmen zhī•dào, shuǐ shì shēngwù de zhòngyào zǔchéng bùfen, xǔduō dòngwù zǔzhī de
我们知道，水是生物的重要组成部分，许多动物组织的
hánshuǐliàng zài bǎi fēn zhī bāshí yǐshàng, ér yīxiē hǎiyáng shēngwù de hánshuǐliàng gāodá bǎi fēn
含水量在百分之八十以上，而一些海洋生物的含水量高达百分
zhī jiǔshíwǔ. Shuǐ shì xīnchén-dàixiè de zhòngyào méijiè, méi•yǒu tā, tǐnèi de yīxìliè shēnglǐ hé
之九十五。水是新陈代谢的重要媒介，没有它，体内的一系列生理和
shēngwù huàxué fǎnyìng jiù wúfǎ jìnxíng, shēngmìng yě jiù tíngzhǐ. Yīncǐ, zài duǎn shíqī nèi
生物化学反应就无法进行，生命也就停止。因此，在短时期内
dòngwù quē shuǐ yào bǐ quēshǎo shíwù gèngjiā wēixiǎn. Shuǐ duì jīntiān de shēngmìng shì rúcǐ
动物缺水要比缺少食物更加危险。水对今天的生命是如此
zhòngyào, tā duì cuìruò de yuánshǐ shēngmìng, gèng shì jǔzú-qīngzhòng le. Shēngmìng zài
重要，它对脆弱的原始生命，更是举足轻重了。生命在
hǎiyáng•lǐ dànshēng, jiù bù huì yǒu quē shuǐ zhī yōu.
海洋里诞生，就不会有缺水之忧。

Shuǐ shì yī zhǒng liánghǎo de róngjì. Hǎiyáng zhōng hányǒu xǔduō shēngmìng suǒ bìxū de
水是一种良好的溶剂。海洋中含有许多生命所必需的
wújīyán, rú lǜhuànà、lǜhuàjiǎ、tànsuānyán、línsuānyán, háiyǒu róngjiěyǎng, yuánshǐ shēngmìng
无机盐，如氯化钠、氯化钾、碳酸盐、磷酸盐，还有溶解氧，原始生命
kěyǐ háobù fèilì de cóngzhōng xīqǔ tā suǒ xūyào de yuánsù.
可以毫不费力地从中吸取它所需要的元素。

Shuǐ jùyǒu hěn gāo de rè róngliàng, jiāzhī hǎiyáng hàodà, rènpíng xiàjì lièrì pùshài, dōngjì
水具有很高的热容量，加之海洋浩大，任凭夏季烈日曝晒，冬季
hánfēng sǎodàng, tā de wēndù biànhuà què bǐjiào xiǎo. Yīncǐ, jùdà de hǎiyáng jiù xiàng shì
寒风扫荡，它的温度变化却比较小。因此，巨大的海洋就像是
tiānrán de "wēnxiāng", shì yùnyù yuánshǐ shēngmìng de wēnchuáng.
天然的"温箱"，是孕育原始生命的温床。

Yángguāng suīrán wéi shēngmìng suǒ bìxū, dànshì yángguāng zhōng de zǐwàixiàn què yǒu
阳光虽然为生命所必需，但是阳光中的紫外线却有

èshā yuánshǐ shēngmìng de wēixiǎn. Shuǐ néng yǒuxiào de xīshōu zǐwàixiàn, yīn'ér yòu wèi yuánshǐ
扼杀 原始 生命 的 危险。水 能 有效 地 吸收 紫外线，因而 又 为 原始
shēngmìng tígōngle tiānrán de "píngzhàng".
生命 提供了 天然 的 "屏障"。

Zhè yīqiè dōu shì yuánshǐ shēngmìng déyǐ chǎnshēng hé fāzhǎn de bìyào tiáojiàn. //
这 一切 都 是 原始 生命 得以 产生 和 发展 的 必要 条件。//

——节选自童裳亮《海洋与生命》

作品 14 号——《和时间赛跑》

[朗读提示] 朗读这篇文章注意前半部分和后半部分要作不同的处理，朗读前半部分时语速缓慢，表现悲痛、不解、低沉的心情；朗读后半部分时要带有坚定、沉稳的心情，语速稍快。

Dú xiǎoxué de shíhou, wǒ de wàizǔmǔ qùshì le. Wàizǔmǔ shēngqián zuì téng'ài wǒ, wǒ
读 小 学 的 时候，我 的 外祖母 去世 了。外祖母 生 前 最 疼爱 我，我
wúfǎ páichú zìjǐ de yōushāng, měi tiān zài xuéxiào de cāochǎng•shàng yīquānr yòu yīquānr de
无法 排除 自己 的 忧伤， 每 天 在 学校 的 操场 上 一圈儿 又 一圈儿 地
pǎozhe, pǎo de lèidǎo zài dì•shàng, pū zài cǎopíng•shàng tòngkū.
跑着，跑 得 累倒 在 地 上， 扑 在 草坪 上 痛哭。

Nà āitòng de rìzi, duànduàn-xùxù de chíxùle hěn jiǔ, bàba māma yě bù zhī•dào rúhé
那 哀痛 的 日子， 断 断 续续 地 持续了 很 久，爸爸 妈妈 也 不 知道 如何
ānwèi wǒ. Tāmen zhī•dào yǔqí piàn wǒ shuō wàizǔmǔ shuìzháo le, hái bùrú duì wǒ shuō shíhuà:
安慰 我。他们 知道 与其 骗 我 说 外祖母 睡着了，还 不如 对 我 说 实话：
Wàizǔmǔ yǒngyuǎn bù huì huí•lái le.
外祖母 永远 不 会 回来 了。

"Shénme shì yǒngyuǎn bù huì huí•lái ne?" Wǒ wènzhe.
"什么 是 永远 不 会 回来 呢？"我 问着。

"Suǒyǒu shíjiān•lǐ de shìwù, dōu yǒngyuǎn bù huì huí•lái. Nǐ de zuótiān guò•qù, tā jiù
"所有 时间 里 的 事物， 都 永远 不 会 回来。你 的 昨天 过去， 它 就
yǒngyuǎn biànchéng zuótiān, nǐ bùnéng zài huídào zuótiān. Bàba yǐqián yě hé nǐ yīyàng xiǎo,
永远 变成 昨天，你 不能 再 回到 昨天。爸爸 以前 也 和 你 一样 小，
xiànzài yě bùnéng huídào nǐ zhème xiǎo de tóngnián le; yǒu yī tiān nǐ huì zhǎngdà, nǐ huì xiàng
现在 也 不能 回到 你 这么 小 的 童年 了；有 一 天 你 会 长大， 你 会 像
wàizǔmǔ yīyàng lǎo; yǒu yī tiān nǐ dùguòle nǐ de shíjiān, jiù yǒngyuǎn bù huì huí•lái le."
外祖母 一样 老；有 一 天 你 度过了 你 的 时间， 就 永远 不 会 回来 了。"
Bàba shuō.
爸爸 说。

Bàba děngyú gěi wǒ yī gè míyǔ, zhè míyǔ bǐ kèběn•shàng de "Rìlì guà zài qiángbì, yī
爸爸 等于 给 我 一 个 谜语， 这 谜语 比 课本 上 的"日历 挂 在 墙壁， 一
tiān sī•qù yī yè, shǐ wǒ xīn•lǐ zháojí" hé "Yīcùn guāngyīn yī cùn jīn, cùn jīn nán mǎi cùn
天 撕去 一 页，使 我 心 里 着急"和"一寸 光阴 一 寸 金，寸 金 难 买 寸
guāngyīn" hái ràng wǒ gǎndào kěpà; yě bǐ zuòwénběn•shàng de "Guāngyīn sì jiàn, rìyuè rú
光 阴"还 让 我 感到 可怕；也 比 作 文本 上 的 "光 阴 似 箭，日月 如
suō" gèng ràng wǒ jué•dé yǒu yī zhǒng shuō•bùchū de zīwèi.
梭"更 让 我 觉得 有 一 种 说 不 出 的 滋味。

Shíjiān guò de nàme fēikuài, shǐ wǒ de xiǎo xīnyǎnr•lǐ bù zhǐshì zháojí, háiyǒu bēishāng. Yǒu
时间 过 得 那么 飞快，使 我 的 小 心眼儿 里 不 只是 着急，还有 悲伤。 有
yī tiān wǒ fàngxué huíjiā, kàndào tài•yáng kuài luòshān le, jiù xià juéxīn shuō: "Wǒ yào bǐ
一 天 我 放学 回家，看到 太阳 快 落山 了，就 下 决心 说："我 要 比

tài•yáng gèng kuài de huíjiā." Wǒ kuángbēn huí•qù, zhànzài tíngyuàn qián chuǎnqì de shíhou,
太阳 更 快 地 回家。"我 狂奔 回去，站在 庭院 前 喘气 的 时候，
kàndào tài•yáng // hái lòuzhe bànbiān liǎn, wǒ gāoxìng de tiàoyuè qǐ•lái, nà yī tiān wǒ pǎoyíngle
看到 太阳 //还 露着 半边 脸，我 高兴 地 跳跃 起来，那 一 天 我 跑赢了
tài•yáng. Yǐhòu wǒ jiù shícháng zuò nàyàng de yóuxì, yǒushí hé tài•yáng sàipǎo, yǒushí hé
太阳。以后 我 就 时常 做 那样 的 游戏，有时 和 太阳 赛跑，有时 和
xīběifēng bǐ kuài, yǒushí yī gè shǔjià cái néng zuòwán de zuòyè, wǒ shí tiān jiù zuòwánle; nà shí
西北风 比 快，有时 一 个 暑假 才 能 做完 的 作业，我 十 天 就 做完了；那 时
wǒ sān niánjí, chángcháng bǎ gēge wǔ niánjí de zuòyè ná•lái zuò. Měi yī cì bǐsài shèngguo
我 三 年级，常常 把 哥哥 五 年级 的 作业 拿来 做。每 一 次 比赛 胜过
shíjiān, wǒ jiù kuàilè de bù zhī•dào zěnme xíngróng.
时间，我 就 快乐 得 不 知道 怎么 形容。

Rúguǒ jiānglái wǒ yǒu shénme yào jiāogěi wǒ de háizi, wǒ huì gàosu tā: Jiǎruò nǐ yīzhí hé
如果 将来 我 有 什么 要 教给 我 的 孩子，我 会 告诉 他：假若 你 一直 和
shíjiān bǐsài, nǐ jiù kěyǐ chénggōng!
时间 比赛，你 就 可以 成功！

——节选自(台湾)林清玄《和时间赛跑》

作品 15 号——《胡适的白话电报》

[朗读提示]本篇文章的对话比较多，特别要注意学生和胡适两种角色语言的区别，朗读时稍做夸张，把两者截然不同的观点通过自己的声音鲜明地突出出来。

Sānshí niándài chū, Hú Shì zài Běijīng Dàxué rèn jiàoshòu. Jiǎngkè shí tā chángcháng duì
三十 年代 初，胡 适 在 北京 大学 任 教授。讲课 时 他 常常 对
báihuàwén dàjiā chēngzàn, yǐnqǐ yīxiē zhǐ xǐhuan wényánwén ér bù xǐhuan báihuàwén de xuésheng
白话文 大加 称赞，引起 一些 只 喜欢 文言文 而 不 喜欢 白话文 的 学生
de bùmǎn.
的 不满。

Yī cì, Hú Shì zhèng jiǎng de déyì de shíhou, yī wèi xìng Wèi de xuésheng tūrán zhànle
一 次，胡 适 正 讲 得 得意 的 时候，一 位 姓 魏 的 学生 突然 站了
qǐ•lái, shēngqì de wèn: "Hú xiānsheng, nándào shuō báihuàwén jiù háowú quēdiǎn ma?" Hú Shì
起来，生气 地 问："胡 先生，难道 说 白话文 就 毫无 缺点 吗？"胡 适
wēixiàozhe huídá shuō: "Méi•yǒu." Nà wèi xuésheng gèngjiā jīdòng le: "Kěndìng yǒu! Báihuàwén
微笑着 回答 说："没有。"那 位 学生 更加 激动 了："肯定 有！白话文
fèihuà tài duō, dǎ diànbào yòng zì duō, huāqián duō." Hú Shì de mùguāng dùnshí biànliàng le.
废话 太 多，打 电报 用 字 多，花钱 多。"胡 适 的 目光 顿时 变亮 了。
Qīngshēng de jiěshì shuō: "Bù yīdìng ba! Qián jǐ tiān yǒu wèi péngyou gěi wǒ dǎ•lái diànbào,
轻声 地 解释 说："不 一定 吧！前 几 天 有 位 朋友 给 我 打来 电报，
qǐng wǒ qù zhèngfǔ bùmén gōngzuò, wǒ juédìng bù qù, jiù huídiàn jùjué le. Fùdiàn shì yòng
请 我 去 政府 部门 工作，我 决定 不 去，就 回电 拒绝 了。复电 是 用
báihuà xiě de, kànlái yě hěn shěng zì. Qǐng tóngxuémen gēnjù wǒ zhège yìsi, yòng wényánwén
白话 写 的，看来 也 很 省 字。请 同学们 根据 我 这个 意思，用 文言文
xiě yī gè huídiàn, kànkan jiūjìng shì báihuàwén shěng zì, háishì wényánwén shěng zì?" Hú
写 一 个 回电，看看 究竟 是 白话文 省 字，还是 文言文 省 字？"胡
jiàoshòu gāng shuōwán, tóngxuémen lìkè rènzhēn de xiěle qǐ•lái.
教授 刚 说完，同学们 立刻 认真 地 写了 起来。

Shíwǔ fēnzhōng guò•qù, Hú Shì ràng tóngxué jǔshǒu, bàogào yòng zì de shùmù, ránhòu tiāole
十五 分钟 过去，胡 适 让 同学 举手，报告 用 字 的 数目，然后 挑了

yī fèn yòng zì zuì shǎo de wényán diànbàogǎo, diànwén shì zhèyàng xiě de:
一份用字最少的文言电报稿，电文是这样写的：

"Cáishū-xuéqiǎn, kǒng nán shèngrèn, bùkān cóngmìng." Báihuàwén de yìsi shì: Xuéwen bù shēn, kǒngpà hěn nán dānrèn zhège gōngzuò, bùnéng fúcóng ānpái.
"才疏学浅，恐难胜任，不堪从命。"白话文的意思是：学问不深，恐怕很难担任这个工作，不能服从安排。

Hú Shì shuō, zhè fèn xiě de quèshí bùcuò, jǐn yòngle shí'èr gè zì. Dàn wǒ de báihuà diànbào què zhǐ yòngle wǔ gè zì:
胡适说，这份写得确实不错，仅用了十二个字。但我的白话电报却只用了五个字：

"Gàn•bùliǎo, xièxie!"
"干不了，谢谢！"

Hú Shì yòu jiěshì shuō: "Gàn•bùliǎo" jiù yǒu cáishū-xuéqiǎn、kǒng nán shèngrèn de yìsi; "Xièxie" jì // duì péngyou de jièshào biǎoshì gǎnxiè, yòu yǒu jùjué de yìsi. Suǒyǐ, fèihuà duō•bù duō, bìng bù kàn tā shì wényánwén háishì báihuàwén, zhǐyào zhùyì xuǎnyòng zìcí, báihuàwén shì kěyǐ bǐ wényánwén gèng shěng zì de.
胡适又解释说："干不了"就有才疏学浅、恐难胜任的意思；"谢谢"既//对朋友的介绍表示感谢，又有拒绝的意思。所以，废话多不多，并不看它是文言文还是白话文，只要注意选用字词，白话文是可以比文言文更省字的。

——节选自陈灼主编《实用汉语中级教程》(上)中《胡适的白话电报》

作品16号——《火光》

[朗读提示]文章展现了黑暗中的火光，可以冲破朦胧的夜色，闪闪发亮，令人神往。尽管它也许很远，但却能给人以希望，给人以力量，它指引人们走向光明。朗读时要表达出文中体现的对火光的敬意。

Hěn jiǔ yǐqián, zài yī gè qīhēi de qiūtiān de yèwǎn, wǒ fàn zhōu zài Xībólìyà yī tiáo yīnsēnsēn de hé•shàng. Chuán dào yī gè zhuǎnwān chù, zhǐ jiàn qián•miàn hēiqūqū de shānfēng xià•miàn yī xīng huǒguāng mò•dì yī shǎn.
很久以前，在一个漆黑的秋天的夜晚，我泛舟在西伯利亚一条阴森森的河上。船到一个转弯处，只见前面黑黢黢的山峰下面一星火光蓦地一闪。

Huǒguāng yòu míng yòu liàng, hǎoxiàng jiù zài yǎnqián ……
火光又明又亮，好像就在眼前……

"Hǎo la, xiètiān-xièdì!" Wǒ gāoxìng de shuō, "Mǎshàng jiù dào guòyè de dìfang la!"
"好啦，谢天谢地！"我高兴地说，"马上就到过夜的地方啦！"

Chuánfū niǔtóu cháo shēnhòu de huǒguāng wàng le yī yǎn, yòu bùyǐwéirán de huá•qǐ jiǎng•lái.
船夫扭头朝身后的火光望了一眼，又不以为然地划起桨来。

"Yuǎnzhe ne!"
"远着呢！"

Wǒ bù xiāngxìn tā de huà, yīn•wèi huǒguāng chōngpò ménglóng de yèsè, míngmíng zài nàr shǎnshuò. Bùguò chuánfū shì duì de, shìshí•shàng, huǒguāng díquè hái yuǎnzhe ne.
我不相信他的话，因为火光冲破朦胧的夜色，明明在那儿闪烁。不过船夫是对的，事实上，火光的确还远着呢。

Zhèxiē hēiyè de huǒguāng de tèdiǎn shì：Qūsàn hēi'àn，shǎnshǎn fāliàng，jìn zài yǎnqián，lìng rén shénwǎng. Zhà yī kàn，zài huá jǐ xià jiù dào le …… Qíshí què hái yuǎnzhe ne！……
这些黑夜的火光的特点是：驱散黑暗，闪闪发亮，近在眼前，令人神往。乍一看，再划几下就到了……其实却还远着呢！……

Wǒmen zài qīhēi rú mò de hé•shàng yòu huále hěn jiǔ. Yīgègè xiágǔ hé xuányá，yíngmiàn shǐ•lái，yòu xiàng hòu yí•qù，fǎngfú xiāoshī zài mángmáng de yuǎnfāng，ér huǒguāng què yīrán tíng zài qiántou，shǎnshǎn fāliàng，lìng rén shénwǎng —— yīrán shì zhème jìn，yòu yīrán shì nàme yuǎn ……
我们在漆黑如墨的河上又划了很久。一个个峡谷和悬崖，迎面驶来，又向后移去，仿佛消失在茫茫的远方，而火光却依然停在前头，闪闪发亮，令人神往——依然是这么近，又依然是那么远……

Xiànzài，wúlùn shì zhè tiáo bèi xuányá-qiàobì de yīnyǐng lǒngzhào de qīhēi de héliú，háishì nà yī xīng míngliàng de huǒguāng，dōu jīngcháng fúxiàn zài wǒ de nǎojì，zài zhè yǐqián hé zài zhè yǐhòu，céng yǒu xǔduō huǒguāng，sìhū jìn zài zhǐchǐ，bùzhǐ shǐ wǒ yī rén xīnchí-shénwǎng. Kěshì shēnghuó zhī hé què réngrán zài nà yīnsēnsēn de liǎng'àn zhījiān liúzhe，ér huǒguāng yě yījiù fēicháng yáoyuǎn. Yīncǐ，bìxū jiājìn huá jiǎng……
现在，无论是这条被悬崖峭壁的阴影笼罩的漆黑的河流，还是那一星明亮的火光，都经常浮现在我的脑际，在这以前和在这以后，曾有许多火光，似乎近在咫尺，不止使我一人心驰神往。可是生活之河却仍然在那阴森森的两岸之间流着，而火光也依旧非常遥远。因此，必须加劲划桨……

Rán'ér，huǒguāng nga…… bìjìng…… bìjìng jiù // zài qiántou！……
然而，火光啊……毕竟……毕竟就//在前头！……

——节选自[俄]柯罗连科《火光》，张铁夫译

作品 17 号——《济南的冬天》

[朗读提示]这是一篇充满诗情画意的散文，作者紧紧抓住济南冬天的与众不同之处——温晴这一特点，表达了对济南冬天的赞美喜爱之情。朗读时把这种情感融汇到自己的声音中。

Duìyú yī gè zài Běipíng zhùguàn de rén，xiàng wǒ，dōngtiān yàoshì bù guāfēng，biàn jué•dé shì qíjì；Jǐnán de dōngtiān shì méi•yǒu fēngshēng de. Duìyú yī gè gāng yóu Lúndūn huí•lái de rén，xiàng wǒ，dōngtiān yào néng kàn de jiàn rìguāng，biàn jué•dé shì guàishì；Jǐnán de dōngtiān shì xiǎngqíng de. Zìrán，zài rèdài de dìfang，rìguāng yǒngyuǎn shì nàme dú，xiǎngliàng de tiānqì，fǎn yǒudiǎnr jiào rén hàipà. Kěshì，zài běifāng de dōngtiān，ér néng yǒu wēnqíng de tiānqì，Jǐnán zhēn děi suàn gè bǎodì.
对于一个在北平住惯的人，像我，冬天要是不刮风，便觉得是奇迹；济南的冬天是没有风声的。对于一个刚由伦敦回来的人，像我，冬天要能看得见日光，便觉得是怪事；济南的冬天是响晴的。自然，在热带的地方，日光永远是那么毒，响亮的天气，反有点儿叫人害怕。可是，在北方的冬天，而能有温晴的天气，济南真得算个宝地。

Shèruò dāndān shì yǒu yángguāng，nà yě suàn•bùliǎo chūqí. Qǐng bì•shàng yǎnjing xiǎng：Yī gè lǎochéng，yǒu shān yǒu shuǐ，quán zài tiān dǐ•xià shàizhe yángguāng，nuǎnhuo ānshì de shuìzhe，zhǐ děng chūnfēng lái bǎ tāmen huànxǐng，zhè shì•bùshì lǐxiǎng de jìngjiè? Xiǎoshān zhěng bǎ Jǐnán
设若单单是有阳光，那也算不了出奇。请闭上眼睛想：一个老城，有山有水，全在天底下晒着阳光，暖和安适地睡着，只等春风来把它们唤醒，这是不是理想的境界？小山整把济南

wéile gè quānr, zhǐyǒu běi•biān quēzhe diǎnr kǒur. Zhè yī quān xiǎoshān zài dōngtiān tèbié
围了个圈儿，只有北边缺着点口儿。这一圈小山在冬天特别
kě'ài, hǎoxiàng shì bǎ Jǐnán fàng zài yī gè xiǎo yáolán•lǐ, tāmen ānjìng bù dòng de dīshēng de
可爱，好像是把济南放在一个小摇篮里，它们安静不动地低声地
shuō: "Nǐmen fàngxīn ba, zhèr zhǔnbǎo nuǎnhuo." zhēn de, Jǐnán de rénmen zài dōngtiān shì
说："你们放心吧，这儿准保暖和。"真的，济南的人们在冬天是
miàn•shàng hánxiào de. Tāmen yī kàn nàxiē xiǎoshān, xīnzhōng biàn jué•dé yǒule zhuóluò, yǒule
面上含笑的。他们一看那些小山，心中便觉得有了着落，有了
yīkào. Tāmen yóu tiān•shàng kàndào shān•shàng, biàn bùzhī-bùjué de xiǎngqǐ: Míngtiān yěxǔ jiùshì
依靠。他们由天上看到山上，便不知不觉地想起：明天也许就是
chūntiān le ba? Zhèyàng de wēnnuǎn, jīntiān yè•lǐ shāncǎo yěxǔ jiù lǜqǐ•lái le ba? Jiùshì zhè
春天了吧？这样的温暖，今天夜里山草也许就绿起来了吧？就是这
diǎnr huànxiǎng bùnéng yīshí shíxiàn, tāmen yě bìng bù zháojí, yīn•wèi zhèyàng císhàn de
点儿幻想不能一时实现，他们也并不着急，因为这样慈善的
dōngtiān, gànshénme hái xīwàng biéde ne!
冬天，干什么还希望别的呢！

Zuì miào de shì xià diǎnr xiǎoxuě ya. Kàn ba, shān•shàng de ǎisōng yuèfā de qīnghēi,
最妙的是下点小雪呀。看吧，山上的矮松越发的青黑，
shùjiānr•shàng // dǐng zhe yī jìr báihuā, hǎoxiàng Rìběn kānhùfù. Shānjiānr quán bái le, gěi
树尖儿上//顶着一髻儿白花，好像日本看护妇。山尖儿全白了，给
lántiān xiāng•shàng yī dào yínbiānr. Shānpō•shàng, yǒude dìfang xuě hòu diǎnr, yǒude dìfang cǎosè
蓝天镶上一道银边。山坡上，有的地方雪厚点儿，有的地方草色
hái lòuzhe; zhèyàng, yī dàor bái, yī dàor ànhuáng, gěi shānmen chuān•shàng yī jiàn dài
还露着；这样，一道儿白，一道儿暗黄，给山们穿上一件带
shuǐwénr de huāyī; kànzhe kànzhe, zhè jiàn huāyī hǎoxiàng bèi fēng'•ér chuīdòng, jiào nǐ xīwàng
水纹儿的花衣；看着看着，这件花衣好像被风儿吹动，叫你希望
kàn•jiàn yīdiǎnr gèng měi de shān de jīfū. Děngdào kuài rìluò de shíhou, wēihuáng de
看见一点儿更美的山的肌肤。等到快日落的时候，微黄的
yángguāng xié shè zài shānyāo•shàng, nà diǎnr báo xuě hǎoxiàng hūrán hàixiū, wēiwēi lòuchū diǎnr
阳光斜射在山腰上，那点儿薄雪好像忽然害羞，微微露出点儿
fěnsè. Jiùshì xià xiǎoxuě ba, Jǐnán shì shòu•bùzhù dàxuě de, nàxiē xiǎoshān tài xiùqi.
粉色。就是下小雪吧，济南是受不住大雪的，那些小山太秀气。

——节选自老舍《济南的冬天》

作品 18 号——《家乡的桥》

[朗读提示]这是一篇抒发浓浓乡情的散文，朗读时声音要轻柔、甜美，充满了对故乡的赞美之情，节奏要鲜明、舒缓。

Chúnpǔ de jiāxiāng cūnbiān yǒu yī tiáo hé, qūqū-wānwān, hé zhōng jià yī wān shíqiáo, gōng
纯朴的家乡村边有一条河，曲曲弯弯，河中架一弯石桥，弓
yàng de xiǎoqiáo héngkuà liǎng'àn.
样的小桥横跨两岸。

Měi tiān, bùguǎn shì jī míng xiǎo yuè, rì lì zhōng tiān, háishì yuèhuá xiè dì, xiǎoqiáo dōu
每天，不管是鸡鸣晓月，日丽中天，还是月华泻地，小桥都
yìnxià chuànchuàn zújì, sǎluò chuànchuàn hànzhū. Nà shì xiāngqīn wèile zhuīqiú duōléng de
印下串串足迹，洒落串串汗珠。那是乡亲为了追求多棱的
xīwàng, duìxiàn měihǎo de xiáxiǎng. Wānwān xiǎoqiáo, bùshí dàngguò qīngyín-dīchàng, bùshí lùchū
希望，兑现美好的遐想。弯弯小桥，不时荡过轻吟低唱，不时露出

shūxīn de xiàoróng.
舒心 的 笑容。

Yīn'ér, wǒ zhìxiǎo de xīnlíng, céng jiāng xīnshēng xiàngěi xiǎoqiáo: Nǐ shì yī wān yínsè de
因而，我 稚小 的 心灵， 曾 将 心声 献给 小桥：你 是 一 弯 银色 的
xīnyuè, gěi rénjiān pǔzhào guānghuī; nǐ shì yī bǎ shǎnliàng de liándāo, gēyìzhe huānxiào de
新月，给 人间 普照 光辉； 你 是 一 把 闪亮 的 镰刀，割刈着 欢笑 的
huāguǒ; nǐ shì yī gēn huàngyōuyōu de biǎndan, tiāoqǐle cǎisè de míngtiān! Ò, xiǎoqiáo zǒujìn
花果；你 是 一 根 晃悠悠 的 扁担，挑起了 彩色 的 明天！ 哦， 小桥 走进
wǒ de mèng zhōng.
我 的 梦 中。

Wǒ zài piāobó tāxiāng de suìyuè, xīnzhōng zǒng yǒngdòngzhe gùxiāng de héshuǐ, mèng zhōng
我 在 漂泊 他乡 的 岁月， 心中 总 涌动着 故乡 的 河水， 梦 中
zǒng kàndào gōng yàng de xiǎoqiáo. Dāng wǒ fǎng nánjiāng tàn běiguó, yǎnlián chuǎngjìn zuòzuò
总 看到 弓 样 的 小桥。 当 我 访 南疆 探 北国， 眼帘 闯进 座座
xióngwěi de chángqiáo shí, wǒ de mèng biàn de fēngmǎn le, zēngtiānle
雄伟 的 长桥 时， 我 的 梦 变 得 丰满 了， 增添了
chì-chéng-huáng-lǜ-qīng-lán-zǐ.
赤 橙 黄 绿 青 蓝 紫。

Sānshí duō nián guò•qù, wǒ dàizhe mǎntóu shuānghuā huídào gùxiāng, dī-yī jǐnyào de biànshì
三十 多 年 过去，我 带着 满头 霜花 回到 故乡，第一 紧要 的 便是
qù kànwàng xiǎoqiáo.
去 看望 小桥。

À! Xiǎoqiáo ne? Tā duǒ qǐ•lái le? Hé zhōng yī dào chánghóng, yùzhe zhāoxiá yìyì
啊！ 小桥 呢？它 躲 起来 了？河 中 一 道 长虹， 浴着 朝霞 熠熠
shǎnguāng. Ò, xiónghún de dàqiáo chǎngkāi xiōnghuái, qìchē de hūxiào、mótuō de díyīn、
闪光。 哦， 雄浑 的 大桥 敞开 胸怀， 汽车 的 呼啸、 摩托 的 笛音、
zìxíngchē de dīnglíng, hézòuzhe jìnxíng jiāoxiǎngyuè; nán lái de gāngjīn、huābù, běi wǎng de
自行车 的 叮铃， 合奏着 进行 交响乐； 南 来 的 钢筋、 花布，北 往 的
gānchéng、jiāqín, huìchū jiāoliú huānyuètú ……
柑橙、 家禽，绘出 交流 欢悦图 ……

À! Tuìbiàn de qiáo, chuándìle jiāxiāng jìnbù de xiāoxi, tòulùle jiāxiāng fùyù de shēngyīn.
啊！ 蜕变 的 桥， 传递了 家乡 进步 的 消息，透露了 家乡 富裕 的 声音。
Shídài de chūnfēng, měihǎo de zhuīqiú, wǒ mòdì jìqǐ érshí chàng // gěi xiǎoqiáo de gē, ò,
时代 的 春风， 美好 的 追求，我 蓦地 记起 儿时 唱 //给 小桥 的 歌，哦，
míngyànyàn de tài•yáng zhàoyào le, fāngxiāng tiánmì de huāguǒ pěnglái le, wǔcǎi-bānlán de suì
明艳艳 的 太阳 照耀 了， 芳香 甜蜜 的 花果 捧来 了，五彩 斑斓 的 岁
yuè lākāi le!
月 拉开 了！

Wǒ xīnzhōng yǒngdòng de héshuǐ, jīdàng qǐ tiánměi de lànghuā. Wǒ yǎngwàng yī bì lántiān,
我 心中 涌动 的 河水，激荡 起 甜美 的 浪花。 我 仰望 一 碧 蓝天，
xīndǐ qīngshēng hūhǎn: Jiāxiāng de qiáo wa, wǒ mèng zhōng de qiáo!
心底 轻声 呼喊： 家乡 的 桥 啊，我 梦 中 的 桥！

——节选自郑莹《家乡的桥》

作品 19 号——《坚守你的高贵》

[朗读提示]本文以建筑设计师莱伊恩的故事向读者讲述了一个深刻的哲理："恪守着自己的原则，哪怕遭遇到最大的阻力，也要想办法抵达胜利。"朗读时要分成两部分：第一部分是叙事部分，朗读时要平和自然，不必过于夸张；第二部分是最后一个自然段，要使用平稳、沉着的情感

基调，不紧不慢地道出哲理来。

Sānbǎi duō nián qián, jiànzhù shèjìshī Láiyī'ēn shòumìng shèjìle Yīngguó Wēnzé shìzhèngfǔ
三百 多 年 前，建筑 设计师 莱伊恩 受命 设计了 英国 温泽 市政府
dàtīng. Tā yùnyòng gōngchéng lìxué de zhīshi, yījù zìjǐ duōnián de shíjiàn, qiǎomiào de shèjìle
大厅。他 运用 工程 力学 的 知识，依据 自己 多年 的 实践， 巧妙 地 设计了
zhǐ yòng yī gēn zhùzi zhīchēng de dàtīng tiānhuābǎn. Yī nián yǐhòu, shìzhèngfǔ quánwēi rénshì
只 用 一 根 柱子 支撑 的 大厅 天花板。一 年 以后，市政府 权威 人士
jìnxíng gōngchéng yànshōu shí, què shuō zhǐ yòng yī gēn zhùzi zhīchēng tiānhuābǎn tài wēixiǎn,
进行 工程 验收 时，却 说 只 用 一 根 柱子 支撑 天花板 太 危险，
yāoqiú Láiyī'ēn zài duō jiā jǐ gēn zhùzi.
要求 莱伊恩 再 多 加 几 根 柱子。

Láiyī'ēn zìxìn zhǐyào yī gēn jiāngù de zhùzi zúyǐ bǎozhèng dàtīng ānquán, tā de "gù•zhí"
莱伊恩 自信 只要 一 根 坚固 的 柱子 足以 保证 大厅 安全，他 的"固执"
rěnǎole shìzhèng guānyuán, xiǎnxiē bèi sòng•shàng fǎtíng. Tā fēicháng kǔnǎo, jiānchí zìjǐ yuánxiān
惹恼了 市政 官员，险些 被 送 上 法庭。他 非常 苦恼，坚持 自己 原先
de zhǔzhāng ba, shìzhèng guānyuán kěndìng huì lìng zhǎo rén xiūgǎi shèjì; bù jiānchí ba, yòu yǒu
的 主张 吧，市政 官员 肯定 会 另 找 人 修改 设计；不 坚持 吧，又 有
bèi zìjǐ wéirén de zhǔnzé. Máodùnle hěn cháng yīduàn shíjiān, Láiyī'ēn zhōngyú xiǎngchūle yī
悖 自己 为人 的 准则。矛盾了 很 长 一段 时间，莱伊恩 终于 想出了 一
tiáo miàojì, tā zài dàtīng•lǐ zēngjiāle sì gēn zhùzi, bùguò zhèxiē zhùzi bìng wèi yǔ tiānhuābǎn
条 妙计，他 在 大厅 里 增加了 四 根 柱子，不过 这些 柱子 并 未 与 天花板
jiēchù, zhǐ•bùguò shì zhuāngzhuang yàngzi.
接触，只不过 是 装装 样子。

Sānbǎi duō nián guò•qù le, zhège mìmì shǐzhōng méi•yǒu bèi rén fāxiàn. Zhídào qián liǎng
三百 多 年 过去 了，这个 秘密 始终 没有 被 人 发现。直到 前 两
nián, shìzhèngfǔ zhǔnbèi xiūshàn dàtīng de tiānhuābǎn, cái fāxiàn Láiyī'ēn dāngnián de
年，市政府 准备 修缮 大厅 的 天花板，才 发现 莱伊恩 当年 的
"nòngxū-zuòjiǎ". Xiāoxi chuánchū hòu, shìjiè gè guó de jiànzhù zhuānjiā hé yóukè yúnjí, dāngdì
"弄虚作假"。消息 传出 后，世界 各 国 的 建筑 专家 和 游客 云集，当地
zhèngfǔ duìcǐ yě bù jiā yǎnshì, zài xīn shìjì dàolái zhī jì, tèyì jiāng dàtīng zuòwéi yī gè lǚyóu
政府 对此 也不 加 掩饰，在 新 世纪 到来 之 际，特意 将 大厅 作为 一 个 旅游
jǐngdiǎn duìwài kāifàng, zhǐ zài yǐndǎo rénmen chóngshàng hé xiāngxìn kēxué.
景点 对外 开放，旨 在 引导 人们 崇尚 和 相信 科学。

Zuòwéi yī míng jiànzhùshī, Láiyī'ēn bìng bù shì zuì chūsè de. Dàn zuòwéi yī gè rén, tā
作为 一 名 建筑师，莱伊恩 并 不 是 最 出色 的。但 作为 一 个 人，他
wúyí fēicháng wěidà, zhè zhǒng // wěidà biǎoxiàn zài tā shǐzhōng kèshǒuzhe zìjǐ de yuánzé, gěi
无疑 非常 伟大，这 种 // 伟大 表现 在 他 始终 恪守着 自己 的 原则，给
gāoguì de xīnlíng yī gè měilì de zhùsuǒ, nǎpà shì zāoyù dào zuì dà de zǔlì, yě yào xiǎng bànfǎ
高贵 的 心灵 一 个 美丽 的 住所，哪怕 是 遭遇 到 最 大 的 阻力，也 要 想 办法
dǐdá shènglì.
抵达 胜利。

——节选自游宇明《坚守你的高贵》

作品 20 号——《金子》

[朗读提示]本文讲了淘金者彼得·弗雷特以自己的勤劳和诚实获得"真金"的小故事。朗读前一部分时语气要略带失望之情，朗读后一部分时要通过声音把主人公顿悟后的欣喜表现

出来。

Zìcóng chuányán yǒu rén zài Sàwén hépàn sànbù shí wúyì fāxiànle jīnzi hòu, zhè•lǐ biàn cháng
自从 传言 有 人 在 萨文 河畔 散步 时 无意 发现了 金子 后，这里 便 常

yǒu láizì sìmiàn-bāfāng de táojīnzhě. Tāmen dōu xiǎng chéngwéi fùwēng, yúshì xúnbiànle zhěnggè
有 来自 四面 八方 的 淘金者。他们 都 想 成为 富翁，于是 寻遍了 整个

héchuáng, hái zài héchuáng•shàng wāchū hěnduō dàkēng, xīwàng jièzhù tāmen zhǎodào gèng duō
河床， 还 在 河床 上 挖出 很多 大坑， 希望 借助 它们 找到 更 多

de jīnzi. Díquè, yǒu yīxiē rén zhǎodào le, dàn lìngwài yīxiē rén yīn•wèi yīwú-suǒdé ér zhǐhǎo
的 金子。的确，有 一些 人 找到 了，但 另外 一些 人 因为 一无所得 而 只好

sǎoxìng guīqù.
扫兴 归去。

Yě yǒu bù gānxīn luòkōng de, biàn zhùzhā zài zhè•lǐ, jìxù xúnzhǎo. Bǐdé Fúléitè jiùshì
也 有 不 甘心 落空 的，便 驻扎 在 这里，继续 寻找。 彼得•弗雷特 就是

qízhōng yī yuán. Tā zài héchuáng fùjìn mǎile yī kuài méi rén yào de tǔdì, yī gè rén mòmò de
其中 一 员。他 在 河床 附近 买了 一 块 没 人 要 的 土地，一 个 人 默默 地

gōngzuò. Tā wèile zhǎo jīnzi, yǐ bǎ suǒyǒu de qián dōu yā zài zhè kuài tǔdì•shàng. Tā
工作。 他 为了 找 金子，已 把 所有 的 钱 都 押 在 这 块 土地 上。 他

máitóu-kǔgànle jǐ gè yuè, zhídào tǔdì quán biànchéngle Kēngkēng-wāwā, tā shīwàng le —— tā
埋头 苦干了 几 个 月，直到 土地 全 变成了 坑坑 洼洼，他 失望 了—— 他

fānbiànle zhěng kuài tǔdì, dàn lián yīdīngdiǎnr jīnzi dōu méi kàn•jiàn.
翻遍了 整 块 土地，但 连 一丁点儿金子 都 没 看见。

Liù gè yuè hòu, tā lián mǎi miànbāo de qián dōu méi•yǒu le. Yúshì tā zhǔnbèi líkāi zhèr
六 个 月 后，他 连 买 面包 的 钱 都 没有 了。于是 他 准备 离开 这儿

dào biéchù qù móushēng.
到 别处 去 谋生。

Jiù zài tā jíjiāng líqù de qián yī gè wǎnshang, tiān xiàqǐle qīngpén-dàyǔ, bìngqiě yīxià
就 在 他 即将 离去 的 前 一 个 晚上， 天 下起了 倾盆大雨， 并且 一下

jiùshì sān tiān sān yè. Yǔ zhōngyú tíng le, Bǐdé zǒuchū xiǎo mùwū, fāxiàn yǎnqián de tǔdì kàn
就是 三 天 三 夜。雨 终于 停 了，彼得 走出 小 木屋，发现 眼前 的 土地 看

shàng•qù hǎoxiàng hé yǐqián bù yīyàng: Kēngkeng-wāwā yǐ bèi dàshuǐ chōngshuā píngzhěng,
上 去 好像 和 以前 不 一样： 坑坑 洼洼 已 被 大水 冲刷 平整，

sōngruǎn de tǔdì•shàng zhǎngchū yī céng lùróngróng de xiǎocǎo.
松软 的 土地 上 长出 一 层 绿茸茸 的 小草。

"Zhè•lǐ méi zhǎodào jīnzi," Bǐdé hū yǒu suǒ wù de shuō, "Dàn zhè tǔdì hěn féiwò, wǒ
"这里 没 找到 金子，"彼得 忽 有 所 悟 地 说，"但 这 土地 很 肥沃，我

kěyǐ yònglái zhòng huā, bìngqiě nádào zhèn•shàng qù màigěi nàxiē fùrén, tāmen yīdìng huì mǎi xiē
可以 用来 种 花，并且 拿到 镇 上 去 卖给 那些 富人，他们 一定 会 买 些

huā zhuāngbàn tāmen huálì de kètīng. // Rúguǒ zhēn shì zhèyàng de huà, nàme wǒ yīdìng huì
花 装扮 他们 华丽 的 客厅。//如果 真 是 这样 的 话，那么 我 一定 会

zhuàn xǔduō qián, yǒuzhāo-yīrì wǒ yě huì chéngwéi fùrén ……"
赚 许多 钱，有朝 一日 我 也 会 成为 富人……"

Yúshì tā liúle xià•lái. Bǐdé huāle bù shǎo jīnglì péiyù huāmiáo, bùjiǔ tiándì•lǐ zhǎngmǎnle
于是 他 留了 下 来。彼得 花了 不 少 精力 培育 花苗， 不久 田地 里 长满了

měilì jiāoyàn de gè sè xiānhuā.
美丽 娇艳 的 各 色 鲜花。

Wǔ nián yǐhòu, Bǐdé zhōngyú shíxiànle tā de mèngxiǎng —— chéngle yī gè fùwēng. "Wǒ shì
五 年 以后，彼得 终于 实现了 他 的 梦想 —— 成了 一 个 富翁。"我 是

wéiyī de yī gè zhǎodào zhēnjīn de rén!" Tā shícháng bùwú jiāo'ào de gàosu bié•rén, "Bié•rén zài
唯一 的 一 个 找到 真金 的 人！"他 时常 不无 骄傲 地 告诉 别人，"别人 在

zhèr zhǎo•bùdào jīnzi hòu biàn yuǎnyuǎn de líkāi, ér wǒ de ‘jīnzi’ shì zài zhè kuài tǔdì•lǐ,
这儿 找 不到 金子 后 便 远远 地 离开，而 我 的 ‘金子’ 是 在 这 块 土地 里，
zhǐyǒu chéng•shí de rén yòng qínláo cáinéng cǎijí dào.”
只有 诚实 的 人 用 勤劳 才能 采集 到。”

——节选自陶猛译《金子》

作品 21 号——《捐诚》

[朗读提示]本篇叙述了作者在加拿大遇到过的两次募捐，行文质朴，感人至深。朗读时要把这种感人至深、令人难以忘怀的情感，融到娓娓道来的讲述之中。

Wǒ zài Jiānádà xuéxí qījiān yùdàoguo liǎng cì mùjuān, nà qíngjǐng zhìjīn shǐ wǒ
我 在 加拿大 学习 期间 遇到过 两 次 募捐，那 情景 至今 使 我
nányǐ-wànghuái.
难以 忘怀。

Yī tiān, wǒ zài Wòtàihuá de jiē•shàng bèi liǎng gè nánháizi lánzhù qùlù. Tāmen shí lái suì,
一 天，我 在 渥太华 的 街 上 被 两 个 男孩子 拦住 去路。他们 十 来 岁，
chuān de zhěngzhěng-qíqí, měi rén tóu•shàng dàizhe gè zuògōng jīngqiǎo、sècǎi xiānyàn de zhǐ
穿 得 整整 齐齐，每 人 头 上 戴着 个 做工 精巧、色彩 鲜艳 的 纸
mào, shàng•miàn xiězhe“Wèi bāngzhù huàn xiǎo’ér mábì de huǒbàn mùjuān.” Qízhōng de yī gè,
帽，上 面 写着“为 帮助 患 小儿 麻痹 的 伙伴 募捐。”其中 的 一 个，
bùyóu-fēnshuō jiù zuò zài xiǎodèng•shàng gěi wǒ cā•qǐ píxié•lái, lìng yī gè zé bīnbīn-yǒulǐ de
不由 分说 就 坐 在 小凳 上 给 我 擦 起 皮鞋 来，另 一 个 则 彬彬 有礼 地
fāwèn:“Xiǎo•jiě, nín shì nǎ guó rén? Xǐhuan Wòtàihuá ma?”“Xiǎo•jiě, zài nǐmen guójiā yǒu méi•yǒu
发问：“小姐，您 是 哪 国 人？喜欢 渥太华 吗？”“小姐，在 你们 国家 有 没有
xiǎoháir huàn xiǎo’ér mábì? Shéi gěi tāmen yīliáofèi?” Yīliánchuàn de wèntí, shǐ wǒ zhège
小孩儿 患 小儿 麻痹？谁 给 他们 医疗费？”一连串 的 问题，使 我 这个
yǒushēng-yǐlái tóu yī cì zài zhòngmù-kuíkuí zhīxià ràng bié•rén cā xié de yìxiāngrén, cóng jìnhū
有生 以来 头 一 次 在 众目 睽睽 之下 让 别人 擦 鞋 的 异乡人，从 近乎
lángbèi de jiǒngtài zhōng jiětuō chū•lái. Wǒmen xiàng péngyou yīyàng liáo•qǐ tiānr•lái ……
狼狈 的 窘态 中 解脱 出来。我们 像 朋友 一样 聊 起 天儿 来……

Jǐ gè yuè zhīhòu, yě shì zài jiē•shàng. Yīxiē shízì lùkǒuchù huò chēzhàn zuòzhe jǐ wèi lǎorén.
几 个 月 之后，也 是 在 街 上。一些 十字 路口处 或 车站 坐着 几 位 老人。
Tāmen mǎntóu yínfà, shēn chuān gè zhǒng lǎoshì jūnzhuāng, shàng•miàn bùmǎnle dàdà-xiǎoxiǎo
他们 满头 银发，身 穿 各 种 老式 军装，上 面 布满了 大大 小小
xíngxíng-sèsè de huīzhāng、jiǎngzhāng, měi rén shǒu pěng yī dà shù xiānhuā, yǒu shuǐxiān、shízhú、
形形 色色 的 徽章、奖章，每 人 手 捧 一 大 束 鲜花，有 水仙、石竹、
méi•guī jí jiào•bùchū míngzi de, yīsè xuěbái. Cōngcōng guòwǎng de xíngrén fēnfēn zhǐbù, bǎ
玫瑰 及 叫不出 名字 的，一色 雪白。匆匆 过往 的 行人 纷纷 止步，把
qián tóujìn zhèxiē lǎorén shēnpáng de báisè mùxiāng nèi, ránhòu xiàng tāmen wēiwēi jūgōng, cóng
钱 投进 这些 老人 身旁 的 白色 木箱 内，然后 向 他们 微微 鞠躬，从
tāmen shǒu zhōng jiēguo yī duǒ huā. Wǒ kànle yīhuìr, yǒu rén tóu yī-liǎng yuán, yǒu rén tóu
他们 手 中 接过 一 朵 花。我 看了 一会儿，有 人 投 一两 元，有 人 投
jǐbǎi yuán, hái yǒu rén tāochū zhīpiào tiánhǎo hòu tóujìn mùxiāng. Nàxiē lǎojūnrén háobù zhùyì
几百 元，还 有 人 掏出 支票 填好 后 投进 木箱。那些 老军人 毫不 注意
rénmen juān duō•shǎo qián, yīzhí bù// tíng de xiàng rénmen dīshēng dàoxiè. Tóngxíng de péngyou
人们 捐 多少 钱，一直 不//停 地 向 人们 低声 道谢。同行 的 朋友
gàosu wǒ, zhè shì wèi jìniàn Èr Cì Dàzhàn zhōng cānzhàn de yǒngshì, mùjuān jiùjì cánfèi jūnrén
告诉 我，这 是 为 纪念 二 次 大战 中 参战 的 勇士，募捐 救济 残废 军人

hé lièshì yíshuāng, měinián yī cì; rèn juān de rén kěwèi yǒngyuè, érqiě zhìxù jǐngrán, qì•fēn
和烈士 遗孀， 每年 一 次；认 捐 的 人 可谓 踊跃， 而且 秩序 井然， 气氛
zhuāngyán. Yǒuxiē dìfang, rénmen hái nàixīn de páizhe duì. Wǒ xiǎng, zhè shì yīn•wèi tāmen dōu
庄严。 有些 地方， 人们 还 耐心 地 排着 队。我 想， 这 是 因为 他们 都
zhī•dào: Zhèng shì zhèxiē lǎorénmen de liúxuè xīshēng huànláile bāokuò tāmen xìnyǎng zìyóu zài nèi
知道： 正 是 这些 老人们 的 流血 牺牲 换来了 包括 他们 信仰 自由 在 内
de xǔxǔ-duōduō.
的 许许 多多。

Wǒ liǎng cì bǎ nà wēibù-zúdào de yīdiǎnr qián pěnggěi tāmen, zhǐ xiǎng duì tāmen shuō
我 两 次 把 那 微不足道 的 一点儿 钱 捧给 他们，只 想 对 他们 说
shēng“xièxie”.
声 “谢谢”。

——节选自青白《捐诚》

作品22号——《可爱的小鸟》

[朗读提示]这是一篇描绘人与小鸟和谐共存且感情日趋笃厚的抒情散文，朗读时要以声传情，以情感人。

Méi•yǒu yī piàn lǜyè, méi•yǒu yī lǚ chuīyān, méi•yǒu yī lì nítǔ, méi•yǒu yī sī huāxiāng,
没有 一 片 绿叶， 没有 一 缕 炊烟， 没有 一 粒 泥土， 没有 一 丝 花香，
zhǐyǒu shuǐ de shìjiè, yún de hǎiyáng.
只有 水 的 世界，云 的 海洋。

Yī zhèn táifēng xíguò, yī zhī gūdān de xiǎoniǎo wújiā-kěguī, luòdào bèi juǎndào yáng•lǐ de
一 阵 台风 袭过，一 只 孤单 的 小鸟 无家 可归，落到 被 卷到 洋 里 的
mùbǎn•shàng, chéng liú ér xià, shānshān ér lái, jìn le, jìn le! ……
木板 上， 乘 流 而 下， 姗姗 而 来，近 了，近 了！……

Hūrán, xiǎoniǎo zhāngkāi chìbǎng, zài rénmen tóudǐng pánxuánle jǐ quānr, “pūlā” yī shēng
忽然， 小鸟 张开 翅膀， 在 人们 头顶 盘旋了 几 圈儿，“噗啦”一 声
luòdàole chuán•shàng. Xǔ shì lèi le? Háishì fāxiànle“xīn dàlù”? Shuǐshǒu niǎn tā tā bù zǒu, zhuā
落到了 船 上。 许 是 累 了？还是 发现了“新 大陆”？ 水手 撵 它 它 不 走， 抓
tā, tā guāiguāi de luò zài zhǎngxīn. Kě'ài de xiǎoniǎo hé shànliáng de shuǐshǒu jiéchéngle
它，它 乖乖 地 落 在 掌心。 可爱 的 小鸟 和 善良 的 水手 结成了
péngyou.
朋友。

Qiáo, tā duō měilì, jiāoqiǎo de xiǎozuǐ, zhuólǐzhe lǜsè de yǔmáo, yāzi yàng de biǎnjiǎo,
瞧， 它 多 美丽， 娇巧 的 小嘴， 啄理着 绿色 的 羽毛，鸭子 样 的 扁脚，
chéngxiàn chū chūncǎo de éhuáng. Shuǐshǒumen bǎ tā dàidào cāng•lǐ, gěi tā“dā pù”, ràng tā
呈现 出 春草 的 鹅黄。 水手们 把 它 带到 舱 里，给 它“搭 铺”，让 它
zài chuán•shàng ānjiā-luòhù, měi tiān, bǎ fēndào de yī sùliàotǒngdànshuǐ yúngěi tā hē, bǎ cóng
在 船 上 安家 落户，每 天，把 分到 的 一 塑料筒 淡水 匀给 它 喝，把 从
zǔguó dài•lái de xiānměi de yúròu fēngěi tā chī, tiāncháng-rìjiǔ, xiǎoniǎo hé shuǐshǒu de gǎnqíng
祖国 带 来 的 鲜美 的 鱼肉 分给 它 吃，天长 日久， 小鸟 和 水手 的 感情
rìqū dǔhòu. Qīngchén, dāng dì-yī shùyángguāng shèjìn xiánchuāng shí, tā biàn chǎngkāi měilì de
日趋 笃厚。 清晨， 当 第一 束 阳光 射进 舷窗 时，它 便 敞开 美丽 的
gēhóu, chàng hga chàng, yīngyīng-yǒuyùn, wǎnrú chūnshuǐ cóngcóng. Rénlèi gěi tā yǐ shēngmìng,
歌喉， 唱 啊 唱， 嘤嘤 有韵， 宛如 春水 淙淙。 人类 给 它 以 生命，
tā háobù qiānlìn de bǎ zìjǐ de yìshù qīngchūn fèngxiàn gěile bǔyù tā de rén. Kěnéng dōu shì
它 毫不 悭吝 地 把 自己 的 艺术 青春 奉献 给了 哺育 它 的 人。 可能 都 是

zhèyàng? Yìshùjiāmen de qīngchūn zhǐ huì xiàngěi zūnjìng tāmen de rén.
这样？艺术家们的青春只会献给尊敬他们的人。

Xiǎoniǎo gěi yuǎnháng shēnghuó méng·shàngle yī céng làngmàn sèdiào. Fǎnháng shí, rénmen àibùshìshǒu, liànliàn-bùshě de xiǎng bǎ tā dàidào yìxiāng. Kě xiǎoniǎo qiáocuì le, gěi shuǐ, bù hē! Wèi ròu, bù chī! Yóuliàng de yǔmáo shīqùle guāngzé. Shì ra, wǒ // men yǒu zìjǐ de zǔguó, xiǎoniǎo yě yǒu tā de guīsù, rén hé dòngwù dōu shì yīyàng hga, nǎr yě bùrú gùxiāng hǎo!
小鸟给远航生活蒙上了一层浪漫色调。返航时，人们爱不释手，恋恋不舍地想把它带到异乡。可小鸟憔悴了，给水，不喝！喂肉，不吃！油亮的羽毛失去了光泽。是啊，我//们有自己的祖国，小鸟也有它的归宿，人和动物都是一样啊，哪儿也不如故乡好！

Cí'ài de shuǐshǒumen juédìng fàngkāi tā, ràng tā huídào dàhǎi de yáolán·qù, huídào lánsè de gùxiāng·qù. Líbié qián, zhège dàzìrán de péngyou yǔ shuǐshǒumen liúyǐng jìniàn. Tā zhàn zài xǔduō rén de tóu·shàng, jiān·shàng, zhǎng·shàng, gēbo·shàng, yǔ wèiyǎngguo tā de rénmen, yīqǐ róngjìn nà lánsè de huàmiàn……
慈爱的水手们决定放开它，让它回到大海的摇篮去，回到蓝色的故乡去。离别前，这个大自然的朋友与水手们留影纪念。它站在许多人的头上，肩上，掌上，胳膊上，与喂养过它的人们，一起融进那蓝色的画面……

——节选自王文杰《可爱的小鸟》

作品 23 号——《课不能停》

[朗读提示]这篇文章通过“课不能停”这件事情，表达了主题：施舍的最高原则是保持受施者的尊严。朗读时要体会学校的良苦用心，节奏应是不紧不慢的，语调应是凝重深沉的。

Niǔyuē de dōngtiān cháng yǒu dà fēngxuě, pūmiàn de xuěhuā bùdàn lìng rén nányǐzhēngkāi yǎnjing, shènzhì hūxī dōu huì xīrù bīnglěng de xuěhuā. Yǒushí qián yī tiān wǎnshang háishì yī piàn qínglǎng, dì-èr tiān lākāi chuānglián, què yǐ·jīng jīxuě yíng chǐ, lián mén dōu tuī·bùkāi le.
纽约的冬天常有大风雪，扑面的雪花不但令人难以睁开眼睛，甚至呼吸都会吸入冰冷的雪花。有时前一天晚上还是一片晴朗，第二天拉开窗帘，却已经积雪盈尺，连门都推不开了。

Yùdào zhèyàng de qíngkuàng, gōngsī、shāngdiàn cháng huì tíngzhǐ shàngbān, xuéxiào yě tōngguò guǎngbō, xuānbù tíngkè. Dàn lìng rén bùjiě de shì, wéiyǒu gōnglì xiǎoxué, réngrán kāifàng. Zhǐ jiàn huángsè de xiàochē, jiānnán de zài lùbiān jiē háizi, lǎoshī zé yīdàzǎo jiù kǒuzhōng pēnzhe rèqì, chǎnqù chēzi qiánhòu de jīxuě, xiǎoxīn-yìyì de kāichē qù xuéxiào.
遇到这样的情况，公司、商店常会停止上班，学校也通过广播，宣布停课。但令人不解的是，惟有公立小学，仍然开放。只见黄色的校车，艰难地在路边接孩子，老师则一大早就口中喷着热气，铲去车子前后的积雪，小心翼翼地开车去学校。

Jù tǒngjì, shí nián lái Niǔyuē de gōnglì xiǎoxué zhǐ yīn·wèi chāojí bàofēngxuě tíngguo qī cì kè. Zhè shì duōme lìng rén jīngyà de shì. Fàndezháo zài dà·rén dōu wúxū shàngbān de shíhou ràng háizi qù xuéxiào ma? Xiǎoxué de lǎoshī yě tài dǎoméi le ba?
据统计，十年来纽约的公立小学只因为超级暴风雪停过七次课。这是多么令人惊讶的事。犯得着在大人都无须上班的时候让孩子去学校吗？小学的老师也太倒霉了吧？

Yúshì, měiféng dàxuě ér xiǎoxué bù tíngkè shí, dōu yǒu jiāzhǎng dǎ diànhuà qù mà. Miào de shì, měi gè dǎ diànhuà de rén, fǎnyìng quán yīyàng—— xiān shì nùqì-chōngchōng de zéwèn,
于是，每逢大雪而小学不停课时，都有家长打电话去骂。妙的是，每个打电话的人，反应全一样——先是怒气冲冲地责问，

ránhòu mǎnkǒu dàoqiàn，zuìhòu xiàoróng mǎnmiàn de guà•shàng diànhuà. Yuányīn shì，xuéxiào
然后 满口 道歉，最后 笑容 满面 地 挂 上 电话。原因 是，学校

gàosu jiāzhǎng：
告诉 家长：

Zài Niǔyuē yǒu xǔduō bǎiwàn fùwēng，dàn yě yǒu bùshǎo pínkùn de jiātíng. Hòuzhě bái•tiān
在 纽约 有 许多 百万 富翁，但 也 有 不少 贫困 的 家庭。后者 白天

kāi•bùqǐ nuǎnqì，gōng•bùqǐ wǔcān，háizi de yíngyǎng quán kào xuéxiào•lǐ miǎnfèi de zhōngfàn，
开不起 暖气，供不起 午餐，孩子 的 营养 全 靠 学校 里 免费 的 中饭，

shènzhì kěyǐ duō ná xiē huíjiā dàng wǎncān. Xuéxiàotíngkè yī tiān，qióng háizi jiù shòu yī tiān
甚至 可以 多 拿 些 回家 当 晚餐。学校 停课 一 天，穷 孩子 就 受 一 天

dòng，ái yī tiān è，suǒyǐ lǎoshīmen nìngyuàn zìjǐ kǔ yīdiǎnr，yě bù néng tíng // kè.
冻，挨 一 天 饿，所以 老师们 宁愿 自己 苦 一点儿，也 不 能 停 // 课。

Huòxǔ yǒu jiāzhǎng huì shuō：Hé bù ràng fùyù de háizi zài jiā•lǐ，ràng pínqióng de háizi qù
或许 有 家长 会 说：何 不 让 富裕 的孩子 在 家 里，让 贫穷 的 孩子 去

xuéxiào xiǎngshòu nuǎnqì hé yíngyǎng wǔcān ne?
学校 享受 暖气 和 营养 午餐 呢？

Xuéxiào de dá•fù shì：Wǒmen bùyuàn ràng nàxiē qióngkǔ de háizi gǎndào tāmen shì zài jiēshòu
学校 的 答复 是：我们 不愿 让 那些 穷苦 的 孩子 感到 他们 是 在 接受

jiùjì，yīn•wèi shīshě de zuìgāo yuánzé shì bǎochí shòushīzhě de zūnyán.
救济，因为 施舍 的 最高 原则 是 保持 受施者 的 尊严。

——节选自（台湾）刘墉《课不能停》

作品 24 号——《莲花和樱花》

[朗读提示]本文是一篇表达中日人民友好的文章，语言通俗易懂，没有抽象的高谈阔论，所以朗读时声音要松弛，语气要自然亲切。

Shí nián，zài lìshǐ•shàng bùguò shì yī shùnjiān. Zhǐyào shāo jiā zhùyì，rénmen jiùhuì fāxiàn：
十 年，在 历史 上 不过 是 一 瞬间。只要 稍 加 注意，人们 就会 发现：

Zài zhè yī shùnjiān•lǐ，gè zhǒng shìwù dōu qiāoqiāo jīnglìle zìjǐ de qiānbiàn-wànhuà.
在 这 一 瞬间 里，各 种 事物 都 悄悄 经历了 自己 的 千变 万化。

Zhè cì chóngxīn fǎng Rì，wǒ chùchù gǎndào qīnqiè hé shú•xī，yě zài xǔduō fāngmiàn fājuéle
这 次 重新 访 日，我 处处 感到 亲切 和 熟悉，也 在 许多 方面 发觉了

Rìběn de biànhuà. Jiù ná Nàiliáng de yī gè jiǎoluò lái shuō ba，wǒ chóngyóule wèi zhī gǎnshòu
日本 的 变化。就 拿 奈良 的 一 个 角落 来 说 吧，我 重游了 为 之 感受

hěn shēn de Táng Zhāotísì，zài sìnèi gè chù cōngcōng zǒule yī biàn，tíngyuàn yījiù，dàn
很 深 的 唐 招提寺，在 寺内 各 处 匆匆 走了 一 遍，庭院 依旧，但

yìxiǎng-bùdào hái kàndàole yīxiē xīn de dōngxi. Qízhōng zhīyī，jiùshì jìn jǐ nián cóng Zhōngguó
意想 不到 还 看到了 一些 新 的 东西。其中 之一，就是 近 几 年 从 中国

yízhí lái de "yǒuyì zhī lián".
移植 来 的"友谊 之 莲"。

Zài cúnfàng Jiànzhēn yíxiàng de nàge yuànzi•lǐ，jǐ zhū Zhōngguó lián ángrán-tǐnglì，cuìlǜ de
在 存放 鉴真 遗像 的 那个 院子 里，几 株 中国 莲 昂然 挺立，翠绿 的

kuāndà héyè zhèng yíngfēng ér wǔ，xiǎn•dé shífēn yúkuài. Kāihuā de jìjié yǐ guò，héhuā duǒduǒ
宽大 荷叶 正 迎风 而 舞，显得 十分 愉快。开花 的 季节 已 过，荷花 朵朵

yǐ biànwéi liánpeng léiléi. Liánzǐ de yánsè zhèngzài yóu qīng zhuǎn zǐ，kàn•lái yǐ•jīng chéngshú
已 变为 莲蓬 累累。莲子 的 颜色 正在 由 青 转 紫，看来 已经 成熟

le.
了。

Wǒ jīn•bùzhù xiǎng:“Yīn” yǐ zhuǎnhuà wéi“guǒ”.
我禁不住想:“因”已转化为“果”。

Zhōngguó de liánhuā kāi zài Rìběn, Rìběn de yīnghuā kāi zài Zhōngguó, zhè bù shì ǒurán. Wǒ xīwàng zhèyàng yī zhǒng shèngkuàng yánxù bù shuāi. Kěnéng yǒu rén bù xīnshǎng huā, dàn jué bùhuì yǒu rén xīnshǎng luò zài zìjǐ miànqián de pàodàn.
中国的莲花开在日本,日本的樱花开在中国,这不是偶然。我希望这样一种盛况延续不衰。可能有人不欣赏花,但决不会有人欣赏落在自己面前的炮弹。

Zài zhèxiē rìzi•lǐ, wǒ kàndàole bùshǎo duō nián bù jiàn de lǎopéngyou, yòu jiéshíle yīxiē xīn péngyou. Dàjiā xǐhuan shèjí de huàtí zhīyī, jiùshì gǔ Cháng'ān hé gǔ Nàiliáng. Nà hái yòngdezháo wèn ma, péngyoumen miǎnhuái guòqù, zhèngshì zhǔwàng wèilái. Zhǔmù yú wèilái de rénmen bìjiāng huòdé wèilái.
在这些日子里,我看到了不少多年不见的老朋友,又结识了一些新朋友。大家喜欢涉及的话题之一,就是古长安和古奈良。那还用得着问吗,朋友们缅怀过去,正是瞩望未来。瞩目于未来的人们必将获得未来。

Wǒ bù lìwài, yě xīwàng yī gè měihǎo de wèilái.
我不例外,也希望一个美好的未来。

Wèi // le Zhōng-Rì rénmín zhījiān de yǒuyì, wǒ jiāng bù làngfèi jīnhòu shēngmìng de měi yī shùnjiān.
为//了中日人民之间的友谊,我将不浪费今后生命的每一瞬间。

——节选自严文井《莲花和樱花》

作品 25 号——《绿》

[朗读提示]本文描绘了梅雨潭“奇异”“醉人”的绿,字里行间洋溢着一种浓郁的诗味——诗的情感、诗的意境、诗的语言,所以朗读时语调要舒展柔和,饱含着诗情画意。

Méiyǔtán shǎnshǎn de lǜsè zhāoyǐnzhe wǒmen, wǒmen kāishǐ zhuīzhuō tā nà líhé de shénguāng le. Jiūzhe cǎo, pānzhe luànshí, xiǎo•xīn tànshēn xià•qù, yòu jūgōng guòle yī gè shíqióngmén, biàn dàole wāngwāng yī bì de tán biān le.
梅雨潭闪闪的绿色招引着我们,我们开始追捉她那离合的神光了。揪着草,攀着乱石,小心探身下去,又鞠躬过了一个石穹门,便到了汪汪一碧的潭边了。

Pùbù zài jīnxiù zhījiān, dànshì wǒ de xīnzhōng yǐ méi•yǒu pùbù le. Wǒ de xīn suí tánshuǐ de lǜ ér yáodàng. Nà zuìrén de lǜ ya! Fǎngfú yī zhāng jí dà jí dà de héyè pūzhe, mǎnshì qíyì de lǜ ya. Wǒ xiǎng zhāngkāi liǎngbì bàozhù tā, dàn zhè shì zěnyàng yī gè wàngxiǎng nga.
瀑布在襟袖之间,但是我的心中已没有瀑布了。我的心随潭水的绿而摇荡。那醉人的绿呀!仿佛一张极大极大的荷叶铺着,满是奇异的绿呀。我想张开两臂抱住她,但这是怎样一个妄想啊。

Zhàn zài shuǐbiān, wàngdào nà•miàn, jūrán juézhe yǒu xiē yuǎn ne! Zhè píngpūzhe、hòujīzhe de lǜ, zhuóshí kě'ài. Tā sōngsōng de zhòuxiézhe, xiàng shàofù tuōzhe de qúnfú; tā huáhuá de míngliàngzhe, xiàng túle “míngyóu” yībān, yǒu jīdànqīng nàyàng ruǎn, nàyàng nèn; tā yòu bù zá xiē chénzǐ, wǎnrán yī kuài wēnrùn de bìyù, zhǐ qīngqīng de yī sè—— dàn nǐ què kàn•bùtòu tā!
站在水边,望到那面,居然觉着有些远呢!这平铺着、厚积着的绿,着实可爱。她松松地皱缬着,像少妇拖着的裙幅;她滑滑的明亮着,像涂了“明油”一般,有鸡蛋清那样软,那样嫩;她又不杂些尘滓,宛然一块温润的碧玉,只清清的一色——但你却看不透她!

Wǒ céng jiànguo Běijīng Shíchàhǎi fúdì de lǜyáng, tuō•bùliǎo éhuáng de dǐzi, sìhū tài dàn
我曾见过北京什刹海拂地的绿杨，脱不了鹅黄的底子，似乎太淡
le. Wǒ yòu céng jiànguo Hángzhōu Hǔpáosì jìnpáng gāojùn ér shēnmì de "lǜbì", cóngdiézhe
了。我又曾见过杭州虎跑寺近旁高峻而深密的"绿壁"，丛叠着
wúqióng de bìcǎo yǔ lǜyè de, nà yòu sìhū tài nóng le. Qíyú ne, Xīhú de bō tài míng le,
无穷的碧草与绿叶的，那又似乎太浓了。其余呢，西湖的波太明了，
Qínhuái Hé de yě tài àn le. Kě'ài de, wǒ jiāng shénme lái bǐnǐ nǐ ne? Wǒ zěnme bǐnǐ de chū
秦淮河的也太暗了。可爱的，我将什么来比拟你呢？我怎么比拟得出
ne? Dàyuē tán shì hěn shēn de, gù néng yùnxùzhe zhèyàng qíyì de lǜ; fǎngfú wèilán de tiān
呢？大约潭是很深的，故能蕴蓄着这样奇异的绿；仿佛蔚蓝的天
róngle yī kuài zài lǐ•miàn shìde, zhè cái zhèbān de xiānrùn na.
融了一块在里面似的，这才这般的鲜润啊。

Nà zuìrén de lǜ ya! Wǒ ruò néng cái nǐ yǐ wéi dài, wǒ jiāng zènggěi nà qīngyíngde // wǔnǚ,
那醉人的绿呀！我若能裁你以为带，我将赠给那轻盈的//舞女，
tā bìnéng línfēng piāojǔ le. Wǒ ruò néng yì nǐ yǐ wéi yǎn, wǒ jiāng zènggěi nà shàn gē de
她必能临风飘举了。我若能挹你以为眼，我将赠给那善歌的
mángmèi, tā bì míngmóu-shànlài le. Wǒ shě•bù•dé nǐ, wǒ zěnshě•dé nǐ ne? Wǒ yòng shǒu pāizhe
盲妹，她必明眸善睐了。我舍不得你，我怎舍得你呢？我用手拍着
nǐ, fǔmózhe nǐ, rútóng yī gè shí'èr-sān suì de xiǎogūniang. Wǒ yòu jū nǐ rùkǒu, biànshì
你，抚摩着你，如同一个十二三岁的小姑娘。我又掬你入口，便是
wěnzhe tā le. Wǒ sòng nǐ yī gè míngzi, wǒ cóngcǐ jiào nǐ "nǚ'érlǜ", hǎo ma?
吻着她了。我送你一个名字，我从此叫你"女儿绿"，好吗？

Dì-èr cì dào Xiānyán de shíhou, wǒ bùjīn jīngchà yú Méiyǔtán de lǜ le.
第二次到仙岩的时候，我不禁惊诧于梅雨潭的绿了。

——节选自朱自清《绿》

作品 26 号——《落花生》

[朗读提示]这篇文章用落花生质朴的外表但有丰硕的果实来喻征着做人要学花生，不哗众取宠，老老实实、本分地做一个有用的人。朗读时要注意角色的区分，父亲的话语重心长，孩子的话语质朴、活泼。

Wǒmen jiā de hòuyuán yǒu bàn mǔ kòngdì, mǔ•qīn shuō: "Ràng tā huāngzhe guài kěxī de,
我们家的后园有半亩[①]空地，母亲说："让它荒着怪可惜的，
nǐmen nàme ài chī huāshēng, jiù kāipì chū•lái zhòng huāshēng ba." Wǒmen jiě-dì jǐ gè dōu hěn
你们那么爱吃花生，就开辟出来种花生吧。"我们姐弟几个都很
gāoxìng, mǎizhǒng, fāndì, bōzhǒng, jiāoshuǐ, méi guò jǐ gè yuè, jūrán shōuhuò le.
高兴，买种，翻地，播种，浇水，没过几个月，居然收获了。

Mǔ•qīn shuō: "Jīnwǎn wǒmen guò yī gè shōuhuòjié, qǐng nǐmen fù•qīn yě lái chángchang
母亲说："今晚我们过一个收获节，请你们父亲也来尝尝
wǒmen de xīn huāshēng, hǎo•bù hǎo?" Wǒmen dōu shuō hǎo. Mǔ•qīn bǎ huāshēng zuòchéngle hǎo
我们的新花生，好不好？"我们都说好。母亲把花生做成了好
jǐ yàng shípǐn, hái fēn•fù jiù zài hòuyuán de máotíng•lǐ guòzhège jié.
几样食品，还吩咐就在后园的茅亭里过这个节。

Wǎnshang tiānsè bù tài hǎo, kěshì fù•qīn yě lái le, shízài hěn nándé.
晚上天色不太好，可是父亲也来了，实在很难得。

---

① 1 亩＝666.67 平方米。

Fù•qīn shuō："Nǐmen ài chī huāshēng ma?"
父亲 说："你们 爱 吃 花生 吗?"

Wǒmen zhēngzhe dāying："Ài!"
我们 争着 答应："爱!"

"Shéi néng bǎ huāshēng de hǎo•chù shuō chū•lái?"
"谁 能 把 花生 的 好处 说 出来?"

Jiějie shuō："Huāshēng de wèir měi."
姐姐 说："花生 的 味 美。"

Gēge shuō："Huāshēng kěyǐ zhàyóu."
哥哥 说："花生 可以 榨油。"

Wǒ shuō："Huāshēng de jià•qián piányi, shéi dōu kěyǐ mǎi•lái chī, dōu xǐhuan chī. Zhè jiùshì tā de hǎo•chù."
我 说："花生 的 价钱 便宜，谁 都 可以 买 来吃，都 喜欢 吃。这 就是 它的 好处。"

Fù•qīn shuō："Huāshēng de hǎo•chù hěn duō, yǒu yī yàng zuì kěguì: Tā de guǒshí mái zài dì•lǐ, bù xiàng táozi、shíliu、píngguǒ nàyàng, bǎ xiānhóng nènlǜ de guǒshí gāogāo de guà zài zhītóu•shàng, shǐ rén yī jiàn jiù shēng àimù zhī xīn. Nǐmen kàn tā ǎi'ǎi de zhǎng zài dì•shàng, děngdào chéngshú le, yě bùnéng lìkè fēnbiàn chū•lái tā yǒu méi•yǒu guǒshí, bìxū wā chū•lái cái zhī•dào."
父亲 说："花生 的 好处 很 多，有 一 样 最 可贵：它 的 果实 埋 在 地 里，不 像 桃子、石榴、 苹果 那样，把 鲜红 嫩绿 的 果实 高高 地 挂 在 枝头 上，使 人 一 见 就 生 爱慕 之 心。你们 看 它 矮矮 地 长 在 地 上，等到 成熟 了，也 不能 立刻 分辨 出 来 它 有 没 有 果实，必须 挖 出 来 才 知道。"

Wǒmen dōu shuō shì, mǔ•qīn yě diǎndiǎn tóu.
我们 都 说 是，母亲 也 点点 头。

Fù•qīn jiē xià•qù shuō："Suǒyǐ nǐmen yào xiàng huāshēng, tā suīrán bù hǎokàn, kěshì hěn yǒuyòng, bù shì wàibiǎo hǎokàn ér méi•yǒu shíyòng de dōngxi."
父亲 接 下 去 说："所以 你们 要 像 花生，它 虽然 不 好看，可是 很 有用，不 是 外表 好看 而 没有 实用 的 东西。"

Wǒ shuō："Nàme, rén yào zuò yǒuyòng de rén, bùyào zuò zhǐ jiǎng tǐ•miàn, ér duì bié•rén méi•yǒu hǎochù de rén le." //
我 说："那么，人 要 做 有用 的 人，不要 做 只 讲 体面，而 对 别人 没有 好处 的 人 了。"//

Fù•qīn shuō："Duì. Zhè shì wǒ duì nǐmen de xīwàng."
父亲 说："对。这 是 我 对 你们 的 希望。"

Wǒmen tándào yè shēn cái sàn. Huāshēng zuò de shípǐn dōu chīwán le, fù•qīn de huà què shēnshēn de yìn zài wǒ de xīn•shàng.
我们 谈到 夜 深 才 散。 花生 做 的 食品 都 吃完 了，父亲 的 话 却 深深 地 印 在 我 的 心 上。

——节选自许地山《落花生》

作品 27 号——《麻雀》

[朗读提示]这篇文章通过老麻雀拯救小麻雀的故事，歌颂了一种伟大的力量——母爱，事情的经过写得细致入微，生动形象。朗读时要使用略显夸张的语气表现这场搏斗，从而渲染出伟大的母爱。最后两个自然段是作者的感受，要使用崇敬、沉着的语气读出来。

Wǒ dǎliè guīlái, yánzhe huāyuán de línyīnlù zǒuzhe. Gǒu pǎo zài wǒ qián·biān.
我打猎归来，沿着花园的林荫路走着。狗跑在我前边。

Tūrán, gǒu fàngmàn jiǎobù, nièzú-qiánxíng, hǎoxiàng xiùdàole qián·biān yǒu shénme yěwù.
突然，狗放慢脚步，蹑足潜行，好像嗅到了前边有什么野物。

Wǒ shùnzhe línyīnlù wàng·qù, kàn·jiànle yī zhī zuǐ biān hái dài huángsè、tóu·shàng shēngzhe róumáo de xiǎo máquè. Fēng měngliè de chuīdǎzhe línyīnlù·shàng de báihuàshù, máquè cóng cháo·lǐ diēluò xià·lái, dāidāi de fú zài dì·shàng, gūlì wúyuán de zhāngkāi liǎng zhī yǔmáo hái wèi fēngmǎn de xiǎo chìbǎng.
我顺着林荫路望去，看见了一只嘴边还带黄色、头上生着柔毛的小麻雀。风猛烈地吹打着林荫路上的白桦树，麻雀从巢里跌落下来，呆呆地伏在地上，孤立无援地张开两只羽毛还未丰满的小翅膀。

Wǒ de gǒu mànmàn xiàng tā kàojìn. Hūrán, cóng fùjìn yī kē shù·shàng fēi·xià yī zhī hēi xiōngpú de lǎo máquè, xiàng yī kē shízǐ shìde luòdào gǒu de gēn·qián. Lǎo máquè quánshēn dàoshùzhe yǔmáo, jīngkǒng-wànzhuàng, fāchū juéwàng、qīcǎn de jiàoshēng, jiēzhe xiàng lòuchū yáchǐ、dà zhāngzhe de gǒuzuǐ pū·qù.
我的狗慢慢向它靠近。忽然，从附近一棵树上飞下一只黑胸脯的老麻雀，像一颗石子似的落到狗的跟前。老麻雀全身倒竖着羽毛，惊恐万状，发出绝望、凄惨的叫声，接着向露出牙齿、大张着的狗嘴扑去。

Lǎo máquè shì měng pū xià·lái jiùhù yòuquè de. Tā yòng shēntǐ yǎnhùzhe zìjǐ de yòu'ér …… Dàn tā zhěnggè xiǎoxiǎo de shēntǐ yīn kǒngbù ér zhànlìzhe, tā xiǎoxiǎo de shēngyīn yě biànde cūbào sīyǎ, tā zài xīshēng zìjǐ!
老麻雀是猛扑下来救护幼雀的。它用身体掩护着自己的幼儿……但它整个小小的身体因恐怖而战栗着，它小小的声音也变得粗暴嘶哑，它在牺牲自己！

Zài tā kànlái, gǒu gāi shì duōme pángdà de guàiwu wa! Rán'ér, tā háishì bùnéng zhàn zài zìjǐ gāogāo de、ānquán de shùzhī·shàng …… Yī zhǒng bǐ tā de lǐzhì gèng qiángliè de lì·liàng, shǐ tā cóng nàr pū·xià shēn·lái.
在它看来，狗该是多么庞大的怪物啊！然而，它还是不能站在自己高高的、安全的树枝上……一种比它的理智更强烈的力量，使它从那儿扑下身来。

Wǒ de gǒu zhànzhù le, xiàng hòu tuìle tuì …… kànlái, tā yě gǎndàole zhè zhǒng lì·liàng.
我的狗站住了，向后退了退……看来，它也感到了这种力量。

Wǒ gǎnjǐn huànzhù jīnghuāng-shīcuò de gǒu, ránhòu wǒ huáizhe chóngjìng de xīnqíng, zǒukai le.
我赶紧唤住惊慌失措的狗，然后我怀着崇敬的心情，走开了。

Shì ra, qǐng bùyào jiànxiào. Wǒ chóngjìng nà zhī xiǎoxiǎo de、yīngyǒng de niǎo'ér, wǒ chóngjìng tā nà zhǒng ài de chōngdòng hé lì·liàng.
是啊，请不要见笑。我崇敬那只小小的、英勇的鸟儿，我崇敬它那种爱的冲动和力量。

Ài, wǒ // xiǎng, bǐ sǐ hé sǐ de kǒngjù gèng qiángdà. Zhǐyǒu yīkào tā, yīkào zhè zhǒng ài, shēngmìng cái néng wéichí xià·qù, fāzhǎn xià·qù.
爱，我//想，比死和死的恐惧更强大。只有依靠它，依靠这种爱，生命才能维持下去，发展下去。

——节选自[俄]屠格涅夫《麻雀》，巴金译

作品 28 号——《迷途笛音》

[**朗读提示**]朗读这篇文章时可分为两部分：前三个自然段为一部分，描写了迷路的小孩惊慌失措的样子，朗读时节奏要紧凑，基调要略带惊慌之情；后面为一部分，描写了听到笛音的孩子好像找到了救星，朗读基调是欢快的。

Nà nián wǒ liù suì. Lí wǒ jiā jǐn yī jiàn zhī yáo de xiǎo shānpō páng, yǒu yī gè zǎo yǐ bèi
那年我六岁。离我家仅一箭之遥的小山坡旁，有一个早已被
fèiqì de cǎishíchǎng, shuāngqīn cónglái bùzhǔn wǒ qù nàr, qíshí nàr fēngjǐng shífēn mírén.
废弃的采石场，双亲从来不准我去那儿，其实那儿风景十分迷人。

Yī gè xiàjì de xiàwǔ, wǒ suízhe yī qún xiǎohuǒbànr tōutōu shàng nàr qù le. Jiù zài
一个夏季的下午，我随着一群小伙伴偷偷上那儿去了。就在
wǒmen chuānyuèle yī tiáo gūjì de xiǎolù hòu, tāmen què bǎ wǒ yī gè rén liú zài yuán dì,
我们穿越了一条孤寂的小路后，他们却把我一个人留在原地，
ránhòu bēnxiàng“gèng wēixiǎn de dìdài” le.
然后奔向“更危险的地带”了。

Děng tāmen zǒuhòu, wǒ jīnghuāng-shīcuò de fāxiàn, zài yě zhǎo•bùdào yào huíjiā de nà tiáo
等他们走后，我惊慌失措地发现，再也找不到要回家的那条
gūjì de xiǎodào le. Xiàng zhī wú tóu de cāngying, wǒ dàochù luàn zuān, yīkù•shàng guàmǎnle
孤寂的小道了。像只无头的苍蝇，我到处乱钻，衣裤上挂满了
mángcì. Tài•yáng yǐ•jīng luòshān, ér cǐshí cǐkè, jiā•lǐ yīdìng kāishǐ chī wǎncān le, shuāngqīn
芒刺。太阳已经落山，而此时此刻，家里一定开始吃晚餐了，双亲
zhèng pànzhe wǒ huíjiā …… Xiǎngzhe xiǎngzhe, wǒ bùyóude bèi kàozhe yī kē shù, shāngxīn de
正盼着我回家……想着想着，我不由得背靠着一棵树，伤心地
wūwū dàkū qǐ•lái ……
呜呜大哭起来……

Tūrán, bù yuǎn chù chuán•láile shēngshēng liǔdí. Wǒ xiàng zhǎodàole jiùxīng, jímáng xúnshēng
突然，不远处传来了声声柳笛。我像找到了救星，急忙循声
zǒuqù. Yī tiáo xiǎodào biān de shùzhuāng•shàng zuòzhe yī wèi chuīdí rén, shǒu•lǐ hái zhèng
走去。一条小道边的树桩上坐着一位吹笛人，手里还正
xiāozhe shénme. Zǒujìn xì kàn, tā bù jiùshì bèi dàjiā chēngwéi “xiāngbalǎor” de Kǎtíng ma?
削着什么。走近细看，他不就是被大家称为“乡巴佬儿”的卡廷吗？

“Nǐ hǎo, xiǎojiāhuor,” Kǎtíng shuō, “Kàn tiānqì duō měi, nǐ shì chū•lái sànbù de ba?”
“你好，小家伙儿，”卡廷说，“看天气多美，你是出来散步的吧？”

Wǒ qièshēngshēng de diǎndiǎn tóu, dádào: “Wǒ yào huíjiā le.”
我怯生生地点点头，答道：“我要回家了。”

“Qǐng nàixīn děng•shàng jǐ fēnzhōng,” Kǎtíng shuō, “Qiáo, wǒ zhèngzài xiāo yī zhī liǔdí,
“请耐心等上几分钟”，卡廷说，“瞧，我正在削一支柳笛，
chà•bùduō jiù yào zuòhǎo le, wángōng hòu jiù sònggěi nǐ ba!”
差不多就要做好了，完工后就送给你吧！”

Kǎtíng biān xiāo biān bùshí bǎ shàng wèi chéngxíng de liǔdí fàng zài zuǐ•lǐ shì chuī yīxià.
卡廷边削边不时把尚未成形的柳笛放在嘴里试吹一下。
Méi guò duōjiǔ, yī zhī liǔdí biàn dìdào wǒ shǒu zhōng. Wǒ liǎ zài yī zhènzhèn qīngcuì yuè'ěr de
没过多久，一支柳笛便递到我手中。我俩在一阵阵清脆悦耳的
díyīn // zhōng, tà•shàngle guītú ……
笛音//中，踏上了归途……

Dāngshí, wǒ xīnzhōng zhǐ chōngmǎn gǎn•jī, ér jīntiān, dāng wǒ zìjǐ yě chéngle zǔfù shí,
当时，我心中只充满感激，而今天，当我自己也成了祖父时，

què tūrán lǐngwù dào tā yòngxīn zhī liángkǔ! Nà tiān dāng tā tīngdào wǒ de kūshēng shí, biàn
却 突然 领悟 到 他 用心 之 良苦! 那 天 当 他 听到 我 的 哭声 时, 便
pàndìng wǒ yīdìng míle lù, dàn tā bìng bù xiǎng zài háizi miànqián bànyǎn “jiùxīng” de juésè,
判定 我 一定 迷了 路, 但 他 并 不 想 在 孩子 面前 扮演 “救星” 的 角色,
yúshì chuīxiǎng liǔdí yǐbiàn ràng wǒ néng fāxiàn tā, bìng gēnzhe tā zǒuchū kùnjìng! Jiù zhèyàng,
于是 吹响 柳笛 以便 让 我 能 发现 他, 并 跟着 他 走出 困境! 就 这样,
Kǎtíng xiānsheng yǐ xiāngxiàrén de chúnpǔ, bǎohùle yī gè xiǎonánháir qiángliè de zìzūn.
卡廷 先生 以 乡下人 的 纯朴, 保护了 一 个 小男孩儿 强烈 的 自尊。

——节选自唐若水译《迷途笛音》

作品 29 号——《莫高窟》

[朗读提示]本文是一篇介绍我国文化遗产莫高窟的文章,作品中除了客观的介绍,还融入了赞美惊叹之情,所以在朗读时应该略带惊奇的语气、赞叹欣赏的口吻。

Zài hàohàn wúyín de shāmò•lǐ, yǒu yī piàn měilì de lǜzhōu, lǜzhōu•lǐ cángzhe yī kē
在 浩瀚 无垠 的 沙漠 里, 有 一 片 美丽 的 绿洲, 绿洲 里 藏着 一颗
shǎnguāng de zhēnzhū. Zhè kē zhēnzhū jiùshì Dūnhuáng Mògāokū. Tā zuòluò zài wǒguó Gānsù Shěng
闪光 的 珍珠。 这 颗 珍珠 就是 敦煌 莫高窟。它 坐落 在 我国 甘肃 省
Dūnhuáng Shì Sānwēi Shān hé Míngshā Shān de huáibào zhōng.
敦煌 市 三危 山 和 鸣沙 山 的 怀抱 中。

Míngshā Shān dōnglù shì píngjūn gāodù wéi shíqī mǐ de yábì. Zài yīqiān liùbǎi duō mǐ cháng
鸣沙 山 东麓 是 平均 高度 为 十七 米 的 崖壁。在 一千 六百 多米 长
de yábì•shàng, záo yǒu dàxiǎo dòngkū qībǎi yú gè, xíngchéngle guīmó hóngwěi de shíkū qún.
的 崖壁 上, 凿 有 大小 洞窟 七百 余 个, 形成了 规模 宏伟 的 石窟 群。
Qízhōng sìbǎi jiǔshí'èr gè dòngkū zhōng, gòng yǒu cǎisè sùxiàng liǎngqiān yībǎi yú zūn, gè zhǒng
其中 四百 九十二 个 洞窟 中, 共 有 彩色 塑像 两千 一百 余 尊, 各 种
bìhuà gòng sìwàn wǔqiān duō píngfāngmǐ. Mògāokū shì wǒguó gǔdài wúshù yìshù jiàngshī liúgěi
壁画 共 四万 五千 多 平方米。 莫高窟 是 我国 古代 无数 艺术 匠师 留给
rénlèi de zhēnguì wénhuà yíchǎn.
人类 的 珍贵 文化 遗产。

Mògāokū de cǎisù, měi yī zūn dōu shì yī jiàn jīngměi de yìshùpǐn. Zuì dà de yǒu jiǔ céng lóu
莫高窟 的 彩塑, 每 一 尊 都 是 一 件 精美 的 艺术品。最 大 的 有 九 层 楼
nàme gāo, zuì xiǎo de hái bùrú yī gè shǒuzhǎng dà. Zhèxiē cǎisù gèxìng xiānmíng,
那么 高, 最 小 的 还 不如 一 个 手掌 大。 这些 彩塑 个性 鲜明,
shéntài-gèyì. Yǒu címéi-shànmù de pú•sà, yǒu wēifēng-lǐnlǐn de tiānwáng, háiyǒu qiángzhuàng
神态 各异。有 慈眉 善目 的 菩萨, 有 威风 凛凛 的 天王, 还有 强壮
yǒngměng de lìshì ……
勇猛 的 力士 ……

Mògāokū bìhuà de nèiróng fēngfù-duōcǎi, yǒude shì miáohuì gǔdài láodòng rénmín dǎliè、bǔyú、
莫高窟 壁画 的 内容 丰富 多彩, 有的 是 描绘 古代 劳动 人民 打猎、捕鱼、
gēngtián、shōugē de qíngjǐng, yǒude shì miáohuì rénmen zòuyuè、wǔdǎo、yǎn zájì de chǎngmiàn,
耕田、 收割 的 情景, 有的 是 描绘 人们 奏乐、 舞蹈、演 杂技 的 场面,
háiyǒude shì miáohuì dàzìrán de měilì fēngguāng. Qízhōng zuì yǐnrén-zhùmù de shì fēitiān.
还有的 是 描绘 大自然 的 美丽 风光。 其中 最 引人 注目 的 是 飞天。
Bìhuà•shàng de fēitiān, yǒu de bì kuà huālán, cǎizhāi xiānhuā; yǒude fǎn tán pí•pá, qīng bō
壁画 上 的 飞天, 有 的 臂 挎 花篮, 采摘 鲜花; 有的 反 弹 琵琶, 轻 拨
yínxián; yǒude dào xuán shēnzi, zì tiān ér jiàng; yǒude cǎidài piāofú, màntiān áoyóu; yǒude
银弦; 有的 倒 悬 身子, 自 天 而 降; 有的 彩带 飘拂, 漫天 遨游; 有的

shūzhǎnzhe shuāngbì，piānpiān-qǐwǔ. Kànzhe zhèxiē jīngměi dòngrén de bìhuà，jiù xiàng zǒujìnle //
舒展着 双臂，翩翩 起舞。看着 这些 精美 动人 的 壁画，就 像 走进了 //
cànlàn huīhuáng de yìshù diàntáng.
灿烂 辉煌 的 艺术 殿堂。

Mògāokū•lǐ háiyǒu yī gè miànjī bù dà de dòngkū —— cángjīngdòng. Dòng•lǐ céng cángyǒu
莫高窟 里 还有 一 个 面积 不 大 的 洞窟 —— 藏经洞。 洞 里 曾 藏有
wǒguó gǔdài de gè zhǒng jīngjuàn、wénshū、bóhuà、cìxiù、tóngxiàng děng gòng liùwàn duō jiàn.
我国 古代 的 各 种 经卷、 文书、 帛画、刺绣、 铜像 等 共 六万 多 件。
Yóuyú Qīngcháo zhèngfǔ fǔbài wúnéng，dàliàng zhēnguì de wénwù bèi wàiguó qiángdào lüèzǒu.
由于 清朝 政府 腐败 无能， 大量 珍贵 的 文物 被 外国 强盗 掠走。
Jǐncún de bùfēn jīngjuàn，xiànzài chénliè yú Běijīng Gùgōng děng chù.
仅存 的 部分 经卷， 现在 陈列 于 北京 故宫 等 处。

Mògāokū shì jǔshì-wénmíng de yìshù bǎokù. Zhè•lǐ de měi yī zūn cǎisù、měi yī fú bìhuà、měi
莫高窟 是 举世 闻名 的 艺术 宝库。这里 的 每 一 尊 彩塑、每 一 幅 壁画、每
yī jiàn wénwù，dōu shì Zhōngguó gǔdài rénmín zhìhuì de jiéjīng.
一 件 文物， 都 是 中国 古代 人民 智慧 的 结晶。

——节选自小学《语文》第六册中《莫高窟》

作品 30 号——《牡丹的拒绝》

[朗读提示]这篇文章让我们感受到牡丹除了雍容华贵外，还有另一面：不随波逐流，以及对生命执着的追求。作品文笔细腻，感情真挚，富有哲理，耐人寻味。朗读时语气要自然，声音要坚实厚重，节奏明朗，语速要始终如一，以便读出哲理来。

Qíshí nǐ zài hěn jiǔ yǐqián bìng bù xǐhuan mǔ•dān，yīn•wèi tā zǒng bèi rén zuòwéi fùguì
其实 你 在 很 久 以前 并 不 喜欢 牡丹， 因为 它 总 被 人 作为 富贵
móbài. Hòulái nǐ mùdǔle yī cì mǔ•dān de luòhuā，nǐ xiāngxìn suǒyǒu de rén dōuhuì wéi zhī
膜拜。后来 你 目睹了 一 次 牡丹 的 落花，你 相信 所有 的 人 都会 为 之
gǎndòng：Yī zhèn qīngfēng xúlái，jiāoyàn xiānnèn de shèngqī mǔ•dān hūránzhěng duǒ zhěng duǒ de
感动： 一 阵 清风 徐来，娇艳 鲜嫩 的 盛期 牡丹 忽然 整 朵 整 朵 地
zhuìluò，pūsǎ yīdì xuànlì de huābàn. Nà huābàn luòdì shí yīrán xiānyàn duómù，rútóng yī zhī
坠落，铺撒 一地 绚丽 的 花瓣。那 花瓣 落地 时 依然 鲜艳 夺目，如同 一 只
fèng•shàng jìtán de dàniǎo tuōluò de yǔmáo，dīyínzhe zhuàngliè de bēigē líqù.
奉上 祭坛 的 大鸟 脱落 的 羽毛，低吟着 壮烈 的 悲歌 离去。

Mǔ•dān méi•yǒu huāxiè-huābài zhī shí，yàome shuòyú zhītóu，yàome guīyú nítǔ，tā kuàyuè
牡丹 没有 花谢 花败 之 时，要么 烁于 枝头，要么 归于 泥土，它 跨越
wěidùn hé shuāilǎo，yóu qīngchūn ér sǐwáng，yóu měilì ér xiāodùn. Tā suī měi què bù lìnxī
萎顿 和 衰老， 由 青春 而 死亡， 由 美丽 而 消遁。 它 虽 美 却 不 吝惜
shēngmìng，jíshǐ gàobié yě yào zhǎnshì gěi rén zuìhòu yī cì de jīngxīn-dòngpò.
生命， 即使 告别 也 要 展示 给 人 最后 一 次 的 惊心 动魄。

Suǒyǐ zài zhè yīnlěng de sìyuè•lǐ，qíjì bù huì fāshēng. Rènpíng yóurén sǎoxìng hé zǔzhòu，
所以 在 这 阴冷 的 四月 里，奇迹 不 会 发生。 任凭 游人 扫兴 和 诅咒，
mǔ•dān yīrán ānzhī-ruòsù. Tā bù gǒuqiě、bù fǔjiù、bù tuǒxié、bù mèisú，gānyuàn zìjǐ lěngluò
牡丹 依然 安之 若素。它 不 苟且、不 俯就、不 妥协、不 媚俗， 甘愿 自己 冷落
zìjǐ. Tā zūnxún zìjǐ de huāqī zìjǐ de guīlǜ，tā yǒu quánlì wèi zìjǐ xuǎnzé měinián yī dù de
自己。它 遵循 自己 的 花期 自己 的 规律，它 有 权利 为 自己 选择 每年 一 度 的
shèngdà jiérì. Tā wèishénme bù jùjué hánlěng?
盛大 节日。它 为什么 不 拒绝 寒冷？

Tiānnán-hǎiběi de kàn huā rén, yīrán luòyì-bùjué de yǒngrù Luòyáng Chéng. Rénmen bù huì
天南海北的看花人，依然络绎不绝地涌入洛阳城。人们不会
yīn mǔ•dān de jùjué ér jùjué tā de měi. Rúguǒ tā zài bèi biǎnzhé shí cì, yěxǔ tā jiùhuì fányǎn
因牡丹的拒绝而拒绝它的美。如果它再被贬谪十次，也许它就会繁衍
chū shí gè Luòyáng mǔ•dān chéng.
出十个洛阳牡丹城。

Yúshì nǐ zài wúyán de yíhàn zhōng gǎnwù dào, fùguì yǔ gāoguì zhǐshì yī zì zhī chā. Tóng
于是你在无言的遗憾中感悟到，富贵与高贵只是一字之差。同
rén yīyàng, huā'ér yě shì yǒu língxìng de, gèng yǒu pǐnwèi zhī gāodī. Pǐnwèi zhè dōngxi wéi qì
人一样，花儿也是有灵性的，更有品位之高低。品位这东西为气
wéi hún wéi // jīngǔ wéi shényùn, zhǐ kě yìhuì. Nǐ tànfú mǔ•dān zhuó'ěr-bùqún zhī zī, fāng zhī
为魂为//筋骨为神韵，只可意会。你叹服牡丹卓尔不群之姿，方知
pǐnwèi shì duōme róng•yì bèi shìrén hūlüè huò shì mòshì de měi.
品位是多么容易被世人忽略或是漠视的美。

——节选自张抗抗《牡丹的拒绝》

作品31号——《"能吞能吐"的森林》

[朗读提示]此文为说明文，朗读时要使用质朴连贯的语气、不紧不慢的语速，力求声音清晰明白，不宜有任何夸张的情感。

Sēnlín hányǎng shuǐyuán, bǎochí shuǐtǔ, fángzhǐ shuǐhàn zāihài de zuòyòng fēicháng dà. Jù
森林涵养水源，保持水土，防止水旱灾害的作用非常大。据
zhuānjiā cèsuàn, yī piàn shíwàn mǔ miànjī de sēnlín, xiāngdāngyú yī gè liǎngbǎi wàn lìfāngmǐ de
专家测算，一片十万亩面积的森林，相当于一个两百万立方米的
shuǐkù, zhè zhèng rú nóngyàn suǒ shuō de: "Shān•shàng duō zāi shù, děngyú xiū shuǐkù. Yǔ duō tā
水库，这正如农谚所说的："山上多栽树，等于修水库。雨多它
néng tūn, yǔ shǎo tā néng tǔ."
能吞，雨少它能吐。"

Shuōqǐ sēnlín de gōng•láo, nà hái duō de hěn. Tā chúle wèi rénlèi tígōng mùcái jí xǔduō
说起森林的功劳，那还多得很。它除了为人类提供木材及许多
zhǒng shēngchǎn、shēnghuó de yuánliào zhīwài, zài wéihù shēngtài huánjìng fāngmiàn yě shì
种生产、生活的原料之外，在维护生态环境方面也是
gōng•láo zhuózhù. Tā yòng lìng yī zhǒng "néngtūn-néngtǔ" de tèshū gōngnéng yùnyùle rénlèi.
功劳卓著。它用另一种"能吞能吐"的特殊功能孕育了人类。
Yīn•wèi dìqiú zài xíngchéng zhīchū, dàqì zhōng de èryǎnghuàtàn hánliàng hěn gāo, yǎngqì hěn
因为地球在形成之初，大气中的二氧化碳含量很高，氧气很
shǎo, qìwēn yě gāo, shēngwù shì nányǐ shēngcún de. Dàyuē zài sìyì nián zhīqián, lùdì cái
少，气温也高，生物是难以生存的。大约在四亿年之前，陆地才
chǎnshēngle sēnlín. Sēnlín mànmàn jiāng dàqì zhōng de èryǎnghuàtàn xīshōu, tóngshí tǔ•chū xīn•xiān
产生了森林。森林慢慢将大气中的二氧化碳吸收，同时吐出新鲜
yǎngqì, tiáojié qìwēn: Zhè cái jùbèile rénlèi shēngcún de tiáojiàn, dìqiú•shàng cái zuìzhōng yǒule
氧气，调节气温：这才具备了人类生存的条件，地球上才最终有了
rénlèi.
人类。

Sēnlín, shì dìqiú shēngtài xìtǒng de zhǔtǐ, shì dàzìrán de zǒng diàodùshì, shì dìqiú de lǜsè
森林，是地球生态系统的主体，是大自然的总调度室，是地球的绿色
zhī fèi. Sēnlín wéihù dìqiú shēngtài huánjìng de zhè zhǒng "néngtūn-néngtǔ" de tèshū gōngnéng shì
之肺。森林维护地球生态环境的这种"能吞能吐"的特殊功能是

qítā rènhé wùtǐ dōu bùnéng qǔdài de. Rán'ér, yóuyú dìqiú•shàng de ránshāowù zēngduō,
其他 任何 物体 都 不能 取代 的。然而，由于 地球 上 的 燃烧物 增多，
èryǎnghuàtàn de páifàngliàng jíjù zēngjiā, shǐ•dé dìqiú shēngtài huánjìng jíjù èhuà, zhǔyào
二氧化碳 的 排放量 急剧 增加，使 得地球 生态 环境 急剧 恶化，主要
biǎoxiàn wéi quánqiú qìhòu biàn nuǎn, shuǐfèn zhēngfā jiākuài, gǎibiànle qìliú de xúnhuán, shǐ qìhòu
表现 为 全球 气候 变 暖，水分 蒸发 加快，改变了 气流 的 循环，使 气候
biànhuà jiājù, cóng'ér yǐnfā rèlàng、jùfēng、bàoyǔ、hónglào jí gānhàn.
变化 加剧，从而 引发 热浪、飓风、暴雨、洪涝 及 干旱。

Wèile// shǐ dìqiú de zhège "néngtūn-néngtǔ" de lǜsè zhī fèi huīfù jiànzhuàng, yǐ gǎishàn
为了//使 地球 的 这个 “能吞 能吐” 的 绿色 之 肺 恢复 健壮，以 改善
shēngtài huánjìng, yìzhì quánqiú biàn nuǎn, jiǎnshǎo shuǐhàn děng zìrán zāihài, wǒmen yīnggāi
生态 环境，抑制 全球 变 暖，减少 水旱 等 自然 灾害，我们 应该
dàlì zàolín、hùlín, shǐ měi yī zuò huāngshān dōu lǜ qǐ•lái.
大力 造林、护林，使 每 一 座 荒山 都 绿 起 来。

——节选自《中考语文课外阅读试题精选》中《“能吞能吐”的森林》

作品32号——《朋友和其他》

[朗读提示]这是一篇带有作者感情的杂文，既有叙事，又有议论，叙事部分要读得自然朴实，议论部分要读得富有哲理，语调舒缓，声音沉稳。

Péngyou jíjiāng yuǎnxíng.
朋友 即将 远行。

Mùchūn shíjié, yòu yāole jǐ wèi péngyou zài jiā xiǎojù. Suīrán dōu shì jí shú de péngyou,
暮春 时节，又 邀了 几 位 朋友 在 家 小聚。虽然 都 是 极 熟 的 朋友，
què shì zhōngnián nándé yī jiàn, ǒu'ěr diànhuà•lǐ xiāngyù, yě wúfēi shì jǐ jù xúnchánghuà. Yī
却 是 终年 难得 一 见，偶尔 电话里 相遇，也 无非 是 几 句 寻常话。一
guō xiǎomǐ xīfàn, yī dié dàtóucài, yī pán zìjiā niàngzhì de pàocài, yī zhī xiàngkǒu mǎihuí de
锅 小米 稀饭，一 碟 大头菜，一 盘 自家 酿制 的 泡菜，一 只 巷口 买回 的
kǎoyā, jiǎnjiǎn-dāndān, bù xiàng qǐngkè, dǎoxiàngjiārén tuánjù.
烤鸭，简简 单单，不 像 请客，倒像 家人 团聚。

Qíshí, yǒuqíng yě hǎo, àiqíng yě hǎo, jiǔ'érjiǔzhī dōu huì zhuǎnhuà wéi qīnqíng.
其实，友情 也 好，爱情 也 好，久而久之 都 会 转化 为 亲情。

Shuō yě qíguài, hé xīn péngyou huì tán wénxué、tán zhéxué、tán rénshēng dào•lǐ děngděng, hé
说 也 奇怪，和 新 朋友 会 谈 文学、谈 哲学、谈 人生 道理 等等，和
lǎo péngyou què zhǐ huà jiācháng, chái-mǐ-yóu-yán, xìxì-suìsuì, zhǒngzhǒng suǒshì. Hěn duō
老 朋友 却 只 话 家常，柴 米 油 盐，细细 碎碎，种种 琐事。很 多
shíhou, xīnlíng de qìhé yǐ•jīng bù xūyào tài duō de yányǔ lái biǎodá.
时候，心灵 的 契合 已经 不 需要 太 多 的 言语 来 表达。

Péngyou xīn tàngle gè tóu, bùgǎn huíjiā jiàn mǔ•qīn, kǒngpà jīnghàile lǎo•rén•jiā, què
朋友 新 烫了 个 头，不敢 回家 见 母 亲，恐怕 惊骇了 老人家，却
huāntiān-xǐdì lái jiàn wǒmen, lǎo péngyou pō néng yǐ yī zhǒng qùwèixìng de yǎnguāng xīnshǎng
欢天 喜地 来 见 我们，老 朋友 颇 能 以 一 种 趣味性 的 眼光 欣赏
zhège gǎibiàn.
这个 改变。

Niánshào de shíhou, wǒmen chà•bùduō dōu zài wèi bié•rén ér huó, wèi kǔkǒu-póxīn de fùmǔ
年少 的 时候，我们 差不多 都 在 为 别人 而 活，为 苦口 婆心 的 父母
huó, wèi xúnxún-shànyòu de shīzhǎng huó, wèi xǔduō guānniàn、xǔduō chuántǒng de yuēshùlì ér
活，为 循循 善诱 的 师长 活，为 许多 观念、许多 传统 的 约束力 而

huó. Niánsuì zhú zēng, jiànjiàn zhèngtuō wàizài de xiànzhì yǔ shùfù, kāishǐ dǒng·dé wèi zìjǐ huó,
活。年岁 逐 增， 渐渐 挣脱 外在 的 限制 与 束缚，开始 懂得 为 自己 活，
zhào zìjǐ de fāngshì zuò yīxiē zìjǐ xǐhuan de shì, bù zàihu bié·rén de pīpíng yì·jiàn, bù zàihu
照 自己 的 方式 做 一些 自己 喜欢 的 事，不 在乎 别人 的 批评 意见，不 在乎
bié·rén de dǐhuǐ liúyán, zhǐ zàihu nà yī fèn suíxīn-suǒyù de shūtan zìrán. Ou'ěr, yě nénggòu
别人 的 诋毁 流言，只 在乎 那 一 份 随心 所欲 的 舒坦 自然。偶尔，也 能够
zòngróng zìjǐ fànglàng yīxià, bìngqiě yǒu yī zhǒng èzuòjù de qièxǐ.
纵容 自己 放浪 一下，并且 有 一 种 恶作剧 的 窃喜。

Jiùràng shēngmìng shùnqí-zìrán, shuǐdào-qúchéng ba, yóurú chuāng qián de // wūjiù,
就让 生命 顺其 自然， 水到 渠成 吧，犹如 窗 前 的 // 乌桕，
zìshēng-zìluò zhījiān, zì yǒu yī fèn yuánróng fēngmǎn de xǐyuè. Chūnyǔ qīngqīng luòzhe, méi·yǒu
自生 自落 之间，自 有 一 份 圆融 丰满 的 喜悦。春雨 轻轻 落着， 没有
shī, méi·yǒu jiǔ, yǒude zhǐshì yī fèn xiāng zhī xiāng zhǔ de zìzài zìdé.
诗， 没有 酒，有的 只是 一 份 相 知 相 属 的 自在 自得。

Yèsè zài xiàoyǔ zhōng jiànjiàn chénluò, péngyou qǐshēn gàocí, méi·yǒu wǎnliú, méi·yǒu
夜色 在 笑语 中 渐渐 沉落， 朋友 起身 告辞， 没有 挽留， 没有
sòngbié, shènzhì yě méi·yǒu wèn guīqī.
送别， 甚至 也 没有 问 归期。

Yǐ·jīng guòle dàxǐ-dàbēi de suìyuè, yǐ·jīng guòle shānggǎn liúlèi de niánhuá, zhī·dàole jù-sàn
已经 过了 大喜 大悲 的 岁月，已经 过了 伤感 流泪 的 年华， 知道了 聚散
yuánlái shì zhèyàng de zìrán hé shùnlǐ-chéngzhāng, dǒng·dé zhè diǎn, biàn dǒng·dé zhēnxī měi
原来 是 这样 的 自然 和 顺理 成章， 懂得 这 点，便 懂得 珍惜 每
yī cì xiāngjù de wēnxīn, líbié biàn yě huānxǐ.
一 次 相聚 的 温馨，离别 便 也 欢喜。

——节选自（台湾）杏林子《朋友和其他》

作品 33 号——《散步》

[朗读提示]这篇文章质朴清新，朗读时不必在声音上大加渲染，只需要用娓娓道来的口吻，稳健地读出来。

Wǒmen zài tiányě sànbù: Wǒ, wǒ de mǔ·qīn, wǒ de qī·zǐ hé érzi.
我们 在 田野 散步：我，我 的 母亲， 我 的 妻子 和 儿子。

Mǔ·qīn běn bùyuàn chū·lái de. Tā lǎo le, shēntǐ bù hǎo, zǒu yuǎn yīdiǎnr jiù jué·dé hěn lèi.
母亲 本 不愿 出来 的。她 老 了，身体 不 好， 走 远 一点儿 就 觉得 很 累。
Wǒ shuō, zhèng yīn·wèi rúcǐ, cái yīnggāi duō zǒuzou. Mǔ·qīn xìnfú de diǎndiǎn tóu, biàn qù ná
我 说， 正 因为 如此，才 应该 多 走走。 母亲 信服 地 点点 头， 便 去 拿
wàitào. Tā xiànzài hěn tīng wǒ de huà, jiù xiàng wǒ xiǎoshíhou hěn tīng tā de huà yīyàng.
外套。她 现在 很 听 我 的 话，就 像 我 小时候 很 听 她 的 话 一样。

Zhè nánfāng chūchūn de tiányě, dàkuài xiǎokuài de xīnlǜ suíyì de pūzhe, yǒude nóng, yǒude
这 南方 初春 的 田野， 大块 小块 的 新绿 随意 地 铺着，有的 浓， 有的
dàn, shù·shàng de nènyá yě mì le, tián·lǐ de dōngshuǐ yě gūgū de qǐzhe shuǐpào. Zhè yīqiè dōu
淡， 树 上 的 嫩芽 也 密 了，田 里 的 冬水 也 咕咕 地 起着 水泡。 这 一切 都
shǐ rén xiǎngzhe yī yàng dōngxi—— shēngmìng.
使 人 想着 一 样 东西—— 生命。

Wǒ hé mǔ·qīn zǒu zài qián·miàn, wǒ de qī·zǐ hé érzi zǒu zài hòu·miàn. Xiǎojiāhuo tūrán
我 和 母亲 走 在 前面， 我 的 妻子 和 儿子 走 在 后面。 小家伙 突然
jiào qǐ·lái: "Qián·miàn shì māma hé érzi, hòu·miàn yě shì māma hé érzi." Wǒmen dōu xiào
叫 起 来：“前面 是 妈妈 和 儿子， 后面 也 是 妈妈 和 儿子。” 我们 都 笑

le.
了。

Hòulái fāshēngle fēnqí: Mǔ•qīn yào zǒu dàlù, dàlù píngshùn; wǒ de érzǐ yào zǒu xiǎolù,
后来 发生了 分歧：母亲 要 走 大路，大路 平顺；我 的 儿子 要 走 小路，
xiǎolù yǒu yìsi. Bùguò, yīqiè dōu qǔjuéyú wǒ. Wǒ de mǔ•qīn lǎo le, tā zǎoyǐxíguàn tīngcóng tā
小路 有 意思。不过，一切 都 取决于 我。我 的 母亲 老 了，她 早已习惯 听从 她
qiángzhuàng de érzi; wǒ de érzi hái xiǎo, tā hái xíguàn tīngcóng tā gāodà de fù•qīn; qī•zǐ
强壮 的 儿子；我 的 儿子 还 小，他 还 习惯 听从 他 高大 的 父亲；妻子
ne, zài wàimiàn, tā zǒngshì tīng wǒ de. Yīshàshí wǒ gǎndàole zérèn de zhòngdà. Wǒ xiǎng zhǎo
呢，在 外面，她 总是 听 我 的。一霎时 我 感到了 责任 的 重大。我 想 找
yī gè liǎngquán de bànfǎ, zhǎo bù chū; wǒ xiǎng chāisàn yī jiā rén, fēnchéng liǎng lù,
一个 两全 的 办法，找 不 出；我 想 拆散 一 家 人，分成 两 路，
gèdé-qísuǒ, zhōng bù yuàn•yì. Wǒ juédìng wěiqu érzǐ, yīn•wèi wǒ bàntóng tā de shírì hái
各得 其所，终 不 愿意。我 决定 委屈 儿子，因为 我 伴同 他 的 时日 还
cháng. Wǒ shuō: "Zǒu dàlù."
长。我 说："走 大路。"

Dànshì mǔ•qīn mōmo sūn'ér de xiǎo nǎoguār, biànle zhǔyi: "Háishì zǒu xiǎolù ba." Tā de yǎn
但是 母亲 摸摸 孙儿 的 小 脑瓜儿，变了 主意："还是 走 小路 吧。"她 的 眼
suí xiǎolù wàng•qù: Nà•lǐ yǒu jīnsè de càihuā, liǎng háng zhěngqí de sāngshù, //jìntóu yī kǒu
随 小路 望 去：那里 有 金色 的 菜花，两 行 整齐 的 桑树，//尽头 一 口
shuǐbō línlín de yútáng. "Wǒ zǒu bù guò•qù de dìfang, nǐ jiù bēizhe wǒ." Mǔ•qīn duì wǒ shuō.
水波 粼粼 的 鱼塘。"我 走 不 过 去 的 地方，你 就 背着 我。"母亲 对 我 说。

Zhèyàng, wǒmen zài yángguāng•xià, xiàngzhe nà càihuā、sāngshù hé yútáng zǒu•qù. Dàole yī
这样，我们 在 阳光 下，向着 那 菜花、桑树 和 鱼塘 走 去。到了 一
chù, wǒ dūn xià•lái, bēiqǐle mǔ•qīn; qī•zǐ yě dūn xià•lái, bēiqǐle érzi. Wǒ hé qī•zǐ dōu shì
处，我 蹲 下 来，背起了 母亲；妻子 也 蹲 下 来，背起了 儿子。我 和 妻子 都 是
mànmàn de, wěnwěn de, zǒu de hěn zǐxì, hǎoxiàng wǒ bèi•shàng de tóng tā bèi•shàng de jiā
慢慢 地，稳稳 地，走 得 很 仔细，好像 我 背 上 的 同 她 背 上 的 加
qǐ•lái, jiùshì zhěnggè shìjiè.
起来，就是 整个 世界。

——节选自莫怀戚《散步》

作品 34 号——《神秘的"无底洞"》

[朗读提示]本文是说明文，朗读时要带有惊奇疑惑而又饶有兴趣的口吻。

Dìqiú•shàng shìfǒu zhēn de cúnzài "wúdǐdòng"? Ànshuō dìqiú shì yuán de, yóu dìqiào、dìmàn
地球 上 是否 真 的 存在 "无底洞"？按说 地球 是 圆 的，由 地壳、地幔
hé dìhé sān céng zǔchéng, zhēnzhèng de "wúdǐdòng" shì bù yīng cúnzài de, wǒmen suǒ kàndào de
和 地核 三 层 组成，真正 的"无底洞"是 不 应 存在 的，我们 所 看到 的
gè zhǒng shāndòng、lièkǒu、lièfèng, shènzhì huǒshānkǒu yědōu zhǐshì dìqiào qiǎnbù de yī zhǒng
各 种 山洞、裂口、裂缝，甚至 火山口 也都 只是 地壳 浅部 的 一 种
xiànxiàng. Rán'ér zhōngguó yīxiē gǔjí què duō cì tídào hǎiwài yǒu gè shēn'ào-mòcè de
现象。然而 中国 一些 古籍 却 多 次 提到 海外 有 个 深奥 莫测 的
wúdǐdòng. Shìshí•shàng dìqiú•shàng quèshí yǒu zhèyàng yī gè "wúdǐdòng".
无底洞。事实 上 地球 上 确实 有 这样 一 个"无底洞"。

Tā wèiyú Xīlà Yàgèsī gǔchéng de hǎibīn. Yóuyú bīnlín dàhǎi, dà zhǎngcháo shí, xiōngyǒng
它 位于 希腊 亚各斯 古城 的 海滨。由于 濒临 大海，大 涨潮 时，汹涌

de hǎishuǐ biàn huì páishān-dǎohǎi bān de yǒngrù dòng zhōng, xíngchéng yī gǔ tuāntuān de jíliú.
的海水便会排山倒海般地涌入洞中，形成一股湍湍的急流。
Jù cè, měi tiān liúrù dòng nèi de hǎishuǐliàng dá sānwàn duō dūn. Qíguài de shì, rúcǐ dàliàng
据测，每天流入洞内的海水量达三万多吨。奇怪的是，如此大量
de hǎishuǐ guànrù dòng zhōng, què cónglái méi·yǒu bǎ dòng guànmǎn. Céng yǒu rén huáiyí, zhège
的海水灌入洞中，却从来没有把洞灌满。曾有人怀疑，这个
"wúdǐdòng", huì·bùhuì jiù xiàng shíhuīyán dìqū de lòudǒu、shùjǐng、luòshuǐdòng yīlèi de dìxíng.
"无底洞"，会不会就像石灰岩地区的漏斗、竖井、落水洞一类的地形。
Rán'ér cóng èrshí shìjì sānshí niándài yǐlái, rénmen jiù zuòle duō zhǒng nǔlì qǐtú xúnzhǎo tā de
然而从二十世纪三十年代以来，人们就做了多种努力企图寻找它的
chūkǒu, quèdōu shì wǎngfèi-xīnjī.
出口，却都是枉费心机。

Wèile jiēkāi zhège mìmì, yī jiǔ wǔ bā nián Měiguó Dìlǐ Xuéhuì pàichū yī zhī kǎochádui,
为了揭开这个秘密，一九五八年美国地理学会派出一支考察队，
tāmen bǎ yī zhǒng jīngjiǔ-bùbiàn de dài sè rǎnliào róngjiě zài hǎishuǐ zhōng, guānchá rǎnliào shì
他们把一种经久不变的带色染料溶解在海水中，观察染料是
rúhé suízhe hǎishuǐ yīqǐ chén xià·qù. Jiēzhe yòu chákànle fùjìn hǎimiàn yǐjí dǎo·shàng de gè
如何随着海水一起沉下去。接着又察看了附近海面以及岛上的各
tiáo hé、hú, mǎnhuái xīwàng de xúnzhǎo zhè zhǒng dài yánsè de shuǐ, jiéguǒ lìng rén shīwàng.
条河、湖，满怀希望地寻找这种带颜色的水，结果令人失望。
Nándào shì hǎishuǐliàng tài dà bǎ yǒusèshuǐ xīshì de tài dàn, yǐzhì wúfǎ fāxiàn? //
难道是海水量太大把有色水稀释得太淡，以致无法发现？//

Zhìjīn shéi yě bù zhī·dào wèishénme zhè·lǐ de hǎishuǐ huì méiwán-méiliǎo de "lòu" xià·qù,
至今谁也不知道为什么这里的海水会没完没了地"漏"下去，
zhège "wúdǐdòng" de chūkǒu yòu zài nǎ·lǐ, měi tiān dàliàng de hǎishuǐ jiūjìng dōu liúdào nǎ·lǐ qù
这个"无底洞"的出口又在哪里，每天大量的海水究竟都流到哪里去
le?
了？

——节选自罗伯特·罗威尔《神秘的"无底洞"》

作品35号——《世间最美的坟墓》

[朗读提示]这篇文章中作者把坟墓的朴素与坟墓主人的伟大进行强烈的对比，从而衬托出托尔斯泰伟大的人格魅力，朗读时要把作者的崇敬之情融入其中。

Wǒ zài Éguó jiàndào de jǐngwù zài méi·yǒu bǐ Tuō'ěrsītài mù gèng hóngwěi、gèng gǎnrén de.
我在俄国见到的景物再没有比托尔斯泰墓更宏伟、更感人的。
Wánquán ànzhào Tuō'ěrsītài de yuànwàng, tā de fénmù chéngle shìjiān zuì měi de, gěi rén
完全按照托尔斯泰的愿望，他的坟墓成了世间最美的，给人
yìnxiàng zuì shēnkè de fénmù. Tā zhǐshì shùlín zhōng de yī gè xiǎoxiǎo de chángfāngxíng tǔqiū,
印象最深刻的坟墓。它只是树林中的一个小小的长方形土丘，
shàng·miàn kāimǎn xiānhuā —— méi·yǒu shízìjià, méi·yǒu mù bēi, méi·yǒu mùzhìmíng, lián
上面开满鲜花——没有十字架，没有墓碑，没有墓志铭，连
Tuō'ěrsītài zhège míngzi yě méi·yǒu.
托尔斯泰这个名字也没有。

Zhè wèi bǐ shéi dōu gǎndào shòu zìjǐ de shēngmíng suǒ lěi de wěirén, què xiàngǒu'ěr bèi
这位比谁都感到受自己的声名所累的伟人，却像偶尔被
fāxiàn de liúlànghàn, bù wéi rén zhī de shìbīng, bù liú míngxìng de bèi rén máizàng le. Shéi dōu
发现的流浪汉，不为人知的士兵，不留名姓地被人埋葬了。谁都

kěyǐ tàjìn tā zuìhòu de ānxīdì, wéi zài sìzhōu xīshū de mù zhàlan shì bù guānbì de —— bǎohù
可以踏进他最后的安息地，围在四周稀疏的木栅栏是不关闭的——保护
Lièfū Tuō'ěrsītài déyǐ ānxī de méi•yǒu rènhé biéde dōngxi, wéiyǒu rénmen de jìngyì; ér
列夫·托尔斯泰得以安息的没有任何别的东西，惟有人们的敬意；而
tōngcháng, rénmen què zǒngshì huáizhe hàoqí, qù pòhuài wěirén mùdì de níngjìng.
通常，人们却总是怀着好奇，去破坏伟人墓地的宁静。

Zhè•lǐ, bīrén de pǔsù jìngù zhù rènhé yī zhǒng guānshǎng de xiánqíng, bìngqiě bùróngxǔ nǐ
这里，逼人的朴素禁锢住任何一种观赏的闲情，并且不容许你
dàshēng shuōhuà. Fēng'ér fǔ lín, zài zhè zuò wúmíngzhě zhī mù de shùmù zhījiān sàsà xiǎngzhe,
大声说话。风儿俯临，在这座无名者之墓的树木之间飒飒响着，
hénuǎn de yángguāng zài féntóur xīxì; dōngtiān, báixuě wēnróu de fùgài zhè piàn yōu'àn de
和暖的阳光在坟头嬉戏；冬天，白雪温柔地覆盖这片幽暗的
tǔdì. Wúlùn nǐ zài xiàtiān huò dōngtiān jīngguò zhèr, nǐ dōu xiǎngxiàng bù dào, zhège xiǎoxiǎo
土地。无论你在夏天或冬天经过这儿，你都想象不到，这个小小
de、lóngqǐ de chángfāngtǐ•lǐ ānfàngzhe yī wèi dāngdài zuì wěidà de rénwù.
的、隆起的长方体里安放着一位当代最伟大的人物。

Rán'ér, qiàqià shì zhè zuò bù liú xìngmíng de fénmù, bǐ suǒyǒu wākōng xīnsi yòng dàlǐshí
然而，恰恰是这座不留姓名的坟墓，比所有挖空心思用大理石
hé shēhuá zhuāngshì jiànzào de fénmù gèng kòurénxīnxián. Zài jīntiān zhège tèshū de rìzi•lǐ, //
和奢华装饰建造的坟墓更扣人心弦。在今天这个特殊的日子里，//
dào tā de ānxīdì lái de chéng bǎi shàng qiān rén zhōngjiān, méi•yǒu yī gè yǒu yǒngqì, nǎpà
到他的安息地来的成百上千人中间，没有一个有勇气，哪怕
jǐnjǐn cóng zhè yōu'àn de tǔqiū•shàng zhāixià yī duǒ huā liúzuò jìniàn. Rénmen chóngxīn gǎndào,
仅仅从这幽暗的土丘上摘下一朵花留作纪念。人们重新感到，
shìjiè•shàng zài méi•yǒu bǐ Tuō'ěrsītài zuìhòu liúxià de、zhè zuò jìniànbēi shì de pǔsù fénmù, gèng
世界上再没有比托尔斯泰最后留下的、这座纪念碑式的朴素坟墓，更
dǎdòng rénxīn de le.
打动人心的了。

——节选自［奥］茨威格《世间最美的坟墓》，张厚仁译

作品 36 号——《苏州园林》

［朗读提示］这是一篇写景说明文，表达了作者对苏州园林的眷恋和欣赏之情。朗读时语调要自然、明快，通过自己的声音把听者带入如诗如画的景色中。

Wǒguó de jiànzhù, cóng gǔdài de gōngdiàn dào jìndài de yībān zhùfáng, jué dà bùfen shì
我国的建筑，从古代的宫殿到近代的一般住房，绝大部分是
duìchèn de, zuǒ•biān zěnmeyàng, yòu•biān zěnmeyàng. Sūzhōu yuánlín kě juébù jiǎng•jiū duìchèn,
对称的，左边怎么样，右边怎么样。苏州园林可绝不讲究对称，
hǎoxiàng gùyì bìmiǎn shìde. Dōng•biān yǒule yī gè tíngzi huòzhě yī dào huíláng, xī•biān jué bù
好像故意避免似的。东边有了一个亭子或者一道回廊，西边决不
huì lái yī gè tóngyàng de tíngzi huòzhě yī dào tóngyàng de huíláng. Zhè shì wèishénme? Wǒ
会来一个同样的亭子或者一道同样的回廊。这是为什么？我
xiǎng, yòng túhuà lái bǐfang, duìchèn de jiànzhù shì tú'ànhuà, bù shì měishùhuà, ér yuánlín shì
想，用图画来比方，对称的建筑是图案画，不是美术画，而园林是
měishùhuà, měishùhuà yāoqiú zìrán zhī qù, shì bù jiǎng•jiū duìchèn de.
美术画，美术画要求自然之趣，是不讲究对称的。

Sūzhōu yuánlín•lǐ dōu yǒu jiǎshān hé chízhǎo.
苏州园林里都有假山和池沼。

Jiǎshān de duīdié, kěyǐ shuō shì yī xiàng yìshù ér bùjǐn shì jìshù. Huòzhě shì
假山的堆叠，可以说是一项艺术而不仅是技术。或者是
chóngluán-diézhàng, huòzhě shì jǐ zuò xiǎoshān pèihézhe zhúzi huāmù, quán zàihu shèjìzhě hé
重峦叠嶂，或者是几座小山配合着竹子花木，全在乎设计者和
jiàngshīmen shēngpíng duō yuèlì, xiōng zhōng yǒu qiūhè, cái néng shǐ yóulǎnzhě pāndēng de shíhou
匠师们生平多阅历，胸中有丘壑，才能使游览者攀登的时候
wàngquè Sūzhōu chéngshì, zhǐ jué·dé shēn zài shān jiān.
忘却苏州城市，只觉得身在山间。

Zhìyú chízhǎo, dàduō yǐnyòng huóshuǐ. Yǒuxiē yuánlín chízhǎo kuān·chǎng, jiù bǎ chízhǎo
至于池沼，大多引用活水。有些园林池沼宽敞，就把池沼
zuòwéi quán yuán de zhōngxīn, qítā jǐngwù pèihézhe bùzhì. Shuǐmiàn jiǎrú chéng hédào múyàng,
作为全园的中心，其他景物配合着布置。水面假如成河道模样，
wǎngwǎng ānpái qiáoliáng. Jiǎrú ānpái liǎng zuò yǐshàng de qiáoliáng, nà jiù yī zuò yī gè yàng,
往往安排桥梁。假如安排两座以上的桥梁，那就一座一个样，
jué bù léitóng.
决不雷同。

Chízhǎo huò hédào de biānyán hěn shǎo qì qízhěng de shí'àn, zǒngshì gāodī qūqū rèn qí
池沼或河道的边沿很少砌齐整的石岸，总是高低屈曲任其
zìrán. Hái zài nàr bùzhì jǐ kuài línglóng de shítou, huòzhě zhòng xiē huācǎo. Zhè yě shì wèile
自然。还在那儿布置几块玲珑的石头，或者种些花草。这也是为了
qǔdé cóng gègè jiǎodù kàn dōu chéng yī fú huà de xiàoguǒ. Chízhǎo·lǐ yǎngzhe jīnyú huò gè sè
取得从各个角度看都成一幅画的效果。池沼里养着金鱼或各色
lǐyú, xià-qiū jìjié héhuā huò shuìlián kāi//fàng, yóulǎnzhě kàn"yú xì liányè jiān", yòu shì rù huà
鲤鱼，夏秋季节荷花或睡莲开//放，游览者看"鱼戏莲叶间"，又是入画
de yī jǐng.
的一景。

——节选自叶圣陶《苏州园林》

作品 37 号——《态度创造快乐》

[朗读提示]本文主要写了作者从老太太的言语中领悟出的人生哲理：态度创造快乐。朗读时要娓娓道来，语调要深沉、平稳。

Yī wèi fǎng Měi Zhōngguó nǚzuòjiā, zài Niǔyuē yùdào yī wèi mài huā de lǎotàitai. Lǎotàitai
一位访美中国女作家，在纽约遇到一位卖花的老太太。老太太
chuānzhuó pòjiù, shēntǐ xūruò, dàn liǎn·shàng de shénqíng què shì nàyàng xiánghé xīngfèn. Nǚzuòjiā
穿着破旧，身体虚弱，但脸上的神情却是那样祥和兴奋。女作家
tiāole yī duǒ huā shuō: "Kàn qǐ·lái, nǐ hěn gāoxìng." Lǎotàitai miàn dài wēixiào de shuō:
挑了一朵花说："看起来，你很高兴。"老太太面带微笑地说：
"Shìde, yīqiè dōu zhème měihǎo, wǒ wèishénme bù gāoxìng ne?" "Duì fánnǎo, nǐ dào zhēn néng
"是的，一切都这么美好，我为什么不高兴呢？""对烦恼，你倒真能
kàndekāi." Nǚzuòjiā yòu shuōle yī jù. Méi liàodào, lǎotàitai de huídá gèng lìng nǚzuòjiā
看得开。"女作家又说了一句。没料到，老太太的回答更令女作家
dàchī-yījīng: "Yēsū zài xīngqīwǔ bèi dìng·shàng shízìjià shí, shì quán shìjiè zuì zāogāo de yī
大吃一惊："耶稣在星期五被钉上十字架时，是全世界最糟糕的一
tiān, kě sān tiān hòu jiùshì Fùhuójié. Suǒyǐ, dāng wǒ yùdào bùxìng shí, jiù huì děngdài sān tiān,
天，可三天后就是复活节。所以，当我遇到不幸时，就会等待三天，
zhèyàng yīqiè jiù huīfù zhèngcháng le."
这样一切就恢复正常了。"

“Děngdài sān tiān”, duōme fùyú zhélǐ de huàyǔ, duōme lèguān de shēnghuó fāngshì. Tā bǎ
“等待 三 天”，多么 富于 哲理 的 话语，多么 乐观 的 生活 方式。它 把
fánnǎo hé tòngkǔ pāo•xià, quánlì qù shōuhuò kuàilè.
烦恼 和 痛苦 抛 下，全力 去 收获 快乐。

Shěn Cóngwén zài “wén-gé” qījiān, xiànrùle fēirén de jìngdì. Kě tā háobù zàiyì, tā zài
沈 从文 在 “文革” 期间，陷入了 非人 的 境地。可 他 毫不 在意，他 在
Xiánníng shí gěi tā de biǎozhí、huàjiā Huáng Yǒngyù xiě xìn shuō：“Zhè•lǐ de héhuā zhēn hǎo, nǐ
咸宁 时 给 他 的 表侄、画家 黄 永玉 写 信 说：“这里 的 荷花 真 好，你
ruò lái ……” Shěn xiàn kǔnàn què réng wèi héhuā de shèngkāi xīnxǐ zàntàn bùyǐ, zhè shì yī
若 来 ……” 身 陷 苦难 却 仍 为 荷花 的 盛开 欣喜 赞叹 不已，这 是 一
zhǒng qūyú chéngmíng de jìngjiè, yī zhǒng kuàngdá sǎ•tuō de xiōngjīn, yī zhǒng miànlín mónàn
种 趋于 澄明 的 境界，一 种 旷达 洒脱 的 胸襟，一 种 面临 磨难
tǎndàng cóngróng de qìdù, yī zhǒng duì shēnghuó tóngzǐ bān de rè'ài hé duì měihǎo shìwù
坦荡 从容 的 气度，一 种 对 生活 童子 般 的 热爱 和 对 美好 事物
wúxiàn xiàngwǎng de shēngmìng qínggǎn.
无限 向往 的 生命 情感。

Yóucǐ-kějiàn, yǐngxiǎng yī gè rén kuàilè de, yǒushí bìng bù shì kùnjìng jí mónàn, ér shì yī
由此 可见， 影响 一 个 人 快乐 的，有时 并 不 是 困境 及 磨难，而 是 一
gè rén de xīntài. Rúguǒ bǎ zìjǐ jìnpào zài jījí、lèguān、xiàngshàng de xīntài zhōng, kuàilè bìrán
个 人 的 心态。如果 把 自己 浸泡 在 积极、乐观、 向上 的 心态 中， 快乐 必然
huì // zhànjù nǐ de měi yī tiān.
会 // 占据 你 的 每 一 天。

——节选自《态度创造快乐》

作品 38 号——《泰山极顶》

[朗读提示]这是一篇写景文章，描写了泰山的自然景观和人文景观的美丽。朗读时语气要朴实流畅，感情要饱满、真挚。

Tài Shān jí dǐng kàn rìchū, lìlái bèi miáohuì chéng shífēn zhuàngguān de qíjǐng. Yǒu rén
泰 山 极 顶 看 日出，历来 被 描绘 成 十分 壮观 的 奇景。有 人
shuō：Dēng Tài Shān ér kàn•bùdào rìchū, jiù xiàng yī chū dàxì méi•yǒu xìyǎn, wèir zhōngjiū yǒu
说： 登 泰 山 而 看不到 日出，就 像 一 出 大戏 没有 戏眼，味儿 终究 有
diǎnr guǎdàn.
点儿 寡淡。

Wǒ qù páshān nà tiān, zhèng gǎn•shàng gè nándé de hǎotiān, wànlǐ chángkōng, yúncaisīr
我 去 爬山 那 天， 正 赶 上 个 难得 的 好天，万里 长空， 云彩丝儿
dōu bù jiàn. Sùcháng, yānwù téngténg de shāntóu, xiǎn•dé méimù fēnmíng. Tóngbànmen dōu xīnxǐ
都 不 见。 素常， 烟雾 腾腾 的 山头， 显得 眉目 分明。 同伴们 都 欣喜
de shuō：“Míngtiān zǎo•chén zhǔn kěyǐ kàn•jiàn rìchū le.” Wǒ yě shì bàozhe zhè zhǒng xiǎngtou,
地 说： “明天 早晨 准 可以 看见 日出 了。”我 也 是 抱着 这 种 想头，
pá•shàng shān•qù.
爬 上 山 去。

Yīlù cóng shānjiǎo wǎngshàng pá, xì kàn shānjǐng, wǒ jué•dé guà zài yǎnqián de bù shì Wǔ
一路 从 山脚 往上 爬，细 看 山景， 我 觉得 挂 在 眼前 的不 是 五
Yuè dú zūn de Tài Shān, què xiàng yī fú guīmó jīngrén de qīnglǜ shānshuǐhuà, cóng xià•miàn dào
岳 独 尊 的 泰 山， 却 像 一 幅 规模 惊人 的 青绿 山水画， 从 下 面 倒
zhǎn kāi•lái. Zài huàjuàn zhōng zuì xiān lòuchū de shì shāngēnr dǐ nà zuò Míngcháo jiànzhù
展 开来。 在 画卷 中 最 先 露出 的 是 山根 底 那 座 明朝 建筑

Dàizōngfāng, mànmàn de biàn xiànchū Wángmǔchí、Dǒumǔgōng、Jīngshíyù. Shān shì yī céng bǐ yī
岱宗坊，慢慢地便现出王母池、斗母宫、经石峪。山是一层比一
céng shēn, yī dié bǐ yī dié qí, céngcéng-diédié, bù zhī hái huì yǒu duō shēn duō qí. Wàn shān
层深，一叠比一叠奇，层层叠叠，不知还会有多深多奇。万山
cóng zhōng, shí'ér diǎnrǎnzhe jíqí gōngxì de rénwù. Wángmǔchí páng de Lǚzǔdiàn•lǐ yǒu bùshǎo
丛中，时而点染着极其工细的人物。王母池旁的吕祖殿里有不少
zūn míngsù, sùzhe Lǚ Dòngbīn děng yīxiē rén, zītài shénqíng shì nàyàng yǒu shēngqì, nǐ kàn le,
尊明塑，塑着吕洞宾等一些人，姿态神情是那样有生气，你看了，
bùjīn huì tuōkǒu zàntàn shuō:"Huó la."
不禁会脱口赞叹说："活啦。"

Huàjuàn jìxù zhǎnkāi, lǜyīn sēnsēn de Bǎidòng lòumiàn bù tài jiǔ, biàn láidào Duìsōngshān.
画卷继续展开，绿阴森森的柏洞露面不太久，便来到对松山。
Liǎngmiàn qífēng duìzhìzhe, mǎn shānfēng dōu shì qíxíng-guàizhuàng de lǎosōng, niánjì pà dōu
两面奇峰对峙着，满山峰都是奇形怪状的老松，年纪怕都
yǒu shàng qiān suì le, yánsè jìng nàme nóng, nóng dé hǎoxiàng yào liú xià•lái shìde. Láidào
有上千岁了，颜色竟那么浓，浓得好像要流下来似的。来到
zhèr, nǐ bùfáng quándàng yī cì huà•lǐ de xiěyì rénwù, zuò zài lùpáng de Duìsōngtíng•lǐ, kànkan
这儿，你不妨权当一次画里的写意人物，坐在路旁的对松亭里，看看
shānsè, tīngting liú//shuǐ hé sōngtāo.
山色，听听流//水和松涛。

Yīshíjiān, wǒ yòu jué•dé zìjǐ bùjǐn shì zài kàn huàjuàn, què yòu xiàng shì zài língling-luànluàn
一时间，我又觉得自己不仅是在看画卷，却又像是在零零乱乱
fānzhe yī juàn lìshǐ gǎoběn.
翻着一卷历史稿本。

——节选自杨朔《泰山极顶》

作品39号——《陶行知的"四块糖果"》

[朗读提示]本文记叙了陶行知利用四块糖果教育学生的故事，朗读时注意陶行知的言语，没有任何说教，亲切、友好、平等。

Yùcái Xiǎoxué xiàozhǎng Táo Xíngzhī zài xiàoyuán kàndào xuésheng Wáng Yǒu yòng níkuài zá
育才小学校长陶行知在校园看到学生王友用泥块砸
zìjǐ bān•shàng de tóngxué, Táo Xíngzhī dāngjí hèzhǐle tā, bìng lìng tā fàngxué hòu dào
自己班上的同学，陶行知当即喝止了他，并令他放学后到
xiàozhǎngshì qù. Wúyí, Táo Xíngzhī shì yào hǎohǎo jiàoyù zhège "wánpí" de xuésheng. Nàme tā
校长室去。无疑，陶行知是要好好教育这个"顽皮"的学生。那么他
shì rúhé jiàoyù de ne?
是如何教育的呢？

Fàngxué hòu, Táo Xíngzhī láidào xiàozhǎngshì, Wáng Yǒu yǐ•jīng děng zài ménkǒu zhǔnbèi ái
放学后，陶行知来到校长室，王友已经等在门口准备挨
xùn le. Kě yī jiànmiàn, Táo Xíngzhī què tāochū yī kuài tángguǒ sònggěi Wáng Yǒu, bìng shuō:
训了。可一见面，陶行知却掏出一块糖果送给王友，并说：
"Zhè shì jiǎnggěi nǐ de, yīn•wèi nǐ ànshí láidào zhè•lǐ, ér wǒ què chídào le." Wáng Yǒu jīngyí
"这是奖给你的，因为你按时来到这里，而我却迟到了。"王友惊疑
de jiēguo tángguǒ.
地接过糖果。

Suíhòu, Táo Xíngzhī yòu tāochū yī kuài tángguǒ fàngdào tā shǒu•lǐ, shuō:"Zhè dì-èr kuài
随后，陶行知又掏出一块糖果放到他手里，说："这第二块

tángguǒ yě shì jiǎnggěi nǐ de, yīn•wèi dāng wǒ bùràng nǐ zài dǎrén shí, nǐ lìjí jiù zhùshǒu le,
糖果也是奖给你的，因为当我不让你再打人时，你立即就住手了，
zhè shuōmíng nǐ hěn zūnzhòng wǒ, wǒ yīnggāi jiǎng nǐ." Wáng Yǒu gèng jīngyí le, tā yǎnjing
这说明你很尊重我，我应该奖你。”王友更惊疑了，他眼睛
zhēng de dàdà de.
睁得大大的。

Táo Xíngzhī yòu tāochū dì-sān kuài tángguǒ sāidào Wáng Yǒu shǒu•lǐ, shuō: "Wǒ diàocháguo
陶行知又掏出第三块糖果塞到王友手里，说：“我调查过
le, nǐ yòng níkuài zá nàxiē nánshēng, shì yīn•wèi tāmen bù shǒu yóuxì guīzé, qīfu nǚshēng; nǐ
了，你用泥块砸那些男生，是因为他们不守游戏规则，欺负女生；你
zá tāmen, shuōmíng nǐ hěn zhèngzhí shànliáng, qiě yǒu pīpíng bùliáng xíngwéi de yǒngqì, yīnggāi
砸他们，说明你很正直善良，且有批评不良行为的勇气，应该
jiǎnglì nǐ ya!" Wáng Yǒu gǎndòng jí le, tā liúzhe yǎnlèi hòuhuǐ de hǎndào: "Táo …… Táo
奖励你啊！”王友感动极了，他流着眼泪后悔地喊道：“陶……陶
xiàozhǎng nǐ dǎ wǒ liǎng xià ba! Wǒ zá de bù shì huàirén, ér shì zìjǐ de tóngxué ya……"
校长你打我两下吧！我砸的不是坏人，而是自己的同学啊……”

Táo Xíngzhī mǎnyì de xiào le, tā suíjí tāochū dì-sì kuài tángguǒ dìgěi Wáng Yǒu, shuō:
陶行知满意地笑了，他随即掏出第四块糖果递给王友，说：
"Wèi nǐ zhèngquè de rènshi cuò•wù, wǒ zài jiǎnggěi nǐ yī kuài tángguǒ, zhǐ kěxī wǒ zhǐyǒu zhè
“为你正确地认识错误，我再奖给你一块糖果，只可惜我只有这
yī kuài tángguǒ le. Wǒ de tángguǒ // méi•yǒu le, wǒ kàn wǒmen de tánhuà yě gāi jiéshù le ba!"
一块糖果了。我的糖果//没有了，我看我们的谈话也该结束了吧！”
Shuōwán, jiù zǒuchūle xiàozhǎngshì.
说完，就走出了校长室。

——节选自《教师博览·百期精华》中《陶行知的“四块糖果”》

作品40号——《提醒幸福》

[朗读提示]本文用清新而又富有哲理的语言向我们娓娓道来幸福的含义。朗读时语调自然，语速稍缓，语气中带有几分感慨和醒悟。

Xiǎngshòu xìngfú shì xūyào xuéxí de, dāng tā jíjiāng láilín de shíkè xūyào tíxǐng. Rén kěyǐ
享受幸福是需要学习的，当它即将来临的时刻需要提醒。人可以
zìrán-érrán de xuéhuì gǎnguān de xiǎnglè, què wúfǎ tiānshēng de zhǎngwò xìngfú de yùnlǜ.
自然而然地学会感官的享乐，却无法天生地掌握幸福的韵律。
Línghún de kuàiyì tóng qìguānde shūshì xiàng yī duì luánshēng xiōngdì, shí'ér xiāngbàng-xiāngyī,
灵魂的快意同器官的舒适像一对孪生兄弟，时而相傍相依，
shí'ér nányuán-běizhé.
时而南辕北辙。

Xìngfú shì yī zhǒng xīnlíng de zhènchàn. Tā xiàng huì qīngtīng yīnyuè de ěrduo yīyàng, xūyào
幸福是一种心灵的震颤。它像会倾听音乐的耳朵一样，需要
bùduàn de xùnliàn.
不断地训练。

Jiǎn'éryánzhī, xìngfú jiùshì méi•yǒu tòngkǔ de shíkè. Tā chūxiàn de pínlǜ bìng bù xiàng
简而言之，幸福就是没有痛苦的时刻。它出现的频率并不像
wǒmen xiǎngxiàng de nàyàng shǎo. Rénmen chángcháng zhǐshì zài xìngfú de jīn mǎchē yǐ•jīng shǐ
我们想象的那样少。人们常常只是在幸福的金马车已经驶
guò•qù hěn yuǎn shí, cái jiǎnqǐ dì•shàng de jīn zōngmáo shuō, yuánlái wǒ jiànguo tā.
过去很远时，才拣起地上的金鬃毛说，原来我见过它。

Rénmen xǐ'ài huíwèi xìngfú de biāoběn, què hūlüè tā pīzhe lù•shuǐ sànfā qīngxiāng de shíkè.
人们喜爱回味幸福的标本，却忽略它披着露水散发清香的时刻。

Nà shíhou wǒmen wǎngwǎng bùlǚ cōngcōng, zhānqián-gùhòu bù zhī zài mángzhe shénme.
那时候我们往往步履匆匆，瞻前顾后不知在忙着什么。

Shì•shàng yǒu yùbào táifēng de, yǒu yùbào huángzāi de, yǒu yùbào wēnyì de, yǒu yùbào dìzhèn de. Méi•yǒu rén yùbào xìngfú.
世上有预报台风的，有预报蝗灾的，有预报瘟疫的，有预报地震的。没有人预报幸福。

Qíshí xìngfú hé shìjiè wànwù yīyàng, yǒu tā de zhēngzhào.
其实幸福和世界万物一样，有它的征兆。

Xìngfú chángcháng shì ménglóng de, hěn yǒu jiézhì de xiàng wǒmen pēnsǎ gānlín. Nǐ bùyào zǒng xīwàng hōnghōng-lièliè de xìngfú, tā duōbàn zhǐshì qiāoqiāo de pūmiàn ér lái. Nǐ yě bùyào qǐtú bǎ shuǐlóngtóu nǐng de gèng dà, nàyàng tā huì hěn kuài de liúshī. Nǐ xūyào jìngjìng de yǐ pínghé zhī xīn, tǐyàn tā de zhēndì.
幸福常常是朦胧的，很有节制地向我们喷洒甘霖。你不要总希望轰轰烈烈的幸福，它多半只是悄悄地扑面而来。你也不要企图把水龙头拧得更大，那样它会很快地流失。你需要静静地以平和之心，体验它的真谛。

Xìngfú jué dà duōshù shì pǔsù de. Tā bù huì xiàng xìnhàodàn shìde, zài hěn gāo de tiānjì shǎnshuò hóngsè de guāngmáng. Tā pīzhe běnsè de wài//yī, qīnqiè wēnnuǎn de bāoguǒqǐ wǒmen.
幸福绝大多数是朴素的。它不会像信号弹似的，在很高的天际闪烁红色的光芒。它披着本色的外//衣，亲切温暖地包裹起我们。

Xìngfú bù xǐhuan xuānxiāo fúhuá, tā chángcháng zài àndàn zhōng jiànglín. Pínkùn zhōng xiāngrúyǐmò de yī kuài gāobǐng, huànnàn zhōng xīnxīn-xiāngyìn de yī gè yǎnshén, fù•qīn yī cì cūcāo de fǔmō, nǚyǒu yī zhāng wēnxīn de zìtiáo…… Zhè dōu shì qiānjīn nán mǎi de xìngfú wa. Xiàng yī lìlì zhuì zài jiù chóuzi•shàng de hóngbǎoshí, zài qīliáng zhōng yùfā yìyì duómù.
幸福不喜欢喧嚣浮华，它常常在暗淡中降临。贫困中相濡以沫的一块糕饼，患难中心心相印的一个眼神，父亲一次粗糙的抚摸，女友一张温馨的字条……这都是千金难买的幸福啊。像一粒粒缀在旧绸子上的红宝石，在凄凉中愈发熠熠夺目。

——节选自毕淑敏《提醒幸福》

作品41号——《天才的造就》

[朗读提示]本文记叙了贝利小时候对足球执着追求的故事，叙述极为自然、朴实。朗读时要把小贝利的执着劲和为了报答教练而挖坑的感人至深的情感读出来。

Zài Lǐyuērènèilú de yī gè pínmínkū•lǐ, yǒu yī gè nánháizi, tā fēicháng xǐhuan zúqiú, kěshì yòu mǎi•bùqǐ, yúshì jiù tī sùliàohér, tī qìshuǐpíng, tī cóng lājīxiāng•lǐ jiǎnlái de yēzikér. Tā zài hútòngr•lǐ tī, zài néng zhǎodào de rènhé yī piàn kòngdì•shàng tī.
在里约热内卢的一个贫民窟里，有一个男孩子，他非常喜欢足球，可是又买不起，于是就踢塑料盒，踢汽水瓶，踢从垃圾箱里拣来的椰子壳。他在胡同里踢，在能找到的任何一片空地上踢。

Yǒu yī tiān, dāng tā zài yī chù gānhé de shuǐtáng•lǐ měng tī yī gè zhū pángguāng shí, bèi yī wèi zúqiú jiàoliàn kàn•jiàn le. Tā fāxiàn zhège nánháir tī de hěn xiàng shì nàme huí shì, jiù zhǔdòng tíchū yào sònggěi tā yī gè zúqiú. Xiǎonánháir dédào zúqiú hòu tī de gèng màijìnr le.
有一天，当他在一处干涸的水塘里猛踢一个猪膀胱时，被一位足球教练看见了。他发现这个男孩儿踢得很像是那么回事，就主动提出要送给他一个足球。小男孩儿得到足球后踢得更卖劲了。

Bùjiǔ, tā jiù néng zhǔnquè de bǎ qiú tījìn yuǎnchù suíyì bǎifàng de yī gè shuǐtǒng•lǐ.
不久，他就能准确地把球踢进远处随意摆放的一个水桶里。

Shèngdànjié dào le, háizi de māma shuō: "Wǒmen méi•yǒu qián mǎi shèngdàn lǐwù sònggěi wǒmen de ēnrén, jiù ràng wǒmen wèi tā qídǎo ba."
圣诞节到了，孩子的妈妈说："我们没有钱买圣诞礼物送给我们的恩人，就让我们为他祈祷吧。"

Xiǎonánháir gēnsuí māma qídǎo wánbì, xiàng māma yàole yī bǎ chǎnzi biàn pǎole chū•qù. Tā láidào yī zuò biéshù qián de huāyuán•lǐ, kāishǐ wā kēng.
小男孩儿跟随妈妈祈祷完毕，向妈妈要了一把铲子便跑了出去。他来到一座别墅前的花园里，开始挖坑。

Jiù zài tā kuài yào wāhǎo kēng de shíhou, cóng biéshù•lǐ zǒuchū yī gè rén•lái, wèn xiǎoháir zài gàn shénme, háizi táiqǐ mǎn shì hànzhū de liǎndànr, shuō: "Jiàoliàn, Shèngdànjié dào le, wǒ méi•yǒu lǐwù sònggěi nín, wǒ yuàn gěi nín de shèngdànshù wā yī gè shùkēng."
就在他快要挖好坑的时候，从别墅里走出一个人来，问小孩儿在干什么，孩子抬起满是汗珠的脸蛋儿，说："教练，圣诞节到了，我没有礼物送给您，我愿给您的圣诞树挖一个树坑。"

Jiàoliàn bǎ xiǎonánháir cóng shùkēng•lǐ lā shàng•lái, shuō, wǒ jīntiān dédàole shìjiè•shàng zuì hǎo de lǐwù. Míngtiān nǐ jiù dào wǒ de xùnliànchǎng qù ba.
教练把小男孩儿从树坑里拉上来，说，我今天得到了世界上最好的礼物。明天你就到我的训练场去吧。

Sān nián hòu, zhè wèi shíqī suì de nánháir zài dì-liù jiè zúqiú Jǐnbiāosài•shàng dújìn èrshíyī qiú, wèi Bāxī dì-yī cì pěnghuíle jīnbēi. Yī gè yuán//lái bù wéi shìrén suǒ zhī de míngzi —— Bèilì, suí zhī chuánbiàn shìjiè.
三年后，这位十七岁的男孩儿在第六届足球锦标赛上独进二十一球，为巴西第一次捧回了金杯。一个原//来不为世人所知的名字——贝利，随之传遍世界。

——节选自刘燕敏《天才的造就》

作品42号——《我的母亲独一无二》

[朗读提示]本文赞扬了伟大的母爱，朗读时语气是凝重的、沉缓的，语调略带悲伤，并充满了对母爱的由衷赞美之情。

Jì•dé wǒ shísān suì shí, hé mǔ•qīn zhù zài Fǎguó dōngnánbù de Nàisī Chéng. Mǔ•qīn méi•yǒu zhàngfu, yě méi•yǒu qīnqi, gòu qīngkǔ de, dàn tā jīngcháng néng ná•chū lìng rén chījīng de dōngxi, bǎi zài wǒ miànqián. Tā cónglái bù chī ròu, yīzài shuō zìjǐ shì sùshízhě. Rán'ér yǒu yī tiān, wǒ fāxiàn mǔ•qīn zhèng zǐxì de yòng yī xiǎo kuàir suì miànbāo cā nà gěi wǒ jiān niúpái yòng de yóuguō. Wǒ míngbaile tā chēng zìjǐ wéi sùshízhě de zhēnzhèng yuányīn.
记得我十三岁时，和母亲住在法国东南部的耐斯城。母亲没有丈夫，也没有亲戚，够清苦的，但她经常能拿出令人吃惊的东西，摆在我面前。她从来不吃肉，一再说自己是素食者。然而有一天，我发现母亲正仔细地用一小块碎面包擦那给我煎牛排用的油锅。我明白了她称自己为素食者的真正原因。

Wǒ shíliù suì shí, mǔ•qīn chéngle Nàisī Shì Měiméng lǚguǎn de nǚ jīnglǐ. Zhèshí, tā gèng mánglù le. Yī tiān, tā tān zài yǐzi•shàng, liǎnsè cāngbái, zuǐchún fā huī. Mǎshàng zhǎolái
我十六岁时，母亲成了耐斯市美蒙旅馆的女经理。这时，她更忙碌了。一天，她瘫在椅子上，脸色苍白，嘴唇发灰。马上找来

yīshēng，zuò•chū zhěnduàn：Tā shèqǔle guòduō de yídǎosù. Zhídào zhèshí wǒ cái zhī•dào mǔ•qīn
医生，做 出 诊断：她 摄取了 过多 的 胰岛素。直到 这时 我 才 知道 母亲

duōnián yīzhí duì wǒ yǐnmán de jítòng—— tángniàobìng.
多年 一直 对 我 隐瞒 的 疾痛—— 糖尿病。

Tā de tóu wāixiàng zhěntou yībiān，tòngkǔ de yòng shǒu zhuānao xiōngkǒu. Chuángjià
她 的 头 歪向 枕头 一边，痛苦 地 用 手 抓挠 胸口。 床架

shàngfāng，zé guàzhe yī méi wǒ yī jiǔ sān èr nián yíngdé Nàisī Shì shàonián pīngpāngqiú guànjūn
上方，则 挂着 一 枚 我 一 九 三 二 年 赢得 耐斯 市 少年 乒乓球 冠军

de yínzhì jiǎngzhāng.
的 银质 奖章。

À，shì duì wǒ de měihǎo qiántú de chōngjǐng zhīchēngzhe tā huó xià•qù，wèile gěi tā nà
啊，是 对 我 的 美好 前途 的 憧憬 支撑着 她 活 下 去，为了 给 她 那

huāng•táng de mèng zhìshǎo jiā yīdiǎnr zhēnshí de sècǎi，wǒ zhǐnéng jìxù nǔlì，yǔ shíjiān
荒唐 的 梦 至少 加 一点 真实 的 色彩，我 只能 继续 努力，与 时间

jìngzhēng，zhízhì yī jiǔ sān bā nián wǒ bèi zhēng rù kōngjūn. Bālí hěn kuài shīxiàn，wǒ zhǎnzhuǎn
竞争，直至 一 九 三 八 年 我 被 征 入 空军。巴黎 很 快 失陷，我 辗转

diàodào Yīngguó Huángjiā Kōngjūn. Gāng dào Yīngguó jiù jiēdàole mǔ•qīn de láixìn. Zhèxiē xìn shì
调到 英国 皇家 空军。刚 到 英国 就 接到了 母亲 的 来信。这些 信 是

yóu zài Ruìshì de yī gè péngyou mìmì de zhuǎndào Lúndūn，sòngdào wǒ shǒuzhōng de.
由 在 瑞士 的 一 个 朋友 秘密 地 转到 伦敦，送到 我 手中 的。

Xiànzài wǒ yào huíjiā le，xiōngqián pèidàizhe xǐngmù de lǜ-hēi liǎng sè de jiěfàng shízì
现在 我 要 回家 了，胸前 佩戴着 醒目 的 绿黑 两 色 的 解放 十字

shòu//dài，shàng•miàn guàzhe wǔ-liù méi wǒ zhōngshēn nánwàng de xūnzhāng，jiān•shàng hái
绶//带，上面 挂着 五六 枚 我 终身 难忘 的 勋章，肩上 还

pèidàizhe jūnguān jiānzhāng. Dàodá lǚguǎn shí，méi•yǒu yī gè rén gēn wǒdǎ zhāohu. Yuánlái，wǒ
佩戴着 军官 肩章。到达 旅馆 时，没有 一 个 人 跟 我打 招呼。原来，我

mǔ•qīn zài sān nián bàn yǐqián jiù yǐ•jīng líkāi rénjiān le.
母亲 在 三 年 半 以前 就 已经 离开 人间 了。

Zài tā sǐ qián de jǐ tiān zhōng，tā xiěle jìn èrbǎi wǔshí fēng xìn，bǎ zhèxiē xìn jiāogěi tā
在 她 死 前 的 几 天 中，她 写了 近 二百 五十 封 信，把 这些 信 交给 她

zài Ruìshì de péngyou，qǐng zhège péngyou dìngshí jì gěi wǒ. Jiù zhèyàng，zài mǔ•qīn sǐ hòu de
在 瑞士 的 朋友，请 这个 朋友 定时 寄 给 我。就 这样，在 母亲 死 后 的

sān nián bàn de shíjiān•lǐ，wǒ yīzhí cóng tā shēn•shàng xīqǔzhe lì•liàng hé yǒngqì—— zhè shǐ
三 年 半 的 时间 里，我 一直 从 她 身 上 吸取着 力量 和 勇气—— 这 使

wǒ nénggòu jìxù zhàndòu dào shènglì nà yītiān.
我 能够 继续 战斗 到 胜利 那 一天。

——节选自[法]罗曼·加里《我的母亲独一无二》

作品 43 号——《我的信念》

[朗读提示]本文是以第一人称的口吻写的，表现了玛丽·居里对生活、事业坚韧不拔的信心。朗读时语调宜自信、坚定。

Shēnghuó duìyú rènhé rén dōu fēi yì shì，wǒmen bìxū yǒu jiānrèn-bùbá de jīngshén. Zuì yàojǐn
生活 对于 任何 人 都 非 易 事，我们 必须 有 坚韧 不拔 的 精神。最 要紧

de，háishì wǒmen zìjǐ yào yǒu xìnxīn. Wǒmen bìxū xiāngxìn，wǒmen duì měi yī jiàn shìqing dōu
的，还是 我们 自己 要 有 信心。我们 必须 相信，我们 对 每 一 件 事情 都

jùyǒu tiānfù de cáinéng，bìngqiě，wúlùn fùchū rènhé dàijià，dōu yào bǎ zhè jiàn shì wánchéng.
具有 天赋 的 才能，并且，无论 付出 任何 代价，都 要 把 这 件 事 完成。

Dāng shìqing jiéshù de shíhou, nǐ yào néng wènxīn-wúkuì de shuō: "Wǒ yǐ•jīng jìn wǒ suǒ néng
当 事情 结束 的 时候，你 要 能 问心 无愧 地 说："我 已经 尽 我 所 能
le."
了。"

Yǒu yī nián de chūntiān, wǒ yīn bìng bèipò zài jiā•lǐ xiūxi shù zhōu. Wǒ zhùshìzhe wǒ de
有 一 年 的 春天，我 因 病 被迫 在 家里 休息 数 周。我 注视着 我 的
nǚ'érmen suǒ yǎng de cán zhèngzài jié jiǎn, zhè shǐ wǒ hěn gǎn xìngqù. Wàngzhe zhèxiē cán
女儿们 所 养 的 蚕 正在 结 茧，这 使 我 很 感 兴趣。望着 这些 蚕
zhízhuó de、qínfèn de gōngzuò, wǒ gǎndào wǒ hé tāmen fēichángxiāngsì. Xiàng tāmen yīyàng, wǒ
执着 地、勤奋 地 工作，我 感到 我 和 它们 非常 相似。像 它们 一样，我
zǒngshì nàixīn de bǎ zìjǐ de nǔlì jízhōng zài yī gè mùbiāo•shàng. Wǒ zhīsuǒyǐ rúcǐ, huòxǔ shì
总是 耐心 地 把 自己 的 努力 集中 在 一 个 目标 上。我 之所以 如此，或许 是
yīn•wèi yǒu mǒu zhǒng lì•liàng zài biāncèzhe wǒ—— zhèng rú cán bèi biāncèzhe qù jié jiǎn yībān.
因为 有 某 种 力量 在 鞭策着 我—— 正 如 蚕 被 鞭策着 去 结 茧 一般。

Jìn wǔshí nián lái, wǒ zhìlìyú kēxué yánjiū, ér yánjiū, jiùshì duì zhēnlǐ de tàntǎo. Wǒ yǒu
近 五十 年 来，我 致力于 科学 研究，而 研究，就是 对 真理 的 探讨。我 有
xǔduō měihǎo kuàilè de jìyì. Shàonǚ shíqī wǒ zài Bālí Dàxué, gūdú de guòzhe qiúxué de
许多 美好 快乐 的 记忆。少女 时期 我 在 巴黎 大学，孤独 地 过着 求学 的
suìyuè; zài hòulái xiànshēn kēxué de zhěnggè shíqī, wǒ zhàngfu hé wǒ zhuānxīn-zhìzhì, xiàng zài
岁月；在 后来 献身 科学 的 整个 时期，我 丈夫 和 我 专心 致志，像 在
mènghuàn zhōng yībān, zuò zài jiǎnlòu de shūfáng•lǐ jiānxīn de yánjiū, hòulái wǒmen jiù zài nà•lǐ
梦幻 中 一般，坐 在 简陋 的 书房 里 艰辛 地 研究，后来 我们 就 在 那里
fāxiànle léi.
发现了 镭。

Wǒ yǒngyuǎn zhuīqiú ānjìng de gōngzuò hé jiǎndān de jiātíng shēnghuó. Wèile shíxiàn zhège
我 永远 追求 安静 的 工作 和 简单 的 家庭 生活。为了 实现 这个
lǐxiǎng, wǒ jiélì bǎochí níngjìng de huánjìng, yǐmiǎn shòu rénshì de gānrǎo hé shèngmíng de
理想，我 竭力 保持 宁静 的 环境，以免 受 人事 的 干扰 和 盛名 的
tuōlěi.
拖累。

Wǒ shēnxìn, zài kēxué fāngmiàn wǒmen yǒu duì shìyè ér bù//shì duì cáifù de xìngqù. Wǒ de
我 深信，在 科学 方面 我们 有 对 事业 而 不//是 对 财富 的 兴趣。我 的
wéiyī shēwàng shì zài yī gè zìyóu guójiā zhōng, yǐ yī gè zìyóu xuézhěde shēn•fèn cóngshì yánjiū
唯一 奢望 是 在 一 个 自由 国家 中，以 一 个 自由 学者 的 身份 从事 研究
gōngzuò.
工作。

Wǒ yīzhí chénzuì yú shìjiè de yōuměi zhīzhōng, wǒ suǒ rè'ài de kēxué yě bùduàn zēngjiā tā
我 一直 沉醉 于 世界 的 优美 之中，我 所 热爱 的 科学 也 不断 增加 它
zhǎnxīn de yuǎnjǐng. Wǒ rèndìng kēxué běnshēn jiù jùyǒu wěidà de měi.
崭新 的 远景。我 认定 科学 本身 就 具有 伟大 的 美。

——节选自[波兰]玛丽·居里《我的信念》，剑捷译

作品 44 号——《我为什么当教师》

[朗读提示]本文充满感情地阐述了"我"喜欢当教师的理由，语言质朴清新，毫无夸夸其谈之态，所以在朗读时宜娓娓道来，感情起伏不宜过于强烈。同时，语调自然之中要饱含对教师职业的热爱之情，这样才能把作者的感悟和心情淋漓尽致地表现出来。

Wǒ wèishénme fēi yào jiāoshū bùkě? Shì yīn•wèi wǒ xǐhuan dāng jiàoshī de shíjiān ānpáibiǎo
我 为什么 非 要 教书 不可？是 因为 我 喜欢 当 教师 的 时间 安排表
hé shēnghuó jiézòu. Qī、bā、jiǔ sān gè yuè gěi wǒ tígōngle jìnxíng huígù、yánjiū、xiězuò de
和 生活 节奏。七、八、九 三 个 月 给 我 提供了 进行 回顾、研究、写作 的
liángjī, bìng jiāng sānzhě yǒujī rónghé, ér shànyú huígù、yánjiū hé zǒngjié zhèngshì yōuxiù jiàoshī
良机，并 将 三者 有机 融合，而 善于 回顾、研究 和 总结 正是 优秀 教师
sùzhì zhōng bùkě quēshǎo de chéng•fèn.
素质 中 不可 缺少 的 成分。

Gàn zhè háng gěile wǒ duōzhǒng-duōyàng de “gānquán” qù pǐncháng, zhǎo yōuxiùde shūjí qù
干 这 行 给了 我 多种 多样 的 “甘泉” 去 品尝，找 优秀的 书籍 去
yándú, dào “xiàngyátǎ” hé shíjì shìjiè•lǐ qù fāxiàn. Jiàoxué gōngzuò gěi wǒ tígōngle jìxù xuéxí
研读，到 “象牙塔” 和 实际 世界 里 去 发现。教学 工作 给 我 提供了 继续 学习
de shíjiān bǎozhèng, yǐjí duōzhǒng tújìng、jīyù hé tiǎozhàn.
的 时间 保证，以及 多种 途径、机遇 和 挑战。

Rán'ér, wǒ ài zhè yī háng de zhēnzhèng yuányīn, shì ài wǒ de xuésheng. Xuéshengmen zài
然而，我 爱 这 一 行 的 真正 原因，是 爱 我 的 学生。 学生们 在
wǒ de yǎnqián chéngzhǎng、biànhuà. Dāng jiàoshī yìwèizhe qīnlì “chuàngzào” guòchéng de fāshēng——
我 的 眼前 成长、 变化。 当 教师 意味着 亲历 “创造” 过程 的 发生——
qiàsì qīnshǒu fùyǔ yī tuán nítǔ yǐ shēngmìng, méi•yǒu shénme bǐ mùdǔ tā kāishǐ hūxī gèng
恰似 亲手 赋予 一 团 泥土 以 生命， 没有 什么 比 目睹 它 开始 呼吸 更
jīdòng rénxīn de le.
激动 人心 的 了。

Quánlì wǒ yě yǒu le: Wǒ yǒu quánlì qù qǐfā yòudǎo, qù jīfā zhìhuì de huǒhuā, qù wèn
权利 我 也 有 了：我 有 权利 去 启发 诱导，去 激发 智慧 的 火花，去 问
fèixīn sīkǎo de wèntí, qù zànyáng huídá de chángshì, qù tuījiàn shūjí, qù zhǐdiǎn míjīn. Háiyǒu
费心 思考 的 问题，去 赞扬 回答 的 尝试， 去 推荐 书籍，去 指点 迷津。还有
shénme biéde quánlì néng yǔ zhī xiāng bǐ ne?
什么 别的 权利 能 与 之 相 比 呢？

Érqiě, jiāoshū hái gěi wǒ jīnqián hé quánlì zhīwài de dōngxi, nà jiùshì àixīn. Bùjǐn yǒu duì
而且，教书 还 给 我 金钱 和 权利 之外 的 东西，那 就是 爱心。不仅 有 对
xuésheng de ài, duì shūjí de ài, duì zhīshi de ài, háiyǒu jiàoshī cái néng gǎnshòudào de duì
学生 的 爱，对 书籍 的 爱，对 知识 的 爱，还有 教师 才 能 感受到 的 对
“tèbié” xuésheng de ài. Zhèxiē xuésheng, yǒurú míngwán-bùlíng de níkuài, yóuyú jiēshòule lǎoshī
“特别” 学生 的 爱。这些 学生， 有如 冥顽 不灵 的 泥块，由于 接受了 老师
de chì'ài cái bófāle shēngjī.
的 炽爱 才 勃发了 生机。

Suǒyǐ, wǒ ài jiāoshū, hái yīn•wèi, zài nàxiē bófā shēngjī de “tèbié” xué//sheng shēn•shàng,
所以，我 爱 教书，还 因为，在 那些 勃发 生机 的 “特别” 学//生 身 上，
wǒ yǒushí fāxiàn zìjǐ hé tāmen hūxī xiāngtōng, yōulè yǔ gòng.
我 有时 发现 自己 和 他们 呼吸 相通， 忧乐 与 共。

——节选自[美]彼得·基·贝得勒《我为什么当教师》

作品 45 号——《西部文化和西部开发》

[朗读提示]本文以说明文的形式介绍了西部的文化和西部的开发。朗读时客观、沉稳，感情抑扬不明显。

Zhōngguó xībù wǒmen tōngcháng shì zhǐ Huáng Hé yǔ Qín Lǐng xiānglián yī xiàn yǐ xī,
中国 西部 我们 通常 是 指 黄 河 与 秦 岭 相连 一 线 以 西，

bāokuò xīběi hé xīnán de shí’èr gè shěng、shì、zìzhìqū. Zhè kuài guǎngmào de tǔdì miànjī wéi
包括 西北 和 西南 的 十二 个 省、市、自治区。这 块 广袤 的 土地 面积 为
wǔbǎi sìshíliù wàn píngfāng gōnglǐ，zhàn guótǔ zǒng miànjī de bǎi fēn zhī wǔshíqī；rénkǒu èr diǎn
五百 四十六 万 平方 公里，占 国土 总 面积 的 百 分 之 五十七；人口 二 点
bā yì，zhàn quánguó zǒng rénkǒu de bǎi fēn zhī èrshísān.
八 亿，占 全国 总 人口 的 百 分 之 二十三。

Xībù shì Huáxià wénmíng de yuántóu. Huáxià zǔxiān de jiǎobù shì shùnzhe shuǐbiān zǒu de：
西部 是 华夏 文明 的 源头。华夏 祖先 的 脚步 是 顺着 水边 走 的：
Cháng Jiāng shàngyóu chūtǔguo Yuánmóurén yáchǐ huàshí，jù jīn yuē yībǎi qīshí wàn nián；Huáng
长 江 上游 出土过 元谋人 牙齿 化石，距 今 约 一百 七十 万 年；黄
Hé zhōngyóu chūtǔguo Lántiánrén tóugàigǔ，jù jīn yuē qīshí wàn nián. Zhè liǎng chù gǔ rénlèi dōu
河 中游 出土过 蓝田人 头盖骨，距 今 约 七十 万 年。这 两 处 古 人类 都
bǐ jù jīn yuē wǔshí wàn nián de Běijīng yuánrén zī•gé gèng lǎo.
比 距 今 约 五十 万 年 的 北京 猿人 资格 更 老。

Xībù dìqū shì Huáxià wénmíng de zhòngyào fāyuándì. Qínhuáng Hànwǔ yǐhòu，dōng-xīfāng
西部 地区 是 华夏 文明 的 重要 发源地。秦皇 汉武 以后，东西方
wénhuà zài zhè•lǐ jiāohuì rónghé，cóng’ér yǒule sīchóu zhī lù de tuólíng shēngshēng，fó yuàn shēn
文化 在 这里 交汇 融合，从而 有了 丝绸 之 路 的 驼铃 声声，佛 院 深
sì de mùgǔ-chénzhōng. Dūnhuáng Mògāokū shì shìjiè wénhuàshǐ•shàng de yī gè qíjì，tā zài jìchéng
寺 的 暮鼓 晨钟。敦煌 莫高窟 是 世界 文化史 上 的 一 个 奇迹，它 在 继承
Hàn Jìn yìshù chuántǒng de jīchǔ•shàng，xíngchéngle zìjǐ jiānshōu-bìngxù de huīhóng qìdù，
汉 晋 艺术 传统 的 基础 上，形成了 自己 兼收 并蓄 的 恢宏 气度，
zhǎnxiànchū jīngměi-juélún de yìshù xíngshì hé bódà-jīngshēn de wénhuà nèihán. Qínshǐhuáng
展现出 精美 绝伦 的 艺术 形式 和 博大 精深 的 文化 内涵。秦始皇
Bīngmǎyǒng、Xīxià wánglíng、Lóulán gǔguó、Bùdálāgōng、Sānxīngduī、Dàzú shíkè děng lìshǐ
兵马俑、西夏 王陵、楼兰 古国、布达拉宫、三星堆、大足 石刻 等 历史
wénhuà yíchǎn，tóngyàng wéi shìjiè suǒ zhǔmù，chéngwéi zhōnghuá wénhuà zhòngyào de xiàngzhēng.
文化 遗产，同样 为 世界 所 瞩目，成为 中华 文化 重要 的 象征。

Xībù dìqū yòu shì shǎoshù mínzú jíqí wénhuà de jícuìdì，jīhū bāokuòle wǒguó suǒyǒu de
西部 地区 又 是 少数 民族 及其 文化 的 集萃地，几乎 包括了 我国 所有 的
shǎoshù mínzú. Zài yīxiē piānyuǎn de shǎoshù mínzú dìqū，réng bǎoliú//le yīxiē jiǔyuǎn shídài de
少数 民族。在 一些 偏远 的 少数 民族 地区，仍 保留//了 一些 久远 时代 的
yìshù pǐnzhǒng，chéngwéi zhēnguì de“huó huàshí”，rú Nàxī gǔyuè、xìqǔ、jiǎnzhǐ、cìxiù、yánhuà
艺术 品种，成为 珍贵 的“活 化石”，如 纳西 古乐、戏曲、剪纸、刺绣、岩画
děng mínjiān yìshù hé zōngjiào yìshù. Tèsè xiānmíng、fēngfù-duōcǎi，yóurú yī gè jùdà de mínzú
等 民间 艺术 和 宗教 艺术。特色 鲜明、丰富 多彩，犹如 一 个 巨大 的 民族
mínjiān wénhuà yìshù bǎokù.
民间 文化 艺术 宝库。

Wǒmen yào chōngfèn zhòngshì hé lìyòng zhèxiē détiān-dúhòu de zīyuán yōushì，jiànlì liánghǎo
我们 要 充分 重视 和 利用 这些 得天 独厚 的 资源 优势，建立 良好
de mínzú mínjiān wénhuà shēngtài huánjìng，wèi xībù dà kāifā zuòchū gòngxiàn.
的 民族 民间 文化 生态 环境，为 西部 大 开发 做出 贡献。

——节选自《中考语文课外阅读试题精选》中《西部文化和西部开发》

作品46号——《喜悦》

[朗读提示]本文写的是人生感悟,富有哲理和诗意。朗读时语调沉稳中要有感情的起伏,把作者的感悟通过自己的声音渲染出来。

Gāoxìng, zhè shì yī zhǒng jùtǐ de bèi kàndedào mōdezháo de shìwù suǒ huànqǐ de qíng•xù.
高兴,这是一种具体的被看得到摸得着的事物所唤起的情绪。
Tā shì xīnlǐ de, gèng shì shēnglǐ de. Tā róng•yì lái yě róng•yì qù, shéi yě bù yīnggāi duì tā
它是心理的,更是生理的。它容易来也容易去,谁也不应该对它
shì'érbùjiàn shīzhījiāobì, shéi yě bù yīnggāi zǒngshì zuò nàxiē shǐ zìjǐ bù gāoxìng yě shǐ pángrén
视而不见失之交臂,谁也不应该总是做那些使自己不高兴也使旁人
bù gāoxìng de shì. Ràng wǒmen shuō yī jiàn zuì róng•yì zuò yě zuì lìng rén gāoxìng de shì ba,
不高兴的事。让我们说一件最容易做也最令人高兴的事吧,
zūnzhòng nǐ zìjǐ, yě zūnzhòng bié•rén, zhè shì měi yī gè rén de quánlì, wǒ háiyào shuō zhè shì
尊重你自己,也尊重别人,这是每一个人的权利,我还要说这是
měi yī gè rén de yìwù.
每一个人的义务。

Kuàilè, tā shì yī zhǒng fùyǒu gàikuòxìng de shēngcún zhuàngtài、gōngzuò zhuàngtài. Tā jīhū
快乐,它是一种富有概括性的生存状态、工作状态。它几乎
shì xiānyàn de, tā láizì shēngmìng běnshēn de huólì, láizì yǔzhòu、dìqiú hé rénjiān de xīyǐn, tā
是先验的,它来自生命本身的活力,来自宇宙、地球和人间的吸引,它
shì shìjiè de fēngfù、xuànlì、kuòdà、yōujiǔ de tǐxiàn. Kuàilè háishì yī zhǒng lì•liàng, shì mái zài
是世界的丰富、绚丽、阔大、悠久的体现。快乐还是一种力量,是埋在
dìxià de gēnmài. Xiāomiè yī gè rén de kuàilè bǐ wājué diào yī kē dàshù de gēn yào nán de duō.
地下的根脉。消灭一个人的快乐比挖掘掉一棵大树的根要难得多。

Huānxīn, zhè shì yī zhǒng qīngchūn de、shīyì de qínggǎn. Tā láizì miànxiàngzhe wèilái
欢欣,这是一种青春的、诗意的情感。它来自面向着未来
shēnkāi shuāngbì bēnpǎo de chōnglì, tā láizì yī zhǒng qīngsōng ér yòu shénmì、ménglóng ér yòu
伸开双臂奔跑的冲力,它来自一种轻松而又神秘、朦胧而又
yǐnmì de jīdòng, tā shì jīqíng jíjiāng dàolái de yùzhào, tā yòu shì dàyǔ gòuhòu de bǐ xiàyǔ háiyào
隐秘的激动,它是激情即将到来的预兆,它又是大雨过后的比下雨还要
měimiào de duō yě jiǔyuǎn de duō de huíwèi ……
美妙得多也久远得多的回味……

Xǐyuè, tā shì yī zhǒng dàiyǒu xíng ér shàng sècǎi de xiūyǎng hé jìngjiè. Yǔqí shuō tā shì
喜悦,它是一种带有形而上色彩的修养和境界。与其说它是
yī zhǒng qíng•xù, bùrú shuō tā shì yī zhǒng zhìhuì、yī zhǒng chāobá、yī zhǒng bēitiān-mǐnrén de
一种情绪,不如说它是一种智慧、一种超拔、一种悲天悯人的
kuānróng hé lǐjiě, yī zhǒng bǎojīng-cāngsāng de chōngshí hé zìxìn, yī zhǒng guāngmíng de
宽容和理解,一种饱经沧桑的充实和自信,一种光明的
lǐxìng, yī zhǒng jiāndìng // de chéngshú, yī zhǒng zhànshèngle fánnǎo hé yōngsú de qīngmíng
理性,一种坚定//的成熟,一种战胜了烦恼和庸俗的清明
chéngchè. Tā shì yī tán qīngshuǐ, tā shì yī mǒ zhāoxiá, tā shì wúbiān de píngyuán, tā shì
澄澈。它是一潭清水,它是一抹朝霞,它是无边的平原,它是
chénmò de dìpíngxiàn. Duō yīdiǎnr、zài duō yīdiǎnr xǐyuè ba, tā shì chìbǎng, yě shì guīcháo. Tā
沉默的地平线。多一点儿、再多一点儿喜悦吧,它是翅膀,也是归巢。它
shì yī bēi měijiǔ, yě shì yī duǒ yǒngyuǎn kāi bù bài de liánhuā.
是一杯美酒,也是一朵永远开不败的莲花。

——节选自王蒙《喜悦》

作品 47 号——《香港:最贵的一棵树》

[朗读提示]本文描写了香港最贵的一棵树,文章一开头就给了读者一个悬念,朗读时,语调要有起伏,语势可稍作夸张,然后一步步地揭示答案让读者明白其中的缘由,朗读这一部分,语调要平稳而不失惊奇。

Zài Wānzǎi, Xiānggǎng zuì rènao de dìfang, yǒu yī kē róngshù, tā shì zuì guì de yī kē shù,
在 湾仔, 香港 最 热闹 的 地方,有 一 棵 榕树, 它 是 最 贵 的 一 棵 树,
bùguāng zài Xiānggǎng, zài quánshìjiè, dōu shì zuì guì de.
不光 在 香港, 在 全世界, 都 是 最 贵 的。

Shù, huó de shù, yòu bù mài hé yán qí guì? Zhǐ yīn tā lǎo, tā cū, shì Xiānggǎng bǎinián
树,活 的 树,又 不 卖 何 言 其 贵?只 因 它 老,它 粗,是 香港 百年
cāngsāng de huó jiànzhèng, xiānggǎngrén bùrěn kànzhe tā bèi kǎnfá, huòzhě bèi yízǒu, biàn gēn
沧桑 的 活 见证, 香港人 不忍 看着 它 被 砍伐,或者 被 移走,便 跟
yào zhànyòng zhè piàn shānpō de jiànzhùzhě tán tiáojiàn: Kěyǐ zài zhèr jiàn dàlóu gài shāngshà,
要 占用 这 片 山坡 的 建筑者 谈 条件:可以 在这儿 建 大楼 盖 商厦,
dàn yī bùzhǔn kǎn shù, èr bùzhǔn nuó shù, bìxū bǎ tā yuándì jīngxīn yǎng qǐ•lái, chéngwéi
但 一 不准 砍 树,二 不准 挪 树,必须 把 它 原地 精心 养 起来, 成为
Xiānggǎng nàoshì zhōng de yī jǐng. Tàigǔ Dàshà de jiànshèzhě zuìhòu qiānle hétong, zhànyòng
香港 闹市 中 的 一 景。太古 大厦 的 建设者 最后 签了 合同, 占用
zhège dà shānpō jiàn háohuá shāngshà de xiānjué tiáojiàn shì tóngyì bǎohù zhè kē lǎoshù.
这个 大 山坡 建 豪华 商厦 的 先决 条件 是 同意 保护 这 棵 老树。

Shù zhǎng zài bànshānpō•shàng, jìhuà jiāng shù xià•miàn de chéngqiān-shàngwàndūn shānshí
树 长 在 半山坡 上,计划 将 树 下 面 的 成千 上万 吨 山石
quánbù tāokōng qǔzǒu, téngchū dìfang•lái gài lóu, bǎ shù jià zài dàlóu shàng•miàn, fǎngfú tā
全部 掏空 取走, 腾出 地方 来 盖 楼,把 树 架 在 大楼 上 面, 仿佛 它
yuánběn shì zhǎng zài lóudǐng•shàng shìde. Jiànshèzhě jiùdì zàole yī gè zhíjìng shíbā mǐ、shēn shí
原本 是 长 在 楼顶 上 似的。建设者 就地 造了 一 个 直径 十八 米、深 十
mǐ de dà huāpén, xiān gùdìng hǎo zhè kē lǎoshù, zài zài dà huāpén dǐ•xià gài lóu. Guāng zhè yī
米 的 大 花盆, 先 固定 好 这 棵 老树,再 在 大 花盆 底下 盖 楼。 光 这 一
xiàng jiù huāle liǎngqiān sānbǎi bāshíjiǔ wàn gǎngbì, kānchēng shì zuì ángguì de bǎohù cuòshī le.
项 就花了 两千 三百 八十九 万 港币, 堪称 是 最 昂贵 的 保护 措施 了。

Tàigǔ Dàshà luòchéng zhīhòu, rénmen kěyǐ chéng gǔndòng fútī yī cì dàowèi, láidào Tàigǔ
太古 大厦 落成 之后, 人们 可以 乘 滚动 扶梯 一 次 到位, 来到 太古
Dàshà de dǐngcéng, chū hòumén, nàr shì yī piàn zìrán jǐngsè. Yī kē dàshù chūxiàn zài rénmen
大厦 的 顶层, 出 后门,那儿 是 一 片 自然 景色。一 棵 大树 出现 在 人们
miànqián, shùgàn yǒu yī mǐ bàn cū, shùguān zhíjìng zú yǒu èrshí duō mǐ, dúmù-chénglín, fēicháng
面前, 树干 有 一 米 半 粗, 树冠 直径 足 有 二十 多 米,独木 成林, 非常
zhuàngguān, xíngchéng yī zuò yǐ tā wéi zhōngxīn de xiǎo gōngyuán, qǔ míng jiào "Róngpǔ". Shù
壮观, 形成 一 座 以 它 为 中心 的 小 公园, 取 名 叫 "榕圃"。树
qián•miàn // chāzhe tóngpái, shuōmíng yuányóu. Cǐqíng cǐjǐng, rú bù kàn tóngpái de shuōmíng,
前面 // 插着 铜牌, 说明 原由。 此情 此景,如 不 看 铜牌 的 说明,
juéduì xiǎng•bùdào jùshùgēn dǐ•xià háiyǒu yī zuò hóngwěi de xiàndài dàlóu.
绝对 想不到 巨树根 底 下 还有 一 座 宏伟 的 现代 大楼。

——节选自舒乙《香港:最贵的一棵树》

作品48号——《小鸟的天堂》

[朗读提示]本文写了作者两次观赏大榕树的情景，而且两次的印象有些不同，朗读时要区别对待，朗读前一部分时要用欣喜的语调、舒缓的节奏表现出对大榕树的赞美之情，朗读中间过渡时语调要略含失望、遗憾，朗读后一部分时语调要畅快欣喜——终于看到鸟啦！

Wǒmen de chuán jiànjiàn de bījìn róngshù le. Wǒ yǒu jī•huì kànqīng tā de zhēn miànmù: Shì yī kē dàshù, yǒu shǔ•bùqīng de yāzhī, zhī•shàng yòu shēng gēn, yǒu xǔduō gēn yīzhí chuídào dì•shàng, shēnjìn nítǔ•lǐ. Yī bùfen shùzhī chuídào shuǐmiàn, cóng yuǎnchù kàn, jiù xiàng yī kē dàshù xié tǎng zài shuǐmiàn•shàng yīyàng.

我们的船渐渐地逼近榕树了。我有机会看清它的真面目：是一棵大树，有数不清的丫枝，枝上又生根，有许多根一直垂到地上，伸进泥土里。一部分树枝垂到水面，从远处看，就像一棵大树斜躺在水面上一样。

Xiànzài zhèngshì zhīfán-yèmào de shíjié. Zhè kē róngshù hǎoxiàng zài bǎ tā de quánbù shēngmìnglì zhǎnshì gěi wǒmen kàn. Nàme duō de lǜyè, yī cù duī zài lìng yī cù de shàng•miàn, bù liú yīdiǎnr fèngxì. Cuìlǜ de yánsè míngliàng de zài wǒmen de yǎnqián shǎnyào, sìhū měi yī piàn shùyè•shàng dōu yǒu yī gè xīn de shēngmìng zài chàndòng, zhè měilì de nánguó de shù!

现在正是枝繁叶茂的时节。这棵榕树好像在把它的全部生命力展示给我们看。那么多的绿叶，一簇堆在另一簇的上面，不留一点儿缝隙。翠绿的颜色明亮地在我们的眼前闪耀，似乎每一片树叶上都有一个新的生命在颤动，这美丽的南国的树！

Chuán zài shù•xià bóle piànkè, àn•shàng hěn shī, wǒmen méi•yǒu shàng•qù. Péngyou shuō zhè•lǐ shì “niǎo de tiāntáng”, yǒu xǔduō niǎo zài zhè kē shù•shàng zuò wō, nóngmín bùxǔ rén qù zhuō tāmen. Wǒ fǎngfú tīng•jiàn jǐ zhī niǎo pū chì de shēngyīn, dànshì děngdào wǒ de yǎnjing zhùyì de kàn nà•lǐ shí, wǒ què kàn•bùjiàn yī zhī niǎo de yǐngzi, zhǐyǒu wúshù de shùgēn lì zài dì•shàng, xiàng xǔduō gēn mùzhuāng. Dì shì shī de, dàgài zhǎngcháo shí héshuǐ chángcháng chōng•shàng àn•qù. “Niǎo de tiāntáng”•lǐ méi•yǒu yī zhī niǎo, wǒ zhèyàng xiǎngdào. Chuán kāi le, yī gèpéngyou bōzhe chuán, huǎnhuǎn de liúdào hé zhōngjiān qù.

船在树下泊了片刻，岸上很湿，我们没有上去。朋友说这里是“鸟的天堂”，有许多鸟在这棵树上做窝，农民不许人去捉它们。我仿佛听见几只鸟扑翅的声音，但是等到我的眼睛注意地看那里时，我却看不见一只鸟的影子，只有无数的树根立在地上，像许多根木桩。地是湿的，大概涨潮时河水常常冲上岸去。“鸟的天堂”里没有一只鸟，我这样想到。船开了，一个朋友拨着船，缓缓地流到河中间去。

Dì-èr tiān, wǒmen huázhe chuán dào yī gè péngyou de jiāxiāng qù, jiùshì nàgè yǒu shān yǒu tǎ de dìfang. Cóng xuéxiào chūfā, wǒmen yòu jīngguò nà “niǎo de tiāntáng”.

第二天，我们划着船到一个朋友的家乡去，就是那个有山有塔的地方。从学校出发，我们又经过那“鸟的天堂”。

Zhè yī cì shì zài zǎo•chén, yángguāng zhào zài shuǐmiàn•shàng, yě zhào zài shùshāo•shàng. Yīqiè dōu // xiǎn•dé fēicháng guāngmíng. Wǒmen de chuán yě zài shù•xià bóle piànkè.

这一次是在早晨，阳光照在水面上，也照在树梢上。一切都//显得非常光明。我们的船也在树下泊了片刻。

Qǐchū sìzhōuwéi fēicháng qīngjìng. Hòulái hūrán qǐle yī shēng niǎojiào. Wǒmen bǎ shǒu yī pāi, biàn kàn•jiàn yī zhī dàniǎo fēile qǐ•lái, jiēzhe yòu kàn•jiàn dì-èr zhī, dì-sān zhī. Wǒmen

起初四周围非常清静。后来忽然起了一声鸟叫。我们把手一拍，便看见一只大鸟飞了起来，接着又看见第二只，第三只。我们

jìxù pāizhǎng, hěn kuài de zhège shùlín jiù biàn de hěn rènao le. Dàochù dōu shì niǎo shēng,
继续 拍掌，很 快 地 这个 树林 就 变 得 很 热闹 了。到处 都 是 鸟 声，
dàochù dōu shì niǎo yǐng. Dà de, xiǎo de, huā de, hēi de, yǒude zhàn zài zhī•shàng jiào, yǒude
到处 都 是 鸟 影。大 的，小 的，花 的，黑 的，有的 站 在 枝 上 叫，有的
fēi qǐ•lái, zài pū chìbǎng.
飞 起 来，在 扑 翅膀。

——节选自巴金《小鸟的天堂》

作品 49 号——《野草》

[朗读提示]本文饱含激情地描写了小草种子的力量，开头便留有悬念，朗读时语气要自然轻松而不失好奇；接着文中又具体描写了小草种子力量之大，朗读时要洋溢着新奇和对种子顽强不息力量的赞美之情。

Yǒu zhèyàng yī gè gùshi.
有 这样 一 个 故事。

Yǒu rén wèn: Shìjiè•shàng shénme dōngxi de qìlì zuì dà? Huídá fēnyún de hěn, yǒude shuō
有 人 问：世界 上 什么 东西 的 气力 最 大？回答 纷纭 得 很，有的 说
"xiàng", yǒude shuō "shī", yǒu rén kāi wánxiào shìde shuō: Shì "Jīngāng", Jīngāng yǒu duō•shǎo
"象"，有的 说 "狮"，有 人 开 玩笑 似的 说：是 "金刚"，金刚 有 多少
qìlì, dāngrán dàjiā quán bù zhī•dào.
气力，当然 大家 全 不 知道。

Jiéguǒ, zhè yīqiè dá'àn wánquán bù duì, shìjiè•shàng qìlì zuì dà de, shì zhíwù de zhǒngzi.
结果，这 一切 答案 完全 不 对，世界 上 气力 最 大 的，是 植物 的 种子。
Yī lì zhǒngzi suǒ kěyǐ xiǎnxiàn chū•lái de lì, jiǎnzhí shì chāoyuè yīqiè.
一 粒 种子 所 可以 显现 出 来 的 力，简直 是 超越 一切。

Rén de tóugàigǔ, jiéhé de fēicháng zhìmì yǔ jiāngù, shēnglǐxuéjiā hé jiěpōuxuézhě yòngjìnle
人 的 头盖骨，结合 得 非常 致密 与 坚固，生理 学家 和 解剖学者 用尽了
yīqiè de fāngfǎ, yào bǎ tā wánzhěng de fēn chū•lái, dōu méi•yǒu zhè zhǒng lìqi. Hòulái hūrán
一切 的 方法，要 把 它 完整 地 分 出 来，都 没有 这 种 力气。后来 忽然
yǒu rén fāmíngle yī gè fāngfǎ, jiùshì bǎ yīxiē zhíwù de zhǒngzi fàng zài yào pōuxī de
有 人 发明了 一 个 方法，就是 把 一些 植物 的 种子 放 在 要 剖析 的
tóugàigǔ•lǐ, gěi tā yǐ wēndù yǔ shīdù, shǐ tā fāyá. Yī fāyá, zhèxiē zhǒngzi biàn yǐ kěpà de
头盖骨 里，给 它 以 温度 与 湿度，使 它 发芽。一 发芽，这些 种子 便 以 可怕 的
lì•liàng, jiāng yīqiè jīxièlì suǒ bùnéng fēnkāi de gǔgé, wánzhěng de fēnkāi le. Zhíwù zhǒngzi de
力量，将 一切 机械力 所 不能 分开 的 骨骼，完整 地 分开 了。植物 种子 的
lì•liàng zhī dà, rúcǐ rúcǐ.
力量 之 大，如此 如此。

Zhè, yěxǔ tèshū le yīdiǎnr, chángrén bù róng•yì lǐjiě. Nàme, nǐ kàn•jiànguo sǔn de
这，也许 特殊了 一点儿，常人 不 容易 理解。那么，你 看见过 笋 的
chéngzhǎng ma? Nǐ kàn•jiànguo bèi yā zài wǎlì hé shíkuài xià•miàn de yī kē xiǎocǎo de
成长 吗？你 看见过 被 压 在 瓦砾 和 石块 下 面 的 一 棵 小草 的
shēngzhǎng ma? Tā wèizhe xiàngwǎng yángguāng, wèizhe dáchéng tā de shēng zhī yìzhì, bùguǎn
生长 吗？它 为着 向往 阳光，为着 达成 它 的 生 之 意志，不管
shàng•miàn de shíkuài rúhé zhòng, shí yǔ shí zhījiān rúhé xiá, tā bìdìng yào qūqū-zhézhé de,
上 面 的 石块 如何 重，石 与 石 之间 如何 狭，它 必定 要 曲曲 折折 地，
dànshì wánqiáng-bùqū de tòudào dìmiàn shàng•lái. Tā de gēn wǎng tǔrǎng zuān, tā de yá wàng
但是 顽强 不屈 地 透到 地面 上 来。它 的 根 往 土壤 钻，它 的 芽 往

dìmiàn tǐng, zhèshì yī zhǒng bùkě kàngjù de lì, zǔzhǐ tā de shíkuài, jiéguǒ yě bèi tā xiānfān,
地面挺，这是一种不可抗拒的力，阻止它的石块，结果也被它掀翻，
yī lì zhǒngzi de lì•liàng zhī dà, rú // cǐ rúcǐ.
一粒种子的力量之大，如//此如此。

Méi•yǒu yī gè rén jiāng xiǎo cǎo jiàozuò "dàlìshì", dànshì tā de lì•liàng zhī dà, díquè shì
没有一个人将小草叫作“大力士”，但是它的力量之大的确是
shìjiè wúbǐ. Zhè zhǒng lì shì yībān rén kàn•bùjiàn de shēngmìnglì. Zhǐyào shēngmìng cúnzài, zhè
世界无比。这种力是一般人看不见的生命力。只要生命存在，这
zhǒng lì jiù yào xiǎnxiàn. Shàng•miàn de shíkuài, sīháo bù zúyǐ zǔdǎng. Yīn•wèi tā shì yī zhǒng
种力就要显现。上面的石块，丝毫不足以阻挡。因为它是一种
"chángqī kàngzhàn" de lì; yǒu tánxìng, néngqū-néngshēn delì; yǒu rènxìng, bù dá mùdì bù zhǐ
“长期抗战”的力；有弹性，能屈能伸的力；有韧性，不达目的不止
de lì.
的力。

——节选自夏衍《野草》

作品50号——《匆匆》

[朗读提示]本文是一篇描述时间匆匆的经典散文，朗读时注意体会作者对时间匆匆而逝的无奈、焦急和惋惜之情。朗读时语速要稍慢，特别把握语句之间的停顿和连接，感受到朗读时的节奏。

Yànzi qù le, yǒu zài lái de shíhou; yángliǔ kū le, yǒu zài qīng de shíhou; táohuā xiè le,
燕子去了，有再来的时候；杨柳枯了，有再青的时候；桃花谢了，
yǒu zài kāi de shíhou. Dànshì, cōng•míng de, nǐ gàosu wǒ, wǒmen de rìzi wèishénme yī qù bù
有再开的时候。但是，聪明的，你告诉我，我们的日子为什么一去不
fùfǎn ne? —— Shì yǒu rén tōule tāmen ba: nà shì shuí? Yòu cáng zài héchù ne? Shì tāmen zìjǐ
复返呢？——是有人偷了他们罢：那是谁？又藏在何处呢？是他们自己
táozǒu le ba: xiànzài yòu dào le nǎ•lǐ ne?
逃走了罢：现在又到了哪里呢？

Qù de jǐnguǎn qù le, lái de jǐnguǎn láizhe; qù lái de zhōngjiān, yòu zěnyàng de cōngcōng
去的尽管去了，来的尽管来着；去来的中间，又怎样地匆匆
ne? Zǎoshang wǒ qǐ•lái de shíhou, xiǎowū•lǐ shè jìn liǎng-sān fāng xiéxié de tài•yáng. Tài•yáng tā
呢？早上我起来的时候，小屋里射进两三方斜斜的太阳。太阳他
yǒu jiǎo a, qīngqīngqiāoqiāo de nuóyí le; wǒ yě mángmángrán gēnzhe xuánzhuǎn. Yúshì ——
有脚啊，轻轻悄悄地挪移了；我也茫茫然跟着旋转。于是——
xǐshǒu de shíhou, rìzi cóng shuǐpén•lǐ guò•qù; chīfàn de shíhou, rìzi cóng fànwǎn•lǐ guò•qù;
洗手的时候，日子从水盆里过去；吃饭的时候，日子从饭碗里过去；
mòmò shí, biàn cóng níngrán de shuāngyǎn qián guò•qù. Wǒ juéchá tā qù de cōngcōng le,
默默时，便从凝然的双眼前过去。我觉察他去的匆匆了，
shēnchū shǒu zhēwǎn shí, tā yòu cóng zhēwǎnzhe de shǒu biān guò•qù; tiānhēishí, wǒ tǎng zài
伸出手遮挽时，他又从遮挽着的手边过去；天黑时，我躺在
chuáng•shàng, tā biàn línglínglìlì de cóng wǒ shēn•shàng kuàguò, cóng wǒ jiǎobiān fēiqù le. Děng
床上，他便伶伶俐俐地从我身上跨过，从我脚边飞去了。等
wǒ zhēngkāi yǎn hé tài•yáng zài jiàn, zhè suàn yòu liūzǒule yīrì. Wǒ yǎnzhe miàn tànxī. Dànshì
我睁开眼和太阳再见，这算又溜走了一日。我掩着面叹息。但是
xīn lái de rìzi de yǐng'•ér yòu kāishǐ zài tànxī•lǐ shǎnguòle.
新来的日子的影儿又开始在叹息里闪过了。

Zài táo qù rú fēi de rìzi•lǐ, zài qiānmén-wànhù de shìjiè•lǐ de wǒ néng zuò xiē shénme ne?
在逃去如飞的日子里，在千门万户的世界里的我能做些什么呢？

Zhǐyǒu páihuái bàle, zhǐyǒu cōngcōng bàle; zài bāqiān duō rì de cōngcōng•lǐ, chú páihuái wài,
只有 徘徊 罢了，只有 匆匆 罢了；在 八千 多 日 的 匆匆里， 除 徘徊 外，
yòu shèng xiē shénme ne? Guò•qù de rìzi rú qīngyān, bèi wēifēng chuīsànle, rú bówù, bèi
又 剩 些 什么 呢？过去 的 日子 如 轻烟， 被 微风 吹散了，如 薄雾，被
chūyáng zhēngróngle; wǒ liúzhe xiē shénme hénjì ne? Wǒ hécéng liúzhe xiàng yóusī yàng de hénjì
初阳 蒸融了； 我 留着 些 什么 痕迹 呢？我 何曾 留着 像 游丝 样 的 痕迹
ne? Wǒ chìluǒluǒ lái//dào zhè shìjiè, zhuǎnyǎnjiān yě jiāng chìluǒluǒ de huí•qù ba? Dàn bù néng
呢？我 赤裸裸 来//到 这 世界， 转眼间 也 将 赤裸裸 的 回去 罢？但 不 能
píng de, wèishénme piān báibái zǒu zhè yīzāo a?
平 的，为什么 偏 白白 走 这 一遭 啊？

Nǐ cōng•míng de, gàosu wǒ, wǒmen de rìzi wèishénme yī qù bù fùfǎn ne?
你 聪明 的，告诉 我，我们 的 日子 为什么 一 去 不 复返 呢？

——节选自朱自清《匆匆》

作品 51 号——《一个美丽的故事》

[朗读提示]本文讲述了一个感人而又美丽的故事，朗读时，声音要柔和甜润，把整篇文章浓浓的爱意表现出来。最后一句为画龙点睛之笔，读时语气舒缓，语调稳健，让人耐人寻味，感人至深。

Yǒu gè tā bízi de xiǎonánháir, yīn•wèi liǎng suì shí déguo nǎoyán, zhìlì shòusǔn, xuéxí qǐ•lái
有 个 塌 鼻子 的 小男孩儿， 因为 两 岁 时 得过 脑炎， 智力 受损，学习 起来
hěn chīlì. Dǎ gè bǐfang, bié•rén xiě zuòwén néng xiě èr-sānbǎi zì, tā què zhǐnéng xiě sān-wǔ
很 吃力。打 个 比方， 别人 写 作文 能 写 二三百 字，他 却 只能 写 三五
háng. Dàn jíbiàn zhèyàng de zuòwén, tā tóngyàng néng xiě de hěn dòngrén.
行。 但 即便 这样 的 作文，他 同样 能 写 得 很 动人。

Nà shì yī cì zuòwénkè, tímù shì《Yuànwàng》. Tā jíqí rènzhēn de xiǎngle bàntiān, ránhòu
那 是 一 次 作文课，题目 是 《愿望》。 他 极其 认真 地 想了 半天， 然后
jí rènzhēn de xiě, nà zuòwén jí duǎn. Zhǐyǒu sān jù huà: Wǒ yǒu liǎng gè yuànwàng, dì-yī gè
极 认真 地 写，那 作文 极 短。 只有 三 句 话：我 有 两 个 愿望， 第一 个
shì, māma tiāntiān xiàomīmī de kànzhe wǒ shuō: "Nǐ zhēn cōng•míng," dì-èr gè shì, lǎoshī tiāntiān
是，妈妈 天天 笑眯眯 地 看着 我 说："你 真 聪明，" 第二 个 是，老师 天天
xiàomīmī de kànzhe wǒ shuō: "Nǐ yīdiǎnr yě bù bèn."
笑眯眯 地 看着 我 说："你 一点儿 也 不 笨。"

Yúshì, jiùshì zhè piān zuòwén, shēnshēn de dǎdòngle tā de lǎoshī, nà wèi māma shì de lǎoshī
于是，就是 这 篇 作文， 深深 地 打动了 他 的 老师，那 位 妈妈 式 的 老师
bùjǐn gěile tā zuì gāo fēn, zài bān•shàng dài gǎnqíng de lǎngdúle zhè piān zuòwén, hái
不仅 给了 他 最 高 分，在 班 上 带 感情 地 朗读了 这 篇 作文， 还
yībǐ-yīhuà de pīdào: Nǐ hěn cōng•míng, nǐ de zuòwén xiě de fēicháng gǎnrén, qǐng fàngxīn,
一笔 一画 地 批道：你 很 聪明， 你 的 作文 写 得 非常 感人， 请 放心，
māma kěndìng huì géwài xǐhuan nǐ de, lǎoshī kěndìng huì géwài xǐhuan nǐ de, dàjiā kěndìng huì
妈妈 肯定 会 格外 喜欢 你 的，老师 肯定 会 格外 喜欢 你 的，大家 肯定 会
géwài xǐhuan nǐ de.
格外 喜欢 你 的。

Pěngzhe zuòwénběn, tā xiào le, bèngbèng-tiàotiào de huíjiā le, xiàng zhī xǐ•què. Dàn tā
捧着 作文本， 他 笑 了， 蹦蹦 跳跳 地 回家 了， 像 只 喜 鹊。但 他
bìng méi•yǒu bǎ zuòwénběn nágěi māma kàn, tā shì zài děngdài, děngdàizhe yī gè měihǎo de
并 没有 把 作文本 拿给 妈妈 看，他 是 在 等待， 等待着 一 个 美好 的

shíkè.
时刻。

Nàge shíkè zhōngyú dào le, shì māma de shēng•rì —— yī gè yángguāng cànlàn de
那个时刻终于到了，是妈妈的生日——一个阳光灿烂的
xīngqītiān：Nà tiān，tā qǐ de tèbié zǎo，bǎ zuòwénběn zhuāng zài yī gè qīnshǒu zuò de měilì de
星期天：那天，他起得特别早，把作文本装在一个亲手做的美丽的
dà xìnfēng•lǐ，děngzhe māma xǐng•lái. Māma gānggāng zhēng yǎn xǐng•lái，tā jiù xiàomīmī de
大信封里，等着妈妈醒来。妈妈刚刚睁眼醒来，他就笑眯眯地
zǒudào māma gēn•qián shuō：“Māma，jīntiān shì nín de shēng•rì，wǒ yào // sònggěi nín yī jiàn
走到妈妈跟前说：“妈妈，今天是您的生日，我要//送给您一件
lǐwù.”
礼物。”

Guǒrán，kànzhe zhè piān zuòwén，māma tiántián de yǒngchūle liǎng háng rèlèi，yī bǎ lǒuzhù
果然，看着这篇作文，妈妈甜甜地涌出了两行热泪，一把搂住
xiǎonánháir，lǒu dé hěn jǐn hěn jǐn.
小男孩儿，搂得很紧很紧。

Shìde，zhìlì kěyǐ shòu sǔn，dàn ài yǒngyuǎn bù huì.
是的，智力可以受损，但爱永远不会。

——节选自张玉庭《一个美丽的故事》

作品52号——《永远的记忆》

［朗读提示］这是一篇充满浓浓怀念之情的回忆录，语言清新自然，没有大起大落的感情起伏，所以朗读时语气要舒缓，声音要柔婉，仿佛回到那令人回味无穷、难以忘怀的情景之中。

Xiǎoxué de shíhou，yǒu yī cì wǒmen qù hǎibiān yuǎnzú，māma méi•yǒu zuò biànfàn，gěile wǒ
小学的时候，有一次我们去海边远足，妈妈没有做便饭，给了我
shí kuài qián mǎi wǔcān. Hǎoxiàng zǒule hěn jiǔ，hěn jiǔ，zhōngyú dào hǎibiān le，dàjiā zuò
十块钱买午餐。好像走了很久，很久，终于到海边了，大家坐
xià•lái biàn chīfàn，huāngliáng de hǎibiān méi•yǒu shāngdiàn，wǒ yī gè rén pǎodào fángfēnglín
下来便吃饭，荒凉的海边没有商店，我一个人跑到防风林
wài•miàn qù，jírèn lǎoshī yào dàjiā bǎ chīshèng de fàncài fēngěi wǒ yīdiǎnr. Yǒu liǎng-sān gè
外面去，级任老师要大家把吃剩的饭菜分给我一点儿。有两三个
nánshēng liú•xià yīdiǎnr gěi wǒ，hái yǒu yī gè nǚshēng，tā de mǐfàn bànle jiàngyóu，hěn xiāng.
男生留下一点儿给我，还有一个女生，她的米饭拌了酱油，很香。
Wǒ chīwán de shíhou，tā xiàomīmī de kànzhe wǒ，duǎn tóufa，liǎn yuányuán de.
我吃完的时候，她笑眯眯地看着我，短头发，脸圆圆的。

Tā de míngzi jiào Wēng Xiāngyù.
她的名字叫翁香玉。

Měi tiān fàngxué de shíhou，tā zǒu de shì jīngguò wǒmen jiā de yī tiáo xiǎolù，dàizhe yī wèi
每天放学的时候，她走的是经过我们家的一条小路，带着一位
bǐ tā xiǎo de nánháir，kěnéng shì dìdi. Xiǎolù biān shì yī tiáo qīngchè jiàn dǐ de xiǎoxī，
比她小的男孩儿，可能是弟弟。小路边是一条清澈见底的小溪，
liǎngpáng zhúyīn fùgài，wǒ zǒngshì yuǎnyuǎn de gēn zài tā hòu•miàn，xiàrì de wǔhòu tèbié yánrè，
两旁竹阴覆盖，我总是远远地跟在她后面，夏日的午后特别炎热，
zǒudào bànlù tā huì tíng xià•lái，ná shǒupà zàixīshuǐ•lǐ jìnshī，wèi xiǎonánháir cā liǎn. Wǒ yě zài
走到半路她会停下来，拿手帕在溪水里浸湿，为小男孩儿擦脸。我也在
hòu•miàn tíng xià•lái，bǎ āngzāng de shǒupà nòngshīle cā liǎn，zài yīlù yuǎnyuǎn gēnzhe tā
后面停下来，把肮脏的手帕弄湿了擦脸，再一路远远跟着她

huíjiā.
回家。

Hòulái wǒmen jiā bāndào zhèn·shàng qù le, guò jǐ nián wǒ yě shàngle zhōngxué. Yǒu yī
后来 我们 家 搬到 镇 上 去了，过 几 年 我 也 上了 中学。 有 一
tiān fàngxué huíjiā, zài huǒchē·shàng, kàn·jiàn xiéduìmiàn yī wèi duǎn tóufa、yuányuán liǎn de
天 放学 回家，在 火车 上， 看见 斜对面 一 位 短 头发、 圆圆 脸 的
nǚháir, yī shēn sùjing de bái yī hēi qún. Wǒ xiǎng tā yīdìng bù rènshi wǒ le. Huǒchē hěn kuài
女孩儿，一 身 素净 的 白 衣 黑 裙。我 想 她 一定 不 认识 我 了。火车 很 快
dào zhàn le, wǒ suízhe rénqún jǐ xiàng ménkǒu, tā yě zǒujìn le, jiào wǒ de míngzi. Zhè shì tā
到 站 了，我 随着 人群 挤 向 门口，她 也 走近 了，叫 我 的 名字。这 是 她
dì-yī cì hé wǒ shuōhuà.
第一 次 和 我 说话。

Tā xiàomīmī de, hé wǒ yīqǐ zǒuguò yuètái. Yǐhòu jiù méi·yǒu zài jiànguo // tā le.
她 笑眯眯 的，和 我 一起 走过 月台。以后 就 没有 再 见过 //她 了。

Zhè piān wénzhāng shōu zài wǒ chūbǎn de《Shàonián Xīnshì》zhè běn shū·lǐ.
这 篇 文章 收 在 我 出版 的《少年 心事》这 本 书 里。

Shū chūbǎn hòu bàn nián, yǒu yī tiān wǒ hūrán shōudào chūbǎnshè zhuǎnlái de yī fēng xìn,
书 出版 后 半 年， 有 一 天 我 忽然 收到 出版社 转来 的 一 封 信，
xìnfēng·shàng shì mòshēng de zìjì, dàn qīngchu de xiězhe wǒ de běnmíng.
信封 上 是 陌生 的 字迹，但 清楚 地 写着 我 的 本名。

Xìn lǐ·miàn shuō tā kàndàole zhè piān wénzhāng xīn·lǐ fēicháng jīdòng, méi xiǎngdào zài
信 里 面 说 她 看到了 这 篇 文章 心 里 非常 激动，没 想到 在
líkāi jiāxiāng, piāobó yìdì zhème jiǔ zhīhòu, huì kàn·jiàn zìjǐ réngrán zài yī gè rén de
离开 家乡， 漂泊 异地 这么 久 之后，会 看见 自己 仍然 在 一 个 人 的
jìyì·lǐ, tā zìjǐ yě shēnshēn jì·dé zhè qízhōng de měi yī mù, zhǐshì méi xiǎngdào yuèguò
记忆 里，她 自己 也 深深 记得 这 其中 的 每 一 幕，只是 没 想到 越过
yáoyuǎn de shíkōng, jìngrán lìng yī gè rén yě shēnshēn jì·dé.
遥远 的 时空， 竟然 另 一 个 人 也 深深 记得。

——节选自苦伶《永远的记忆》

作品 53 号——《语言的魅力》

[朗读提示]本文通过一件小事，让我们感受到语言的魅力，朗读时可以分成两部分：一部分是叙事，用沉着稳健的语调把故事娓娓动听地讲述出来；另一部分是最后一个自然段的抒情，要用感叹的语调读出来。

Zài fánhuá de Bālí dàjiē de lùpáng, zhànzhe yī gè yīshān lánlǚ、tóufa bānbái、shuāngmù
在 繁华 的 巴黎 大街 的 路旁， 站着 一 个 衣衫 褴褛、头发 斑白、 双目
shīmíng de lǎorén. Tā bù xiàng qítā qǐgài nàyàng shēnshǒu xiàng guòlù xíngrén qǐtǎo, ér shì zài
失明 的 老人。他 不 像 其他 乞丐 那样 伸手 向 过路 行人 乞讨，而 是 在
shēnpáng lì yī kuài mùpái, shàng·miàn xiězhe:"Wǒ shénme yě kàn·bùjiàn!" Jiē·shàng guòwǎng
身旁 立 一 块 木牌， 上 面 写着："我 什么 也 看 不见！"街 上 过往
de xíngrén hěn duō, kànle mùpái·shàng de zì dōuwúdòngyúzhōng, yǒude hái dàndàn yī xiào, biàn
的 行人 很 多，看了 木牌 上 的 字 都 无动于衷， 有的 还 淡淡 一 笑， 便
shānshān ér qù le.
姗姗 而 去 了。

Zhè tiān zhōngwǔ, Fǎguó zhùmíng shīrén Ràng Bǐhàolè yě jīngguò zhè·lǐ. Tā kànkan
这 天 中午， 法国 著名 诗人 让·彼浩勒 也 经过 这 里。他 看看

mùpái•shàng de zì, wèn máng lǎorén:“Lǎo•rén•jiā, jīntiān shàngwǔ yǒu rén gěi nǐ qián ma?”
木牌 上 的 字,问 盲 老人:“老人家, 今天 上午 有 人 给 你 钱 吗?”

Máng lǎorén tànxīzhe huídá:“Wǒ, wǒ shénme yě méi•yǒu dédào.” Shuōzhe, liǎn•shàng de shénqíng fēicháng bēishāng.
盲 老人 叹息着 回答:“我,我 什么 也 没有 得到。”说着, 脸 上 的 神情 非常 悲伤。

Ràng Bǐhàolè tīng le, náqǐ bǐ qiāoqiāo de zài nà háng zì de qián•miàn tiān•shàngle “chūntiān dào le, kěshì” jǐ gè zì, jiù cōngcōng de líkāi le.
让•彼浩勒 听 了,拿起 笔 悄悄 地 在 那 行 字 的 前 面 添 上了 “春天 到 了,可是”几 个 字,就 匆匆 地 离开 了。

Wǎnshang, Ràng Bǐhàolè yòu jīngguò zhè•lǐ, wèn nàge máng lǎorén xiàwǔ de qíngkuàng. Máng lǎorén xiàozhe huídá shuō:“Xiānsheng, bù zhī wèishénme, xiàwǔ gěi wǒ qián de rén duō jí le!” Ràng Bǐhàolè tīng le, mōzhe húzi mǎnyì de xiào le.
晚上, 让•彼浩勒 又 经过 这 里,问 那个 盲 老人 下午 的 情况。盲 老人 笑着 回答 说:“先生, 不知 为什么,下午 给 我 钱 的 人 多 极 了!”让•彼浩勒 听 了,摸着 胡子 满意 地 笑 了。

“Chūntiān dào le, kěshì wǒ shénme yě kàn•bùjiàn!” Zhè fùyǒu shīyì de yǔyán, chǎnshēng zhème dà de zuòyòng, jiù zàiyú tā yǒu fēicháng nónghòu de gǎnqíng sècǎi. Shìde, chūntiān shì měihǎo de, nà lántiān báiyún, nà lǜshù hónghuā, nà yīnggē-yànwǔ, nà liúshuǐ rénjiā, zěnme bù jiào rén táozuì ne? Dàn zhè liángchén měijǐng, duìyú yī gè shuāngmù shīmíng de rén lái shuō, zhǐshì yī piàn qīhēi. Dāng rénmen xiǎngdào zhège máng lǎorén, yīshēng zhōng jìng lián wànzǐ-qiānhóng de chūntiān // dōu bùcéng kàndào, zěn néng bù duì tā chǎnshēng tóngqíng zhī xīn ne?
“春天 到 了,可是 我 什么 也 看不见!” 这 富有 诗意 的 语言, 产生 这么 大 的 作用, 就 在于 它 有 非常 浓厚 的 感情 色彩。是的, 春天 是 美好 的,那 蓝天 白云,那 绿树 红花, 那 莺歌 燕舞,那 流水 人家, 怎么 不 叫 人 陶醉 呢?但 这 良辰 美景,对于 一 个 双目 失明 的 人 来 说, 只是 一 片 漆黑。 当 人们 想到 这个 盲 老人, 一生 中 竟 连 万紫 千红 的 春天 // 都 不曾 看到, 怎 能 不 对 他 产生 同情 之 心 呢?

——节选自小学《语文》第六册中《语言的魅力》

作品 54 号——《赠你四味长寿药》

[朗读提示]本文是一篇关于养生之道的小杂文,朗读时使用平稳、深沉的基调,不紧不慢地娓娓道出养生四味长寿药的内涵和实质。

Yǒu yī cì, Sū Dōngpō de péngyou Zhāng È názhe yī zhāng xuānzhǐ lái qiú tā xiě yīfú zì, érqiě xīwàng tā xiě yīdiǎnr guānyú yǎngshēng fāngmiàn de nèiróng. Sū Dōngpō sīsuǒle yīhuìr, diǎndiǎn tóu shuō:“Wǒ dédàole yī gè yǎngshēng chángshòu gǔfāng, yào zhǐyǒu sì wèi, jīntiān jiù zènggěi nǐ ba.” Yúshì, Dōngpō de lángháo zài zhǐ•shàng huīsǎ qǐ•lái, shàng•miàn xiězhe:“Yī yuē wú shì yǐ dàng guì, èr yuē zǎo qǐn yǐ dàng fù, sān yuē ān bù yǐ dàng chē, sì yuē wǎn shí yǐ dàng ròu.”
有 一 次,苏 东坡 的 朋友 张 鹗 拿着 一 张 宣 纸 来 求 他 写一幅 字, 而且 希望 他 写 一点儿 关于 养生 方面 的 内容。苏 东坡 思索了 一会儿, 点点 头 说:“我 得到了 一 个 养生 长寿 古方,药 只有 四 味,今天 就 赠给 你 吧。”于是,东坡 的 狼毫 在 纸 上 挥洒 起 来, 上 面 写着:“一 曰 无 事 以 当 贵,二 曰 早 寝 以 当 富,三 曰 安 步 以 当 车,四 曰 晚 食 以 当 肉。”

Zhè nǎ•lǐ yǒu yào? Zhāng È yīliǎn mángrán de wèn. Sū Dōngpō xiàozhe jiěshì shuō,
这哪里有药?张鹗一脸茫然地问。苏东坡笑着解释说,
yǎngshēng chángshòu de yàojué, quán zài zhè sì jù lǐ•miàn.
养生长寿的要诀,全在这四句里面。

Suǒwèi "wú shì yǐ dàng guì", shì zhǐ rén bùyào bǎ gōngmíng lìlù、 róngrǔ guòshī kǎolǜ de tài
所谓"无事以当贵",是指人不要把功名利禄、荣辱过失考虑得太
duō, rú néng zài qíngzhì•shàng xiāosǎ dàdù, suíyù'ér'ān, wú shì yǐ qiú, zhè bǐ fùguì gèng néng
多,如能在情志上潇洒大度,随遇而安,无事以求,这比富贵更能
shǐ rén zhōng qí tiānnián.
使人终其天年。

"Zǎo qǐn yǐ dàng fù", zhǐ chīhǎo chuānhǎo、 cáihuò chōngzú, bìngfēi jiù néng shǐ nǐ
"早寝以当富",指吃好穿好、财货充足,并非就能使你
chángshòu. Duì lǎoniánrén lái shuō, yǎngchéng liánghǎo de qǐjū xíguàn, yóuqí shì zǎo shuì zǎo
长寿。对老年人来说,养成良好的起居习惯,尤其是早睡早
qǐ, bǐ huòdé rènhé cáifù gèngjiā bǎoguì.
起,比获得任何财富更加宝贵。

"Ān bù yǐ dàng chē", zhǐ rén bùyào guòyú jiǎngqiú ānyì、 zhītǐ bù láo, ér yīng duō yǐ
"安步以当车",指人不要过于讲求安逸、肢体不劳,而应多以
bùxíng lái tìdài qímǎ chéngchē, duō yùndòng cái kěyǐ qiángjiàn tǐpò, tōngchàng qìxuè.
步行来替代骑马乘车,多运动才可以强健体魄,通畅气血。

"Wǎn shí yǐ dàng ròu", yìsi shì rén yīnggāi yòng yǐ jī fāng shí、wèi bǎo xiān zhǐ dàitì duì
"晚食以当肉",意思是人应该用已饥方食、未饱先止代替对
měiwèi jiāyáo de tānchī wú yàn. Tā jìnyībù jiěshì, èle yǐhòu cái jìnshí, suīrán shì cūchá-dànfàn,
美味佳肴的贪吃无厌。他进一步解释,饿了以后才进食,虽然是粗茶淡饭,
dàn qí xiāngtián kěkǒu huì shèngguò shānzhēn; rúguǒ bǎole háiyào miǎnqiǎng chī, jíshǐ měiwèi
但其香甜可口会胜过山珍;如果饱了还要勉强吃,即使美味
jiāyáo bǎi zài yǎnqián yě nányǐ // xiàyàn.
佳肴摆在眼前也难以//下咽。

Sū Dōngpō de sì wèi "chángshòuyào", shíjì•shàng shì qiángdiàole qíngzhì、 shuìmián、
苏东坡的四味"长寿药",实际上是强调了情志、睡眠、
yùndòng、yǐnshí sì gè fāngmiàn duì yǎngshēng chángshòu de zhòngyàoxìng, zhè zhǒng yǎngshēng
运动、饮食四个方面对养生长寿的重要性,这种养生
guāndiǎn jíshǐ zài jīntiān réngrán zhí•dé jièjiàn.
观点即使在今天仍然值得借鉴。

——节选自蒲昭和《赠你四味长寿药》

作品55号——《站在历史的枝头微笑》

[朗读提示]本文是关于人生哲理的小品文,朗读时语气坚定、从容,语调要平稳、诚恳。

Rén huózhe, zuì yàojǐn de shì xúnmì dào nà piàn dàibiǎozhe shēngmìng lǜsè hé rénlèi xīwàng
人活着,最要紧的是寻觅到那片代表着生命绿色和人类希望
de cónglín, ránhòu xuǎn yī gāogāo de zhītóu zhàn zài nà•lǐ guānlǎn rénshēng, xiāohuà tòngkǔ,
的丛林,然后选一高高的枝头站在那里观览人生,消化痛苦,
yùnyù gēshēng, yúyuè shìjiè!
孕育歌声,愉悦世界!

Zhè kě zhēn shì yī zhǒng xiāosǎ de rénshēng tài•dù, zhè kě zhēn shì yī zhǒng xīnjìng
这可真是一种潇洒的人生态度,这可真是一种心境

shuǎnglǎng de qínggǎn fēngmào.
爽朗 的 情感 风貌。

Zhàn zài lìshǐ de zhītóu wēixiào, kěyǐ jiǎnmiǎn xǔduō fánnǎo. Zài nà•lǐ, nǐ kěyǐ cóng
站 在 历史 的 枝头 微笑，可以 减免 许多 烦恼。在 那 里，你 可以 从
zhòngshēngxiàng suǒ bāohán de tián-suān-kǔ-là、bǎiwèi rénshēng zhōng xúnzhǎo nǐ zìjǐ; nǐ jìngyù
众生相 所 包含 的 甜 酸 苦 辣、百味 人生 中 寻找 你 自己；你 境遇
zhōng de nà diǎnr kǔtòng, yěxǔ xiāngbǐ zhīxià, zài yě nányǐ zhànjù yī xí zhī dì; nǐ huì jiào
中 的 那 点儿 苦痛，也许 相比 之下，再 也 难以 占据 一 席 之 地；你 会 较
róng•yì de huòdé cóng bùyuè zhōng jiětuō línghún de lì•liàng, shǐ zhī bùzhì biàn de huīsè.
容 易 地 获得 从 不悦 中 解脱 灵魂 的 力量， 使 之 不致 变 得 灰色。

Rén zhàn de gāo xiē, bùdàn néng yǒuxìng zǎo xiē lǐnglüè dào xīwàng de shǔguāng, hái néng
人 站 得 高 些，不但 能 有幸 早 些 领略 到 希望 的 曙光， 还 能
yǒuxìng fāxiàn shēngmìng de lìtǐ de shīpiān. Měi yī gè rén de rénshēng, dōu shì zhè shīpiān
有幸 发现 生命 的 立体 的 诗篇。每 一 个 人 的 人生， 都 是 这 诗篇
zhōng de yī gè cí、yī gè jùzi huòzhě yī gè biāodiǎn. Nǐ kěnéng méi•yǒu chéngwéi yī gè měilì
中 的 一 个 词、一 个 句子 或者 一 个 标点。 你 可能 没有 成为 一 个 美丽
de cí, yī gè yǐnrén-zhùmù de jùzi, yī gè jīngtànhào, dàn nǐ yīrán shì zhè shēngmìng de lìtǐ
的 词，一 个 引人 注目 的 句子，一 个 惊叹号， 但 你 依然 是 这 生命 的 立体
shīpiān zhōng de yī gè yīnjié、yī gè tíngdùn、yī gè bìbù kěshǎo de zǔchéng bùfen. Zhè zúyǐ shǐ
诗篇 中 的 一 个 音节、一 个 停顿、一 个 必不 可少 的 组成 部分。这 足以 使
nǐ fàngqì qiánxián, méngshēng wèi rénlèi yùnyù xīn de gēshēng de xìngzhì, wèi shìjiè dài•lái gèng
你 放弃 前嫌， 萌生 为 人类 孕育 新 的 歌声 的 兴致，为 世界 带 来 更
duō de shīyì.
多 的 诗意。

Zuì kěpà de rénshēng jiànjiě, shì bǎ duōwéi de shēngcún tújǐng kànchéng píngmiàn. Yīn•wèi nà
最 可怕 的 人生 见解，是 把 多维 的 生存 图景 看成 平面。 因为 那
píngmiàn•shàng kèxià de dàduō shì nínggùle de lìshǐ —— guòqùde yíjì; dàn huózhe de rénmen,
平面 上 刻下 的 大多 是 凝固了 的 历史 —— 过去的 遗迹；但 活着 的 人们，
huó dé què shì chōngmǎnzhe xīnshēng zhìhuì de, yóu // bùduàn shìqù de “xiànzài” zǔchéng de
活 得 却 是 充满着 新生 智慧 的，由 // 不断 逝去 的 “现在” 组成 的
wèilái. Rénshēng bùnéng xiàng mǒu xiē yúlèi tǎngzhe yóu, rénshēng yě bùnéng xiàng mǒu xiē
未来。 人生 不能 像 某 些 鱼类 躺着 游， 人生 也 不能 像 某 些
shòulèi pázhe zǒu, ér yīnggāi zhànzhe xiàngqián xíng, zhè cái shì rénlèi yīngyǒu de shēngcún zītài.
兽类 爬着 走，而 应该 站着 向前 行，这 才 是 人类 应有 的 生存 姿态。

——节选自［美］本杰明·拉什《站在历史的枝头微笑》

作品 56 号——《中国的宝岛——台湾》

［朗读提示］本文介绍了中国宝岛——台湾的概貌，具有客观性，但又融入了作者对宝岛台湾的赞美热爱之情，在朗读时要使用稳健的语调，同时又饱含着热爱的感情。

Zhōngguó de dì-yī dàdǎo、Táiwān Shěng de zhǔdǎo Táiwān, wèiyú Zhōngguó dàlùjià de
中国 的 第一 大岛、 台湾 省 的 主岛 台湾， 位于 中国 大陆架 的
dōngnánfāng, dìchǔ Dōng Hǎi hé Nán Hǎi zhījiān, gézhe Táiwān Hǎixiá hé Dàlù xiāngwàng. Tiānqì
东南方， 地处 东 海 和 南 海 之间，隔着 台湾 海峡 和 大陆 相望。 天气
qínglǎng de shíhou, zhàn zài Fújiàn yánhǎi jiào gāo de dìfang, jiù kěyǐ yǐnyǐn-yuēyuē de wàng•jiàn
晴朗 的 时候， 站 在 福建 沿海 较 高 的 地方，就 可以 隐隐 约约 地 望 见
dǎo•shàng de gāoshān hé yúnduǒ.
岛 上 的 高山 和 云朵。

Táiwān Dǎo xíngzhuàng xiácháng, cóng dōng dào xī, zuì kuān chù zhǐyǒu yībǎi sìshí duō
台湾 岛 形状 狭长，从 东 到 西，最 宽 处 只有 一百 四十 多
gōnglǐ; yóu nán zhì běi, zuì cháng de dìfang yuē yǒu sānbǎi jiǔshí duō gōnglǐ. Dìxíng xiàng yī gè
公里；由 南 至 北，最 长 的 地方 约 有 三百 九十 多 公里。地形 像 一个
fǎngzhī yòng de suōzi.
纺织 用 的 梭子。

Táiwān Dǎo·shàng de shānmài zòngguàn nánběi, zhōngjiān de zhōngyāng shānmài yóurú
台湾 岛 上 的 山脉 纵贯 南北，中间 的 中央 山脉 犹如
quándǎo de jǐliang. Xībù wéi hǎibá jìn sìqiān mǐ de Yù Shān shānmài, shì Zhōngguó dōngbù de zuì
全岛 的 脊梁。西部 为 海拔 近 四千 米 的 玉 山 山脉，是 中国 东部 的 最
gāo fēng. Quándǎo yuē yǒu sān fēn zhī yī de dìfang shì píngdì, qíyú wéi shāndì. Dǎonèi yǒu
高 峰。全岛 约 有 三 分 之 一 的 地方 是 平地，其余 为 山地。岛内 有
duàndài bān de pùbù, lánbǎoshí shìde húpō, sìjì chángqīng de sēnlín hé guǒyuán, zìrán jǐngsè
缎带 般 的 瀑布，蓝宝石 似的 湖泊，四季 常青 的 森林 和 果园，自然 景色
shífēn yōuměi. Xīnánbù de Ālǐ Shān hé Rìyuè Tán, Táiběi shìjiāo de Dàtúnshān fēngjǐngqū, dōu shì
十分 优美。西南部 的 阿里 山 和 日月 潭，台北 市郊 的 大屯山 风景区，都 是
wénmíng shìjiè deyóulǎn shèngdì.
闻名 世界 的 游览 胜地。

Táiwān Dǎo dìchǔ rèdài hé wēndài zhījiān, sìmiàn huán hǎi, yǔshuǐ chōngzú, qìwēn shòudào
台湾 岛 地处 热带 和 温带 之间，四面 环 海，雨水 充足，气温 受到
hǎiyáng de tiáojì, dōng nuǎn xià liáng, sìjì rú chūn, zhè gěi shuǐdào hé guǒmù shēngzhǎng
海洋 的 调剂，冬 暖 夏 凉，四季 如 春，这 给 水稻 和 果木 生长
tígōngle yōuyuè de tiáojiàn. Shuǐdào、gānzhe、zhāngnǎo shì Táiwān de “sān bǎo”. Dǎo·shàng hái
提供了 优越 的 条件。水稻、甘蔗、樟脑 是 台湾 的“三 宝”。岛 上 还
shèngchǎn xiānguǒ hé yúxiā.
盛产 鲜果 和 鱼虾。

Táiwān Dǎo háishì yī gè wénmíng shìjiè de “húdié wángguó”. Dǎo·shàng de húdiégòng yǒu
台湾 岛 还是 一 个 闻名 世界 的“蝴蝶 王国”。岛 上 的 蝴蝶 共 有
sìbǎi duō gè pǐnzhǒng, qízhōng yǒu bùshǎo shì shìjiè xīyǒu de zhēnguì pǐnzhǒng. Dǎo·shàng háiyǒu
四百 多 个 品种，其中 有 不少 是 世界 稀有 的 珍贵 品种。岛 上 还有
bùshǎo niǎoyǔ-huāxiāng de hú // diégǔ, dǎo·shàng jūmín lìyòng húdié zhìzuò de biāoběn hé yìshùpǐn,
不少 鸟语 花香 的 蝴 // 蝶谷，岛 上 居民 利用 蝴蝶 制作 的 标本 和 艺术品，
yuǎnxiāo xǔduō guójiā.
远销 许多 国家。

——节选自《中国的宝岛——台湾》

作品 57 号——《中国的牛》

[朗读提示]本文赞美了牛的品格：永远沉沉实实的，默默地工作，平心静气。朗读时要让声音散发出浓郁的生活气息，并充满对牛的赞美、尊敬之情，但不能太夸张，要把握好分寸，做到恰到好处。

Duìyú Zhōngguó de niú, wǒ yǒuzhe yī zhǒng tèbié zūnjìng de gǎnqíng.
对于 中国 的 牛，我 有着 一 种 特别 尊敬 的 感情。

Liúgěi wǒ yìnxiàng zuì shēn de, yào suàn zài tiánlǒng·shàng de yī cì “xiāngyù”.
留给 我 印象 最 深 的，要 算 在 田垄 上 的 一 次“相遇”。

Yī qún péngyou jiāoyóu, wǒ lǐngtóu zài xiázhǎi de qiānmò·shàng zǒu, zěnliào yíngmiàn láile
一 群 朋友 郊游，我 领头 在 狭窄 的 阡陌 上 走，怎料 迎面 来了

jǐ tóu gēngniú, xiádào róng•bùxià rén hé niú, zhōng yǒu yīfāng yào rànglù. Tāmen hái méi•yǒu
几头 耕牛，狭道 容不下 人和牛，终 有 一方 要 让路。它们 还 没有
zǒujìn, wǒmen yǐ•jīng yùjì dòu•bù•guò chùsheng, kǒngpà nánmiǎn cǎidào tiándì níshuǐ•lǐ, nòng de
走近，我们 已经 预计 斗不过 畜牲，恐怕 难免 踩到 田地 泥水里，弄得
xiéwà yòu ní yòu shī le. Zhèng chíchú de shíhou, dàitóu de yī tóu niú, zài lí wǒmen bùyuǎn de
鞋袜 又泥又湿了。正 踟蹰 的 时候，带头 的一头牛，在离 我们 不远 的
dìfang tíng xià•lái, táiqǐ tóu kànkan, shāo chíyí yīxià, jiù zìdòng zǒu•xià tián qù. Yī duì
地方 停下来，抬起头 看看，稍 迟疑 一下，就 自动 走下 田 去。一队
gēngniú, quán gēnzhe tā líkāi qiānmò, cóng wǒmen shēnbiān jīngguò.
耕牛，全 跟着 它离开 阡陌，从 我们 身边 经过。

Wǒmen dōu dāi le, huíguo tóu•lái, kànzhe shēnhèsè de niúduì, zài lù de jìntóu xiāoshī, hūrán
我们 都 呆了，回过 头 来，看着 深褐色 的 牛队，在路的 尽头 消失，忽然
jué•dé zìjǐ shòule hěn dà de ēnhuì.
觉得 自己 受了 很大的 恩惠。

Zhōngguó de niú, yǒngyuǎn chénmò de wèi rén zuòzhe chénzhòng de gōngzuò. Zài
中国 的 牛，永远 沉默 地 为 人 做着 沉重 的 工作。在
dàdì•shàng, zài chénguāng huò lièrì•xià, tā tuōzhe chénzhòng de lí, dītóu yī bù yòu yī bù,
大地上，在 晨光 或 烈日下，它 拖着 沉重 的犁，低头 一步 又 一步，
tuōchūle shēnhòu yī liè yòu yī liè sōngtǔ, hǎo ràng rénmen xià zhǒng. Děngdào mǎndì jīnhuáng huò
拖出了 身后 一列 又 一列 松土，好 让 人们 下 种。等到 满地 金黄 或
nóngxián shíhou, tā kěnéng háiděi dāndāng bānyùn fùzhòng de gōngzuò; huò zhōngrì ràozhe shímò,
农闲 时候，它 可能 还得 担当 搬运 负重 的 工作；或 终日 绕着 石磨，
cháo tóng yī fāngxiàng, zǒu bù jìchéng de lù.
朝 同一 方向，走不 计程 的 路。

Zài tā chénmò de láodòng zhōng, rén biàn dédào yīng dé de shōucheng.
在 它 沉默 的 劳动 中，人 便 得到 应 得的 收成。

Nà shíhou, yěxǔ, tā kěyǐ sōng yī jiān zhòngdàn, zhàn zài shù•xià, chī jǐ kǒu nèn cǎo.
那时候，也许，它可以 松一肩 重担，站 在 树下，吃 几口 嫩 草。
Ǒu'ěr yáoyao wěiba, bǎibai ěrduo, gǎnzǒu fēifù shēn•shàng de cāngying, yǐ•jīng suàn shì tā zuì
偶尔 摇摇 尾巴，摆摆 耳朵，赶走 飞附 身上 的 苍蝇，已经 算 是 它 最
xiánshì de shēnghuó le.
闲适 的 生活 了。

Zhōngguó de niú, méi•yǒu chéngqún bēnpǎo de xí//guàn, yǒngyuǎn chénchén-shíshí de, mòmò
中国 的牛，没有 成群 奔跑 的习//惯，永远 沉沉 实实 的，默默
de gōng zuò, píngxīn-jìngqì. Zhè jiùshì Zhōngguó de niú!
地 工 作，平心 静气。这 就是 中国 的 牛！

——节选自小思《中国的牛》

作品58号——《住的梦》

[朗读提示]这是一篇充满诗情画意的随笔散文，朗读时要展开想象的翅膀，用甜美的声音、起伏的节奏、富有韵律而又稍有夸张的语调，表现出作者的梦想来。

Bùguǎn wǒ de mèngxiǎng néngfǒu chéngwéi shìshí, shuō chū•lái zǒngshì hǎowánr de:
不管 我的 梦想 能否 成为 事实，说出来 总是 好玩儿 的：

Chūntiān, wǒ jiāng yào zhù zài Hángzhōu. Èrshí nián qián, jiùlì de èryuè chū, zài Xīhú wǒ
春天，我 将 要 住 在 杭州。二十 年 前，旧历 的 二月 初，在西湖 我
kàn•jiàn le nènliǔ yǔ càihuā, bìlàng yǔ cuìzhú. Yóu wǒ kàndào de nà diǎnr chūnguāng, yǐ•jīng kěyǐ
看见了 嫩柳 与 菜花，碧浪 与 翠竹。由 我 看到 的 那点儿 春光，已经 可以

duàndìng, Hángzhōu de chūntiān bìdìng huì jiào rén zhěngtiān shēnghuó zài shī yǔ túhuà zhīzhōng.
断定，杭州的春天必定会教人整天生活在诗与图画之中。
Suǒyǐ, chūntiān wǒ de jiā yīngdāng shì zài Hángzhōu.
所以，春天我的家应当是在杭州。

Xiàtiān, wǒ xiǎng Qīngchéng Shān yīngdāng suànzuò zuì lǐxiǎng de dìfang. Zài nà•lǐ, wǒ
夏天，我想青城山应当算作最理想的地方。在那里，我
suīrán zhǐ zhùguo shí tiān, kěshì tā de yōujìng yǐ shuānzhùle wǒ de xīnlíng. Zài wǒ suǒ kàn•jiànguo
虽然只住过十天，可是它的幽静已拴住了我的心灵。在我所看见过
de shānshuǐ zhōng, zhǐyǒu zhè•lǐ méi•yǒu shǐ wǒ shīwàng. Dàochù dōu shì lǜ, mù zhī suǒ jí, nà
的山水中，只有这里没有使我失望。到处都是绿，目之所及，那
piàn dàn ér guāngrùn de lǜsè dōu zài qīngqīng de chàndòng, fǎngfú yào liúrù kōngzhōng yǔ
片淡而光润的绿色都在轻轻地颤动，仿佛要流入空中与
xīnzhōng shìde. Zhège lǜsè huì xiàng yīnyuè, díqīngle xīnzhōng de wànlǜ.
心中似的。这个绿色会像音乐，涤清了心中的万虑。

Qiūtiān yīdìng yào zhù Běipíng. Tiāntáng shì shénme yàngzi, wǒ bù zhī•dào, dànshì cóng wǒ de
秋天一定要住北平。天堂是什么样子，我不知道，但是从我的
shēnghuó jīngyàn qù pànduàn, Běipíng zhī qiū biàn shì tiāntáng. Lùn tiānqì, bù lěng bù rè. Lùn
生活经验去判断，北平之秋便是天堂。论天气，不冷不热。论
chīde, píngguǒ、lí、shìzi、zǎor、pú•táo, měi yàng dōuyǒu ruògān zhǒng. Lùn huācǎo, júhuā
吃的，苹果、梨、柿子、枣儿、葡萄，每样都有若干种。论花草，菊花
zhǒnglèi zhī duō, huā shì zhī qí, kěyǐ jiǎ tiānxià. Xīshān yǒu hóngyè kě jiàn, Běihǎi kěyǐ
种类之多，花式之奇，可以甲天下。西山有红叶可见，北海可以
huáchuán —— suīrán héhuā yǐ cán, héyè kě háiyǒu yī piàn qīngxiāng. Yī-shí-zhù-xíng, zài
划船——虽然荷花已残，荷叶可还有一片清香。衣食住行，在
Běipíng de qiūtiān, shì méi•yǒu yī xiàng bù shǐ rén mǎnyì de.
北平的秋天，是没有一项不使人满意的。

Dōngtiān, wǒ hái méi•yǒu dǎhǎo zhǔyi, Chéngdū huòzhě xiāngdāng de héshì, suīrán bìng bù
冬天，我还没有打好主意，成都或者相当的合适，虽然并不
zěnyàng hénuǎn, kěshì wèile shuǐxiān, sù xīn làméi, gè sè de cháhuā, fǎngfú jiù shòu yīdiǎnr hán//
怎样和暖，可是为了水仙，素心腊梅，各色的茶花，仿佛就受一点儿寒//
lěng, yě pō zhí•dé qù le. Kūnmíng de huā yě duō, érqiě tiānqì bǐ Chéngdū hǎo, kěshì jiù shūpù
冷，也颇值得去了。昆明的花也多，而且天气比成都好，可是旧书铺
yǔ jīngměi ér piányi de xiǎochī yuǎn•bùjí Chéngdū nàme duō. Hǎo ba, jiù zàn zhème guīdìng:
与精美而便宜的小吃远不及成都那么多。好吧，就暂这么规定：
Dōngtiān bù zhù Chéngdū biàn zhù Kūnmíng ba.
冬天不住成都便住昆明吧。

Zài kàngzhàn zhōng, wǒ méi néng fā guónàn cái. Wǒ xiǎng, kàngzhàn shènglì yǐhòu, wǒ bì
在抗战中，我没能发国难财。我想，抗战胜利以后，我必
néng kuò qǐ•lái. Nà shíhou, jiǎruò fēijī jiǎnjià, yī-èrbǎi yuán jiù néng mǎi yī jià de huà, wǒ jiù
能阔起来。那时候，假若飞机减价，一二百元就能买一架的话，我就
zìbèi yī jià, zé huángdào-jírì mànmàn de fēixíng.
自备一架，择黄道吉日慢慢地飞行。

——节选自老舍《住的梦》

作品59号——《紫藤萝瀑布》

[朗读提示]这是一篇写景散文，朗读时注意区分眼前情景与回忆情景。眼前情景美丽无比，朗读时要用轻快、愉悦而又有赞美的语调；在朗读回忆情景时语调要低沉些，略有遗憾之情。

Wǒ bùyóude tíngzhù le jiǎobù.
我不由得停住了脚步。

Cóngwèi jiànguo kāide zhèyàng shèng de téngluó, zhǐ jiàn yī piàn huīhuáng de dàn zǐsè,
从未见过开得这样盛的藤萝，只见一片辉煌的淡紫色，
xiàng yī tiáo pùbù, cóng kōngzhōng chuíxià, bù jiàn qí fāduān, yě bù jiàn qí zhōngjí, zhǐshì
像一条瀑布，从空中垂下，不见其发端，也不见其终极，只是
shēnshēn-qiǎnqiǎn de zǐ, fǎngfú zài liúdòng, zài huānxiào, zài bùtíng de shēngzhǎng. Zǐsè de dà
深深浅浅的紫，仿佛在流动，在欢笑，在不停地生长。紫色的大
tiáofú•shàng, fànzhe diǎndiǎn yínguāng, jiù xiàng bèngjiàn de shuǐhuā. Zǐxì kàn shí, cái zhī nà shì
条幅上，泛着点点银光，就像迸溅的水花。仔细看时，才知那是
měi yī duǒ zǐhuā zhōng de zuì qiǎndàn de bùfen, zài hé yángguāng hùxiāng tiǎodòu.
每一朵紫花中的最浅淡的部分，在和阳光互相挑逗。

Zhè•lǐ chúle guāngcǎi, háiyǒu dàndàn de fāngxiāng. Xiāngqì sìhū yě shì qiǎn zǐsè de,
这里除了光彩，还有淡淡的芳香。香气似乎也是浅紫色的，
mènghuàn yībān qīngqīng de lǒngzhàozhe wǒ. Hūrán jìqǐ shí duō nián qián, jiā mén wài yě céng
梦幻一般轻轻地笼罩着我。忽然记起十多年前，家门外也曾
yǒuguo yī dà zhū zǐténgluó, tā yībàng yī zhū kū huái pá de hěn gāo, dàn huāduǒ cónglái dōu
有过一大株紫藤萝，它依傍一株枯槐爬得很高，但花朵从来都
xīluò, dōng yī suì xī yī chuàn língdīng de guà zài shùshāo, hǎoxiàng zài cháyán-guānsè, shìtàn
稀落，东一穗西一串伶仃地挂在树梢，好像在察颜观色，试探
shénme. Hòulái suǒxìng lián nà xīlíng de huāchuàn yě méi•yǒu le. Yuán zhōng biéde zǐténg huājià
什么。后来索性连那稀零的花串也没有了。园中别的紫藤花架
yě dōu chāidiào, gǎizhòngle guǒshù. Nàshí de shuōfǎ shì, huā hé shēnghuó fǔhuà yǒu shénme bìrán
也都拆掉，改种了果树。那时的说法是，花和生活腐化有什么必然
guānxi. Wǒ céng yíhàn de xiǎng: Zhè•lǐ zài kàn•bùjiàn téngluóhuā le.
关系。我曾遗憾地想：这里再看不见藤萝花了。

Guòle zhème duō nián, téngluó yòu kāihuā le, érqiě kāi de zhèyàng shèng, zhèyàng mì, zǐsè
过了这么多年，藤萝又开花了，而且开得这样盛，这样密，紫色
de pùbù zhēzhùle cūzhuàng de pánqiú wòlóng bān de zhīgàn, bùduàn de liúzhe, liúzhe, liúxiàng
的瀑布遮住了粗壮的盘虬卧龙般的枝干，不断地流着，流着，流向
rén de xīndǐ.
人的心底。

Huā hé rén dōu huì yùdào gèzhǒng-gèyàng de bùxìng, dànshì shēngmìng de chánghé shì wú
花和人都会遇到各种各样的不幸，但是生命的长河是无
zhǐjìng de. Wǒ fǔmōle yīxià nà xiǎoxiǎo de zǐsè de huācāng, nà•lǐ mǎn zhuāngle shēngmìng de
止境的。我抚摸了一下那小小的紫色的花舱，那里满装了生命的
jiǔniàng, tā zhāngmǎnle fān, zài zhè // shǎnguāng de huā de héliú•shàng hángxíng. Tā shì wàn
酒酿，它张满了帆，在这//闪光的花的河流上航行。它是万
huā zhōng de yī duǒ, yě zhèngshì yóu měi yī gè yī duǒ, zǔchéngle wàn huā cànlàn de liúdòng de
花中的一朵，也正是由每一个一朵，组成了万花灿烂的流动的
pùbù.
瀑布。

Zài zhè qiǎn zǐsè de guānghuī hé qiǎn zǐsè de fāngxiāng zhōng, wǒ bùjué jiākuàile jiǎobù.
在这浅紫色的光辉和浅紫色的芳香中，我不觉加快了脚步。

——节选自宗璞《紫藤萝瀑布》

作品 60 号——《最糟糕的发明》

[**朗读提示**]这是一篇保护生态环境的文章，文中既有对事件的讲述，又有对客观事实的说明。朗读时要加以区别：朗读事件讲述时语调充满好奇，并略有起伏；而朗读客观事实说明时，要沉稳、坚定。

Zài yī cì míngrén fǎngwèn zhōng, bèi wèn jí shàng gè shìjì zuì zhòngyào de fāmíng shì
在一次名人访问中，被问及上个世纪最重要的发明是
shénme shí, yǒu rén shuō shì diànnǎo, yǒu rén shuō shì qìchē, děngděng. Dàn Xīnjiāpō de yī wèi
什么时，有人说是电脑，有人说是汽车，等等。但新加坡的一位
zhīmíng rénshì què shuō shì lěngqìjī. Tā jiěshì, rúguǒ méi•yǒu lěngqì, rèdài dìqū rú Dōngnányà
知名人士却说是冷气机。他解释，如果没有冷气，热带地区如东南亚
guójiā, jiù bù kěnéng yǒu hěn gāo de shēngchǎnlì, jiù bù kěnéng dádào jīntiān de shēnghuó
国家，就不可能有很高的生产力，就不可能达到今天的生活
shuǐzhǔn. Tā de huídá shíshì-qiúshì, yǒulǐ-yǒujù.
水准。他的回答实事求是，有理有据。

Kànle shàngshù bàodào, wǒ tūfā qí xiǎng: Wèi shénme méi•yǒu jìzhě wèn: "Èrshí shìjì zuì
看了上述报道，我突发奇想：为什么没有记者问："二十世纪最
zāogāo de fāmíng shì shénme?" Qíshí èr líng líng èr nián shíyuè zhōngxún, Yīngguó de yī jiā
糟糕的发明是什么？"其实二〇〇二年十月中旬，英国的一家
bàozhǐ jiù píngchūle "rénlèi zuì zāogāo de fāmíng". Huò cǐ "shūróng" de, jiùshì rénmen měi tiān
报纸就评出了"人类最糟糕的发明"。获此"殊荣"的，就是人们每天
dàliàng shǐyòng de sùliàodài.
大量使用的塑料袋。

Dànshēng yú shàng gè shìjì sānshí niándài de sùliàodài, qí jiāzú bāokuò yòng sùliào zhìchéng
诞生于上个世纪三十年代的塑料袋，其家族包括用塑料制成
de kuàicān fànhé、bāozhuāngzhǐ、cān yòng bēi pán、yǐnliàopíng、suānnǎibēi、xuěgāobēi děngděng.
的快餐饭盒、包装纸、餐用杯盘、饮料瓶、酸奶杯、雪糕杯等等。
Zhèxiē fèiqìwù xíngchéng de lājī, shùliàng duō、tǐjī dà、zhòngliàng qīng、bù jiàngjiě, gěi zhìlǐ
这些废弃物形成的垃圾，数量多、体积大、重量轻、不降解，给治理
gōngzuò dàilái hěn duō jìshù nántí hé shèhuì wèntí.
工作带来很多技术难题和社会问题。

Bǐrú, sànluò zài tiánjiān、lùbiān jí cǎocóng zhōng de sùliào cānhé, yīdàn bèi shēngchù
比如，散落在田间、路边及草丛中的塑料餐盒，一旦被牲畜
tūnshí, jiù huì wēi jí jiànkāng shènzhì dǎozhì sǐwáng. Tiánmái fèiqì sùliàodài、sùliào cānhé de
吞食，就会危及健康甚至导致死亡。填埋废弃塑料袋、塑料餐盒的
tǔdì, bùnéng shēngzhǎng zhuāngjia hé shùmù, zàochéng tǔdì bǎnjié, ér fénshāo chǔlǐ zhèxiē
土地，不能生长庄稼和树木，造成土地板结，而焚烧处理这些
sùliào lājī, zé huì shìfàng chū duō zhǒng huàxué yǒudú qìtǐ, qízhōng yī zhǒng chēngwéi
塑料垃圾，则会释放出多种化学有毒气体，其中一种称为
èr'èyīng de huàhéwù, dúxìng jí dà.
二噁英的化合物，毒性极大。

Cǐwài, zài shēngchǎn sùliàodài、sùliào cānhé de // guòchéng zhōng shǐyòng de fúlì'áng, duì
此外，在生产塑料袋、塑料餐盒的//过程中使用的氟利昂，对
réntǐ miǎnyì xìtǒng hé shēngtài huánjìng zàochéng de pòhuài yě jíwéi yánzhòng.
人体免疫系统和生态环境造成的破坏也极为严重。

——节选自林光如《最糟糕的发明》

第四部分

命题说话

第一单元　命题说话要略

“命题说话测试”是普通话水平测试对应试人普通话水平综合全面的考查，要求应试人根据当时抽取的话题，在无文字凭借的情况下，当场完成至少三分钟的说话。在整个测试中所占比重最大，这也体现了普通话水平测试的目的是提高应试者应用普通话进行口语交际的能力。因而，此项是应试人在日常交往中使用普通话状况最直接的反映。此项是否成功直接影响应试人是否能够通过普通话水平测试，因此，我们对此项内容应给予重视。

通过多次测试，大多数应试人觉得此项最难，也最紧张。那么究竟难在哪里，应该怎样准备？究其原因，是应试人没有了文字依凭，方言母语的影响不易克服，加上应试时心理较为紧张，就会觉得此项内容难以把握。

一、命题说话的基本要求

命题说话测试对应试人员有以下几点要求：

（一）整体面貌

①发音准确，吐字清楚，说话时所有音节都达到普通话的标准，即声、韵、调发音正确，音变及轻重格式自然，无系统的方音错误，无方音尾巴。

②语调正确，能正确运用变调、轻声、儿话等音变知识，停顿、重音、快慢、升降等都应呈日常口语时的自然状态，不应有背稿子的表现。

③不带“嗯嗯”“啊啊”“这个”“那个”“反正”这一类的“话把”。

（二）词汇语法

说话一项的评判标准中有一项，即词汇、语法完全无错误满分 5 分。

①选词用语不带书面语色彩，语义准确明白，表达亲切自然。

②要注意词汇的使用规范，不使用方言和生造词，避免不规范的语素组合和语序组合。

（三）流畅程度

①做到自然，就是按照日常口语的语音、语调来说话，不卡壳，不重复，不带口头禅，逻辑清晰，语意连贯，语调流畅。

②语速适当是话语自然的重要表现，正常语速约为 240 个音节/分钟。过快和过慢的语速都应该努力避免。

二、命题说话测试中常出现的问题及对策

命题说话测试过程中常常出现以下三个方面的问题：

（一）表达紧张

紧张是应试者在说话测试中最常遇到的问题，很多人因过度紧张而使测试水平下降，不如平时放松状态下说得好。

1. 紧张的表现

说话紧张容易造成以下反应：

①打乱说话的思路，即使准备得很熟的说话内容临场亦容易忘记。一旦忘记准备好的内容，即会加剧紧张心理，导致叙说过程的混乱、中断或间断。

②面对考官无法把握说话的中心，导致说话的整体质量与流畅度下降。

③没有精力顾及语音等内容的规范，容易暴露应试者普通话方面的弱点，影响应试者的情绪和信心。

2. 紧张的原因

说话紧张主要来自言语心理的压力，这种压力的形成原因有3个：

①习惯性紧张，因平时缺少在陌生场合表达的经验，缺少实践。

②平时很少说普通话，或普通话尚存在较明显的弱点，认为说话太难，信心不足，因此对考试产生不必要的恐惧感。

③对测试的期望值过高，但因自身语音等项存在弱点，因而自己又不太自信，这一矛盾造成心理压力过大。

测试实践证明，很多临场紧张的应试者多因语音面貌不是太理想，说话时将过多的注意力集中在语音上；一旦意识到个别语音发生错误，就容易造成心理压力与错乱感。这一沉重的心理负担必然对言语思维造成干扰。背负这样的压力是很难说得轻松自如的，紧张的后果会造成恶性循环：越紧张越说不好，越说不好越紧张。

3. 解决说话紧张的方法与建议

说话紧张有不同的原因，有的应试者是心理问题，有的应试者是普通话语音面貌不理想，还有的人是经验缺乏带来的紧张，我们对它们必须区别对待。

（1）给习惯性紧张的应试者的建议

①进行说话练习时，多让别人帮助听听，逐渐使说话者心理适应说话的客观环境。这一训练需要一个过程，要坚持不懈，不能操之过急。

②应试过程中尽量做到注意力集中。高度专注于自己的话题内容，是忘掉客观环境、排除心理干扰因素的最好办法。紧张往往是对自己的表现、环境反应太在意而造成的心理压力。

（2）给语音负担压力较大的应试者的建议

①应试前切切实实地加强语音基本功的训练，运用语音规律掌握几种有针对性的训练方法。

②语音练习首先要注意“质”，其次以一定的“量”作为巩固保证，真正落实语音零件的标准化。低标准的练习只能进一步固化练习者自身本有的语音缺点。

③将语音练习落实到词、句与语流之中。严格地说，单个孤立的标准音节是很难进入自然语流的，自然语流并不等于孤立音节的简单相加。

④运用朗读形式练习并巩固规范的语音、语流。

⑤从日常生活表达练起，要给说话多留一点儿练习时间，多说之外还要多听、多琢磨。只有真正了解自己的问题所在，并掌握正确的纠正方法，练习才有实效。

(3)给缺乏实践经验与临场经验者的建议

①平时多利用发言的机会大胆开口,对自己的要求不要太苛刻,不要为自己订立一步登天的不切实际的目标。正视自己的弱点,同时客观地肯定自己的进步,逐步树立自己的表达信心。

②面对考官时,不要在心理上将自己放在对立面或"受审"的位置,要认识到在人格上、尊严上,应试者与考官是平等的。考官的责任是配合、支持应试者的考试;应试者要从积极的方面思考,为自己树立取胜的信心。

(二)表达内容贫乏

1. 说话内容贫乏的表现

①拿到一个话题后,不知道从哪儿说起,抓不住中心,更理不出表达的层次。

②觉得话题并不难,但只是一般的理解,缺乏深入的思考与分析。因此,真要说起来似乎也就只有几句话,没有更多的内容。

③事先背好了几篇稿件,但是抽到的不是自己准备的题目,因而临时手忙脚乱,没有理想的说话内容,只能东拼西凑,表达缺乏连贯性。

2. 说话内容贫乏的原因

说话内容贫乏的主要原因是没有打开言语的思路,也就是没有积极发挥言语思维的能动作用,没有对说话的内容做必要的定位与用心的设计。细分有三种情况:

①没有打开自己的言语思路。应试者拿到试题后,首先考虑的不是话题的中心,从而不能对表达内容与表达结构进行总体设计,而是只想到具体的一些话语。有的只注重如何开头,对此后的表达步骤如何安排考虑得少。因为只想到具体的话语,抛开了中心,所以往往只局限于一点,甚至是一两个具体的语句,因而总觉得没有更多的内容可说,连续说三分钟就觉得十分勉强。

②有些应试者临场容易犯急躁的毛病,如对语音面貌、词汇规范等不应该在命题说话考项中过分担心的东西考虑太多,不能静下心来将注意力集中在话题与表达层次的安排上,致使表达战战兢兢,如履薄冰。有些应试者表达时额外的顾虑太多,思维不能专注,是不能对话题内容做出快速反应的主要原因,因言语思维不连贯,说话(表达过程)亦很难连贯。

③有些应试者不相信自己的应变能力,不是主动地对应试话题做积极的临场思考,而是无法摆脱已准备好的材料,至多不过是对现成材料做临场的修修补补,结果暴露出表达不连贯、没有明确的中心、背诵稿件等明显的问题。活性的言语思维不能发挥往往是因为受到固定的现成材料的钳制,从而影响言语思维的畅通。

3. 解决说话内容贫乏的方法与建议

①打开言语思路。

想问题不要只专注于某一点上,应加强发散性思维能力的培养,多动脑筋,多参加实践。

②认真审题。

所谓"审题"就是拿到说话话题后,对话题做一番研究,找出表达的中心。

审题不仔细、不深入,说话就不可能有明确的中心和思路,即使话题展开了,也免不了拼拼凑凑,自然会影响说话的质量。

③认真设计。

如果只有审题而没有设计,表达的中心仍然不能落实,说话还是会无序。

"认真设计"指在确定说话的中心后,围绕中心进行有条理的布局:分几个部分来阐述;先说什么,后说什么;各部分之间怎样连接。待说话的整体结构确立后,再来设计开头和结尾。相比较而言，开头和结尾的形式并不重要，关键是说的中心内容和层次的安排。说话的开头和结尾做到自然、切题就可以了。

在说话层次的把握上，有些应试者因为紧张，表达时往往容易忘记各层次间的有机联系。为此，应试者先要为所说的每一个层次确定一个主题词语，然后用若干个主题词语来统领、把握，这样全篇的说话内容就不会乱。这是一个行之有效的好方法。

(三)说话不流畅、不自然

1. 说话不流畅、不自然的表现

①想一句说一句，表达时断时续，整个语言表达缺乏连贯性。

②反反复复、颠三倒四，表达不得要领。有时甚至是一个词、一个词地说，语句本身不完整。

2. 说话不流畅、不自然的原因

表达不流畅、不自然的主要原因大体有3个：

①有些应试者言语思维不顺畅，在思考、设计某一话题内容时，思维不能一贯到底，容易出现中断。思维中断，表达自然也就中断。

②有些应试者言语思维没问题，但是因一直缺乏表达的实践(不爱说话)，因此口讷。因为担心语音出现太多的问题，所以出现了一个词、一个词朗读的现象，缺少口语的顺畅感。

③有的应试者思维与表达都没有问题，私下的表达很流畅，但是一到公开表达时就变得断断续续。其主要原因不是紧张，而是将写文章的方法搬用到说话上来了，遣词造句一律都书面语化，抛弃了平时的表达习惯，完全改用另外一种方式说话，似乎认为只有这样说才能说得美，才能说得“像模像样”，这无疑是大错。写在书面上的稿用于“读”还可以，要用于“说”简直太难了。书面语与口语不但遣词造句的形式不一样、风格不一样，思维方式也不尽相同，硬将用于写的东西拿来“说”，自然十分勉强和不自然。

3. 解决说话不流利的方法与建议

①说话与语音分开训练。

合理地将说话训练与语音训练分成两个相对独立的部分，说话训练时不要过多地考虑语音，以解脱说话训练中过多的心理负担与障碍，说话应以准确流利为主要训练目标。与此同时，运用其他时间针对语音上存在的主要问题寻找对路的纠正方法，有效地提高语音训练的质量，这样的分工才能做到双赢。

②注意力集中。

有意识地培养在有干扰的情况下集中注意力的能力。在表达前将说话内容思考透彻，抓住一条清晰、完整的话题线索。

③在实践中总结。

多实践，善于在实践中不断总结，逐渐加强将言语思维变成有声话语的转换能力。

④培养口语思维习惯。

分清口语与书面语的区别，在说话训练中尽量抛开文字形式的牵制，逐渐养成口语思维的习惯，培养自己以“我口”表达“我心”的自信心与能力。

三、命题说话测试的应试步骤

（一）审题

拿到规定的话题后，首先要审题：该话题的主要内容是什么；从哪个角度说、用什么方式说最能体现该话题的中心，最能发挥自己的长处。

审题关系到应试者对话题的理解，只有理解话题的主要内容，才有可能帮助应试者集中大脑思维，厘清说话的主线条，沿着主线搜集说话的材料，充实说话的内容，从而使说话具备一个清晰的目标。

（二）设计

①在理解话题中心的前提下，根据自己的经验和阅历，准备围绕“话题”的叙说材料（事例、情节等）。

②迅速地组织材料，构思说话的框架（拟分几个层次来表达），设计每个层次的阐说重点。为了便于把握说话的整体结构，建议分别以一个主题词或一句话来概括各层的表达内容，以提高自己的整体把握能力，明确各层的表达要点，避免慌乱。

（三）复习

构思好说话的基本内容后，临场前迅速而简洁地以各段的主题词提示自己对整体结构的把握，然后从容地走进考场。

（四）测试

进入考场后，从容地深呼吸，以稳定情绪，然后排除一切杂念，集中全部的注意力。说话时，根据整体框架与各段的主题词做必要的、能动的发挥。

测试中要注意以下三点：

①语速不要太快，可以慢条斯理。

②在总体框架的指导下，沿着各段落中心词语的提示，可以边想边说，要敢于大胆地发挥。

③对语音、词汇、语法的规范可适当注意，但是不要考虑得过多而迷失了说话的方向。

第二单元　分析话题类型　理清表达思路

为了使应试人在测试时的说话有依托，《普通话水平测试大纲》提供了30个话题：

1. 我的愿望（或理想）
2. 我的学习生活
3. 我尊敬的人
4. 我喜爱的动物（或植物）
5. 童年的记忆
6. 我喜爱的职业
7. 难忘的旅行
8. 我的朋友
9. 我喜爱的文学（或其他）艺术形式
10. 谈谈卫生与健康
11. 我的业余生活
12. 我喜欢的季节（或天气）
13. 学习普通话的体会
14. 谈谈服饰
15. 我的假日生活
16. 我的成长之路
17. 谈谈科技发展与社会生活
18. 我知道的风俗

19. 我和体育
20. 我的家乡(或熟悉的地方)
21. 谈谈美食
22. 我喜欢的节日
23. 我所在的集体(学校、机关、公司等)
24. 谈谈社会公德(或职业道德)
25. 谈谈个人修养
26. 我喜欢的明星(或其他知名人士)
27. 我喜爱的书刊
28. 谈谈对环境保护的认识
29. 我向往的地方
30. 购物(消费)的感受

看到这30个话题,千万不要慌,也不要误以为这就是要求进行“演讲”或“口头作文”。其实,这些话题只不过是为“说话”提供一个内容的载体而已,以避免应试人上了考场不知从何说起。只要学会分析话题类型,理清每一类话题的思路,学会话题的分析与整合,顺利通过这一项目的测试就很容易了。

一、话题的类型

经过分析,就会发现,这些话题不外乎叙事、记人、议论、说明等类型,内容都与人们的日常生活密切相关。说话时,可以从不同角度和不同侧面进行叙述、议论或说明。在练习中,可将话题分为记叙描述、议论评说和说明介绍3大类,然后根据不同的类型来理清思路,准备说话的内容。比如:

▲记叙描述类

1. 我的愿望(或理想)
3. 我尊敬的人
5. 童年的记忆
7. 难忘的旅行
8. 我的朋友
15. 我的假日生活
16. 我的成长之路
20. 我的家乡(或熟悉的地方)
29. 我向往的地方

▲说明介绍类

2. 我的学习生活
4. 我喜爱的动物(或植物)
6. 我喜爱的职业
9. 我喜爱的文学(或其他)艺术形式
11. 我的业余生活
12. 我喜欢的季节(或天气)
18. 我知道的风俗
19. 我和体育
22. 我喜欢的节日
23. 我所在的集体(学校、机关、公司等)
26. 我喜欢的明星(或其他知名人士)
27. 我喜爱的书刊
30. 购物(消费)的感受

▲议论评说类

10. 谈谈卫生与健康
13. 学习普通话的体会
14. 谈谈服饰
17. 谈谈科技发展与社会生活
21. 谈谈美食
24. 谈谈社会公德(或职业道德)
25. 谈谈个人修养
28. 谈谈对环境保护的认识

这只是一个大概的分类。如果说的角度不同、内容不同,就完全可以兼类。有的题目既可以从介绍、说明的角度去说,也可以从叙述、描写的角度来说,还可以在介绍说明或叙述描写中穿插议论,这一切都可以按自己的喜好决定。

二、记叙描述类话题的思路

这一类应该是最容易说的题目，因为话题所涉及的范围都是应试人亲身经历的事情或感受，只要按照事情发生、发展的时间顺序往下说就行了。比如：

· 是谁（是什么）？

· 为什么？

· 举例子。

· 怎么办？

这项测试要求说话时间不少于3分钟，并不是要求在3分钟时恰好把话题完完整整地结束，而是要求围绕这个话题连续不断地至少说3分钟话。所以，思路确定之后，不必考虑时间，只管往下说，到3分钟时测试员会示意你停下来。即使准备好的内容没有说完也不会影响这一项的测试成绩。

三、说明介绍类话题的思路

这一类话题最忌讳的是只列出干巴巴的几个条目，不能展开详细的说明或介绍，最后使自己难以说满3分钟。所以在设计思路时，可以从一种事物的几个方面分别进行说明或介绍。可从以下几个方面考虑说话的顺序和内容：

· 是什么（是谁或是什么样的）？

· 表现在哪几个方面？

· 每个方面是怎么样的？

· 自己的态度或打算。

四、议论评说类话题的思路

这类话题相比前两类略有难度，需要具有更缜密的思维和更强的概括能力。可以从以下几个方面考虑说话的顺序和内容：

· 是什么？（提出自己的观点）

· 为什么？（归纳出支持这个观点的几条理由）

· 举例子。（可在每条理由之后，也可在说完理由后分别举例）

· 怎么办？（提出实现自己观点的几条建议）

以上是按话题不同体裁进行分类，然后根据不同的类型理清思路的方法。这只是一个基本的参考模式，假如应试人的口头表达能力本来就很不错，完全可以说得更加灵活、更加精彩。

五、命题说话的审题与思路分解

为了帮助应试者更有效地进行"命题说话"测试的准备，迅速驾驭不同话题的应对方式，下面对《普通话水平测试大纲》所附的30个话题理逐一分析，对每一个话题所要把握的要领及内容开掘的方法提出一些建议，以供应试者参考。

1. 我的愿望（或理想）

审题：

①愿望或理想一般都是一个尚未实现的，内心觉得是有意义、有价值的憧憬。

②可以是当初的愿望，最后通过努力实现了的憧憬，但主要内容要落实在"憧憬"上。叙说

时要突出这个“愿望”(或理想)在自己心目中的价值与意义。

思路分解:

①我的愿望是获得二级甲等以上较好成绩、拥有自己的实业公司、考取研究生……

②“它”为什么是我的愿望,因为我有这样一些经历(讲述一段难忘的经历、故事)……我知道,我现在距离实现我的愿望还有很远的一段路要走,但是我一定会努力,让我的愿望尽早变成现实,我决定……

③所以说,“我的愿望”是……

2. 我的学习生活

审题:

①抓住“学习生活”这个主题,也就是自己学习、进取的过程。

②既然是“我”的学习生活,就一定有不同于他人的特点与过程,无论是“得”也好,“失”也好,酸甜苦辣,曲折平坦,自己的感受最深,要道出自己的学习经历与切身感受。

思路分解:

①我的学习生活内容丰富,形式多样。

②读小学的时候,有哪些学习内容。记忆深刻的有哪些……

③读中学的时候,有哪些学习内容。记忆深刻的有哪些……

④现在,我在某大学读什么专业,有哪些主干课程,老师怎样,同学如何……

⑤现在,我是在职学习……

⑥有句老话说得好:“活到老,学到老。”现代社会是一个被网络信息不断冲击的社会,为了能够跟随这个时代进步的速度,也为了充实我们的生活,我们每个人都要不断学习新的知识,吸收新的营养。学习的过程是艰辛的、枯燥的,但是当你学完之后,你的精神世界却是满足的。

3. 我尊敬的人

审题:

既然是被自己所“尊敬”的人,一定是自己所了解的,且一定有值得尊敬、佩服的地方。突出他的优秀品质或值得崇敬的行为是该话题的重点。

思路分解:

①转眼间我已经是一名大学生了,十几年来我遇到了很多的人,有在我背后默默付出支持我的爸爸妈妈,有在我学习遇到困难时不遗余力帮助我的各位老师,还有陪伴我度过整个童年、少年时期的朋友们,这些人中,最让我敬佩、尊敬的人还是我的某老师(爸爸、妈妈)……

②我尊敬他(她),因为他(她)品德高尚、学识渊博,记得有一次……

③我尊敬他(她),还因为他(她)特别关心我(讲述一段难忘的经历、故事)。

④在未来的人生道路上,我一定会学习某老师、爸爸、妈妈……身上的这种品质,不断向他靠拢,做一名优秀的人。所以,某老师(爸爸、妈妈)……是我所尊敬的人。

4. 我喜爱的动物(植物)

审题:

①既然某个动物(或植物)被自己喜爱,一定有被喜爱的理由,那就是这一动物(植物)在自己眼中的可爱之处。这是话题的要点所在。

②可以集中说动物,也可以集中说植物,不必两样兼叙,那样反而会冲淡话题的中心。

③可以说自己熟悉的一类动物(植物),也可以说自己熟悉的一个具体的动物(植物)。一般

而言，具体的叙说对象更容易阐说得生动、形象。

思路分解：

①我喜爱什么动物(或植物)。

②它具有什么样的生理特性(强调惹人喜爱的方面)。

③我喜爱某种动物(或植物)，还因为我曾经与它结下了一段不解之缘(讲述一段难忘的经历、故事)。记得小时候，姥姥家养了一只猫，它叫 cc，他有两只特别大的眼睛，黄白相间的毛，每次到了姥姥家，我第一件事情就是和它玩……后来，听姥姥说 cc 有一次跑出去后就再也没有回来，我哭得很伤心，我相信 cc 一定还在世界的某个角落里偷偷观察我，和我说话……现在，我有了自己的小猫，我给他取名牛牛。我相信，无论是宠物还是植物，它们都是有灵性的，它们都是我们人类最好的朋友，我们一定要保护好它们，不再让它们受到任何伤害。

5. 童年的记忆

审题：

"童年的记忆"是要应试者通过回忆，叙说儿时的那些让自己难以忘却的某件事或某段经历，它们往往对应试者的成长有一定教训或启迪意义。

思路分解：

①每个人的童年或多或少都有一段让自己难忘的故事，记得在我小学一年级的时候……(讲述一段难忘的经历、故事)。

②故事里要有爸爸、妈妈、老师、同学……

可以与《难忘的旅行》一齐准备，则强调这次旅行在童年就可以了。最后加一句："这次童年时期的旅行，对我后来的人生经历有很大的影响。"

③童年是一生中最美好的阶段，而这段记忆则是这个阶段我认为最美好、最有意义的一件事，很幸运在那个年纪、那个地点能发生这样一件事，现在回想起来都像是做梦一样，而我就是这个梦里的男/女主角。

6. 我喜爱的职业

审题：

"我喜爱"的东西一般都是自己感兴趣的东西；既然是自己感兴趣的东西，就一定要说明自己喜爱的原因，这是话题展开的依据。职业不同于业余爱好，它指的是自己赖以维生、为之奋斗的工作和事业。

思路分解：

①我喜爱的职业是教师/编辑/警察……

②我为什么喜爱这个职业？我的妈妈就是一名教师/编辑/警察，虽然她每天很辛苦，但我看到她每天从事自己喜欢的行业，就很幸福……我也受到妈妈的影响，对这一职业很有兴趣。

③这个职业有哪些吸引你的地方？社会上的人对这一职业看法不一，有人认为，教师/编辑/警察是太阳底下最光辉的职业，也有人认为这一职业是最没有前途的一种职业。我的一位同班同学就曾对我说过她毕业后不会选择这个职业，她认为这个职业既平淡无奇，又枯燥无味。我不同意同学的观点，我觉得，教师/编辑/警察是一种富于挑战性的工作。在社会飞速发展的今天……

④讲述一段难忘的经历、故事……

⑤现在，我已经学习了……，也报名了教师资格证/编辑职业资格证考试，我离我喜爱的职

业越来越近，未来我会不断充实自己，争做一名合格的教师/警察/编辑。

7. 难忘的旅行

审题：

谈"旅行"不能缺少旅行的主要过程(主要经过)，之所以"难忘"，是因为旅行一定给自己留下了值得记忆、值得回味的价值与意义。这是本话题要突出的重点，也是值得自己总结的内容。

思路分解：

①从小到大，我去过北京、上海、广州、张家界、香港、墨尔本等城市，其中让我印象最深刻的是 2012 年暑假和爸爸妈妈自驾去张家界的那次旅行。

②那天一大早，我们从长沙出发，一路下着小雨……(讲述沿途的故事，可以增加一些故事的趣味性)到了下午 3 点，我们终于到了张家界！眼前的这一幕让我和爸爸妈妈惊呆了……

③晚上和爸爸妈妈在农家乐里吃到了……

④第二天，我们 3 个人……(旅行过程中有哪些与他人的交往经历，讲述一段难忘的经历、故事……)

⑤这段旅途虽然结束了，但我每次翻看手机上的照片就会想起那几天快乐的时光，希望未来有机会我也能带着爸爸妈妈走遍世界。

8. 我的朋友

审题：

朋友是指彼此有交情的人，介绍朋友的特点与值得自己赞扬的地方就是本话题的要点。

思路分解：

①周华健有一首老歌名为《朋友》，其中有一句歌词是"朋友一生一起走，那些日子不再有"，和朋友在一起相处的日子总是让我很开心，我很幸运身边能有一群陪伴我的朋友。今天呢，我就给大家介绍一下我最好的朋友，他叫……，长相、性格、为人……

②有一次……(讲述我和他之间一件特别有意思但又非常特殊的事情，但是落脚点要有意义，不要无厘头)

③记得在初二那年，我……这件事情让我至今难以忘怀，真的很感谢我能有这样一个朋友。(可以讲述一件感人的事情)

④我时常在想，"朋友"于我而言究竟意味着什么？这个答案，或许我需要用一生去解答，但有一点是毋庸置疑的，没有了朋友，我的生活将失去色彩。

9. 我喜爱的文学(或其他)艺术形式

审题：

①选定一种自己最为熟悉的文学或艺术形式作为集中叙说的对象。

②说明自己对这一文学(艺术)形式感兴趣的理由，以及从这一形式中得到的滋养、教益或提高。

思路分解：

①"燕子去了，有再来的时候；杨柳枯了，有再青的时候；桃花谢了，有再开的时候。但是，聪明的，你告诉我，我们的日子为什么一去不复返呢？——是有人偷了他们罢：那是谁？又藏在何处呢？是他们自己逃走了罢：现在又到了哪里呢？"这是朱自清的散文《匆匆和》里的一段话，从小学开始，我就爱上了这种独特的文学——散文。(也可以列举小说、故事等文学形式，但最好能引用一段名家的文章作为开头)

②有什么样的特性让我喜爱。(列举特性的时候最好还是结合自己的经历或者具体的文章

来说）

③我怎样喜爱它（讲述一段难忘的经历、故事）：什么时候开始喜爱它的、小学时怎么做的，中学时怎么做的，现在在大学里，又做了些什么……现在，我也经常会把生活中的一些感受、经验写成散文，发表在各种杂志、报纸上，虽然被拒绝了很多次，但我想，能把生活中的点滴通过文字记录下来，是一件多么幸福的事情啊！

10. 谈谈卫生与健康

审题：

这是一个议论性的话题，着重应说明卫生与健康两者间的因果关系，说明有没有良好的卫生习惯对健康带来的直接或间接的影响。

思路分解：

①近年来，社会上经常发生一些传染性的疾病，影响着我们的健康，而这个疾病的传染往往都是由于我们在日常生活中不注意的小细节造成的。（表述讲卫生的重要性）

②个人不讲卫生的情形：贫穷，“讲究”不了；懒惰，“不干不净，吃了没病”；“吝啬”，老年人过于节约，舍不得倒掉变质的剩饭菜……

③扩展到全体人类：环保与健康。为了我们的健康，也为了社会的安定，请注重维护个人卫生。

11. 我的业余生活

审题：

①业余生活不是可有可无的，它应当在我们每个人的整体生活中占有一定的空间。业余生活一般都与自己的兴趣爱好有直接的关系。

②介绍自己业余生活的内涵，并且说明它的意义，它给自己带来的快乐、收获，正是这一话题的主要内容。

思路分解：

①我是一名大学生，业余时间还算充沛，国家法定节假日、寒暑假、双休日、每天课后时间……（我是一名××，业余时间不多，主要是国家法定节假日）

②我的业余生活安排：图书馆看看书，逛逛博物馆，还喜欢打篮球，每天课后都会打上一会儿……（我喜欢旅游，经常会利用节假日到处去走走看看……）

③游乐，如旅游、下棋……

④串门、走亲戚……

12. 我喜欢的季节

审题：

重点描述自己喜欢的季节的特色，说清为什么喜欢这一季节。在叙说中注意将季节特点与自己的生活色彩、审美观点及情趣联系起来。

思路分解：

①我喜欢的季节（或天气）是什么。

②它有怎样的特性，让我喜欢……

③在这样的季节（或天气），曾经发生了一件……（讲述一段难忘的经历、故事）

13. 学习普通话的体会

审题：

通过学习普通话的过程，总结自己的心得、收获。

思路分解：

①曾经因为不会普通话或者普通话说不好所遇到的囧事。(外地来的舍友在眉飞色舞地讲述他家乡的趣闻趣事，我却听得一头雾水，不知所云甚至理解偏了……)

②学习普通话的重要性：人际交往，如与不同方言区的老师、同学相处；旅游到外地……

③学习普通话的过程：课堂学习、课后交流与练习……

14. 谈谈服饰

审题：

在自己了解的范围内，可从服饰的种类、式样及审美情趣上谈谈自己的见解。重点在于对相关的服饰做出评价，说出道理。

思路分解：

①恰到好处的服饰可以使人精神面貌焕然一新，让别人看起来舒服。

②服饰是否恰当，与经济实力没有必然联系。不穿名牌也能吸引别人的眼球。例如，我的一位同学……

③服饰恰当与否的关键在于搭配。例如……

15. 我的假日生活

审题：

"假日生活"指的是自己休假生活的安排，比如旅游、访友、读书等。即使假日期间仍在加班，也应该有不同于平时上班的意义。

思路分解：

可以考虑与《我的业余生活》整合。

①假日生活的安排：要有充分的休息，也要有更加充实的日常安排，平时没有时间、没有空闲做的事，利用假期时间去执行……

②游乐，如旅游、下棋……

③串门、走亲戚……

16. 我的成长之路

审题：

所谓"成长之路"就是自己成熟、进步的经历与过程，总结这个过程，得到一些人生的启示与经验，这是话题的要点。建议以切身的经历与具体的事实阐述自己的成长之路。

思路分解：

①我今年××岁了。××年来，我从一个不懂事的娃娃成长为一名大学生，其间，我走过了一段不寻常的成长之路。我的老师、父母、同学都曾给我很大的关心和帮助……

②成长的路上，那些陪伴我成长的人，他们是……影响最为深远的是××，如果没有他，也许……

③成长的路上，遇到的最大的苦难(机遇)是……，如何克服(抓住)的，这件事对我的成长有着重大的影响，它让我摆脱了……，学会了……

④成长的路上，还要感谢我们的党，党为我们提供了安全、安定、舒适的生存环境、生活氛围。相信今后的道路会越走越好。

17. 谈谈科技发展与社会生活

审题：

这是一个议论性的话题，本话题主要让应试者谈谈科技发展给社会生活带来的影响。客观地评价这一“影响”应当包括正面影响与负面影响两个方面。论述应当以肯定正面影响为主，同时提示在合理利用科技手段的同时，应注意减少人为的操控不当所带来的负面影响。

思路分解：

①科技发展使社会生活发生很大变化。

②衣：数量多、样式多、材料多种多样，夏天衣服越来越轻巧透风凉爽、冬天衣服越来越轻薄暖和不臃肿……

③食：保鲜技术的发展，使我们能吃到很多以前极不容易吃到的食物，尤其是新鲜水果，如荔枝、鲜桂圆等……

④住：楼层更高也更安全……

⑤行：更方便。火车大提速、出行的时间成本大大降低，以往数十个小时，如今只需要几小时即可到达……

⑥社交：更快捷。手机5G的商用，功能多样化，“一部手机走天下”……

18. 我知道的风俗

审题：

这是一个知识性的话题，需要介绍应试者所熟悉的某些民间风俗。要突出这些风俗的地域特点或民族特点，如果在介绍的同时能给大家分析一下这些风俗的文化背景则更好。

思路分解：

①我知道的风俗很多：端午节吃粽子、中秋节赏月、婚礼风俗……

②我对××节（或具体事情）的风俗最为熟悉：介绍这个风俗的一些内容……

③记得有一年的××节（某一次什么场合），我见到这样一些令人难忘的情景（讲述一段难忘的经历、故事）……

④讲一下现代社会（网络社会、经济社会、快节奏生活方式）对风俗的影响，我们应该坚持风俗中精华的部分，将优秀文化继续传承下去。

19. 我和体育

审题：

本话题主要是让应试者谈谈自己和体育间的关系或某种缘分。切不要狭义地理解体育的内涵，如果从广义的角度理解，每个人都有自己的话题。

思路分解：

①我对体育的理解。（有哪些方面的体育运动，我们家乡或者国家最为著名的体育项目）

②我自身喜爱的体育运动项目。（或者自身关注的体育项目）

③小学的时候……中学的时候……现在……（讲述一段难忘的经历、故事）

④体育不仅给予我强健的体魄，还给予了我不断进取的精神财富。（讲述生活中的一个受体育精神激励，从而解决困难的事例）

20. 我的家乡（或熟悉的地方）

审题：

可以将“家乡”理解为故乡，也可以将“家乡”理解为长期生长、居住的地方；在更大的范围内，可以将“家乡”理解为祖国。

思路分解：

①我的家乡（或熟悉的地方）是哪里，大致的地理位置，地理环境是什么……

②家乡（或熟悉的地方）最为知名的品牌、联系特别紧密的历史人物或发生在此地的历史事件（一说起某某地，就会让人想起××或发生在这个地方的××）……

③那里的人勤劳、善良、好客……有一次（讲述一段难忘的经历、故事）……

④那里有哪些名胜古迹……（穿插一些神话、传说、先烈事迹等）

⑤那里有哪些美食：名称、特色……（有一次，我和朋友们吃……）

21. 谈谈美食

审题：

“美食”不等于“美吃”，“美食”不但有形式上的内容，而且有健康、审美的人文内涵。应试者要尽量抓住“美食”的准确含义。

思路分解：

①你对“美食”的定义是什么？如何看待美食与文化的关系？

②你最喜欢哪些地方的美食，这些美食都有哪些特色，美食背后的文化源流是什么？

③吃过哪些地方的美食，是否看过与美食相关的作品、影视，感受最深的是什么？（讲述一段难忘的经历、故事）

22. 我喜欢的节日

审题：

介绍自己喜欢的节日的特点与内涵，从而说明喜欢的原因。

思路分解：

①我最喜欢的节日是什么，为什么会喜欢这个节日？

②这个节日有哪些特点或是历史源流：意义重大；时间长，可以旅游或休息……

③这个节日在你成长过程的哪个阶段发生了什么事情，因此最令你难以忘怀……

23. 我所在的集体（学校、机关、公司等）

审题：

话题重在介绍自己所在集体的面貌、氛围或成员间的关系，以及集体对自己的工作、事业的影响。叙说要有实际内容，有血有肉，不能空泛。

思路分解：

①我所在的集体是什么（学校、机关、公司），是令人喜欢，还是令人厌烦？

②这个集体的氛围是什么样的：是温馨的，冷漠的，还是严格的……

③喜欢或是厌烦这个集体的原因，以及这个集体对自己有哪些影响和促进作用……（讲述一段难忘的经历、故事）

④为了维护这个集体你会发挥自己的哪些作用：……（讲述一段难忘的经历、故事）

24. 谈谈社会公德（或职业道德）

审题：

这是个议论性的话题。无论社会公德也好，职业道德也好，都是每一个社会成员必须遵守的社会基本道德或职业道德准则，因为社会是由全体成员形成的，它不属于个人。本话题重在揭示社会公德或职业操守与个人行为之间谁服从谁的道理。阐述主张一定要列举具体的、活生生的事例，不能空论。论说应当客观，不宜有一叶障目的偏激观点。

思路分解：

①结合自身的日常经历，列举不符合公德的典型行为来引出话题，以此说明进行社会公德教育和培养的重要性。

②社会公德的内容很丰富。比如：文明礼貌、助人为乐、爱护公物、保护环境、遵纪守法等。

③可以从某一方面谈起，比如讲究诚信的重要性：社会经济生活可以良好发展、人与人之间的信任度提高等。

④不讲诚信的害处：经济生活受影响、人和人之间缺乏必要的相互信任……

⑤结合自己的亲身经历，讲述一段难忘的经历、故事以及从中得到的启发等。

25. 谈谈个人修养

审题：

这也是一个议论性的话题。个人修养是个人素质的建树与综合内涵的呈现，它可分道德修养和文化修养等诸方面的素质。个人修养促成一个人价值观的形成，与个人事业上、生活上的成败有着直接的关系，然而这一重要性却常常被我们忽视。以实际例证阐释个人修养的意义所在，个人修养与一个人成败的关系是本话题的重点内容。

思路分解：

①从自身出发看待个人修养，看周围环境的人，他们的修养如何，又是如何影响自己的？

②个人修养的内容有几个方面：内省："严以律己、宽以待人"；谦让："退一步，海阔天空"……

③在加强个人修养方面自己是如何做的，又以什么样的方式坚持下去？（讲述一段难忘的经历、故事）

26. 我喜欢的明星（或其他知名人士）

审题：

需要介绍应试者心目中明星、知名人士的特点、专长以及自己喜欢他（她）的理由。

思路分解：

①我喜欢的明星（或古今中外的其他知名人士）是谁？

②他身上的哪些品质或是特点让我喜欢……

③他有过哪些经历或是故事，给我震撼和启示，或是影响和改变了我某些方面的思想观念。

27. 我喜爱的书刊

审题：

建议将书与刊分开，取其一类中的一种，这样便于集中话题内容。这是一个介绍性的话题，需要介绍对应试者影响较大的某一本书或与应试者关系较为密切的某一本杂志，叙说它的特色与自己喜欢的理由。

思路分解：

①我喜爱的书刊是什么……（一本书、一本杂志，或是书刊中的某个人物或某一事件给自己的震撼和启示）

②这些书刊有什么特色，主要是受什么读者欢迎，它的吸引力有哪些方面？

③说说自己喜欢的原因，对它的评价如何，特别是其中的……（讲述情节等）

28. 谈谈你对环境保护的认识

审题：

要求从应试者个人认识的角度谈谈环境保护的意义所在。建议用被人们切身感受到的典型例证说明环境保护与我们的社会、与我们每个人间的利害关系。例证越典型越能说明问题。

思路分解：

①环境保护的意义所在：说明保护环境与我们每个人之间的利害关系。

②列举当前环境保护中存在的问题，说明环境保护的重要性和紧迫性。（讲述一段难忘的经历、故事）

③环境问题不断出现的根源是什么，可以采取何种治理措施，治理中会遇到哪些难题？

29. 我向往的地方

审题：

这是一个主观意向性的话题，既然是“向往”，就要介绍向往的那个地方有哪些吸引自己的方面，是美丽的自然环境，还是理想的人文环境，这是话题展开的依据。

思路分解：

①我向往的地方是哪里，这个地方有哪些特色？（大到某个国家，小到某个乡镇、城市，甚至某个景点、学校等）

②那里有哪些名胜古迹……（介绍相关的神话、传说、先烈事迹等）

③是否去过这个地方，有过哪些经历？从来没有去过，什么时间可能会去，需要满足了哪些条件才能去？

④为什么一定要去这个地方，最大的动力或是吸引力是什么？）（可以和其他地方进行对比）

30. 购物（消费）的感受

审题：

这是一个很宽泛的话题。无论是谈消费过程还是消费结果，本话题重点在“感受”。在消费行为中，男性与女性的感受、富人与穷人的感受是不尽相同的。即使是同样的一次消费行为，彼此的感受也不尽一样。建议应试者能从自己的理解与认知出发，选择一个适当的角度，将话题说得生活化些、具体些，这样更能贴近生活本身。

思路分解：

①购物（消费）最大的感受是什么？是激动还是厌倦？

②为什么会有这样的感受？一时冲动，盲目相信各种广告的宣传；科技进步，物流发达，网上购物流行；商家缺失“诚信”，令人对商品质量和价格的把握大费周折……

③很多次买了……，结果……（讲述一段过往购物的经历、故事）

附录一

普通话水平测试用
普通话常见量词、名词搭配表

说　明

本表以量词为条目，共选收常见量词45条。可与表中所列多个量词搭配的名词，以互见形式出现。

1.把	bǎ	菜刀、剪刀、宝剑(口)、铲子、铁锨、尺子、扫帚、椅子、锁、钥匙 伞(顶)、茶壶、扇子、提琴、手枪(支)
2.本	běn	书(部、套)、著作(部)、字典(部)、杂志(份)、账
3.部	bù	书(本、套)、著作(本)、字典(本) 电影(场)、电视剧、交响乐(场) 电话机、摄像机(架、台) 汽车(辆、台)
4.场	cháng	雨、雪、冰雹、大风 病、大战、官司
5.场	chǎng	电影(部)、演出(台)、话剧(台)、杂技(台)、节目(台、套)、 交响乐(部)、比赛(节、项)、考试(门)
6.道	dào	河(条)、瀑布(条) 山(座)、山脉(条)、闪电、伤痕(条) 门(扇)、墙(面) 命令(项、条)、试题(份、套)、菜(份)
7.滴	dī	水、血、油、汗水、眼泪
8.顶	dǐng	伞(把)、轿子、帽子、蚊帐、帐篷
9.对	duì	夫妻、舞伴、耳朵(双、只)、眼睛(双、只)、翅膀(双、只)、球拍(副、只)、 沙发(套)、枕头、电池(节)
10.朵	duǒ	花、云(片)、蘑菇
11.份	fèn	菜(道)、午餐、报纸(张)、杂志(本)、文件、礼物(件)、工作(项)、事(件)、 试题(道、套)
12.幅	fú	布(块、匹)、被面、彩旗(面)、图画(张)、相片(张)
13.副	fù	对联、手套(双、只)、眼镜、球拍(对、只) 脸(张)、扑克牌(张)、围棋、担架
14.个	gè	人、孩子 盘子、瓶子

		梨、桃儿、橘子、苹果、西瓜、土豆、西红柿
		鸡蛋、饺子、馒头
		玩具、皮球
		太阳、月亮、白天、上午
		国家、社会、故事
15. 根	gēn	草(棵)、葱(棵)、藕(节)、甘蔗(节)
		胡须、头发、羽毛
		冰棍儿、黄瓜(条)、香蕉、油条、竹竿
		针、火柴、蜡烛(支)、香(支、盘)、筷子(双、支)、电线、绳子(条)、项链(条)、辫子(条)
16. 家	jiā	人家、亲戚(门)
		工厂(座)、公司、饭店、商店、医院(所)、银行(所)
17. 架	jià	飞机、钢琴(台)、摄像机(部、台)、鼓(面)
18. 间	jiān	房子(所、套、座)、屋子、卧室、仓库
19. 件	jiàn	礼物(份)、行李、家具(套)
		大衣、衬衣、毛衣、衣服(套)、西装(套)
		工作(项)、公文、事(份)
20. 节	jié	甘蔗(根)、藕(根)、电池(对)、车厢、课(门)、比赛(场、项)
21. 棵	kē	树、草(根)、葱(根)、白菜
22. 颗	kē	种子(粒)、珍珠(粒)、宝石(粒)、糖(块)、星星、卫星
		牙齿(粒)、心脏
		子弹(粒)、炸弹
		图钉、图章
23. 口	kǒu	人、猪(头)
		大锅、大缸、大钟(座)、井、宝剑(把)
24. 块	kuài	糖(颗)、橡皮、石头、砖、肥皂(条)、手表(只)
		肉(片)、蛋糕、大饼(张)、布(幅、匹)、绸缎(匹)、手绢(条)、地(片)
		石碑(座)
25. 粒	lì	米、种子(颗)、珍珠(颗)、宝石(颗)、牙齿(颗)、子弹(颗)
26. 辆	liàng	汽车(部、台)、自行车、摩托车、三轮车
27. 门	mén	课(节)、课程、技术(项)、考试(场)
		亲戚(家)、婚姻
		大炮
28. 名	míng	教师(位)、医生(位)、犯人
29. 面	miàn	墙(道)、镜子、彩旗(幅)、鼓(架)、锣
30. 盘	pán	磨(扇)、香(根、支)
		磁带、录像带
31. 匹	pǐ	马
		布(块、幅)、绸缎(块)

32. 片　piàn　树叶、药片、肉(块)
阴凉、阳光、云(朵)、地(块)
33. 扇　shàn　门(道)、窗户、屏风、磨(盘)
34. 双　shuāng　手(只)、脚(只)、耳朵(对、只)、眼睛(对、只)、翅膀(对、只)
鞋(只)、袜子(只)、手套(副、只)、筷子(根、支)
35. 所　suǒ　学校、医院(家)、银行(家)、房子(间、套、座)
36. 台　tái　计算机、医疗设备(套)、汽车(部、辆)、钢琴(架)、摄像机(部、架)
演出(场)、话剧(场)、杂技(场)、节目(场、套)
37. 套　tào　衣服(件)、西装(件)、房子(间、所、座)、家具(件)、沙发(对)、餐具、
书(本、部)、邮票(张)、医疗设备(台)
节目(场、台)、试题(道、份)
38. 条　tiáo　绳子(根)、项链(根)、辫子(根)、裤子、毛巾、手绢儿(块)、肥皂(块)、
船(只)、游艇(只)
蛇、鱼、狗(只)、牛(头、只)、驴(头、只)、黄瓜(根)
河(道)、瀑布(道)、山脉(道)、道路、胡同儿、伤痕(道)
新闻、信息、措施(项)、命令(道、项)
39. 头　tóu　牛(条、只)、驴(条、只)、骆驼(只)、羊(只)、猪(口)
蒜
40. 位　wèi　客人、朋友、作家(名)
41. 项　xiàng　措施(条)、制度、工作(份)、任务、技术(门)、运动、命令(道、条)、
比赛(场、节)
42. 张　zhāng　报纸(份)、图画(幅)、相片(幅)、邮票(套)、扑克牌(副)、光盘
大饼(块)、脸(副)、嘴
网、弓
床、桌子
43. 只　zhī　鸟、鸡、鸭、老鼠、兔子、狗(条)、牛(头、条)、驴(头、条)、羊(头)、骆驼(头)、
老虎、蚊子、苍蝇、蜻蜓、蝴蝶
手表(块)、杯子
船(条)、游艇(条)
鞋(双)、袜子(双)、手套(副、双)、袖子、球拍(对、副)、手(双)、脚(双)、
耳朵(对、双)、眼睛(对、双)、翅膀(对、双)
44. 支　zhī　笔、手枪(把)、蜡烛(根)、筷子(根、双)、香(根、盘)
军队、歌
45. 座　zuò　山(道)、岛屿
城市、工厂(家)、学校(所)、房子(间、所、套)、桥
石碑(块)、雕塑、大钟(口)

附录二

普通话异读词审音表

中国文字改革委员会普通话审音委员会，于1957年、1959—1962年先后发表了《普通话异读词审音表初稿》正编、续编和三编，1963年公布《普通话异读词三次审音总表初稿》。经过二十多年的实际应用，普通话审音委员会在总结经验的基础上，于1982—1985年组织专家学者进行审核修订，制定了《普通话异读词审音表》，这个审音表经过国家语言文字工作委员会、国家教育委员会（教育部）、国家广播电视总局审核通过，于1985年12月联合发布。

说　明

一、本表所审，主要是普通话有异读的词和有异读的作为“语素”的字。不列出多音多义字的全部读音和全部义项，与字典、词典形式不同。例如：“和”字有多种义项和读音，而本表仅列出原有异读的八条词语，分列于hè和huo两种读音之下（有多种读音，较常见的在前。下同）；其余无异读的音、义均不涉及。

二、在字后注明“统读”的，表示此字不论用于任何词语中只读一音（轻声变读不受此限），本表不再举出词例。例如：“阀”字注明“fá（统读）”，原表“军阀”“学阀”“财阀”条和原表所无的“阀门”等词均不再举。

三、在字后不注“统读”的，表示此字有几种读音，本表只审订其中有异读的词语的读音。例如“艾”字本有ài和yì两音，本表只举“自怨自艾”一词，注明此处读yì音；至于ài音及其义项，并无异读，不再赘列。

四、有些字有文白二读，本表以“文”和“语”作注。前者一般用于书面语言，用于复音词和文言成语中；后者多用于口语中的单音词及少数日常生活事物的复音词中。这种情况在必要时各举词语为例。例如：“杉”字下注“（一）shān（文）：紫～、红～、水～；（二）shā（语）：～篙、～木”。

五、有些字除附举词例之外，酌加简单说明，以便读者分辨。说明或按具体字义，或按“动作义”“名物义”等区分，例如：“畜”字下注“（一）chù（名物义）：～力、家～、牲～、幼～；（二）xù（动作义）：～产、～牧、～养”。

六、有些字的几种读音中某音用处较窄，另音用处甚宽，则注“除××（较少的词）念乙音外，其他都念甲音”，以避免列举词条繁而未尽、挂一漏万的缺点。例如：“结”字下注“除‘～了个果子’‘开花～果’‘～巴’‘～实’念jiē之外，其他都念jié”。

七、由于轻声问题比较复杂，除初稿涉及的部分轻声词之外，本表一般不予审订，并删去部分原审的轻声词，例如“麻刀（dao）”“容易（yi）”等。

八、本表酌增少量有异读的字或词，作了审订。

九、除因第二、六、七各条说明中所举原因而删略的词条之外，本表又删汰了部分词条。主要原因是：1. 现已无异读（如“队伍”“理会”）；2. 罕用词语（如“俵分”“仔密”）；3. 方言土音（如“归里包堆[zuī]”“告送[song]”）；4. 不常用的文言词语（如“刍荛”“氍毹”）；5. 音变现象（如“胡里八涂[tū]”“毛毛腾腾[tēngtēng]”)；6.重复累赘(如原表“色”字的有关词语分列达23条之多)。删汰条目不再编入。

十、人名、地名的异读审订，除原表已涉及的少量词条外，留待以后再审。

A

阿(一)ā
  ～訇　～罗汉
  ～木林　～姨
  (二)ē
  ～谀　～附　～胶
  ～弥陀佛
挨(一)āi
  ～个　～近
  (二)ái
  ～打　～说
癌 ái(统读)
霭 ǎi(统读)
蔼 ǎi(统读)
隘 ài(统读)
谙 ān(统读)
埯 ǎn(统读)
昂 áng(统读)
凹 āo(统读)
拗(一)ào
  ～口
  (二)niù
  执～　脾气很～
坳 ào(统读)

B

拔 bá(统读)
把bà
  印～子
白 bái(统读)
膀 bǎng
  翅～
蚌(一)bàng
  蛤～
  (二)bèng
  ～埠
傍 bàng(统读)
磅 bàng
  过～
龅 bāo(统读)
胞 bāo(统读)
薄(一)báo(语)
  常单用，如
  “纸很～”。
  (二)bó(文)
  多用于复音词。
  ～弱　稀～　淡～
  尖嘴～舌　单～
  厚～
堡(一)bǎo
  碉～　～垒
  (二)bǔ
  ～子　吴～
  瓦窑～　柴沟～
  (三)pù
  十里～
暴(一)bào
  ～露
  (二)pù
  一～(曝)十寒
爆 bào(统读)
焙 bèi(统读)
惫 bèi(统读)
背 bèi
  ～脊　～静
鄙 bǐ(统读)
俾 bǐ(统读)
笔 bǐ(统读)
比 bǐ(统读)
臂(一)bì
  手～　～膀
  (二)bei
  胳～
庇 bì(统读)
髀 bì(统读)
避 bì(统读)
辟 bì
  复～
裨 bì
  ～补　～益
婢 bì(统读)
痹 bì(统读)
壁 bì(统读)
蝙 biān(统读)
遍 biàn(统读)
骠(一)biāo
  黄～马
  (二)piào
  ～骑　～勇
傧 bīn(统读)
缤 bīn(统读)
濒 bīn(统读)
髌 bìn(统读)
屏(一)bǐng
  ～除　～弃
  ～气　～息
  (二)píng
  ～藩　～风
柄 bǐng(统读)
波 bō(统读)
播 bō(统读)
菠 bō(统读)
剥(一)bō(文)
  ～削
  (二)bāo(语)
泊(一)bó
  淡～　飘～
  停～
  (二)pō
  湖～　血～
帛 bó(统读)
勃 bó(统读)
钹 bó(统读)
伯(一)bó
  ～～(bo)　老～
  (二)bǎi
  大～子(丈夫的哥哥)
箔 bó(统读)
簸(一)bǒ
  颠～
  (二)bò
  ～箕
膊 bo
  胳～
卜 bo
  萝～
醭 bú(统读)
哺 bǔ(统读)
捕 bǔ(统读)
鵏 bǔ(统读)
埠 bù(统读)

C

残 cán(统读)
惭 cán(统读)
灿 càn(统读)
藏(一)cáng
  矿～
  (二)zàng
  宝～
糙 cāo(统读)
嘈 cáo(统读)
螬 cáo(统读)
厕 cè(统读)
岑 cén(统读)
差(一)chā(文)
  不～累黍　不～什么

偏～　色～　～别
视～　误～
电势～　一念之～
～池　～错
言～语错　一～二错
阴错阳～　～等
～额　～价　～强
人意　～数　～异
(二)chà(语)
～不多　～不离
～点儿
(三)cī
参～
猹 chá(统读)
搽 chá(统读)
阐 chǎn(统读)
羼 chàn(统读)
颤(一)chàn
～动　发～
(二)zhàn
～栗(战栗)
打～(打战)
韂 chàn(统读)
伥 chāng(统读)
场(一)chǎng
～合　～所
冷～　捧～
(二)cháng
外～　圩～
～院　一～雨
(三)chang
排～
钞 chāo(统读)
巢 cháo(统读)
嘲 cháo
～讽　～骂　～笑
耖 chào(统读)
车(一)chē
安步当～　杯水～薪
闭门造～　螳臂当～
(二)jū
(象棋棋子名称)
晨 chén(统读)
称 chèn
～心　～意　～职
对～　相～
撑 chēng(统读)
乘 chéng(动作义)
包～制　～便
～风破浪　～客
～势　～兴
橙 chéng(统读)
惩 chéng(统读)
澄(一)chéng(文)
～清(如"～清混乱""～清问题")
(二)dèng(语)
单用，如"把水～清了"。
痴 chī(统读)
吃 chī(统读)
弛 chí(统读)
褫 chǐ(统读)
尺 chǐ
～寸　～头
豉 chǐ(统读)
侈 chǐ(统读)
炽 chì(统读)
舂 chōng(统读)
冲 chòng
～床　～模
臭(一)chòu
遗～万年
(二)xiù
乳～　铜～
储 chǔ(统读)
处 chǔ(动作义)
～罚　～分　～决
～理　～女　～置
畜(一)chù(名物义)
～力　家～　牲～
幼～
(二)xù(动作义)
～产　～牧　～养
触 chù(统读)
搐 chù(统读)
绌 chù(统读)
黜 chù(统读)
闯 chuǎng(统读)
创(一)chuàng
草～　～举　首～
～造　～作
(二)chuāng
～伤　重～
绰(一)chuò
～～有余
(二)chuo
宽～
疵 cī(统读)
雌 cí(统读)
赐 cì(统读)
伺 cì
～候
枞(一)cōng
～树
(二)zōng
～阳[地名]
从 cóng(统读)
丛 cóng(统读)
攒 cuán
万头～动
万箭～心
脆 cuì(统读)
撮(一)cuō
～儿　一～儿盐
一～儿匪帮
(二)zuǒ
一～儿毛
措 cuò(统读)

D

搭 dā(统读)
答(一)dá
报～　～复
(二)dā
～理　～应
打 dá
苏～　一～(十二个)
大(一)dà
～夫(古官名)
～王(如爆破～王钢铁～王)
(二)dài
～夫(医生)　～黄
～王(如山～王)
～城[地名]
呆 dāi(统读)
傣 dǎi(统读)
逮(一)dài(文)
如"～捕"。
(二)dǎi(语)单用，如"～蚊子""～特务"。
当(一)dāng
～地　～间儿
～年(指过去)
～日(指过去)
～天(指过去)
～时(指过去)
螳臂～车
(二)dàng
一个～俩
安步～车　适～
～年(同一年)
～日(同一时候)
～天(同一天)
档 dàng(统读)
蹈 dǎo(统读)
导 dǎo(统读)

倒(一)dǎo
颠～　颠～是非
颠～黑白　潦～
颠三～四　～戈
倾箱～箧　～嗓
排山～海　～板
～嚼　～仓
(二)dào
～粪(把粪弄碎)
悼 dào(统读)
纛 dào(统读)
凳 dèng(统读)
羝 dī(统读)
氐 dī[古民族名]
堤 dī(统读)
提 dī
～防
的 dí
～当　～确
抵 dǐ(统读)
蒂 dì(统读)
缔 dì(统读)
谛 dì(统读)
点 dian
打～(收拾、贿赂)
跌 diē(统读)
蝶 dié(统读)
订 dìng(统读)
都(一)dōu
～来了
(二)dū
～市　首～
大～(大多)
堆 duī(统读)
吨 dūn(统读)
盾 dùn(统读)
多 duō(统读)
咄 duō(统读)
掇(一)duō
("拾取、采取"义)
(二)duo
撺～　掂～
裰 duō(统读)
踱 duó(统读)
度 duó(统读)
忖～　～德量力

E

婀 ē(统读)

F

伐 fá(统读)
阀 fá(统读)
砝 fǎ(统读)
法 fǎ(统读)
发 fà
理～　脱～　结～
帆 fān(统读)
藩 fān(统读)
梵 fàn(统读)
坊(一)fāng
牌～　～巷
(二)fáng
粉～　磨～　碾～
染～　油～　谷～
妨 fáng(统读)
防 fáng(统读)
肪 fáng(统读)
沸 fèi(统读)
汾 fén(统读)
讽 fěng(统读)
肤 fū(统读)
敷 fū(统读)
俘 fú(统读)
浮 fú(统读)
服 fú
～毒　～药
拂 fú(统读)
辐 fú(统读)
幅 fú(统读)
甫 fǔ(统读)
复 fù(统读)
缚 fù(统读)

G

噶 gá(统读)
冈 gāng(统读)
刚 gāng(统读)
岗 gǎng
～楼　～哨　～子
门～　站～
山～子
港 gǎng(统读)
葛(一)gé
～藤　～布　瓜～
(二)gě[姓]
(包括单、复姓)
隔 gé(统读)
革 gé
～命　～新　改～
合 gě
(一升的十分之一)
给(一)gěi(语)单用。
(二)jǐ(文)
补～　供～　供～
制　～予　配～
自～自足
亘 gèn(统读)
更 gēng
五～　～生
颈 gěng
脖～子
供(一)gōng
～给　提～　～销
(二)gòng
口～　翻～　上～
佝 gōu(统读)
枸 gǒu
～杞
勾 gòu
～当
估(除"～衣"读 gù 外,都读 gū)
骨(除"～碌""～朵"读 gū 外,都读 gǔ)
谷 gǔ
～雨
锢 gù(统读)
冠(一)guān(名物义)
～心病
(二)guàn(动作义)
沐猴而～　～军
犷 guǎng(统读)
庋 guǐ(统读)
桧(一)guì(树名)
(二)huì(人名)
"秦～"。
刽 guì(统读)
聒 guō(统读)
蝈 guō(统读)
过(除姓氏读 guō 外,都读 guò)

H

虾 há
～蟆
哈(一)hǎ
～达
(二)hà
～什蚂
汗 hán
可～
巷 hàng
～道
号 háo
寒～虫
和(一)hè
唱～　附～
曲高～寡
(二)huo

挽～　搅～　暖～
热～　软～
貉(一)hé(文)
一丘之～
(二)háo(语)
～绒　～子
壑 hè(统读)
褐 hè(统读)
喝 hè
～彩　～道　～令
～止　呼幺～六
鹤 hè(统读)
黑 hēi(统读)
亨 hēng(统读)
横(一)héng
～肉　～行霸道
(二)hèng
蛮～　～财
訇 hōng(统读)
虹(一)hóng(文)
～彩　～吸
(二)jiàng(语)
单说
讧 hòng(统读)
囫 hú(统读)
瑚 hú(统读)
蝴 hú(统读)
桦 huà(统读)
徊 huái(统读)
踝 huái(统读)
浣 huàn(统读)
黄 huáng(统读)
荒 huang
饥～(指经济困难)
诲 huì(统读)
贿 huì(统读)
会 huì
一～儿　多～儿
～厌(生理名词)
混 hùn
～合　～乱　～凝土
～淆　～血儿　～杂
蠖 huò(统读)
霍 huò(统读)
豁 huò
～亮
获 huò(统读)

J

羁 jī(统读)
击 jī(统读)
奇 jī
～数
芨 jī(统读)
缉(一)jī
通～　侦～
(二)qī
～鞋口
几 jī
茶～　条～
圾 jī(统读)
戢 jí(统读)
疾 jí(统读)
汲 jí(统读)
棘 jí(统读)
藉 jí
狼～(籍)
嫉 jí(统读)
脊 jǐ(统读)
纪(一)jǐ[姓]
(二)jì
～念　～律
纲～　～元
偈 jì
～语
绩 jì(统读)
迹 jì(统读)
寂 jì(统读)
箕 ji
簸～
辑 ji
逻～
茄 jiā
雪～
夹 jiā
～带藏掖　～道儿
～攻　～棍　～生
～杂　～竹桃
～注
浃 jiā(统读)
甲 jiǎ(统读)
歼 jiān(统读)
鞯 jiān(统读)
间(一)jiān
～不容发　中～
(二)jiàn
中～儿　～道
～谍　～断
～或　～接
～距　～隙
～续　～阻～作
挑拨离～
趼 jiǎn(统读)
俭 jiǎn(统读)
缰 jiāng(统读)
膙 jiǎng(统读)
嚼(一)jiáo(语)
味同～蜡
咬文～字
(二)jué(文)
咀～
过屠门而大～
(三)jiào
倒～(倒嚼)
侥 jiǎo
～幸
角(一)jiǎo
八～(大茴香)
～落　独～戏
～膜　～度　～儿
(犄～)　～楼
勾心斗～　号～
口～(嘴～)　鹿～
～菜　头～
(二)jué
～斗　～儿(脚色)
口～(吵嘴)
主～儿　配～儿
～力　捧～儿
脚(一)jiǎo
根～
(二)jué
～儿(也作"角儿",
脚色)
剿(一)jiǎo
围～
(二)chāo
～说　～袭
校 jiào
～勘　～样　～正
较 jiào(统读)
酵 jiào(统读)
嗟 jiē(统读)
疖 jiē(统读)
结(除"～了个果子"
"开花～果""～巴"
"～实"念 jiē 之外,
其他都念 jié)
睫 jié(统读)
芥(一)jiè
～菜(一般的芥菜)
～末
(二)gài
～菜(也作"盖菜")
～蓝菜
矜 jīn
～持　自～　～怜
仅 jǐn
～～　绝无～有
馑 jǐn(统读)

觐 jìn(统读)
浸 jìn(统读)
斤 jin
　千～(起重的工具)
茎 jīng(统读)
粳 jīng(统读)
鲸 jīng(统读)
境 jìng(统读)
痉 jìng(统读)
劲 jìng
　刚～
窘 jiǒng(统读)
究 jiū(统读)
纠 jiū(统读)
鞠 jū(统读)
鞫 jū(统读)
掬 jū(统读)
苴 jū(统读)
咀 jǔ
　～嚼
矩(一)jǔ
　～形
　(二)ju
　规～
俱 jù(统读)
龟 jūn
　～裂(也作"皲裂")
菌(一)jūn
　细～　病～　杆～
　霉～
　(二)jùn
　香～　～子
俊 jùn(统读)

K

卡(一)kǎ
　～宾枪　～车
　～介苗　～片
　～通
　(二)qiǎ
　～子　关～
揩 kāi(统读)
慨 kǎi(统读)
忾 kài(统读)
勘 kān(统读)
看 kān
　～管　～护　～守
慷 kāng(统读)
拷 kǎo(统读)
坷 kē
　～拉(垃)
疴 kē(统读)
壳(一)ké(语)
　～儿　贝～儿
　脑～　驳～枪
　(二)qiào(文)
　地～　甲～　躯～
可(一)kě
　～～儿的
　(二)kè
　～汗
恪 kè(统读)
刻 kè(统读)
克 kè
　～扣
空(一)kōng
　～心砖　～城计
　(二)kòng
　～心吃药
眍 kōu(统读)
矻 kū(统读)
酷 kù(统读)
框 kuàng(统读)
矿 kuàng(统读)
傀 kuǐ(统读)
溃(一)kuì
　～烂
　(二)huì
　～脓
篑 kuì(统读)
括 kuò(统读)

L

垃 lā(统读)
邋 lā(统读)
罱 lǎn(统读)
缆 lǎn(统读)
蓝 lan
　苤～
琅 láng(统读)
捞 lāo(统读)
劳 láo(统读)
醪 láo(统读)
烙(一)lào
　～印　～铁　～饼
　(二)luò
　炮～(古酷刑)
勒(一)lè(文)
　～逼　～令　～派
　～索　悬崖～马
　(二)lēi(语)
　多单用。
擂(除"～台""打～"读 lèi 外,都读 léi)
礌 léi(统读)
羸 léi(统读)
蕾 lěi(统读)
累(一)lèi
　(辛劳义,如"受～"[受劳～])
　(二)léi
　(如"～赘")
　(三)lěi
　(牵连义,如"带～""～及""连～""赔～""牵～""受～"[受牵～])
蠡(一)lí
　管窥～测
　(二)lǐ
　～县　范～
喱 lí(统读)
连 lián(统读)
敛 liǎn(统读)
恋 liàn(统读)
量(一)liàng
　～入为出　忖～
　(二)liang
　打～　掂～
踉 liàng
　～跄
潦 liáo
　～草　～倒
劣 liè(统读)
捩 liè(统读)
趔 liè(统读)
拎 līn(统读)
遴 lín(统读)
淋(一)lín
　～浴　～漓　～巴
　(二)lìn
　～硝　～盐　～病
蛉 líng(统读)
榴 liú(统读)
馏(一)liú(文)
　如"干～""蒸～"
　(二)liù(语)
　如"～馒头"
镏 liú
　～金
碌 liù
　～碡
笼(一)lóng(名物义)
　～子　牢～
　(二)lǒng(动作义)
　～络　～括　～统
　～罩
偻(一)lóu
　佝～
　(二)lǚ

伛～
瞜 lou
眍～
虏 lǔ（统读）
掳 lǔ（统读）
露 lù（一）（文）
赤身～体　～天
～骨　～头角
藏头～尾
抛头～面　～头（矿）
（二）lòu（语）
～富　～苗　～光
～相　～马脚
～头
榈 lǘ（统读）
捋（一）lǚ
～胡子
（二）luō
～袖子
绿（一）lǜ（语）
（二）lù（文）
～林　鸭～江
孪 luán（统读）
挛 luán（统读）
掠 lüè（统读）
囵 lún（统读）
络 luò
～腮胡子
落（一）luò（文）
～膘　～花生
～魄　涨～　～槽
着～
（二）lào（语）
～架　～色　～炕
～枕　～儿
～子（一种曲艺）
（三）là（语）遗落义。
丢三～四
～在后面

M

脉（除“～～”念 mòmò 外，一律念 mài）
漫 màn（统读）
蔓（一）màn（文）
～延　不～不支
（二）wàn（语）
瓜～　压～
牤 māng（统读）
氓 máng
流～
芒 máng（统读）
铆 mǎo（统读）
瑁 mào（统读）
虻 méng（统读）
盟 méng（统读）
祢 mí（统读）
眯（一）mí
～了眼（灰尘等入目，也作“迷”）
（二）mī
～了一会儿（小睡）
～缝着眼（微微合目）
靡（一）mí
～费
（二）mǐ
风～　委～　披～
秘（除“～鲁”读 bì 外，都读 mì）
泌（一）mì（语）
分～
（二）bì（文）
～阳［地名］
娩 miǎn（统读）
缈 miǎo（统读）
皿 mǐn（统读）
闽 mǐn（统读）
茗 míng（统读）
酩 mǐng（统读）
谬 miù（统读）
摸 mō（统读）
模（一）mó
～范　～式　～型
～糊　～特儿
～棱两可
（二）mú
～子　～具　～样
膜 mó（统读）
摩 mó
按～　抚～
嬷 mó（统读）
墨 mò（统读）
耱 mò（统读）
沫 mò（统读）
缪 móu
绸～

N

难（一）nán
困～　（或变轻声）
～兄～弟（难得的兄弟，现多用作贬义）
（二）nàn
排～解纷　发～
刁～　责～
～兄～弟（共患难或同受苦难的人）
蝻 nǎn（统读）
蛲 náo（统读）
讷 nè（统读）
馁 něi（统读）
嫩 nèn（统读）
恁 nèn（统读）
妮 nī（统读）
拈 niān（统读）
鲇 nián（统读）
酿 niàng（统读）
尿（一）niào
糖～病
（二）suī（只用于口语名词）
尿（niào）～　～脬
嗫 niè（统读）
宁（一）níng
安～
（二）nìng
～可　无～
［姓］
忸 niǔ（统读）
脓 nóng（统读）
弄（一）nòng
玩～
（二）lòng
～堂
暖 nuǎn（统读）
衄 nù（统读）
疟（一）nüè（文）
～疾
（二）yào（语）
发～子
娜（一）nuó
婀～　袅～
（二）nà
（人名）

O

殴 ōu（统读）
呕 ǒu（统读）

P

杷 pá（统读）
琶 pá（统读）
牌 pái（统读）
排 pǎi
～子车
迫 pǎi
～击炮

湃 pài(统读)
爿 pán(统读)
胖 pán
　心广体～
　(～为安舒貌)
蹒 pán(统读)
畔 pàn(统读)
乓 pāng(统读)
滂 pāng(统读)
脬 pāo(统读)
胚 pēi(统读)
喷(一)pēn
　～嚏
　(二)pèn
　～香
　(三)pen
　嚏～
澎 péng(统读)
坯 pī(统读)
披 pī(统读)
匹 pǐ(统读)
僻 pì(统读)
譬 pì(统读)
片(一)piàn
　～子　唱～　画～
　相～　影～
　～儿会
　(二)piān(口语一部分词)
　～子　～儿
　唱～儿　画～儿
　相～儿　影～儿
剽 piāo(统读)
缥 piāo
　～缈(飘渺)
撇 piē
　～弃
聘 pìn(统读)
乒 pīng(统读)
颇 pō(统读)
剖 pōu(统读)
仆(一)pū
　前～后继
　(二)pú
　～从
扑 pū(统读)
朴(一)pǔ
　俭～　～素　～质
　(二)pō
　～刀
　(三)pò
　～硝　厚～
蹼 pǔ(统读)
瀑 pù
　～布
曝(一)pù
　一～十寒
　(二)bào
　～光　(摄影术语)

Q

栖 qī
　两～
戚 qī(统读)
漆 qī(统读)
期 qī(统读)
蹊 qī
　～跷
蛴 qí(统读)
畦 qí(统读)
萁 qí(统读)
骑 qí(统读)
企 qǐ(统读)
绮 qǐ(统读)
杞 qǐ(统读)
槭 qì(统读)
洽 qià(统读)
签 qiān(统读)
潜 qián(统读)
荨(一)qián(文)
　～麻
　(二)xún(语)
　～麻疹
嵌 qiàn(统读)
欠 qian
　打哈～
戕 qiāng(统读)
镪 qiāng
　～水
强(一)qiáng
　～渡　～取豪夺
　～制　博闻～识
　(二)qiǎng
　勉～　牵～
　～词夺理　～迫
　～颜为笑
　(三)jiàng
　倔～
襁 qiǎng(统读)
跄 qiàng(统读)
悄(一)qiāo
　～～儿的
　(二)qiǎo
　～默声儿的
橇 qiāo(统读)
翘(一)qiào(语)
　～尾巴
　(二)qiáo(文)
　～首　～楚　连～
怯 qiè(统读)
挈 qiè(统读)
趄 qie
　趔～
侵 qīn(统读)
衾 qīn(统读)
噙 qín(统读)
倾 qīng(统读)
亲 qìng
　～家
穹 qióng(统读)
黢 qū(统读)
曲(麯)qū
　大～　红～　神～
渠 qú(统读)
瞿 qú(统读)
蠼 qú(统读)
苣 qǔ
　～荬菜
龋 qǔ(统读)
趣 qù(统读)
雀 què
　～斑　～盲症

R

髯 rán(统读)
攘 rǎng(统读)
桡 ráo(统读)
绕 rào(统读)
任 rén[姓,地名]
妊 rèn(统读)
扔 rēng(统读)
容 róng(统读)
糅 róu(统读)
茹 rú(统读)
孺 rú(统读)
蠕 rú(统读)
辱 rǔ(统读)
挼 ruó(统读)

S

靸 sǎ(统读)
噻 sāi(统读)
散(一)sǎn
　懒～　零零～～
　～漫
　(二)san
　零～
丧 sang
　哭～着脸
扫(一)sǎo

～兴
（二）sào
～帚
埽 sào（统读）
色（一）sè（文）
（二）shǎi（语）
塞（一）sè（文）动作义。
（二）sāi（语）名物义，如："活～"、"瓶～"；动作义，如："把洞～住"。
森 sēn（统读）
煞（一）shā
～尾　收～
（二）shà
～白
啥 shá（统读）
厦（一）shà（语）
（二）xià（文）
～门　噶～
杉（一）shān（文）
紫～　红～　水～
（二）shā（语）
～篙　～木
衫 shān（统读）
姗 shān（统读）
苫（一）shàn（动作义，如"～布"）
（二）shān（名物义，如"草～子"）
墒 shāng（统读）
猞 shē（统读）
舍 shè
宿～
慑 shè（统读）
摄 shè（统读）
射 shè（统读）
谁 shéi 又音 shuí
娠 shēn（统读）
什（甚）shén
～么
蜃 shèn（统读）
葚（一）shèn（文）
桑～
（二）rèn（语）
桑～儿
胜 shèng（统读）
识 shí
常～　～货　～字
似 shì
～的
室 shì（统读）
螫（一）shì（文）
（二）zhē（语）
匙 shi
钥～
殊 shū（统读）
蔬 shū（统读）
疏 shū（统读）
叔 shū（统读）
淑 shū（统读）
菽 shū（统读）
熟（一）shú（文）
（二）shóu（语）
署 shǔ（统读）
曙 shǔ（统读）
漱 shù（统读）
戍 shù（统读）
蟀 shuài（统读）
孀 shuāng（统读）
说 shuì
游～
数 shuò
～见不鲜
硕 shuò（统读）
蒴 shuò（统读）
艘 sōu（统读）
嗾 sǒu（统读）
速 sù（统读）
塑 sù（统读）
虽 suī（统读）
绥 suí（统读）
髓 suǐ（统读）
遂（一）suì
不～　毛～自荐
（二）suí
半身不～
隧 suì（统读）
隼 sǔn（统读）
莎 suō
～草
缩（一）suō
收～
（二）sù
～砂密（一种植物）
嗍 suō（统读）
索 suǒ（统读）

T

趿 tā（统读）
鳎 tǎ（统读）
獭 tǎ（统读）
沓（一）tà
重～
（二）ta
疲～
（三）dá
一～纸
苔（一）tái（文）
（二）tāi（语）
探 tàn（统读）
涛 tāo（统读）
悌 tì（统读）
佻 tiāo（统读）
调 tiáo
～皮
帖（一）tiē
妥～　伏伏～～
俯首～耳
（二）tiě
请～　字～儿
（三）tiè
字～　碑～
听 tīng（统读）
庭 tíng（统读）
骰 tóu（统读）
凸 tū（统读）
突 tū（统读）
颓 tuí（统读）
蜕 tuì（统读）
臀 tún（统读）
唾 tuò（统读）

W

娲 wā（统读）
挖 wā（统读）
瓦 wà
～刀
喎 wāi（统读）
蜿 wān（统读）
玩 wán（统读）
惋 wǎn（统读）
脘 wǎn（统读）
往 wǎng（统读）
忘 wàng（统读）
微 wēi（统读）
巍 wēi（统读）
薇 wēi（统读）
危 wēi（统读）
韦 wéi（统读）
违 wéi（统读）
唯 wéi（统读）
圩（一）wéi
～子
（二）xū
～（墟）场
纬 wěi（统读）
委 wěi
～靡

伪 wěi(统读)
萎 wěi(统读)
尾(一)wěi
　～巴
　(二)yǐ
　马～儿
尉 wèi
　～官
文 wén(统读)
闻 wén(统读)
紊 wěn(统读)
喔 wō(统读)
蜗 wō(统读)
硪 wò(统读)
诬 wū(统读)
梧 wú(统读)
牾 wǔ(统读)
乌 wù
　～拉(也作"靰鞡")
　～拉草
杌 wù(统读)
骛 wù(统读)

X

夕 xī(统读)
汐 xī(统读)
晰 xī(统读)
析 xī(统读)
皙 xī(统读)
昔 xī(统读)
溪 xī(统读)
悉 xī(统读)
熄 xī(统读)
蜥 xī(统读)
螅 xī(统读)
惜 xī(统读)
锡 xī(统读)
樨 xī(统读)
袭 xí(统读)
檄 xí(统读)
峡 xiá(统读)
暇 xiá(统读)
吓 xià
　杀鸡～猴
鲜 xiān
　屡见不～　数见不～
锨 xiān(统读)
纤 xiān
　～维
涎 xián(统读)
弦 xián(统读)
陷 xiàn(统读)
霰 xiàn(统读)
向 xiàng(统读)
相 xiàng
　～机行事
淆 xiáo(统读)
哮 xiào(统读)
些 xiē(统读)
颉 xié
　～颃
携 xié(统读)
偕 xié(统读)
挟 xié(统读)
械 xiè(统读)
馨 xīn(统读)
囟 xìn(统读)
行 xíng
　操～　德～　发～
　品～
省 xǐng
　内～　反～　～亲
　不～人事
芎 xiōng(统读)
朽 xiǔ(统读)
宿 xiù
　星～　二十八～
煦 xù(统读)
蓿 xu
　苜～
癣 xuǎn(统读)
削(一)xuē(文)
　剥～　～减　瘦～
　(二)xiāo(语)
　切～　～铅笔　～球
穴 xué(统读)
学 xué(统读)
雪 xuě(统读)
血(一)xuè(文)用于复音词及成语，如"贫～""心～""呕心沥～""～泪史""狗～喷头"等。
　(二)xiě(语)口语多单用，如"流了点儿～"及几个口语常用词，如："鸡～""～晕""～块子"等。
谑 xuè(统读)
寻 xún(统读)
驯 xùn(统读)
逊 xùn(统读)
熏 xùn
　煤气～着了
徇 xùn(统读)
殉 xùn(统读)
蕈 xùn(统读)

Y

押 yā(统读)
崖 yá(统读)
哑 yǎ
　～然失笑
亚 yà(统读)
殷 yān
　～红
芫 yán
　～荽
筵 yán(统读)
沿 yán(统读)
焰 yàn(统读)
夭 yāo(统读)
肴 yáo(统读)
杳 yǎo(统读)
舀 yǎo(统读)
钥(一)yào(语)
　～匙
　(二)yuè(文)
　锁～
曜 yào(统读)
耀 yào(统读)
椰 yē(统读)
噎 yē(统读)
叶 yè
　～公好龙
曳 yè
　弃甲～兵　摇～
　～光弹
屹 yì(统读)
轶 yì(统读)
谊 yì(统读)
懿 yì(统读)
诣 yì(统读)
艾 yì
　自怨自～
荫 yìn(统读)
　("树～""林～道"应作"树阴""林阴道")
应(一)yīng
　～届　～名儿
　～许　提出的条件他都～了　是我～下来的任务
　(二)yìng
　～承　～付　～声
　～时　～验　～邀
　～用　～运　～征
　里～外合

萦 yíng(统读)
映 yìng(统读)
佣 yōng
　～工
庸 yōng(统读)
臃 yōng(统读)
壅 yōng(统读)
拥 yōng(统读)
踊 yǒng(统读)
咏 yǒng(统读)
泳 yǒng(统读)
莠 yǒu(统读)
愚 yú(统读)
娱 yú(统读)
愉 yú(统读)
伛 yǔ(统读)
屿 yǔ(统读)
吁 yù
　呼～
跃 yuè(统读)
晕(一)yūn
　～倒　头～
　(二)yùn
　月～　血～　～车
酝 yùn(统读)

Z

匝 zā(统读)
杂 zá(统读)
载(一)zǎi
　登～　记～
　(二)zài
　搭～　怨声～道
　重～　装～
　～歌～舞
簪 zān(统读)
咱 zán(统读)
暂 zàn(统读)
凿 záo(统读)
择(一)zé
　选～
　(二)zhái
　～不开　～菜　～席
贼 zéi(统读)
憎 zēng(统读)
甑 zèng(统读)
喳 zhā
　唧唧～～
轧(除"～钢""～辊"念 zhá 外,其他都念 yà)
　(gá 为方言,不审)
摘 zhāi(统读)
粘 zhān
　～贴
涨 zhǎng
　～落　高～
着(一)zháo
　～慌　～急　～家
　～凉　～忙　～迷
　～水　～雨
　(二)zhuó
　～落　～手　～眼
　～意　～重　不～边际
　(三)zhāo
　失～
沼 zhǎo(统读)
召 zhào(统读)
遮 zhē(统读)
蛰 zhé(统读)
辙 zhé(统读)
贞 zhēn(统读)
侦 zhēn(统读)
帧 zhēn(统读)
胗 zhēn(统读)
枕 zhěn(统读)
诊 zhěn(统读)
振 zhèn(统读)
知 zhī(统读)
织 zhī(统读)
脂 zhī(统读)
植 zhí(统读)
殖(一)zhí
　繁～　生～　～民
　(二)shi
　骨～
指 zhǐ(统读)
掷 zhì(统读)
质 zhì(统读)
蛭 zhì(统读)
秩 zhì(统读)
栉 zhì(统读)
炙 zhì(统读)
中 zhōng
　人～(人口上唇当中处)
种 zhòng
　点～(义同"点播"。动宾结构念diǎnzhǒng,义为点播种子)
诌 zhōu(统读)
骤 zhòu(统读)
轴 zhòu
　大～子戏　压～子
碡 zhou
　碌～
烛 zhú(统读)
逐 zhú(统读)
属 zhǔ
　～望
筑 zhù(统读)
著 zhù
　土～
转 zhuǎn
　运～
撞 zhuàng(统读)
幢(一)zhuàng
　一～楼房
　(二)chuáng
　经～(佛教所设刻有经咒的石柱)
拙 zhuō(统读)
茁 zhuó(统读)
灼 zhuó(统读)
卓 zhuó(统读)
综 zōng
　～合
纵 zòng(统读)
粽 zòng(统读)
镞 zú(统读)
组 zǔ(统读)
钻(一)zuān
　～探　～孔
　(二)zuàn
　～床　～杆　～具
佐 zuǒ(统读)
唑 zuò(统读)
柞(一)zuò
　～蚕　～绸
　(二)zhà
　～水(在陕西)
做 zuò(统读)
作(除"～坊"读 zuō 外,其余都读 zuò)

附录三

中华人民共和国国家通用语言文字法

（2000 年 10 月 31 日第九届全国人民代表大会常务委员会第十八次会议通过）

目 录

第一章　总　则
第二章　国家通用语言文字的使用
第三章　管理和监督
第四章　附则

第一章　总　则

第一条　为推动国家通用语言文字的规范化、标准化及其健康发展，使国家通用语言文字在社会生活中更好地发挥作用，促进各民族、各地区经济文化交流，根据宪法，制定本法。

第二条　本法所称的国家通用语言文字是普通话和规范汉字。

第三条　国家推广普通话，推行规范汉字。

第四条　公民有学习和使用国家通用语言文字的权利。

国家为公民学习和使用国家通用语言文字提供条件。

地方各级人民政府及其有关部门应当采取措施，推广普通话和推行规范汉字。

第五条　国家通用语言文字的使用应当有利于维护国家主权和民族尊严，有利于国家统一和民族团结，有利于社会主义物质文明建设和精神文明建设。

第六条　国家颁布国家通用语言文字的规范和标准，管理国家通用语言文字的社会应用，支持国家通用语言文字的教学和科学研究，促进国家通用语言文字的规范、丰富和发展。

第七条　国家奖励为国家通用语言文字事业做出突出贡献的组织和个人。

第八条　各民族都有使用和发展自己的语言文字的自由。

少数民族语言文字的使用依据宪法、民族区域自治法及其他法律的有关规定。

第二章　国家通用语言文字的使用

第九条　国家机关以普通话和规范汉字为公务用语用字。法律另有规定的除外。

第十条　学校及其他教育机构以普通话和规范汉字为基本的教育教学用语用字。法律另有规定的除外。

学校及其他教育机构通过汉语文课程教授普通话和规范汉字。使用的汉语文教材，应当符合国家通用语言文字的规范和标准。

第十一条　汉语文出版物应当符合国家通用语言文字的规范和标准。

汉语文出版物中需要使用外国语言文字的，应当用国家通用语言文字作必要的注释。

第十二条　广播电台、电视台以普通话为基本的播音用语。

需要使用外国语言为播音用语的，须经国务院广播电视部门批准。

第十三条　公共服务行业以规范汉字为基本的服务用字。因公共服务需要，招牌、广告、告示、标志牌等使用外国文字并同时使用中文的，应当使用规范汉字。

提倡公共服务行业以普通话为服务用语。

第十四条　下列情形，应当以国家通用语言文字为基本的用语用字：

（一）广播、电影、电视用语用字；

（二）公共场所的设施用字；

（三）招牌、广告用字；

（四）企业事业组织名称；

（五）在境内销售的商品的包装、说明。

第十五条　信息处理和信息技术产品中使用的国家通用语言文字应当符合国家的规范和标准。

第十六条　本章有关规定中，有下列情形的，可以使用方言：

（一）国家机关的工作人员执行公务时确需使用的；

（二）经国务院广播电视部门或省级广播电视部门批准的播音用语；

（三）戏曲、影视等艺术形式中需要使用的；

（四）出版、教学、研究中确需使用的。

第十七条　本章有关规定中，有下列情形的，可以保留或使用繁体字、异体字：

（一）文物古迹；

（二）姓氏中的异体字；

（三）书法、篆刻等艺术作品；

（四）题词和招牌的手书字；

（五）出版、教学、研究中需要使用的；

（六）经国务院有关部门批准的特殊情况。

第十八条　国家通用语言文字以《汉语拼音方案》作为拼写和注音工具。

《汉语拼音方案》是中国人名、地名和中文文献罗马字母拼写法的统一规范，并用于汉字不便或不能使用的领域。

初等教育应当进行汉语拼音教学。

第十九条　凡以普通话作为工作语言的岗位，其工作人员应当具备说普通话的能力。

以普通话作为工作语言的播音员、节目主持人和影视话剧演员、教师、国家机关工作人员的普通话水平，应当分别达到国家规定的等级标准；对尚未达到国家规定的普通话等级标准的，分别情况进行培训。

第二十条　对外汉语教学应当教授普通话和规范汉字。

第三章　管理和监督

第二十一条　国家通用语言文字工作由国务院语言文字工作部门负责规划指导、管理监督。

国务院有关部门管理本系统的国家通用语言文字的使用。

第二十二条　地方语言文字工作部门和其他有关部门，管理和监督本行政区域内的国家通用语言文字的使用。

第二十三条　县级以上各级人民政府工商行政管理部门依法对企业名称、商品名称以及广告的用语用字进行管理和监督。

第二十四条 国务院语言文字工作部门颁布普通话水平测试等级标准。

第二十五条 外国人名、地名等专有名词和科学技术术语译成国家通用语言文字，由国务院语言文字工作部门或者其他有关部门组织审定。

第二十六条 违反本法第二章有关规定，不按照国家通用语言文字的规范和标准使用语言文字的，公民可以提出批评和建议。

本法第十九条第二款规定的人员用语违反本法第二章有关规定的，有关单位应当对直接责任人员进行批评教育；拒不改正的，由有关单位作出处理。

城市公共场所的设施和招牌、广告用字违反本法第二章有关规定的，由有关行政管理部门责令改正；拒不改正的，予以警告，并督促其限期改正。

第二十七条 违反本法规定，干涉他人学习和使用国家通用语言文字的，由有关行政管理部门责令限期改正，并予以警告。

第四章　附　则

第二十八条 本法自2001年1月1日起施行。

附录四

国家法律、法规关于推广普通话和普通话水平测试的规定

国家推广全国通用的普通话。

《中华人民共和国宪法》第十九条

学校及其他教育机构进行教学，应当推广使用全国通用的普通话和规范字。

《中华人民共和国教育法》第十二条

凡以普通话作为工作语言的岗位，其工作人员应当具备说普通话的能力。

以普通话作为工作语言的播音员、节目主持人和影视话剧演员、教师、国家机关工作人员的普通话水平，应当分别达到国家规定的等级标准，对尚未达到国家规定的普通话等级标准的，分别情况进行培训。

《中华人民共和国国家通用语言文字法》第十九条

（申请认定教师资格者的）普通话水平应当达到国家语言文字工作委员会颁布的《普通话水平测试等级标准》二级乙等以上标准。

少数方言复杂地区的普通话水平应当达到三级甲等以上标准；使用汉语和当地民族语言教学的少数民族自治地区的普通话水平，由省级人民政府教育行政部门规定标准。

《〈教师资格条例〉实施办法》第八条第二款

教育行政部门公务员和学校管理人员的普通话水平不低于三级甲等，新录用公务员和学校管理人员的普通话水平亦应达到上述标准。

教师应达到《教师资格条例实施办法》规定的普通话等级标准：各级各类学校和幼儿园以及其他教育机构的教师应不低于二级乙等，其中语文教师和对外汉语教师不低于二级甲等，语音教师不低于一级乙等。

1954年1月1日以后出生的教师和教育行政部门公务员，师范专业和其他与口语表达关系密切的专业的学生，均应参加普通话培训和测试……师范专业和其他与口语表达关系密切的专业的学生，普通话达不到合格标准者应缓发毕业证书。

摘自教育部　国家语言文字工作委员会《关于进一步加强学校普及普通话和用字规范化工作的通知》（教语用〔2000〕1号）

各地各部门要采取措施，加强对公务员普通话的培训……通过培训，原则要求1954年1月1日以后出生的公务员达到三级甲等以上水平；对1954年1月1日以前出生的公务员不作达标的硬性要求，但鼓励努力提高普通话水平。

摘自人事部　教育部　国家语言文字工作委员会《关于开展国家公务员普通话培训的通知》(人发〔1999〕46号)

除需要使用方言、少数民族语言和外语的场合外，邮政系统所有员工在工作中均需使用普通话。营业员、投递员、邮储业务员、报刊发行员以及工作在呼叫中心、信息查询等直接面向用户服务的职工，普通话水平不低于国家语言文字工作委员会颁布的《普通话水平测试等级标准》规定的三级甲等；邮运指挥调度人员、检查监督人员也应达到相应水平。

摘自国家邮政局　教育部　国家语言文字工作委员会《关于加强邮政系统语言文字规范化工作的通知》(国邮联〔2000〕304号)

铁路系统员工应以普通话为工作语言，除确需使用方言、少数民族语言和外国语言的场合外，铁路系统所有职工在工作中均应使用普通话。直接面向旅客、货主服务的职工的普通话水平一般应不低于国家语言文字工作委员会颁布的《普通话水平测试等级标准》规定的三级甲等；站、车广播员的普通话水平应不低于二级甲等。

摘自铁道部　教育部　国家语言文字工作委员会《关于进一步加强铁路系统语言文字规范化工作的通知》(铁科教〔2000〕72号)

附录五

国家语委、国家教委、广播电影电视部《关于开展普通话水平测试工作的决定》

（一九九四年十月三十日）

《中华人民共和国宪法》规定："国家推广全国通用的普通话。"推广普通话是社会主义精神文明建设的重要内容；社会主义市场经济的迅速发展和语言文字信息处理技术的不断革新，使推广普通话的紧迫性日益突出。国务院在批转国家语委关于当前语言文字工作请示的通知（国发〔1992〕63号文件）中强调指出，推广普通话对于改革开放和社会主义现代化建设具有重要意义，必须给予高度重视。为加快普及进程，不断提高全社会普通话水平，国家语言文字工作委员会、国家教育委员会和广播电影电视部决定：

一、普通话是以汉语文授课和各级各类学校的教学语言；是以汉语传送的各级广播电台、电视台的规范语言，是汉语电影、电视剧、话剧必须使用的规范语言；是全国党政机关、团体、企事业单位干部在公务活动中必须使用的工作语言；是不同方言区及国内不同民族之间的通用语言。掌握并使用一定水平的普通话是社会各行各业人员，特别是教师、播音员、节目主持人、演员等专业人员必备的职业素质。因此，有必要在一定范围内对某些岗位的人员进行普通话水平测试，并逐步实行普通话等级证书制度。

二、现阶段的主要测试对象和他们应达到的普通话等级要求是：

中小学教师、师范院校的教师和毕业生应达到二级或一级水平，专门教授普通话语音的教师应达到一级水平。

县级以上（含县级）广播电台和电视台的播音员、节目主持人应达到一级水平（此要求列入广播电影电视部部颁岗位规范，逐步实行持普通话等级合格证书上岗）。

电影、电视剧演员和配音演员，以及相关专业的院校毕业生应达到一级水平。

三、测试对象经测试达到规定的等级要求时，颁发普通话等级证书。对播音员、节目主持人、教师等岗位人员，从1995年起逐步实行持普通话等级证书上岗制度。

四、成立国家普通话水平测试委员会，负责领导全国普通话水平测试工作。委员会由国家语言文字工作委员会、国家教育委员会、广播电影电视部有关负责同志和专家学者若干人组成。委员会下设秘书长一人，副秘书长若干人处理日常工作，办公室设在国家语委普通话培训测试中心。各省、自治区、直辖市也应相应地成立测试委员会和培训测试中心，负责本地区的普通话培训测试工作。

普通话培训测试中心为事业单位，测试工作要合理收费，开展工作初期，应有一定的启动经费，培训和测试工作要逐步做到自收自支。

五、普通话水平测试工作按照《普通话水平测试实施办法（试行）》和《普通话水平测试等级标准（试行）》的规定进行。

六、普通话水平测试是推广普通话工作的重要组成部分，是使推广普通话工作逐步走向科学化、规范化、制度化的重要举措。各省、自治区、直辖市语委、教委、高教、教育厅（局）、广播电视厅（局）要密切配合，互相协作，加强宣传，不断总结经验，切实把这项工作做好。

附录六

甘肃省国家通用语言文字条例

（2011 年 11 月 24 日省第十一届人大常委会第二十四次会议通过）

第一条 为推动国家通用语言文字的规范化、标准化及其健康发展，发挥国家通用语言文字在经济社会交流中的作用，根据《中华人民共和国国家通用语言文字法》及有关法律、行政法规，结合本省实际，制定本条例。

第二条 本省行政区域内国家通用语言文字的使用、管理和监督，适用本条例。

第三条 本条例所称国家通用语言文字是指普通话和规范汉字。

第四条 县级以上人民政府应当采取措施推广普通话，推行规范汉字，对开展工作所需人员和经费予以保障，对在工作中做出突出贡献的单位和个人给予表彰奖励。

乡（镇）人民政府和街道办事处应当做好本辖区国家通用语言文字工作。

第五条 县级以上人民政府语言文字工作部门负责本行政区域内国家通用语言文字工作，其主要职责是：

（一）组织实施国家通用语言文字有关法律法规；

（二）制订本行政区域内国家通用语言文字工作规划；

（三）组织国家通用语言文字工作的评估检查；

（四）协调、指导和监督各部门、各行业的国家通用语言文字工作；

（五）开展推广普通话和推行规范汉字的宣传工作；

（六）组织、管理国家通用语言文字的培训、测试；

（七）开展国家通用语言文字推广、使用工作的调查研究。

第六条 省语言文字工作部门负责核发普通话水平等级证书和汉字应用水平等级证书。

第七条 县级以上人民政府相关部门在各自职责范围内，对国家通用语言文字使用进行管理和监督：

（一）人力资源和社会保障部门负责组织对国家机关工作人员普通话和汉字应用的教育与培训，将普通话和汉字应用水平纳入有关职业技能培训与鉴定的基本内容；

（二）教育部门负责对学校及其他教育机构语言文字的使用进行管理和监督，将语言文字规范化纳入教育督导、检查、评估的内容；

（三）文化、广播电视、新闻出版、工业和信息化等部门负责对广播、电视、报刊、网络等媒体以及中文信息技术产品中的语言文字使用进行管理和监督；

（四）工商行政管理部门负责对企业名称、商品名称以及广告中的语言文字使用进行管理和监督；

（五）民政部门负责对地名、社会团体和民办非企业单位名称中的语言文字使用进行管理和监督；

（六）公安部门负责对居民身份证、户口簿中公民姓名的用字情况进行管理和监督；

（七）质量技术监督部门负责对产品标志、说明等的语言文字使用进行管理和监督；

（八）交通运输、商务、卫生、旅游、体育、邮政、电信、金融等部门负责对本行业的语言文字使用进行管理和监督。

第八条　每年九月第三周为本省的国家通用语言文字宣传周。

县级以上语言文字工作部门可以聘请语言文字社会监督员对社会用语用字进行监督。

第九条　下列情形应当以普通话为基本用语：

（一）国家机关、人民团体、事业单位的公务活动用语；

（二）幼儿园、学校及其他教育机构的教育教学和校园用语；

（三）广播电视和网络等媒体的播音、主持、采访用语，电影、电视剧及话剧用语，汉语文音像制品用语；

（四）公共服务行业直接面向公众的服务用语。

第十条　下列人员普通话水平应当达到相应的等级：

（一）国家机关、人民团体、事业单位工作人员达到三级甲等以上，其中民族自治地区的少数民族工作人员达到三级乙等以上；

（二）教师达到二级乙等以上，其中汉语文教师达到二级甲等以上，普通话语音教师达到一级乙等以上；民族自治地区用民族语言授课的教师达到三级乙等以上；

（三）高等学校、中等职业学校学生达到三级甲等以上，其中师范类专业学生达到二级乙等以上，与汉语口语表达密切相关专业的学生达到二级甲等以上；

（四）播音员、节目主持人、影视话剧演员达到一级乙等以上，其中省广播电台和电视台的播音员、节目主持人达到一级甲等；

（五）公共服务行业中的广播员、解说员、讲解员、话务员、导游等特定岗位人员达到二级甲等以上。

第十一条　下列情形应当以规范汉字为基本用字：

（一）国家机关、人民团体、事业单位的名称、公文、公务印章的用字；

（二）幼儿园、学校及其他教育机构的教育教学和校园用字；

（三）各类名称牌、标志牌、指示牌、标语、会标、广告、告示、招牌的用字；

（四）汉语文出版物的用字；

（五）影视、舞台字幕和网络用字；

（六）地名、公共设施的名称用字；

（七）商品包装和说明用字；

（八）公共服务行业的服务用字。

前款第三、六项规定的用字，需要使用外国文字标识的，其地名、专名和通名部分应当使用汉语拼音拼写。

第十二条　本省行政区域内确需使用方言或者繁体字和异体字的，应当符合《中华人民共和国国家通用语言文字法》的有关规定。

第十三条　公共场所和公共设施用字不得单独使用外国文字或者汉语拼音，确需配合使用的，应当采用以规范汉字为主、外国文字或者汉语拼音为辅的形式。

第十四条　汉语拼音和标点符号的使用应当符合国家颁布的规范和标准。

第十五条　国家机关、人民团体、事业单位的工作人员，教师，普通高等学校学生，编辑，记者，文字录入和校对人员，广告从业人员，中文字幕制作人员及誊印、牌匾制作人员等的汉字应用水平，应当分别达到国家规定的标准。

第十六条 违反本条例规定，未使用或者未规范使用国家通用语言文字的，由其所在单位或者语言文字工作部门对直接责任人员给予批评教育，责令限期改正。

第十七条 语言文字工作部门和其他有关部门及其工作人员不履行监督管理职责的，由所在单位或者上级主管部门对直接负责的主管人员和其他直接责任人员给予行政处分。

第十八条 本条例自2012年1月1日起施行。

附录七

甘肃省普通话水平测试管理办法（试行）

第一章　测试站(点)

第一条　语言文字培训测试站(点)是实施普通话水平测试的唯一合法机构。

第二条　语言文字培训测试站(点)的设立应具备以下基本条件：

(一)有语言文字培训测试站(点)规章制度,制定普通话水平培训测试规划、年度计划；

(二)有4名以上测试员,至少有一名测试员负责业务指导；

(三)有固定地点和必备的工作条件；

(四)有专职或兼职负责人及工作人员；

(五)有正常的工作经费；

(六)符合计算机辅助普通话水平测试的各项要求。

第三条　各市(州)、高等学校、省属中等职业学校都应建立语言文字培训测试站。

市(州)根据需要可以在市(州)属学校、县(市、区)建立语言文字培训测试点。

语言文字培训测试点属市(州)语言文字培训测试站分支机构,可命名为"＊＊市(州)语言文字培训测试站＊＊县(市、区)培训测试点"。

第四条　语言文字培训测试站由省语委办批准设立,接受同级语委和上级语委的业务指导。

语言文字培训测试点由市(州)语委批准设立,报省语委办备案。

语言文字培训测试点由市(州)语委和县(市、区)语委按照各自职责进行管理。

第五条　语言文字培训测试站在省语委和同级语委及其办事机构的领导下开展普通话水平培训测试工作;负责测试员的聘任管理和工作考核;负责其他与之相关的工作。

第六条　语言文字培训测试站的业务范围是:市(州)语言文字培训测试站负责实施本辖区国家机关工作人员、公共服务行业从业人员、教师、学生及其他社会人员的普通话水平培训测试工作;高等学校和非市(州)属中等专业学校语言文字培训测试站仅负责本校学生的普通话水平培训测试工作。语言文字培训测试站不得超范围进行普通话水平测试;对于超范围测试的考生成绩,省语委办不予验印,并对测试站负责人给予通报批评。

省直机关公务员的普通话水平培训测试工作由省级语言文字管理部门负责实施。

凡经计算机辅助普通话水平测试达到一级乙等者,可在每年五月上旬自愿报名、参加同年七月省语委办统一组织的普通话一级甲等水平测试。

在高等学校注册的港澳台学生和外国留学生可随所在学校学生接受测试。测试机构对其他港澳台人士和外籍人士开展测试工作,须经国家语言文字工作部门授权。

第七条　语言文字培训测试站(点)要严格执行《甘肃省国家通用语言文字条例》第十条规定的普通话水平测试人员的达标等级。

（一）国家机关、人民团体、事业单位工作人员达到三级甲等以上，其中民族自治地区的少数民族工作人员达到三级乙等以上；

（二）教师达到二级乙等以上，其中汉语文教师达到二级甲等以上，普通话语音教师达到一级乙等以上；民族自治地区用民族语言授课的教师达到三级乙等以上；

（三）高等学校、中等职业学校学生达到三级甲等以上，其中师范类专业学生达到二级乙等以上，与汉语口语表达密切相关专业的学生达到二级甲等以上；

（四）播音员、节目主持人、影视话剧演员达到一级乙等以上，其中省广播电台和电视台的播音员、节目主持人达到一级甲等；

（五）公共服务行业中的广播员、解说员、讲解员、话务员、导游等特定岗位人员达到二级甲等以上。

第八条　语言文字培训测试站（点）必须严格执行省物价局、省财政厅核定的收费标准，规范财务管理，接受有关部门的监督和审计。

第九条　语言文字培训测试站（点）应严格内部管理，严肃工作纪律，认真执行普通话水平培训测试的相关规定。

对于测试工作组织不力、管理不到位、造成严重后果和恶劣影响的语言文字培训测试站（点），省语委办将通报批评并责令整改，对拒不整改或整改后仍达不到要求的将予以停测，累计三次违规违纪者，撤销该测试站（点），三年内不得重新申请恢复测试站（点）。

一年内未组织测试的站（点）须向省语委办书面说明情况；连续两年未组织测试且无正当理由的站（点），省语委办将通报批评，未及时整改的撤销该测试站（点），三年内不得重新申请恢复测试站（点）。

第十条　语言文字培训测试站（点）的负责人、系统管理员和考务人员应由热爱语言文字工作、熟悉业务、作风正派、身体健康的在职职工担任。

语言文字培训测试站（点）的负责人、系统管理员和考务人员的工作岗位如有变动，应及时书面上报省语委办，并按要求进行工作交接。

对于在普通话水平培训测试工作中做出突出成绩的机构和个人，省语委办将予以表彰和奖励。

第二章　测试

第十一条　语言文字培训测试站（点）的普通话测试工作应严格执行普通话水平培训测试的各项规定、各项技术标准和操作规范，确保培训测试的工作质量。

语言文字培训测试站（点）要严格审核申请测试人员的报名条件，申请人再次申请测试同前次测试的间隔应不少于3个月。

第十二条　语言文字培训测试站（点）应根据省语委办的统一安排和本地区、本单位的实际情况制订测试工作计划，所有测试任务原则上应提前一周申请审批。

若因特殊情况需变更测试时间应于测试当天或事后向省语委办报告。

第十三条　语言文字培训测试站（点）应保证候测室、备测室、测试室的规范设置，保证测试设备专人管理，状态良好。每场测试前应检查设备；测试用计算机不得外借、不得私用。

第十四条　语言文字培训测试站（点）应严格考务管理，工作人员认真履行岗位职责，保证测试各个环节的高效、有序、规范运行。

语言文字培训测试站（点）必须重视测试前的培训和测试中的监管，保证每一位考生熟悉考试流程，杜绝部分考生第四题的读稿现象，最大限度减少异常数据的发生。

对于在测试工作中出现离岗、失误等问题的工作人员，由所在测试站(点)进行批评教育；对于在测试工作中出现泄密、舞弊等问题的工作人员，由市(州)语委办视情节轻重严肃处理并上报省语委办。

第十五条　语言文字培训测试站(点)应指定专人保管纸质试卷，不得翻印和外泄。系统管理员负责计算机内电子试卷的保密工作。

第十六条　语言文字培训测试站(点)在测试期间要密切关注监控系统，及时了解考场内外情况，如遇紧急情况，应及时启动突发事件应急处置预案，确保考生的人身安全。

第十七条　每场测试结束，测试站负责人、工作人员应现场填写考场记录，存档备查。

考生纸质档案保存期不少于五年，电子档案永久保存、定期备份。

第三章　测试员

第十八条　普通话水平测试员分为省级测试员和国家级测试员。测试员须取得相应的资格证书。

第十九条　省级测试员由市州语委办或各高校测试机构选拔具有大专以上学历，担任普通话、语文或相近学科教学工作，或从事语言文字相关工作 3 年以上的人员，经所在单位同意，由市州语委办或各高校测试机构推荐参加省语委办的培训，考核合格后获得资格。

国家级测试员由市州语委办或各高校测试机构从现任省级测试员中择优选拔，经所在单位同意，由省语委办推荐参加国家语委普通话测试培训中心的培训，考核合格后获得资格。

第二十条　测试员应热爱语言文字工作，熟悉国家推广普通话的工作政策和语言学理论，有高度的事业心和责任感。测试员应熟练掌握《汉语拼音方案》和常用的国际音标，熟悉本地方言与普通话的一般对应规律，有较强的听辨音能力，普通话水平达到一级。

第二十一条　测试员要服从各级语委和所在测试机构的领导，积极推广普通话，承担普通话的培训和测试任务及相关工作。

第二十二条　测试员必须认真学习并严格执行国家有关普通话水平测试的规定，严格执行国家语言文字工作委员会颁布的《普通话水平测试等级标准》和《普通话水平测试(PSC)大纲》，保证测试质量。

第二十三条　测试员应积极参加各级语言文字工作部门组织的业务培训及研讨活动。测试员应积极撰写有关的学术论文，不断提高语言文字工作水平。

第二十四条　任何测试员均须在测试机构的组织下实施测试工作，非经省语委审批的测试行为和测试结果一律无效。测试员不得以个人名义组织测试。

第二十五条　新取得省级测试员资格的人员必须接受所在测试机构安排的实习。实习人员跟测评分不少于 100 人次。各测试机构负责将相关资料报送省语委办，经审定合格后，方可入本省测试员数据库。

第二十六条　测试员在测试工作中必须严格按照统一的评分标准进行评分。经省语委办组织复审专家例行抽检，对于明显偏离评分标准者，须暂停其测试工作，接受培训并再次实习，合格后方可继续工作。对于连续三次出现此类情况者，省级测试员由省语委办取消其测试员资格；国家级测试员由省语委办停止其测试工作，上报国家语委普通话培训测试中心取消其测试员资格。

第二十七条　对于违反职业道德，发生替考、打人情分等严重违纪现象的测试员，一经查实，由省语委办在全省测试系统内通报批评。对于连续三次出现此类情况者，除通知其所在单位严肃处理外，省级测试员由省语委办取消其测试员资格；国家级测试员由省语委办停止其测试工作，上报国家语委普通话培训测试中心取消其测试员资格。

第四章 视导员 复审员

第二十八条 省语委办根据工作需要聘任测试视导员并颁发有一定期限的聘书。聘用期一般为五年。

第二十九条 测试视导员一般应具有语言学或相关专业的高级专业技术职务，熟悉普通语言学理论，有相关的学术研究成果，有丰富的普通话教学经验和测试经验。

测试视导员原则上在优秀的国家级普通话水平测试员中产生。

第三十条 测试视导员在省语委办的领导下，检查、监督测试质量，参与、指导测试管理和测试业务工作。

第三十一条 省语委办根据工作需要聘任测试复审员并颁发有一定期限的聘书。聘用期一般为五年。

第三十二条 测试复审员一般应具有语言学或相关专业的高级专业技术职务，熟悉普通话理论，熟悉普通话与当地方言的对应关系，有较强的语音听辨能力，有不少于五年的普通话水平测试经历。

测试复审员原则上在优秀的国家级普通话水平测试员中产生。

第三十三条 测试复审员在省语委办的领导下开展工作。测试复审员要不断钻研复审业务，保质、保量、如期完成复审任务。对于在复审过程中发现的重大或带有普遍性的问题，要及时向省语委办反映，并提出意见和建议。

第三十四条 测试复审员要遵守工作纪律，对于复审过程中涉及的测试机构、测试员违规违纪或业务水平等问题，不得随意扩散或擅自处理。

对于违规违纪的测试复审员，一经查实，由省语委办在全省测试系统内通报批评，同时解除聘用。

第五章 等级证书

第三十五条 国家普通话水平测试等级证书（以下简称“等级证书”）是持证人测试成绩的有效凭证，由国家语言文字工作委员会监制，全国通用。

第三十六条 省语委办负责等级证书的征订和验印，对全省等级证书的使用和管理工作进行指导和监督。

第三十七条 语言文字培训测试站（点）负责考生等级证书的申领与发放工作。等级证书的申领与核发，原则上在40个工作日（不含一级甲等）内完成，无正当理由不按规定实现验印者，省语委办将不再受理。等级证书的发放应做好记录。

经测试普通话水平达到三级及以上等级者，有权取得等级证书。

经测试普通话水平达到一级甲等者，成绩由省语委办报国家语委普通话培训测试中心复审，复审通过后，其等级证书加盖国家语委普通话培训测试中心印章。

第三十八条 等级证书由国家普通话测试机构免费提供，任何测试机构不得以任何名义向应试人收取与证书有关的费用。

第三十九条 等级证书仅限本人使用，不得出借、涂改、转让，违反规定者，发证部门有权收回其证书并予注销。

等级证书在三年内遗失者，可向原发证单位申请补发。补发等级证书需按要求办理补发手续，不收工本费。超过三年者，不再补发。

第四十条　语言文字培训测试站(点)应按实际需要申领等级证书。申领等级证书应填写《甘肃省普通话水平测试等级证书申领单》,加盖公章后传真至省语委办,省语委办原则上在10个工作日内发出证书。

第四十一条　语言文字培训测试站(点)要切实加强对等级证书的管理。作废的证书应于本次验印时如数上交省语委办。

第四十二条　省语委办对于在普通话等级证书的管理和使用方面出现重大失误的培训测试机构,依据有关规定进行处罚。

(一)凡因不按实际需求申领造成等级证书大量积压浪费者,在对直接责任人进行批评教育的同时,要追究培训测试机构负责人的管理责任。

(二)凡因保存不当造成等级证书大量流失或损坏者,在追究培训测试机构管理责任的同时,省语委办通报批评,造成严重后果者,视情况另行处理。

第四十三条　对非法印制、伪造和倒卖等级证书的机构和个人,依法追究其责任。

第六章　质量监控

第四十四条　语言文字培训测试站(点)要认真建立并严格实行自检自查制度,切实维护普通话水平测试的权威性。

第四十五条　省语委建立并落实普通话水平测试巡视制度。

省语委办要组织巡视组赴各地进行巡视或委托市(州)语委办对辖区内高等学校和中等职业学校测试工作进行巡视。

各市(州)语委办要组织巡视组对辖区内的测试站(点)进行巡视;高等学校、非市(州)属中等职业学校要组织巡视组对本校的测试工作进行巡视。

第四十六条　省语委建立并落实普通话水平测试成绩复审制度。

(一)测试时成绩达到一级甲等者,按照国家语委要求,由省语委办报国家语委普通话培训测试中心复审。

(二)测试时成绩达到一级乙等者,按照国家语委要求,认定前由省语委办组织专家复审。

(三)国家语委普通话培训测试中心规定的省级复审项目和省语委办认为需要进行的复审项目,由省语委办组织专家复审。

(四)其他需要复审的情况(如考生对本人测试结果有异议而提出的申诉、实名举报涉及的考生成绩)等,成绩认定前由省语委办组织专家复审。

第四十七条　省语委建立并落实普通话水平测试工作实名举报制度。

省语委对于实名举报所涉及的违法、违纪问题将组织力量进行调查,一经查实即按有关规定严肃处理。

第四十八条　省语委建立并落实语言文字培训测试机构年审制度。

每年年终,省语委办要组织检查组对各测试机构的制度建设、队伍建设、业务工作、费用收支等情况进行专项检查,检查结果在全系统予以通报。

第七章　附则

第四十九条　本办法由省语委办负责解释。

第五十条　本办法自公布之日起试行。

参考文献

[1]国家语言文字工作委员会普通话培训测试中心.普通话水平测试实施纲要[M].北京:商务印书馆,2004.

[2]中国大百科全书出版社编辑部.中国大百科全书·语言文字卷[M].北京:中国大百科全书出版社,2004.

[3]中国社会科学院语言研究所词典编辑室.现代汉语词典[M].7版.北京:商务印书馆,2012.

[4]中国社会科学院语言研究所.新华字典[M].北京:商务印书馆,2011.

[5]周殿福,吴宗济.普通话发音图谱[M].北京:商务印书馆,1963.

[6]邢捍国.实用普通话水平测试与口才提高[M].3版.广州:暨南大学出版社,2005.

[7]王克瑞,杜丽华.播音员主持人训练手册[M].北京:中国传媒大学出版社,2001.

[8]江苏省语言文字工作委员会办公室.普通话水平测试指定用书[M].北京:商务印书馆,2004.

[9]罗洪.普通话规范发音[M].广州:花城出版社,2008.

[10]张庆庆.普通话水平测试应试指南[M].广州:暨南大学出版社,2010.

[11]吴洁敏.新编普通话教程[M].杭州:浙江大学出版社,2003.

[12]高廉平.普通话测试辅导与训练[M].北京:北京大学出版社,2006.

[13]路英.播音发声与普通话语音[M].长沙:湖南师范大学出版社,2005.

[14]张慧.绕口令[M].北京:中国广播电视出版社,2005.

[15]唐余俊.普通话水平测试(PSC)应试指导[M].广州:暨南大学出版社,2010.

[16]陈超美.普通话口语表达与水平测试[M].北京:清华大学出版社,2011.

[17]李永斌.普通话实用教程[M].北京:北京师范大学出版社,2009.

[18]宋欣桥.普通话水平测试员实用手册[M].北京:商务印书馆,2004.

[19]金晓达,刘广徽.汉语普通话语音图解课本[M].北京:语言大学出版社,2011.

[20]王光亚,张淑敏.普通话水平测试培训教程[M].兰州:甘肃教育出版社,2013.

[21]刘照雄.普通话水平测试大纲(修订版)[M].长春:吉林人民出版社,1994.